U0212548

中国文化遗产研究院 · 国际合作文物保护研究系列 · 2023 年

CHINESE ACADEMY OF CULTURAL HERITAGE

援助蒙古国文物建筑维修工程实录

——从额尔德尼召到科伦巴尔塔

中国文化遗产研究院　王元林　主编

文物出版社

图书在版编目（CIP）数据

援助蒙古国文物建筑维修工程实录：从额尔德尼召
到科伦巴尔塔 / 王元林主编 . -- 北京：文物出版社，
2023.6

　　ISBN 978-7-5010-8066-3

　　Ⅰ . ①援⋯　Ⅱ . ①王⋯　Ⅲ . ①中外关系—对外援助—
古建筑—维修—概况—蒙古　Ⅳ . ① TU-87

　　中国国家版本馆 CIP 数据核字（2023）第 095941 号

　　审图号：GS 京（2023）1558 号

援助蒙古国文物建筑维修工程实录
——从额尔德尼召到科伦巴尔塔

主　　编：王元林

责任编辑：李　睿　吕　游
封面设计：王文娴
责任印制：张　丽

出版发行：文物出版社
社　　址：北京市东城区东直门内北小街 2 号楼
邮政编码：100007
网　　址：http://www.wenwu.com
经　　销：新华书店
印　　刷：宝蕾元仁浩（天津）印刷有限公司
开　　本：889mm×1194mm　1/16
印　　张：30.5
版　　次：2023 年 6 月第 1 版
印　　次：2023 年 6 月第 1 次印刷
书　　号：ISBN 978-7-5010-8066-3
定　　价：580.00 元

China Academy of Cultural Heritage · International Cooperation on Cultural Heritage Conservation and Research · 2023

Records of Heritage Conservation and Restoration Aid Projects in Mongolia
—— from Erdene Zuu Monastery to Kherlan Bars Tower

by China Academy of Cultural Heritage

Wang Yuanlin (ed.)

Cultural Relics Press

Beijing·2023

目　录

Contents

序

　　中蒙两国山水相连，互为重要友好邻邦，历史和文化渊源深远醇厚，人民友谊源远流长，在长期交往交融中诞生了许多历史佳话，从而经久传唱不息，新时代两国人民缔造的传统友好关系更是走上了繁荣发展之道。习近平主席2014年对蒙古国进行国事访问时，深刻指出"好邻居金不换"，将两国关系提升至全面战略伙伴关系的新高度，为两国政治、经贸、文化等多领域合作创造了良好环境。2019年迎来中蒙两国建交70周年，双方高层交往频繁，应国家主席习近平邀请，蒙古国总统巴特图勒嘎对中国进行国事访问并出席第二届"一带一路"国际合作高峰论坛，两国领导人达成了一系列重要共识，为两国关系进一步发展指明了方向。

　　蒙古国地处亚欧大陆腹地，境内自然资源和文化遗产资源丰富多样，在文化遗产保护管理和传承利用方面独具特色，在深化"一带一路"建设、推动亚洲文明对话和亚洲文化遗产保护行动以及积极推动构建人类命运共同体中发挥着积极的建设性作用。中蒙两国在文化遗产保护领域的友好交往已逾70多年，在多个方面取得了丰硕的人文交流成就。20世纪50年代，援助蒙古国兴仁寺和博格达汗宫等历史古迹修复工作被视为中国文物领域对外援助国际合作的艰难发端和关键起步，在中蒙两国乃至中外文化交流合作史上具有极其重要的历史地位，在中外文化遗产交往史上具有开创意义和历史标志性。这项涉外文物保护工作是由中国文化遗产研究院的前身即古代建筑修整所作为责任单位承担完成的，因出色的文物保护维修成绩而赢得了蒙古国政府和人民以及国际同行的尊重。

　　步入新世纪以来，中国政府致力于进一步推动中蒙文化深入交流，国家文物局选派西安文物保护修复中心（陕西省文物保护研究院前身）于2005～2007年承担完成了博格达汗宫门前区历史建筑保护修复任务，是继20世纪50年代保护修复工作以来援助蒙古国的第二个文物保护工程。2014～2017年中国文化遗产研究院承担完成了地处蒙古国东部地区的科伦巴尔古塔的抢救性保护修复，成为又一次中蒙两国文化遗产保护成功合作的友好范例，既丰富了彼此文物保护专业技术和管理人员之间的交流话题与内容，拓宽了国际合作的更广阔视野，为今后中蒙两国在文化遗产保护领域继续深入交流合作奠定了坚实的基础，也有力支持了两国人民之间的人文交往和民心相通，增进了中蒙传统友谊。

　　70余年来，中国文物保护工作者先后对蒙古国多处文物建筑和历史古迹开展过调查研究、勘察设计和维修保护工作，积累了非常丰富的文物保护工程信息档案和历史经验。对这批援外文物保护工程档案和援外工作历史的全面整理编写的过程，是集工程信息档案整理保存、文物建筑保护修缮研究、援外工作历史充实完善、蒙古国文明历史和文物古迹学习等多方面内容的一个系统科研过程。对这批珍贵的文物维修工程档案的精心整理出版，就是更好地保存传承好这份凝结着中蒙两国文物工作的友好合作精神和历史遗产保护成果，为今天持续保护好人类共有的珍贵文化遗产，从而更好地促进人类文明交流互鉴发挥更大作用，成为推动人类社会进步的动力、维护世界和平的纽带。

当今的文化遗产保护国际合作交流，已经呈现出政府管理政策制度交流借鉴、历史古迹保护维修、世界文化遗产保护管理、中外联合考古、文物修复技术及学术研究、人才交流培训、国际执法合作等多层次、多角度、宽领域、全方位的系统合作交流面貌。譬如，中国高校和科研院所的文博考古与文物保护机构在蒙古国持续开展合作研究工作，尤其是近10多年来，中国考古机构在蒙古国合作开展了数十项重要考古研究项目，取得了丰硕科研成果，也呈现出历史考古研究、古迹保护和展示利用的全链条一体化模式，中蒙文物领域国际合作之路越走越宽广。

这部书稿以整理实录20世纪50年代援助蒙古国文物保护维修工程档案信息资料为主体内容，以尽力编排70余年来历次中蒙合作文物保护的历史叙事为主线，同时力争把握了解蒙古国的地理环境、历史发展和文物古迹及其保护管理和传承利用的基本面貌，结合对相关人物、机构的简要解读，力求探究当时援助蒙古国文物保护的时代和文化背景，较为丰满的呈现援助蒙古国文物保护工作70余年来的历史风貌，而不仅仅落于对文物古迹保护修复技术档案的实录或编辑。之所以如此，重在积极适应中国传统对外援助事业向国际发展合作模式转变的过程中，积极支持亚洲文化遗产保护行动，从中国文物保护工作者的角度，能够研究编写蒙古国文物保护工作方面的国际文化遗产交流合作的国别研究成果，更好地推动文物保护国际合作交流。

最后，希望这部中蒙多年来的文物保护合作成果能够发挥好基础性的媒介和桥梁作用，持续科学有效呵护好我院珍藏的援蒙文物保护工程历史档案，铭记两国人文领域交流合作的历史维度，更好地推动中蒙两国文化领域交流与合作，为深化中外文明互学互鉴贡献力量。

祝愿中蒙友谊万古长青！

中国文化遗产研究院院长　李六三

2022年仲夏

前　言

2020年初，突如其来而又来势迅猛的新冠疫情着实打乱了我们赴国外持续正常开展文物修缮工作节奏，这种不可抗拒的突发状况使得我们被迫转为国内开展工程信息档案整理和深化设计研究等工作，其中对中国国际合作文物保护史的研究就属于大家较为关注的重要内容。通过连续两年的努力，截至2021年底，我们广泛搜集整理出版了《中国国际合作援外文物保护研究文集》（四卷本），较好地梳理记录了新中国成立以来70余年援外文物保护合作的工作成果，同时整理结集出版了《中国文化遗产研究院援外文物保护工程项目成果集（2017-2019）》，集中呈现了援助柬埔寨、尼泊尔和乌兹别克斯坦历史古迹保护修复的精彩成果[1]。

党史学习教育聚焦到文物行业，我们应当下大力气总结国际合作援外文物保护工作历史成就和经验启示，从而更好地做好将来的国际合作交流工作。为此，在做好常态化疫情防控工作的同时，我们下决心突击推动援外文物保护工程信息档案整理建设，力争更好的实现工程档案科学保存、依法活用及传承共享。这项事关为援外文物保护工程续修真实历史和科学传承历史的基础性工作，我们首先选择从援助蒙古国文物建筑维修工程历史档案的整理而起步。

蒙古国位于欧亚大陆的东部，是中国北方与欧亚草原接壤的重要国家，地处草原丝绸之路的核心区域，是游牧文明的一个中心，在促进中西文明交流历史上发挥着重要作用。回溯历史，至迟从新石器时代晚期开始，经历商周时期、秦汉时期直至发展到明清时期，中国内地与蒙古高原至少有着两千多年的文化交流与历史渊源。我们知道，广阔的北方草原作为一个地理单元，族群流动与中原地区从事农业耕作的古代中国人息息相关，对华夏文明的形成和发展产生过重要的影响，我们也从蒙古国境内发现的匈奴、鲜卑和突厥考古遗存以及明清城址庙宇建筑风格上看到中国汉文化的强烈影响。因此，所谓边疆与族群的界限从来就没有像长城那样明确，互相窥探融合甚至碰撞角力也从未停歇，正是中国中原至北方草原等广大地域之间一直以来不断发展文化交流和文明互动，从而在不同文明长期的互鉴交往中共同走向和平发展进步。中国和蒙古国两国人民在源远流长的交往交融中诞生了许多历史佳话，从而经久传唱不息，新时代两国人民缔造的传统友好关系更是走上了繁荣发展之道。

我们都知道，中国的对外援助事业是国际合作交流的重要体现，从中华人民共和国成立的那一刻起

1　中国文化遗产研究院编：《中国国际合作援外文物保护研究文集》（四卷本），文物出版社，2021年；中国文化遗产研究院编：《中国文化遗产研究院援外文物保护工程成果集（2017-2019）》，文物出版社，2021年。

就开始启动了，在随后的10多年里，中国为蒙古国、越南、柬埔寨等20多个国家提供劳动力、物资和技术等援助，有力支援了人类进步事业的发展。中蒙两国在文物保护领域的国际友好合作要从新中国刚刚成立不久而修复乌兰巴托一带的古代寺庙说起。

20世纪50年代援助蒙古国历史古迹修复工作被视为我国文物领域对外援助国际合作的艰难发端和关键起步，在中蒙两国乃至中外文化交流合作史上具有极其重要的历史地位，在中外文化遗产交往史上具有开创意义和历史标志性。这项涉外文物保护工作是由我国文物古迹保护历史上威名显赫的古代建筑修整所（中国文化遗产研究院前身，以下简称文研院）作为责任单位承担完成的，具体实施勘察设计和工程施工等项目全链条任务的专业技术人员为余鸣谦工程师和李竹君技术员，自1957年至1961年顺利完成[1]。当时，蒙古国在古建筑保护工作上几乎处于空白状态，工作条件很差。在1957年首次赴蒙勘察测绘后，余鸣谦先生和李竹君先生制定了工程的初步设计方案。1959年，两位先生再次赴蒙主持指导维修工作，整个工程大部分由中国工人实施，并最终按计划完成，保证了在蒙古国40周年国庆前完成修缮工程。1961年7月11日，余鸣谦先生和李竹君先生受邀参加了蒙古国总理举行的国庆晚宴，蒙古国政府还向余鸣谦先生和李竹君先生颁发了奖状，赢得了更多人的尊重。

21世纪初叶，中国政府致力于进一步推动中蒙文化深入交流，文化部孙家正部长、国家文物局单霁翔局长于2004年访问蒙古国，中蒙双方达成包括博格达汗宫博物馆门前区保护维修、合作考古和文物交流展览等三个项目的两国间文化交流协议[2]。为此，中国文化部、国家文物局与蒙古国文化科技教育部协商并于2005年签署协议，确定启动博格达汗宫博物馆维修工程为中国政府无偿援助蒙古国文化遗产保护项目。国家文物局选派西安文物保护修复中心（陕西省文物保护研究院前身）承担实施了博格达汗宫门前区历史建筑保护修复项目的方案设计和工程实施任务，自2006年5月27日开工，工程历时17个月，于2007年10月8日竣工。这次工程修复报告已于2014年出版，成为一部重要的涉外文物保护维修工程档案[3]。文研院许言副院长当时在国家文物局工作，深度参与了本次援外项目的管理工作，这次档案整理和实录研究过程中，他非常熟稔地全盘拖出了当年在现场拍摄的各类影像资料，令本报告增添了莫大光彩，丰富了许多历史工作细节和真实信息。

2014年至2017年，中国文化遗产研究院承担了地处蒙古国东部地区的科伦巴尔古塔的抢救性保护修复，修复对象时代早，地理位置相对较为偏远，抢险维修工程难度大，但文研院和蒙方合作单位克服重重困难，顺利完成工程任务，成为又一次中蒙两国文化遗产保护合作的友好范例。本项目的合作实施，既丰富了彼此文物保护专业技术和管理人员之间的交流话题与内容，拓宽了国际合作的更广阔视野，也

1　兴仁寺位于蒙古国首都乌兰巴托市中心，又称乔金喇嘛庙，是蒙古国最珍贵的佛教建筑之一，建于1904-1908年。根据1952年签订的《中华人民共和国与蒙古人民共和国经济及文化合作协定》，1957年中国派古建专家对乔金喇嘛庙和博格达汗宫维修工程进行规划设计，1959～1961年中国古建专家余鸣谦（有的资料误译为明晨）、李竹君（有的资料误译为李祝权）、南扎德道尔吉（现存资料没有提及过）等对乔金喇嘛庙实施大面积修复工作。参考：霍文《乌兰巴托中国文化中心举办"七十载友谊"大型图片展》，人民网－国际频道（http：//world.people.）2019年4月17日。
2　其中的合作考古项目始于2005年，由内蒙古自治区文物考古研究所承担实施的"蒙古国境内古代游牧民族文化遗存考古调查与发掘研究"项目，成为中蒙首次开展联合考古行动，本项目目前一致持续合作开展。
3　陕西省文物保护研究院：《博格达汗宫博物馆维修工程》，文物出版社，2014年。

有力支持了两国人民之间的人文交往和民心相通。

综合以上，从勘察设计和保护修复对象来看，额尔德尼召、兴仁寺（即乔伊金喇嘛庙）、将来斯格庙（即冈登寺，又译称甘丹寺、甘登寺）、庆宁寺、博格达汗宫、关帝庙（又称格萨尔庙）以及科伦巴尔古塔都是蒙古国现存古建筑的佼佼者，无论历史建筑规模还是时代特性，都具有建筑遗产的独特代表性。可以说，2005～2007 年实施的博格达汗宫博物馆（The Bogd Khan Palace Museum）门前区修复是继 1957年兴仁寺和博格达汗宫保护修复以来援助蒙古国第二个文物保护工程，而 2013 年至 2016 年完成的科伦巴尔古塔保护修复项目是继博格达汗宫保护工程之后中蒙两国在文化遗产保护领域的又一次成功合作，均为今后中蒙两国在文化遗产保护领域继续深入交流合作奠定了坚实的基础。

近 70 年来，中国文物保护工作者先后对蒙古国 7 处文物建筑和历史古迹开展过调查研究、勘察设计和维修保护工作，积累了非常重要的文物保护工程信息档案和历史经验。对这批援外文物保护工程档案和援外工作历史的全面整理编写的过程，是集工程信息档案整理保存、文物建筑保护修缮研究、援外工作历史充实完善、蒙古国文明历史和文物古迹学习等多方面内容的一个系统科研过程。自这批珍贵的文物修缮工程档案形成至今时隔 60 余年，我们没有参与当年勘察施工的人员着手整理如此宝贵的文献档案，既如履薄冰又荣幸激动，但想法极其单纯，就是更好地保存传承好这份历史档案，传播好近 70 年来的涉外文物保护成果，为今天持续保护好人类共有的珍贵文化遗产，更好地推动中蒙人文交往和民心相通，从而更好地促进人类文明交流互鉴发挥更大作用，成为推动人类社会进步的动力、维护世界和平的纽带。

在文研院历年来整理保存的基础上，尤其是基于 2004 年以来的数字化保护整理的坚实底子之上，我们以充分尊重现有档案资料为基本原则，在国内外适当开展补充调查和资料搜集，丰富当年勘察设计和工程实施对象的历史背景与保护管理信息，从而进一步开展这次全面整理研究。然而，真正实施起来，还是存在一定难度。文字和图纸档案相对较少，建筑病害、修复措施和施工规模等，记述较为简略，需要我们对照图纸进行仔细分辨描述。额尔德尼召等三处寺庙的勘察测绘图纸和文字记录等信息则更少，仅有部分照片，维修方案等文件当时提交给了蒙方保存，有待今后与蒙方相关机构开展进一步的合作交流。

整理研究之初，2020 年余鸣谦先生健在的时候，访问了解过一次，2021 年先生去世后，访问了其亲属余和研先生。同时，也访问咨询了李竹君先生女儿李戈女士。中国文化遗产研究院侯卫东研究员和刘江高级工程师先后主持完成了博格达汗宫门前区、科伦巴尔古塔抢救维修项目，也征求了他们的意见建议，不仅提供完善了项目珍贵信息以及蒙古国其他文物建筑和历史考古研究资料，还就今后开展中蒙国际合作文物保护提出了非常中肯的想法及重要认识。总体来说，大家都对整理保存和出版这部难得的文物保护工程档案及历史文献表示积极支持，也非常欣慰。这无疑增添了我们尽快完成这些基础科研任务的动力和决心。

当今的文化遗产保护国际合作交流，除了历史古迹保护维修之外，已经呈现出政府管理政策制度交流借鉴、世界文化遗产保护管理、中外联合考古、文物修复技术及学术研究、人才交流培训、国际执法合作等多角度、全方位的系统合作交流面貌。譬如，中国高校和科研院所的文博考古与文物保护机构在蒙古国开展过较多合作研究工作，尤其是近 10 多年来，中国考古机构在蒙古国合作开展了数项考古研究项目，取得了丰硕科研成果，增进了中蒙传统友谊。然而，我们整理组成员大都没有去过蒙古国的经历，为了更多地了解掌握蒙古国的文物古迹及其保护管理利用情况，我们也主动访问了中国人民大学、内蒙古博物院、内蒙古文物考古研究院、中国文化遗产研究院等多家机构与个人，他们在中蒙合作文物保护和历史考古研究等方面提出了许多有益的意见和建议，取得了非常丰硕的资料信息，为本报告增添了不少光彩。

同时，由于缺乏蒙古国古建筑修复对象的彩色照片和现在的保护管理利用情况，我们主动联系了中华人民共和国驻蒙古国大使馆，协助联系了兴仁寺、博格达汗宫博物馆等文博机构，也提供了很大帮助。通过沟通了解，这些曾经中蒙双方亲手合作维修过的优秀历史建筑的保护管理状况良好，而且近年来也组织开展了一些文物保护修复和考古发现成果方面的文化合作交流展览，取得了非常良好的社会宣传效果，更是增进了中蒙两国人民的传统友谊。如2019年4月，以"七十载友谊"为主题，回顾中蒙两国走过70载不平凡的岁月，由乌兰巴托中国文化中心、蒙古国乔伊金喇嘛庙博物馆等共同在乌兰巴托专门举办《庆中蒙建交70周年蒙古国乔伊金喇嘛庙珍贵历史资料大型图片展》，主要展出20世纪20年代以来有关乔伊金喇嘛庙的珍贵历史资料照片，许多资料照片真实记录了两国文化领域长期合作历史，其中首次公开展示的1957年至1961年中国古建筑专家协助蒙古国修复寺庙建筑的图纸资料和照片等尤其珍贵，这些中蒙双方合作维修寺庙建筑期间的宝贵资料照片是中蒙两国友谊的见证，真实记录了两国在文化领域的友好合作历史[1]。1961年参与寺庙建筑修复工作的蒙方专家伊戈尔等参加此次展览，这不容分说会使我们怀念起中方曾经亲历工程现场的余鸣谦、李竹君、南扎德道尔吉等先生和一批技术工人，顿生精心整理和呵护这批援蒙文物建筑工程档案的自豪感与责任心。今后，希望相关机构继续发挥媒介和桥梁作用，合作举办更多此类展览，铭记两国人文领域交流合作的历史维度，更好地推动中蒙两国文化领域交流与合作，祝愿中蒙友谊万古长青。

本报告收录20世纪50年代至21世纪初叶文研院先后两次承担实施的援助蒙古国历史建筑保护修缮工程档案，共分六个部分，包括七章和五个附录。其中，第一部分包括前言和第一章，对蒙古国地理环境、历史发展和历史文化遗产资源及保护管理作了简要叙述。第二部分指第二章，对援助蒙古国文物建筑维修工程项目概况进行了记述，包括中国援助蒙古国的历史背景和文物保护项目背景，主要对先后实施的勘察设计和维修施工项目及历史档案保护状况和整理过程作了较详细梳理。自20世纪50年代开始，至21世纪前20年间，近70年来，中国政府援助蒙古国历年来勘察修缮文物建筑七地八处，包括地处首都乌兰巴托市区的兴仁寺、博格达汗宫、甘丹寺、关帝庙和博格达汗宫博物馆门前区，前杭爱省哈拉和林额尔德尼召，色楞格省布隆县庆宁寺、东方省乔巴山市科伦巴尔古塔等。这些文物保护工程的历史档案保存于中蒙两国相关机构，在中国则主要保存于文研院，这批资料得到了有效保护和整理。第三部分是指第三章，主要对20世纪50~60年代开展额尔德尼召、庆宁寺、甘丹寺、关帝庙、青林寺等历史建筑保护的实地调查和勘察设计以及保护维修状况开展了一定的描述。第四部分包括第四、五、六章，分别对兴仁寺、博格达汗宫、科伦巴尔古塔的保护修缮工程全过程作了较为细致的整理，是为本报告的主体内容。

1　参考:《庆中蒙建交70周年 乔金喇嘛庙历史资料图片展在乌兰巴托举行》，东方网（http://news.eastday）2019年4月17日。

这三处援助蒙古国文物保护工程都取得了非常良好的合作成果，既共同保护了人类共有的文化遗产，推动了文物保护专业技术交流合作，也加深了中蒙两国人民的传统友谊，促进了民心相通和人文交流。第五部分为第七章，对中蒙国际合作文物保护取得的重要成就与历史经验尝试作了归纳分析，从中国国际合作文物保护发展历史的广阔视野看待文物援外工作极其重要成果，总结体会非常肤浅，还很不成熟，有待进一步开阔视野从而深化认识。近70年的中蒙文物保护合作，积累了丰富的历史经验，具有重要的现实意义，对今后的国际合作文物保护事业具有深刻的当代启示，值得思考，进而汲取事业发展进步力量，从而在新时代更好地积极推动亚洲文化遗产保护行动、"一带一路"高质量建设和构建人类命运共同体贡献文化交流与文物领域国际合作的更大作用。第六部分为相关的五个附录，分别为中国援助蒙古国文物建筑修缮工程大事记、援蒙工作报告及相关文件（含手稿）、历史照片整理统计列表、相关机构和人物简介以及相关参考文献简编，尽可能全面介绍这批援外文物保护工程历史档案的面貌，为学术界和相关利用者提供便利。其中，20世纪50~60年代援助蒙古国文物建筑保护修缮工程中形成的800余件珍贵历史照片、手稿、测稿和图纸，绝对是值得大家持续学习研究的重要文物保护工程技术档案和鲜活教材。

总之，这部书稿以文物保护修缮工程档案信息资料整理实录为主体内容，以尽力编排70余年中蒙合作文物保护的历史叙事为主线，同时力争把握蒙古国的地理环境、历史发展和文物古迹以及保护管理和传承利用的基本面貌，结合对相关人物、机构的简要解读，力求探究当时援助蒙古国文物保护的时代和文化背景，较为丰满的呈现援助蒙古国文物保护工作近70年的历史风貌，而不仅仅落于对文物古迹保护修复技术档案的实录或编辑。与此同时，我们的愿望是，在积极适应中国传统对外援助事业向国家国际发展合作模式转变的过程中，积极支持亚洲文化遗产保护行动，从中国文物保护工作者的角度，能够研究编写蒙古国文物保护工作方面的国际文化遗产交流合作的国别研究成果，更好地推动文物保护国际合作交流，但我们的视野和能力还远远不够，还有很长的路要走。不过，我们坚信"山再高，往上攀，总能登顶；路再长，走下去，定能到达"。

第一章　蒙古国历史文化遗产简述

第一节　地理环境与历史发展

一、自然地理与社会文化环境

蒙古国（Mongolia）地处亚欧大陆腹地，位于亚洲中部的蒙古高原，是世界第二大内陆国家，地处东北亚的地理位置重要，北部与俄罗斯西伯利亚相邻，东、南、西三面同中国接壤，最西点到哈萨克斯坦共和国最东端只有38千米。蒙古国东西最长处2368千米，南北最宽处1260千米，边境线总长8219千米，其中中蒙两国边境线长达4710千米（图1-1）。

蒙古国以"蓝天之国"而闻名于世，一年有三分之二的时间阳光明媚，大部分地区属典型的大陆性温带草原气候，即大陆性高寒气候，西北部地区属温带针叶林气候，许多高峰终年积雪。蒙古国地处蒙古高原，自然条件差，气候比较恶劣，季节变化明显，冬冷夏热，春、秋两季短促，气候较干燥。冬季漫长严寒，每年9月至次年5月，常有暴风雪，每年有一半以上时间为大陆高气压笼罩，是世界上最强大的蒙古高气压中心，是亚欧大陆亚洲季风气候区冬季"寒潮"发源地之一，最低气温可至-40℃至-50℃（最低曾达到-60℃）；夏季短暂干热，最高气温可达38℃，戈壁地区最高气温达40℃以上（最高曾达到45℃），昼夜温差较大。常年平均气温为1.56℃。无霜期短，约有90～110多天，集中在6至9月。降水量很少，年平均降水量约120～250毫米，且70%集中在7至8月[1]。

蒙古国地质结构复杂，大部分地区为山地和高原，西部为山地，群山之间多盆地和谷地，且西部湖泊较多；东部为地势平缓的高地；南部是占国土面积三分之一的戈壁地区[2]。山脉多系火山岩构成，土层较厚，基岩裸露，土壤种类以栗钙土和盐碱土为主，北部有冻土层。例如，阿尔泰山呈西北－东南走向，平均海拔3000米，位于中、蒙边界上的友谊峰海拔4374米，为全国最高峰。总体来看，蒙古国地大物博，从北至南大体为高山草地、原始森林草原、草原和戈壁荒漠等6大植被带，有着广袤

1　中国国家商务部国际贸易经济合作研究院等：《对外投资合作国别（地区）指南：蒙古国》（2021年版），中国投资指南网 https://fdi.mofcom.gov.cn/。

2　《蒙古国概况》，中华人民共和国驻蒙古国大使馆官网。

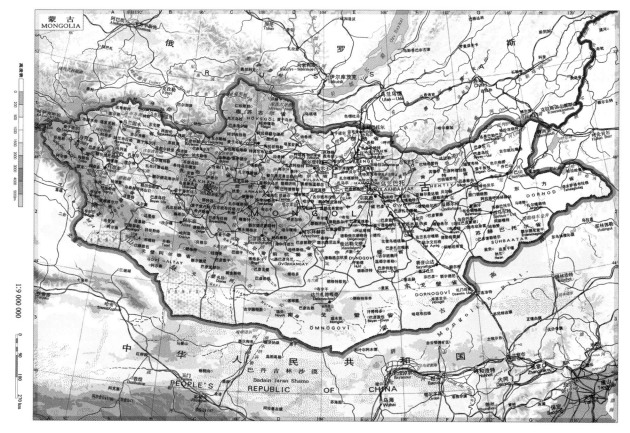

图1-1　蒙古国地图

的草原、森林、山脉和沙漠戈壁，布满淡水湖泊和河流，自然生态资源丰富，风光壮阔。如北部西伯利亚针叶林和南部的中亚草原、荒漠植被，分布在北部、中部地区的色楞格河、鄂尔浑河、克鲁伦河和科布多河等多条河流，分布在西北地区的乌布苏湖、库苏古尔湖、吉尔吉斯湖和哈拉乌苏湖等湖泊，都是非常重要的自然和生物资源。蒙古国作为传统的游牧民族，辽阔草场和河流湖泊是其赖以生存的根本，野生动物和畜牧业资源丰富，戈壁沙漠和奇旷山脉同样是宝贵资源。如杭爱山位于蒙古国中部，平均海拔3000米，西北东南走向；肯特山（蒙古国人尊为圣山）位于蒙古国东部，平均海拔2000米，东北西南走向[1]。

　　蒙古国植被由北部西伯利亚针叶林和南部的中亚草原、荒漠组成，全国森林覆盖率约为8.2%[2]。其中，高等种子植物有103科596属2251种，苔藓植物有40科119属293种，地衣植物有30科70属570种，蘑菇有12科34属218种，药用植物有52科154属574种，主要有蒙古茅草、科尔金斯基茅草、戈尔嘎诺夫旋花、格鲁保夫针叶棘豆、胡杨、山川柳、沙枣、菖蒲、芨芨草、看麦娘等。野生动物约有60种哺乳类（濒危者约28种），70多种鱼类，460多种鸟类（濒危者20多种），主要有旱獭、野驴、野马、野骆驼、羚

1　澳大利亚孤独星球（Lonely Planet）公司编：《蒙古》，中国地图出版社，2015年。

2　《蒙古国家概况》，人民网http：//politics.peop。

羊、野山羊、母盘羊、黑尾黄羊、角鹿、戈壁熊、麝、豹、海狸、水獭、貂、密鼠、鹈鹕、雪鸡、野鸡、皂雕、鹫、鸿、猫头鹰、枭、啄木鸟等[1]。

蒙古国矿产资源丰富，境内已探明的有80多种矿产和6000多个矿点，已建有800多个矿区和8000多个采矿点，主要蕴含铁、铜、钼、煤、锌、金、铅、钨、锡、锰、铬、铋、萤石、石棉、稀土、铀、磷、石油、油页岩矿等，其中煤、萤石、钨、金、铁、锡等蕴藏量较大，铜、钼矿储量位居亚洲前列，煤炭、铜、金等矿产品储量居世界前列[2]。目前已探明煤炭蕴藏量约1520亿吨、铜约2.4亿吨、铁约20亿吨、磷约2亿吨、黄金约3100吨、石油约80亿桶等[3]。由此，所谓"Mingolia"（蒙古国）意指其巨大的矿产财富。

蒙古国非常重视环境保护和自然资源的合理适度利用，建立了保护区和国家公园系统，将一些重要的戈壁沙漠、草原山川等原始景观划定公布为76个国家严格保护区、国家公园、自然和历史古迹以及自然保护区，占到了国土面积的14%以上，有些已经申报成功或预备申报世界遗产，多形式多样态推动自然和文化遗产资源保护管理与合理利用。

蒙古国按行政区划分为21个省和首都乌兰巴托市（Uaanbaatar），全国共有331个县和1681个自然村[4]。21个行政省分别为中部的中央省、前杭爱省、后杭爱省，北部的鄂尔浑省、色楞格省、达尔汗乌勒省、布尔干省、库苏古尔省，东部的肯特省、东方省、苏赫巴托尔省，南部戈壁地区的中戈壁省、戈壁苏木贝尔省、东戈壁省、南戈壁省、巴彦洪格尔省、戈壁阿尔泰省，西部的扎布汗省、乌布苏省、巴彦乌勒盖省、科布多省。首都乌兰巴托市位于蒙古国中北部的图拉河畔，分别与中央省、肯特省、色楞格省的10多个县接壤。乌兰巴托市是具有近四百年历史的古都，历史上曾被称为"库伦"（Khuree），后依次更名为"大库伦"（Ikh Khuree）、京都库伦（Niislel Khuree）。乌兰巴托市是蒙古国政治、经济、文化、教育、科学中心，设有首都公民代表大会（市议会）和首都市政府，全市共下设9个行政区（图1-2）。蒙古国其他主要的城市有额尔登特市、达尔汗市等[5]。

蒙古国地旷人稀，国土面积156.65万平方千米，总人口约340万（截至2020年12月底），是全球人口密度最低的国家之一，人口密度约每平方千米2人。蒙古国人口分布地域不均衡，全国近半数人口集中居住在全国最大城市乌兰巴托市，常住人口约150万，其他主要人口集中城市包括额尔登特、达尔汗等。根据蒙古国2010年7月颁布的《在蒙外国公民法律地位法》，在蒙古国境内因私居留的外国公民总人数不得超过蒙古国总人口的3%，其中一国公民人数不得超过总人数的1%。目前，长期居留在蒙古国的中国公民约3万人，其中包括华侨1700余人在内[6]。

1　《蒙古国》，百度百科网址http：//baike.baidu.c。

2　中国国家商务部国际贸易经济合作研究院等：《对外投资合作国别（地区）指南：蒙古国》（2021年版），中国投资指南网https：//fdi.mofcom.gov.cn/。

3　曹乐蒙：《蒙古国外资企业投资环境研究》，哈尔滨工业大学硕士论文，2019年。

4　中国国家商务部国际贸易经济合作研究院等：《对外投资合作国别（地区）指南：蒙古国》（2021年版），中国投资指南网https：//fdi.mofcom.gov.cn/。

5　同前注。

6　中国国家商务部国际贸易经济合作研究院等：《对外投资合作国别（地区）指南：蒙古国》（2021年版），中国投资指南网https：//fdi.mofcom.gov.cn/。

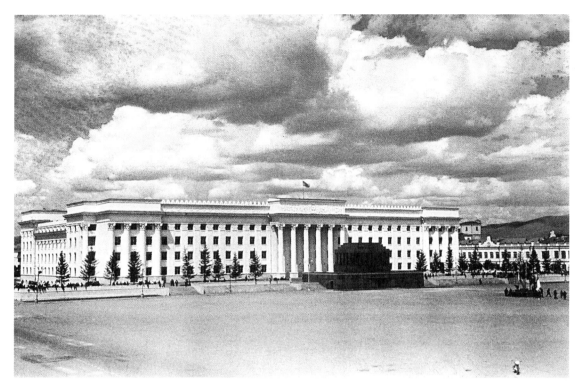

图 1-2　乌兰巴托市区建筑（1961 年）

蒙古国的官方语言为喀尔喀蒙古语，有 95% 的当地居民使用。文字为斯拉夫蒙古语（即西里尔蒙古文，又称新蒙文），根据蒙古国政府 2020 年 3 月 18 日正式通过的《蒙古文字国家大纲》，从 2025 年起全面恢复使用回鹘式蒙古文（即俗称的传统蒙古文）[1]。喀尔喀蒙古族为主体民族，约占蒙古国人口的 80%，此外还有哈萨克族、杜尔伯特族、巴噶族、巴亚德族、布里亚特族、土尔扈特族、达克哈德族、查坦族、乌梁海族、乌珠穆沁族、达里甘嘎族等 15 个少数民族。蒙古国居民主要信奉喇嘛教，也有一些居民信奉萨满教、基督教和伊斯兰教等。根据《蒙古国国家与寺庙关系法》，喇嘛教为国教[2]。蒙古国特色民俗有敖包、哈达等，其中敖包是蒙古国草原上常见的供人祈祷、祭祀的场所。蒙古定居生活的居住设施多种多样，包括早期的木构建筑，而蒙古牧民至今仍保持着传统的游牧生活方式，并使用着传统的便携式住所蒙古包[3]。

二、历史发展与人文交往

蒙古草原是人类发祥地之一，分布着大量古代文化遗存，从迄今考古发现来看，这里大约距今 80 万

1　《蒙古国将从 2025 年起全面恢复使用回鹘式蒙古文》，新华网 2020 年 3 月 19 日，网址 https：//baike.baidu.

2　中国国家商务部国际贸易经济合作研究院等：《对外投资合作国别（地区）指南：蒙古国》（2021 年版），中国投资指南网 https：//fdi.mofcom.gov.cn/。

3　（蒙）J.Bayasgalan 著、王璐译：《蒙古的建筑遗产与保护》，《建筑与文化》2010 年第 11 期。

年前开始有了人类居住和活动[1]。从蒙古高原史前人类繁衍生息以来，历经匈奴、鲜卑、乌桓、敕勒、柔然、突厥、回鹘、契丹、女真、蒙古等多个民族先后长期活跃在蒙古高原上，从而造就了两千多年来多彩的草原文化和文明历史，也遗留下了丰富的珍贵历史文化遗产。

蒙古民族有着数千年的历史，蒙古国原称喀尔喀蒙古国。历史上，蒙古族作为马背上的民族，逐水草而居，以游牧为主要生活方式。13世纪初，成吉思汗孛儿只斤·铁木真统一大漠南北蒙古各部落，建立统一的蒙古帝国，所辖范围横跨欧亚大陆。其后人经过多年征战，1271年，由忽必烈改"大蒙古"国号为元，创立"大元国"，1272年迁都元大都（今北京）所控制地区包含了大部分中国地区，推行汉化，蒙古文化与汉文化交融发展。清朝时期，蒙古国隶属满族统治。从扎布汗省博物馆藏清朝雍正十一年（1733）"蒙古国驿站图"（底图为康熙年间）可以看出，清朝在此之前就有着通往蒙古国各地的非常完善的驿站系统，便于清廷统辖，实际上在13、14世纪的蒙古地区同样存在发达的驿站系统。

1639年，蒙古帝国于今天的后杭爱省一带创建了史上有记载的第一个都城，此后多次沿鄂尔浑河、色楞格河、图拉河流域迁移城市。1911年12月19日，借中国辛亥革命之机，在沙俄政府支持下，蒙古国从统治该国200多年的清朝宣布获得独立"自治"，并奉蒙古佛教的精神领袖八世哲布尊丹巴呼图克图（Javzandamba Khutagt）称博格达汗（Bogd Khan），即博克多格根活佛为蒙古国大汗，作为国家元首。1913年中俄签订协议，承认其自治，1919年放弃"自治"。1921年蒙古人民党领导的民主革命取得胜利，同年7月10日，在库伦（今乌兰巴托）成立君主立宪政府，后将次日定为国庆日（图1-3）。1924年11月成立蒙古人民共和国，将京都库伦更名为乌兰巴托（Ulaanbaatar）。20世纪上半叶以前，整个蒙古地区的政治、军事中心属于现在的扎布汗省首府乌里雅苏台（Uliastay），乌里雅苏台将军府统领蒙古军务，而彼时的库伦（今乌兰巴托）仅为宗教圣地，如今乌里雅苏台成为蒙古国历史文化名城。

蒙古国20世纪90年代初进行民主改革，现为设有总统的民主议会制国家，实行多党制，议会在国家运作中占有举足轻重的地位，各项重大决策甚至大项目都要经过议会投票通过。根据1992年1月通过并于同年2月12日起生效的新宪法，改国名为"蒙古国"[2]。近年来，蒙古国依靠矿业开发和矿产品出口，实现较快发展，经济发展前景广阔。另外，蒙古国人口少，且地域辽阔，自然风貌保持良好，是世界上少数保留游牧文化的国家之一，旅游业发展前景广阔，每年6至8月期间是蒙古国旅游旺季，旅游业在拉动国内经济发展方面逐渐发挥重要作用[3]。与此同时，蒙古国注重国际合作和人文交往，为本国发展开拓了较大空间。但是，蒙古国经济基础较差、产业基础薄弱，主要产业为采矿业、农牧业、交通运输业和服务业等。基于国内丰富的矿产资源，矿业成为蒙古国经济发展的重要支柱产业。畜牧业作为蒙古国的传统产业，一直是国民经济的基础，主要饲养羊、牛、马、骆驼。农业以种植谷物、蔬菜、土豆和饲料作物

1　萨仁毕力格：《蒙古国考古发现与研究述评》，《蒙古学研究年鉴》，2018年。

2　蒙古国历史研究，先后经历了民主革命时期（1921-1949年）、蒙古国的马克思列宁主义历史学时期（1950-1989年）、多元开放和重建历史的客观性的时期（1990年至今）等三个发展阶段，蒙古国历史学家长期的研究越来越使得蒙古国发展历史脉络更加清晰。参考《蒙古国历史研究简史（1921-1996年）》；中国国家商务部国际贸易经济合作研究院等：《对外投资合作国别（地区）指南：蒙古国》（2021年版），中国投资指南网https://fdi.mofcom.gov.cn/。

3　刘倩等：《蒙古国省级行政单元投资环境评价与投资对策研究》，《地理研究》2021年第11期。

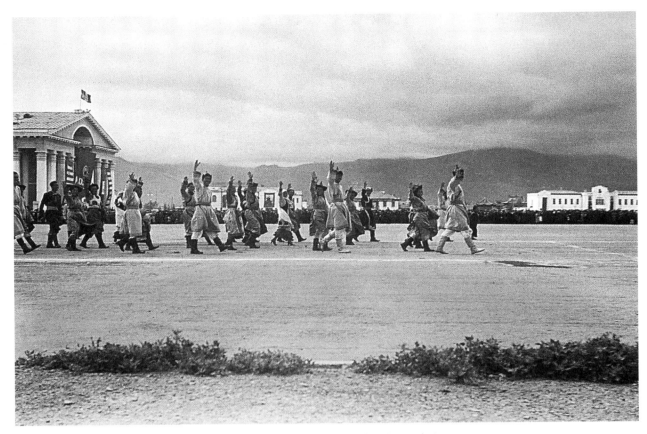

图1-3 乌兰巴托市区节日景观（1961年）

为主。蒙古国工业起步较晚，工业基础较为薄弱，科技发展相对滞后，以肉、乳、皮革等畜产品加工业为主，木材加工、电力、纺织、缝纫和采金业也具有一定规模。主要出口畜产品，进口机械设备、燃料、工业原料和生活日用品等。交通运输主要依赖铁路和公路[1]。

蒙古国1992年新宪法规定，蒙古国是独立自主的共和国，视在本国建立人道的公民民主社会为崇高目标，在未颁布法律的情况下，禁止外国军事力量驻扎蒙古国境内和通过蒙古国领土，国家承认公有制和私有制的一切形式，国家尊重宗教，宗教崇尚国家，公民享有宗教信仰自由。该宪法同时规定，根据公认的国际法准则和原则而奉行和平外交政策，蒙古国议会（大呼拉尔）1994年通过《蒙古国对外政策构想》中同样规定蒙古国奉行开放、不结盟的和平外交政策，强调"同中国和俄罗斯建立友好关系是蒙古国对外政策的首要任务"，主张同中国、俄罗斯"均衡交往，发展广泛的睦邻合作"[2]，同时重视发展同美国和日本等发达国家、亚太国家、发展中国家以及国际组织的友好关系与合作。2011年，蒙古国家大呼拉尔通过《新对外政策构想》，基本保留原有基础，并根据新形势进行补充，将"开放、不结

1 中国国家商务部国际贸易经济合作研究院等：《对外投资合作国别（地区）指南：蒙古国》（2021年版），中国投资指南网 https://fdi.mofcom.gov.cn/。
2 黄佟拉嘎：《冷战后蒙古国对外经济政策沿革及中蒙合作研究》，辽宁大学硕士论文，2021年。

盟的外交政策"拓展为"爱好和平、开放、独立、多支点的外交政策",强调对外政策的统一性和连续性[1]（图1-4）。

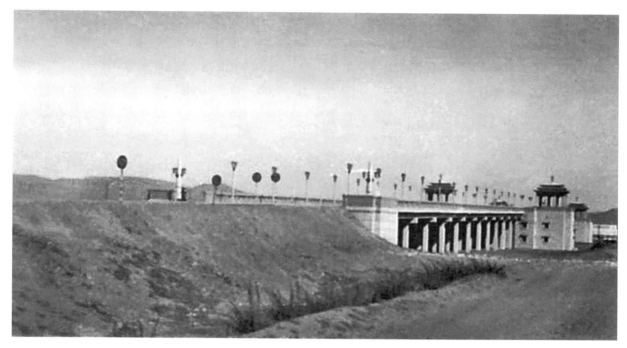

图1-4　和平桥远景（1960年）

蒙古国与中国山水相连,互为重要友好邻邦,历史和文化渊源深远醇厚,人民友谊源远流长。中国与蒙古国交往过程中,始终坚持顺应时代潮流和民心所向,坚持与邻为善、以邻为伴,坚持睦邻、安邻、富邻的周边外交方针,一贯秉持亲诚惠容理念和正确义利观,携手推动构建人类命运共同体。蒙古国是最早承认中华人民共和国的国家之一,1949年10月16日与新中国建交。1960年5月31日在乌兰巴托签订《中蒙友好互助条约》,同年10月12日生效。20世纪60年代中后期,两国关系经历了曲折的道路。1989年两国关系实现正常化,两国睦邻友好合作关系发展顺利,交往日益密切。1994年4月,两国在乌兰巴托修订并签署《中蒙友好合作关系条约》,为两国关系健康、稳定发展奠定了政治、法律基础。1998年12月,蒙古国巴嘎班迪总统对中国进行国事访问,双方发表了阐明21世纪两国关系发展方针的《中蒙联合声明》。2003年两国宣布建立睦邻互信伙伴关系。2011年两国宣布建立战略伙伴关系。2013年10月,蒙古国时任总理阿勒坦呼雅格访华,同李克强总理共同签署《中蒙战略伙伴关系中长期发展纲要》。

当前,中蒙两国关系保持良好发展势头,达到历史最高水平。中蒙两国领导人保持密切沟通,从战略高度引领双边关系发展。两国人民的相互理解不断加深,蒙古国各界乐见中国繁荣稳定,希望中国为世界和平发展做出更大贡献。2014年8月,习近平主席对蒙古国进行国事访问,深刻强调"好邻居金不

1　金婷:《蒙古国"永久中立"地位问题研究》,上海外国语大学博士论文,2018年。

换"¹，将两国关系提升至全面战略伙伴关系的新高度，为两国政治、经贸、文化等多领域合作创造了良好环境。2016年7月，李克强总理对蒙古国进行正式访问，并出席第十一届亚欧首脑会议，两国领导人就全面深化各领域务实合作达成广泛共识，为两国关系的进一步发展指明了方向。2018年8月，应蒙古国对外关系部部长朝格特巴特尔邀请，中国国务委员兼外交部部长王毅对蒙古国进行正式访问，此访为进一步落实两国最高领导人所达成的重要共识，推动"一带一路"倡议同"发展之路"（草原之路）战略对接起到积极作用。"2019年迎来中蒙两国建交70周年，双方高层交往频繁。应国家主席习近平邀请，蒙古国总统巴特图勒嘎对中国进行国事访问并出席第二届'一带一路'国际合作高峰论坛，两国领导人达成了一系列重要共识，为两国关系进一步发展指明了方向"²。中蒙两国经济互补性强，经贸合作潜力巨大。长期以来，在双方共同努力下，两国经贸合作按照矿产资源、基础设施、金融合作"三位一体、统筹推进"的总体思路顺利开展。中方提出"一带一路"倡议以来，得到蒙方积极响应，双方已就加快对接中国"一带一路"倡议和蒙古国"发展之路"战略达成重要共识，为两国经贸合作创造了新机遇³。随着中国"走出去"企业赴蒙古国投资经营规模不断扩大，中蒙两国经贸合作不断取得各项成绩，实现互利共赢，推动中蒙经贸关系平稳、较快发展。

近两年中蒙抗疫合作可圈可点，"羊来茶往"传为佳话，加深了两国人民友好情谊。2020年初突如其来的新冠疫情全球肆虐，中蒙两国政府和人民守望相助、共克时艰，在国际合作抗疫中谱写了特殊而又朴实友谊，更加淬炼了历久弥坚的中蒙友好关系。2020年初中国新冠肺炎疫情防控最为严峻的特殊时刻，蒙古国总统巴特图勒嘎访华，中国国家主席习近平在与他会谈时说："总统先生作为疫情发生后首位访华的外国元首，专程来中国表达慰问和支持，充分体现了总统先生和蒙方对中蒙关系的高度重视和对中国人民的深厚情谊，是中蒙两个邻国守望相助、同舟共济的生动诠释，我对此表示赞赏。"⁴与习近平主席会谈后，巴特图勒嘎总统将代表蒙方赠送3万只羊的证书交由中方，这一暖心、朴实的行动得到中国民众的广泛关注和赞赏⁵。中方在蒙古国疫情告急之时共提供400多万剂疫苗，生动诠释了真情互助的友邻情谊。2021年，中蒙两国领导人通电话或举行视频会晤，有力深化了两国政治互信和全面战略伙伴关系。中国共产党和蒙古国执政党人民党都具有百年历史，两党深刻总结发展合作历程，进一步对接发展蓝图。2022年2月3日至8日，蒙古国总理奥云额尔登来华出席北京2022年冬奥会开幕式，其间，中华人民共和国主席习近平在北京会见奥云额尔登总理，国务院总理李克强同奥云额尔登总理举行会晤，两国领导人在亲切友好的气氛中，就中蒙关系和共同关心的问题深入交换意见，达成广泛共识，共同发表了《中华人民共和国政府和蒙古国政府联合声明》。习近平主席指出，"中蒙山水相连，互为重要友好邻邦，维护好、巩固好、发展好中蒙关系符合两国根本和长远利益。中方一贯秉持新诚惠容理念发展对蒙关系，愿

1 习近平：《守望相助，共创中蒙关系发展新时代——在蒙古国国家大呼拉尔的演讲（2014年8月22日，乌兰巴托）》，《人民日报海外版》2014年8月23日第4版。
2 《习近平同蒙古国总统巴特图勒嘎会谈》，《人民日报海外版》2019年4月26日第1版。
3 萨础日娜：《中国"一带一路"与蒙古国"草原之路"对接合作研究》，《内蒙古社会科学（汉文版）》2016年第4期。
4 习近平：《团结合作是国际社会战胜疫情最有力武器》，《求是》2020年第8期。
5 柴文睿：《友谊传佳话团结谱新篇》，《人民日报》2022年01月22日03版。

同蒙方一道，深化两国互信、友好、合作，推动中蒙全面战略伙伴关系迈上新台阶[1]"。奥云额尔登表示，"黄金难换好邻居"，中国就是蒙古国用黄金也不换的好邻居，中国的发展强大带动世界更加重视亚洲的价值文化，蒙古国愿意搭乘中国发展快车，深化同中国合作，愿同中国共产党加强党际交往和治国理政交流，愿同中方密切对接蒙古国"新复兴政策"和"一带一路"倡议及中国"十四五"规划，将蒙中全面战略伙伴关系提升到新的水平，使蒙中关系成为邻国交往和国际关系的典范[2]。2022年9月15日，习近平主席在乌兹别克斯坦撒马尔罕国宾馆会见乌赫那·呼日勒苏赫总统时指出，中蒙关系保持良好发展势头，两国各领域交流合作取得积极成果。中方把中蒙关系摆在周边外交重要位置，愿秉持亲诚惠容理念，同蒙方一道弘扬传统友谊，拓展互利合作，推动中蒙全面战略伙伴关系迈上新台阶[3]。

多年来，蒙古国在商贸文化和人文交流等多个领域的国际合作不断取得新成效。例如，根据蒙古国与外国政府间文化教育科学合作协定，蒙古国已与50多个国家交换培养留学生。近年来，中国商务部、教育部每年向蒙古国提供约500余名全额奖学金名额，包括不同专业领域的大学本科、研究生和博士生来华留学深造。此外中国商务部、中联部等部门每年也向蒙古国提供各类短期援助培训名额，聚焦亟须的专业人才培养。再譬如，2005年，中蒙两国联合申报蒙古国长调民歌进入人类口头和非物质遗产代表作。值得一提的是，文物领域的国际交流合作由来已久，在联合考古研究、历史古迹保护和文物交流展览等多个方面都取得了较为突出的历史成就。如蒙古国教育文化及科学部门与中国西安文物保护修复中心合作，开展了专业技术人才访问交流和文物保护技能培训，与日本文化机构合作，培训了许多在蒙古科技大学学习土木工程的学生，使他们掌握如何进行建筑遗产保护。

第二节 文物古迹资源概况

一、历史文化遗存简况

蒙古国历史文化遗产资源相对较为丰富，据考古调查统计分类，不可移动的历史文化遗存大致可分为古生物遗迹、石器时代遗址、岩画及雕刻和雕塑、古墓葬、祭祀遗址、古建筑、生产生活遗址等多个类别。蒙古国文物古迹资源经历了长期不断的考古调查和文物普查，无论种类和数量都在逐步丰富和增加。据2008年以前的资料统计，石器时代遗址19处，岩画72处，石碑和鹿石47处，早期城址34处，墓葬56处，石像70处，寺庙40处，共计338处[4]。又根据多年以后2015年公布的普查数据，全国21个省和1

---

1 《习近平会见蒙古国总理奥云额尔登》，《人民日报海外版》2022年2月7日第4版。

2 《习近平会见蒙古国总理奥云额尔登》，《人民日报海外版》2022年2月7日第4版。

3 《习近平会见蒙古国总统呼日勒苏赫》，《人民日报海外版》2022年9月16日第2版。

4 此类统计应当是按照古墓葬群、岩画群、鹿石群等为单位规模的调查统计方法得出的古迹数量，与后来的古迹数量大幅度增加的统计标准和内涵存在不同。参考：中国内蒙古自治区文物考古研究所、蒙古国游牧文化研究国际学院、蒙古国国家博物馆编《蒙古国古代游牧民族文化遗存考古调查报告（2005~2006）》（文物出版社，2008年）。

个首都行政区内共发现各类遗址点9537处，另有分布于野外的不可移动文物86157处，包括单体的古墓葬、鹿石、石人等。可移动的文物藏品种类繁多，涵盖馆藏传世文物和考古调查采集与发掘出土品，例如包括从旧石器时代的岩画、石器，到新石器时代的陶器、磨盘，再到青铜时代的管銎斧、铜胄，从早期铁器时代的釜、衔镳，到匈奴时代的车马器、箭镞，再到突厥时期的石人、碑刻，从回鹘时期的摩尼教遗物到蒙元时期的帝国遗物，再到近现代民俗类文物等，具体统计数据不得而知。

蒙古国是全球少数保留游牧文化的国家之一，文化古迹众多，文化遗产具有年代跨度大、分布范围广、种类丰富的基本特点。从遗迹遗物年代来看，从古人类活动遗迹遗物一直延续到19世纪。从种类分辨，包括岩画、古墓葬、古遗址、古建筑、雕塑等不可移动文物，以及数量众多的可移动文物，且石质文物遗存是一个重要特色。同时，众多考古遗址、文物建筑等历史古迹除了具有自身鲜明的草原历史文化特色外，很多都与中国有着较深厚的历史渊源。另外，蒙古戈壁沙漠是世界上最大的恐龙化石库，其中的白垩纪恐龙化石遗址等是闻名于世的古生物遗迹。

二、考古遗址资源

已知蒙古国的文物古迹中，从石器时代到蒙古帝国时期的考古遗存占较大部分[1]，这无疑得益于百余年来蒙古国内和国际合作考古工作的重要成果。19世纪末以来，沙俄一些探险家和学者开始考察蒙古国古代遗存，而蒙古国学者独立自主开展考古调查研究大致始于20世纪40年代末，当时主要是考察居住在蒙古的游牧民族的文化和文明以及这些民族古代社会的情况，同时也使文物古迹得到确认和保护。直至现在，经历百余年来的考古工作成就，尤其是20世纪90年代以来在多个考古研究领域与多个国家开展大量的国际合作考古研究，蒙古高原考古快速全面发展，不仅基本建立了从旧石器时代至清代的蒙古国考古学文化谱系，也探索保护了大量考古遗址，逐渐使蒙古国成为世界考古学的热土之一[2]。

蒙古国境内已发现的考古遗存主要有石器时代的"石器制造场"和被誉为"原始艺术"的岩画，青铜时代和早期铁器时代的墓葬和岩画，匈奴时代的古城、墓葬、鹿石和岩画，突厥时代的石雕像、碑铭和围墙[3]，回鹘时代的古城和碑铭，契丹时代和蒙古时代的古城、古塔等大量古代文化遗存，主要分布在鄂尔浑河、图拉河、色楞格河、克鲁伦河、翁金河等内陆河流域和乌布苏湖、哈尔乌苏湖周围，以及中、南戈壁地区[4]。

1　参考：（苏联）普·巴·科诺瓦洛夫等著、陈弘法译：《蒙古高原考古研究》"蒙古历史文化遗存"综述，内蒙古出版集团、内蒙古人民出版社，2016年；（蒙）D.策温道尔吉、D.巴雅尔、Ya.策仁达格娃、Ts.敖其尔呼雅格原著，（蒙）D.莫洛尔俄译、潘玲、何雨蒙、萨仁毕力格译，杨建华校：《蒙古考古》（东北亚与欧亚草原考古学译丛），上海古籍出版社，2019年。
2　萨仁毕力格：《蒙古国考古发现与研究述评》，《蒙古学研究年鉴》，2018年。另外，内蒙古博物院萨仁毕力格主持完成的国家社科基金西部项目"蒙古国考古学概论"（批准号为：14XKG004，2016年立项，2020年6月结项）研究成果值得学界期待。
3　包文胜：《古代突厥于都斤山考》，《蒙古史研究》（第十辑），2010年。
4　（苏联）普·巴·科诺瓦洛夫等著、陈弘法译：《蒙古高原考古研究》，内蒙古出版集团、内蒙古人民出版社，2016年。中蒙联合考古队（塔拉、陈永志、张文平）：《千里踏查游牧文化——中国首次蒙古国考古行动》，《中国文化遗产》2006年第4期。

在蒙古国众多的考古遗址中，除了发现数量相对较多的南戈壁省巴彦扎格恐龙化石等古生物遗迹、戈壁沙漠化石遗址和岩洞及岩画等石器时代遗址外，公元前1000年左右的青铜时代的石板墓、石堆墓（积石墓）、鹿石墓等是蒙古草原青铜时代代表性文化遗存之一，分布于今天蒙古国和俄罗斯外贝加尔地区，从蒙古东部到阿尔泰山，从贝加尔湖到戈壁地区都有发现，其中由片石构筑的方形墓常常与鹿石共存。

蒙古国境内广漠的草原地带还广泛分布着众多岩画、岩壁题刻和鹿石、石雕像等，都是不同时代、不同民族在历史长河中繁衍活动的印迹，也都体现了曾经活跃在欧亚草原上的古代游牧民族用石头镌刻和垒筑纪念性或者祭祀性实物的传统习俗与精神信仰。蒙古国境内岩画和鹿石分布与保存地域尤为广泛，是众多古代人类精神文明的重要岩画遗存汇集地之一，据20世纪80年代的调查统计，岩画大致分布于11省46处地点，另据近10年来在蒙古国进行的考古调查，目前已发现600余处岩画遗存，不仅如此，每年的考古调查也不断有新的地点被发现，位于南戈壁省古尔班赛汗国家公园的哈茨盖特岩画就是其中一处可追溯至公元前3000年到8000年的非凡岩画群[1]。

鹿石是广泛分布于欧亚草原地带青铜时代晚期重要的考古学文化遗存，竖立于赫列克苏尔（祭坛）与石堆、石圈祭祀址组成的大型祭祀遗址中的石碑遗存，以蒙古国中西部地区分布最为密集，数量最多，种类也最为丰富，年代约为公元前16～公元前7世纪（图1-5）。据2015年以前的统计，全世界已知存在的700余件鹿石中就有500余件遗存于蒙古国境内，仅后杭爱省汗努伊谷（Khannui Valley）地区大约有30件鹿石及其周围约1700处埋葬马头骨的马冢，是东亚地区最大且最为集中的鹿石分布地之一，库苏古尔

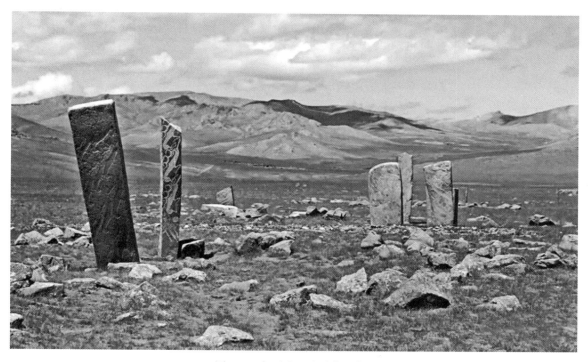

图1-5　鹿石遗址（采自网络）

1 （蒙）巴图宝勒德著、特尔巴依尔译：《蒙古地区岩画研究的最新成果》，《北方民族考古》（第6辑），2018年。

省木伦市西北乌希根乌韦（Uushigiin Uver）青铜时代遗址的14件奇妙鹿石雕刻也是蒙古古代岩石艺术的最佳典范之一，附近山岭里还有约1400处墓葬[1]。另据最新发表的调查和统计数据，蒙古国15个省境内发现鹿石1241通（含2018年以来在蒙古国境内新发现的80余通），在俄罗斯外贝加尔、图瓦、阿尔泰、中国新疆、中亚及欧洲地区分布有300多通[2]。另外，在包括蒙古国在内的广大欧亚草原地带，发现从公元前1000年前延续到13世纪较长历史时段的石人是极具特色的古迹遗存，其中突厥石人如同在蒙古非常之多的大多数鹿石一样，大都与葬俗有关，有墓主石像和往往成排分布的所谓杀人石之分，蒙古高原上发现的突厥杀人石数量较多，最多者一排长达一两千米就分布有200余个，可谓蔚为壮观[3]。

古代国家时期的匈奴、突厥、回鹘时期的墓葬遗存文化内涵丰富，不同形制和规格的石圈墓、石堆墓不仅数量巨大，而且也都很有时代和地域特色。仅在蒙古国境内，2011年以前在70多个地区共发现4000余座匈奴墓葬，其中已发掘约400座[4]，随着考古工作的不断深入，匈奴墓葬发现的数量不断增加，目前已超过5000多座，另发现匈奴考古遗迹有10多个居址群以及无数的岩石艺术品。岩壁题刻和碑铭等文字类遗存更是有趣的历史事件见证，如发现于中戈壁省德勒格尔杭爱县杭爱山余脉的《封燕然山铭》就是其中非常重要的发现[5]，位于后杭爱省车车尔勒格市以东约22千米的泰哈尔岩群（Taikhar Chuluu）巨石题记也非常有纪念意义。值得关注的是，在图拉河、鄂尔浑河等广大流域的多个地点发现多语种重要石碑20件左右，如有名的突厥时期《托尼乌科克石碑（Stele of Tonyukok）》《毗伽可汗碑（Bilge Khagan）》《阙特勤碑（Kul-Tegin）》《布古特碑》《翁金碑》《暾欲谷碑》和回鹘时期《九姓回鹘可汗石碑》《塔里亚特碑》以及蒙元时代赑屃碑座等碑刻文字遗存，大多矗立于古墓旁或祭祀性纪念地甚至城址上。另外，蒙古民族也具有构筑城市和修筑防御设施的悠久传统，考古发现的龙城遗址、哈喇巴拉嘎斯古城（Khar Balgas）、镇州城（青－陶勒盖－巴勒嘎斯）、哈拉和林城址（Kharkhorin）等草原古城是值得关注的匈奴、突厥、回鹘、契丹、蒙元时期都城类重要历史古迹。

关于匈奴单于庭“龙城”遗址，即匈奴人的统治中心和宗教祭祀等重要礼制性中心，根据零星文献记载推断，大致位于如今蒙古国中部地区杭爱山脉一带。据《汉书·匈奴传》云：“五月，（匈奴）大会龙城，祭其先、天地、鬼神。”蒙古国国立乌兰巴托大学考古小组对匈奴王朝政治中心经过十多年的考古调查探索，2017年在蒙古国首都乌兰巴托以西大约470千米处的后杭爱省额勒济特县发现一座城址，与同年发现大型土木祭祀建筑台基遗迹的三连城遗址区域相距不远。此后进行多年的系统性发掘和研究，发现写有“天子单于”“与天无极，千（秋）万岁”的巨型瓦当，其中“天子单于”瓦当在蒙古国境内属于首次发现，证明该遗址就是匈奴单于庭“龙城”遗址[6]。

哈喇巴拉嘎斯古城是回鹘（Uighur Khaganate）都城遗址即回鹘牙帐城址，位于后杭爱省浩吞特

---

1 澳大利亚孤独星球（Lonely Planet）公司编：《蒙古》，中国地图出版社，2015年。

2 （蒙）Ц.图尔巴特等编：《蒙古及周边地区鹿石文化》（全三册），蒙古国Munkhiin Useg出版公司，2021年。

3 陈凌：《突厥汗国与欧亚文化交流的考古学研究》，上海古籍出版社，2013年；陈凌：《草原狼纛：突厥汗国的历史与文化》，商务印书馆，2015年。

4 （蒙）策·图尔巴图著、萨仁毕力格译：《蒙古国境内匈奴墓葬研究概况及近年新发现》，《草原文物》2011年第1期。

5 齐木德道尔吉、高建国：《蒙古国<封燕然山铭>摩崖调查记》，《文史知识》2017年第12期。

6 《蒙古国考古学者说匈奴单于庭“龙城”遗址已被找到》，新华网2020年7月20日。

（Khotont）苏木境内鄂尔浑河和吉日门泰河交汇处，回鹘人曾于744～840年统治蒙古地区，于公元8世纪中叶（751年）筑成该堡垒。公元840年，黠戛斯人突袭了这座都城，回鹘汗国灭亡。蒙古国和德国联合考古队曾对这座古代大型城市进行过发掘，城址面积约25平方千米，城内有商业贸易区、手工业区、宫城和寺庙等。宫城面积为边长600米见方，有南北两个城门，地表现存宫城城墙高约12米，墙垣上有多处瞭望塔，宫城中心现存14米高的佛塔一座，西南角有城堡（Kagan）一座，宫城外三面壕沟环围，外围分布成排的佛塔和灌溉水渠遗存（图1-6）。曾在城内寺庙遗址周围发现一通立于唐宪宗元和九年（814年）的《九姓回鹘可汗石碑》，用粟特文、汉文、鄂尔浑－叶尼塞文（鲁尼文）镌刻保义可汗的事迹，又称作《保义可汗碑》。

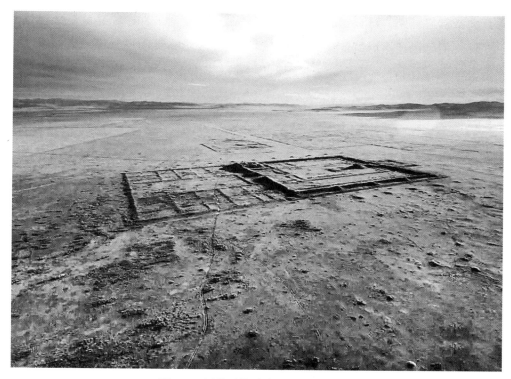

图1-6　回鹘牙帐城遗址（采自网络）

　　哈拉和林是蒙古帝国时期的都城，位于乌兰巴托以西365千米处，13世纪由窝阔台汗敕令修筑，是蒙古国最鼎盛时期的政治、经济、文化中心，1368年毁于明朝征战。“哈拉和林”在突厥语中是黑石头之意。城址规模庞大，南北长约4千米，东西宽约2千米，周围城墙环绕。蒙古帝国征服了欧亚大陆大部分土地后，地处杭爱山东侧和鄂尔浑河出山口草原深处的哈拉和林成为欧亚大陆的政治中心，此处穿梭着各国的使节和纳贡的驼队，甚至众多的亚欧商人、权贵、工匠、传教士等都汇集于此地，是历史上的繁华重镇。随着忽必烈因蒙古贵族间的内斗而将帝国首都南迁大都后，哈拉和林都城失去了昔日辉煌，成为掩盖在草原下的废墟，在附近兴起的额尔德尼召喇嘛庙成为守护昔日草原帝国的荣耀。哈拉和林是列入联合国教科文组织世界遗产名录的蒙古国唯一人类文化遗产保护项目。

除此而外，在蒙古国东方省等地还分布有多处藏传佛教石刻等，如Ikh Burkhant是一处巨大的藏传佛教仰佛石刻雕塑建筑群，地处蒙古国东方省喀尔格县喀尔喀河西岸35千米山丘处，整个雕塑建筑群如平铺在草原上的一张巨大的唐卡（图1-7）。另有为数不多的防御性城堡或者类似城墙一类的古代建筑类遗址，如位于肯特省（Khentii）成吉思市至巴特希雷特区之间的奥格洛格金城墙（Öglögchiin Kherem），为长3.2千米的山前石墙，有着"施主墙""成吉思汗城堡"之说，也曾被认为属于防御工事或猎场，另据围墙内考古发掘发现60余座墓葬推测，可能属于一处皇家陵园。据《蒙古秘史》记载，历史学家和当地人认为曲雕阿兰（Avarga）即肯特省德勒格尔汗区是蒙古帝国的首座都城，1220年迁都哈拉和林，而不远的布尔罕合勒敦山（Burkhan Khalduun）是蒙古最神圣的山脉，相传是成吉思汗的疑冢之一。另外，在蒙古国境内的东方省中北部地区还保留有成吉思汗边墙遗存（Wall of Chinggis Khaan），因坍塌损毁严重，当地人称其为成吉思汗路，苏赫巴托尔省东南部等地也有一定的保存，这就是分布范围广大的金界壕遗址，可能在辽代就已经开始修筑。在科布多省科布多市区北部残存1762年前后清政府修建的桑根城墙（Sangiin Kherem）及其衙署、寺庙、墓地等遗址。在俄蒙边境的蒙古国境内还遗存有南恰克图买卖城城址等。

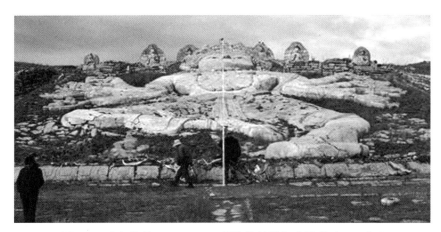

图1-7　喀尔格县Ikh Burkhant藏传佛教雕塑建筑群（2010年）

三、历史文物建筑

蒙古国历史文物建筑当中，包括寺庙、民居和古老博物馆建筑遗产，其中除了为数不多的契丹时期砖塔和一些清代关帝庙（蒙古人称"格萨尔庙"）等遗存外，现存地面古建筑主要为明清时期尤其是19至20世纪初叶以前所修建的喇嘛庙、塔殿等寺院庙宇类型遗存，而且有较多已不同程度地遭受损毁或改动，现代修建使用的多处佛教僧院便是在原有的寺庙古迹基址上建筑而成（图1-8，表1-1）。19世纪初叶前后，库伦（Urga，乌兰巴托旧称）地区有百余座寺庙（Süm）和僧院（Khiid），僧侣约5万人。20世纪初期，蒙古国拥有583座佛教寺院和260多座不同类型宗教场所，蒙古的佛教一路盛行至20世纪20年代。

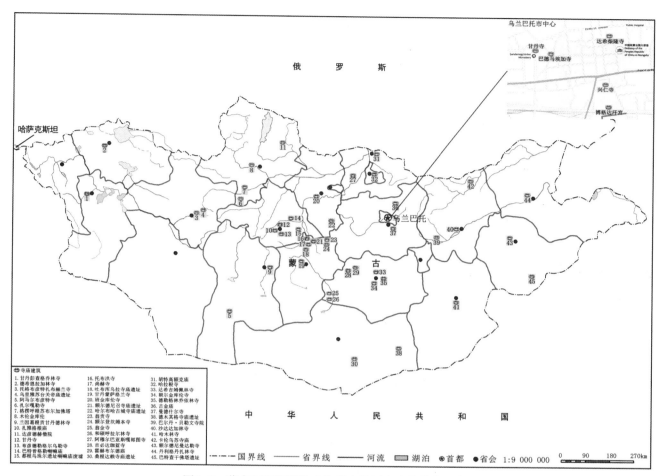

图1-8　蒙古国现存部分寺院庙宇类历史建筑分布示意图

20世纪20年代，共产主义革命者在苏联的支持下接管了蒙古国政府，并试图镇压传统宗教。1921年，蒙古国实行人民革命，实行君主立宪制。1924年，大活佛哲布尊丹巴呼图克图圆寂后，蒙古国便废除了君主立宪制，成立了人民共和国，政府对宗教则采取了限制、批判和消灭政策，还颁布了禁止宗教信徒对寺院布施等内容的《关于教会和国家分离的法令》。20世纪三四十年代，蒙古共产党政权在霍尔洛·乔巴山（Khorloogiin Choibalsan）的授意和斯大林的高压下，于1937～1938年发生暴力清洗，摧毁了无数佛教场所，数千名喇嘛被捕并被处决，上万名佛教徒被屠杀，蒙古国所有的1000多座寺院都被关闭，其中共有700余座寺庙被完全摧毁，还包括经书和其他宗教物品，蒙古国宗教遗产遭到残酷践踏。一些幸存下来的建筑被国有化，用于非宗教目的，包括被改造成博物馆。如1937年乌兰巴托一带的宗教"清洗"运动中，只有甘丹寺、博格达汗（Bogd Khan）的绿宫（Green Palace）或冬宫（Winter Residence）以及乔伊金喇嘛庙（Choijin Lama Temple）等极少数寺庙作为宗教博物馆而得以保存，保存情况较完好。

20世纪90年代初期，蒙古国人民才开始再次公开信奉佛教，有了宗教信仰和宗教仪式。蒙古国议会于1993年11月11日颁布的《国家与寺庙关系法》（据蒙古国《国家通讯》1993年第8期）当中，规定寺庙的财产和经济关系依据蒙古国相关法律来协调，寺庙应将自身所有的历史、文化遗产上报国家登记和收藏，寺庙在举行宗教活动时，可根据合同从博物馆、图书馆提取所收藏的历史、文化遗产使用[1]。由此可见，寺庙建筑及其相关文化遗产不仅得到了专门法律保护，而且能够较好地共享活用。

蒙古大地上佛教寺庙（Khiid）星罗棋布，是了解蒙古人精神家园最直接的窗口，其中最具代表性的宗教遗产之一便是藏传佛教喇嘛教寺庙，是藏传佛教在蒙古草原广泛流传的历史见证。蒙古藏传佛教受到了多重文化的影响，蒙古国的藏传佛教建筑大致可分为三期，早期（1586至17世纪末期）寺院以安多以及汉代建筑风格为主，中期（17世纪晚期至19世纪下半叶）受到了卫藏的直接影响而以大型库伦和小型帐篷寺院等为主要特点，晚期（1840年以后）则在俄罗斯等影响下形成了独特的建筑风格，表现出多元化的特点，既有如格斯尔寺的汉式寺院也有藏式建筑，还有一些蒙古特有的混合蒙古帐篷概念的寺院建筑[2]。由于20世纪30年代以后的政治运动，使蒙古国建筑发展戛然而止，受到了极大影响。

蒙古国历史建筑风格相对来说较为单一，其中一些是建立在蒙古建筑风格之上的，而一些是建立在中国古典建筑、蒙古藏式建筑、蒙中混合的建筑风格之上。蒙古国现存喇嘛庙寺院建筑布局多呈"回"字形，汉、藏式建筑风格兼备。据说清代蒙古地区的建筑工匠大都来自山西陕西地区，喇嘛庙的建筑包括油饰彩画在内显然具有汉地工匠的因素。同时，基于在城镇和定居点没有拆卸蒙古包的必要，因此蒙古人用木头或砖来修建蒙古包，这样的蒙古包式建筑也被用作寺院庙宇，今天的寺院中比较常见。

表1-1   蒙古国现存寺院庙宇类部分历史建筑统计简表

编号	寺庙名称	地理位置	修建年代	保存现状
01	兴仁寺（Choijin Lama Temple）	乌兰巴托市中心东南部	始建于1904年，1908年完工	完整，现存大君庙、主寺庙、召殿、本尊殿和和平殿等5座寺庙建筑。现辟为兴仁寺博物馆（又称乔伊金喇嘛庙博物馆）。乔依金（Choijin）又译作"吹仲"，是一些僧侣的荣誉法号之意。
02	甘丹寺（Gandan Khiid）	乌兰巴托市中心西北部	19世纪初叶前后	完好。即将来斯格庙（俗名冈登寺、甘登寺），寺内保存高达26米的章冉泽大佛像（Migjid Janraisig statue）。
03	达希柴隆寺（Dashchoilon Khiid）	乌兰巴托市区北部	始建于1890年	又译作达希乔依伦寺，20世纪30年代末被毁，现局部重建。乌兰巴托市另有门巴达仓寺等相关寺庙。
04	博格达汗宫（Palace of the Bogd Khan）	乌兰巴托市南郊	1893年	又译作博格多汗冬宫（Winter Palace of the Bogd Khan），汉名广慧寺，寺院建筑保存完整，现改成寺院博物院对外开放。
05	曼德什尔寺（Mandshir Khiid）	中央省宗莫德东北6千米博格达汗山严格保护区山坡山	明清时期	佛教僧院，曾经居住约350名僧侣。毁于1937年斯大林"大清洗"时期，20世纪90年代部分寺庙建筑得以修复，主寺庙修复后已辟为一座僧院博物馆，其他建筑依然为废墟。遗址区遗存1口铸造于1726年的大铜锅，主寺庙后面岩石上有一些18世纪的佛教岩画。

---

1   图门其其格：《蒙古国国家与寺庙关系法》，《世界宗教文化》1999年第4期。

2   陈未：《蒙古国藏传佛教建筑的分期与特色探析》，《世界建筑》2020年第11期。

续表

编号	寺庙名称	地理位置	修建年代	保存现状
06	古金庙（Günjiin Süm）	中央省特雷勒吉村北20余千米西巴彦河（Baruun Bayan Gol）岸边	1740年	佛教寺庙。额驸登道布道尔吉（Efu Dondovdorj）为纪念其满族亡妻阿玛尔兰吉（Amarlangui）而修建。古金庙曾为一座庞大僧院的一部分，僧院另有5座寺庙、1座塔和约70平方米的蓝墙。该寺院主要因为疏于维护以及人为破坏、盗窃而成废墟。
07	阿穆尔巴亚斯嘎郎图寺（Amarban-gasgalant Khiid）	色楞格省巴润布仁县山谷中	1727~1736年	汉名"庆宁寺"，清政府为在蒙古地区传播佛教，遵照康熙皇帝的圣旨，为一世哲布尊丹巴活佛扎纳巴扎尔修建该寺，如今是蒙古寺庙建筑的典范。
08	胡特高额克庙（Khutagt Ekh Datsan）	色楞格省苏赫巴托尔市区	不详	佛教僧院。一座有一位女性喇嘛领袖的小寺庙。
09	哈拉根寺（Kharaagiin Khiid）	色楞格省达尔汗市老城区	不详	属于在被毁寺庙遗址上修建的佛教僧院。
10	沙达达加林寺（Shadavdarjaliin Khiid）	肯特省成吉思市（温都尔汗）市区西部	1660年	佛教僧院。寺庙建筑群外围有围墙，是蒙古国第一所佛教哲学学校所在地。1938年被毁，鼎盛时期约有1000多名僧侣居住。
11	巴尔丹·贝勒文寺院（Baldan Bereeven Monastery）	肯特省南德勒格尔区的荒原上，地处西扎尔嘎朗特河（Baruun Jargalant）深谷中	始建于1700年，19世纪初期增扩建	又译作巴勒丹巴莱涂寺（Baldan Baraivun Khiid），地处偏远，寺庙破败。鼎盛时期是蒙古国三大僧院之一，曾经是蒙古国规模最大的寺庙之一，约居住有5000名喇嘛。20世纪30年代被毁。现存三座未曾破坏而又经过修复的神庙以及近50座神庙和佛塔与其他宗教建筑的遗迹，主要的Tsogchin庙建于1813年，体现了蒙古民族建筑与藏族风格建筑和寺院建筑融合的规划特征。近年来已基本得到修复并开放，其中主寺庙天花板龙形图案修复于2010年。
12	卡伦乌苏寺庙	肯特省达达勒地区不儿罕合勒敦山以北约22千米卡伦乌苏泉	不明	小型佛教寺庙，据说为纪念经常来此地的扎纳巴扎尔而修建。
13	丹利格丹扎林寺（Danrig Danjaalin）	东方省乔巴山市区西北部	1840年前后	佛教僧院，北寺庙3间，南寺庙4间，1937年关闭，直至1990年重新开放。
14	额尔德尼曼达勒寺（Erdenemandal Khiid）	苏赫巴托尔省西乌尔特市区	不详	佛教僧院。现为新建僧院，外部环绕的院墙顶端有108座佛塔。原僧院始建于1830年，距离新僧院约20千米，鼎盛时期有7座寺庙，居住有约1000名僧侣，1938年被毁。
15	巴特查干（Bat Tsagaan）佛塔遗址	苏赫巴托尔省达里干嘎镇山口	1820年	现存佛塔地处阿勒坦敖包附近山顶处，修建于1990年，为毁于1937年的巴特查干佛塔原址。达里干嘎镇另有建于1990年的佛教僧院翁恩寺（Ovoon Khiid）。

编号	寺庙名称	地理位置	修建年代	保存现状
16	班金库伦寺（Bangiin Khuree）	布尔干省布尔干市西南约2.5千米山丘旁	明清时期	班金库伦寺（Bangiin Khuree）与蒙古国大多数寺院一样，毁于1937年，寺院建筑群遗址附近残存数座佛塔和修建于1876年的亭子1座，曾有约1000名僧侣居住和供佛。1992年在寺院遗址上修建了名为达希乔音阔隆寺（Dashchoinkhorlon Khiid），现藏有宗喀巴和释迦牟尼雕像以及1幅老寺院的布局绘画。
17	哈尔布哈古城寺庙遗址	布尔干省达欣其楞苏木境内	16世纪末、17世纪初	建于哈尔布克契丹古城遗址（Kitan Balgas）之上，寺庙院墙保存较好，院落布局基本清晰。
18	木伦金库伦（Möröngiin Khuree）	库苏古尔省木伦市西郊	1890年前后	原有僧院被毁，曾居住约2000名僧侣。1990年6月重新建成名为丹增达利亚寺（Danzandarjaa Khiid）并对外开放，藏有珍贵的唐卡。
19	达彦德赫僧院（Dayan Derkh Monastery）	库苏古尔省查干乌尔镇以东38千米乌尔河畔	2006年	木屋寺庙，修建于一座古老僧院遗址之上，寺院以东15千米为神圣的达彦德金洞穴。
20	格楞呼根苏布尔加佛塔（Gelenkhuugiin Suvraga）	库苏古尔省新伊德尔村以南约38千米	1890年	由当地英雄Khainzan Gelenkhuu（1870~1937年）修建。
21	扎尔嘎勒寺	库苏古尔省扎尔嘎勒镇以南约26千米山上	2001年	在原有的老寺庙基础上修建而成。
22	额尔德尼召寺庙遗址（Erdene Zuu Khiid）	前杭爱省哈剌和林苏木东部哈剌和林古城遗址之上	始建于1586年	完整。庙址院落约400米见方，每边围墙可见数目相等的白色佛塔，院外四角各两座小佛塔，共计108座，院内佛塔9座，寺庙建筑主要分布于院内西部，分主殿、佛堂、经堂等建筑，属汉式、藏式建筑结合风格。全国历史最悠久的寺庙。
23	甘丹蒙萨格兰寺（Gandan Muntsaglan Khiid）	前杭爱省阿尔拜赫雷市区西北部	明清时期	寺院规模相对较大，毁于1937年，1991年重新修复开放，收藏有描绘僧院最初规模等内容的精美唐卡。
24	吐布浑乌拉寺庙遗址	前杭爱省呼吉尔特苏木杭爱山吐布浑乌拉山峰之上	明清时期	山峰上建有城堡，山峰下台地建有寺庙，保存完整。
25	托布洪寺（Tövkhön Khiid）	前杭爱省哈拉和林以西杭爱山中	17世纪	山顶僧院。是否与吐布浑乌拉寺庙遗址、图布浑寺（Monastery of Tuvkhun）为同一处寺庙？坐落于士利特乌兰山（Shireet Ulaan Uul）山顶，1653年扎纳巴扎尔创建，并曾于此居住、禅修和创作之地生活达30年。1937年被毁。20世纪90年代早期受公共基金资助得到重建复兴而成为蒙古人的主要朝圣之地。

编号	寺庙名称	地理位置	修建年代	保存现状
26	尚赫寺（Shankh Khiid）	前杭爱省哈剌和林以南约26千米尚赫村	创建于1648年	僧院，曾被称为（Shankh Western Monastery），扎纳巴扎尔创建，据说曾保存过成吉思汗的黑色军旗，也曾居住过1500多名僧侣。1937年被关闭并被烧毁，20世纪90年代早期重新开放。
27	额尔登坎姆本寺（Erdiin Khambiin Khiid）	前杭爱省哈剌和林以东乎戈诺汗山南麓	明清时期	寺院遗迹。仅存较古老寺庙遗址1座，新建寺庙数座。
28	翁贡寺（Övgön Khiid）	前杭爱省哈剌和林以东乎戈诺汗山南麓山谷	1660年	寺院遗迹。毁于扎纳巴扎尔的对手准噶尔部噶尔丹（Zungar Galdan Bochigtu）的军队。
29	巴特曾格勒喇嘛庙	后杭爱省巴特曾格勒县城塔米尔河畔	清代	早期寺庙建筑被毁，残存遗迹，现已部分修复。
30	扎雅格根庙（Zayayn Gggeenii Süm）	后杭爱省车车尔勒格市区	初建于明万历年间（1586年），清代康熙年间（1679年）修葺扩建	又译为扎耶因盖盖尼庙（Zayain Gegeenii Süm）或扎雅葛根库伦寺（Zaya Gegeenii Khüree Monastery），庭院式寺庙建筑，共5座寺庙，其时僧侣多达1000名。现辟为后杭爱省博物馆，为蒙古国保存最好、最完整的喇嘛庙，因改建为博物馆而避免了斯大林的清洗运动。
31	布彦德勒格尔乌勒寺（Buyandelgerüülekh Khiid）	后杭爱省车车尔勒格市区后杭爱省博物馆南侧	不明	现在使用的僧院，扎彦格根（Zayan Gegeen）为僧院的传统领袖，供奉主像为释迦牟尼。
32	甘丹寺（Galdan Zuu Temple）	后杭爱省车车尔勒格市布尔干山（Bulgan Uul）前的后杭爱省博物馆西北部	明清时期	早期寺庙被毁，已在寺庙遗迹之上新建，前面有1尊7米高的佛像，山上遗存一些佛教碑刻。
33	都根乌珠尔遗址喇嘛庙废墟	后杭爱省浩腾特苏木南12千米处的都根乌珠尔山谷内	清代	中蒙合作考古2010年发掘发现，保存有3处喇嘛庙废墟、1处附属于喇嘛庙的垃圾坑。
34	达希吉姆佩林寺（Dashgimpeliin Khiid）	中戈壁省曼达勒戈壁镇北部	1936年前	属于1936年中戈壁省53座寺庙之一，1937年被蒙古国家安全委员会（Mongolian KGB）摧毁，直至1991年重新开放。
35	德勒格林乔依林寺（Delgeriin Choiriin Khiid）	中戈壁省曼达勒戈壁镇	1936年前	20世纪30年代被破坏，曾居住约500名僧侣，现已重建。

续表

编号	寺庙名称	地理位置	修建年代	保存现状
36	朝尔金库伦寺（Tsorjiin Khureenii Khiid）	中戈壁省曼达勒戈壁镇	清代	僧院拥有200年历史，残存建筑群和石头遗迹。
37	霍赫布尔德庙（Süm Khökh Burd）	中戈壁省额尔德尼达来镇东北72千米桑根达来湖中岛屿上	10世纪	寺庙废弃，仅存遗迹。18世纪前后修建一座宫殿，现亦仅存宫殿遗迹。
38	吉必达珈蓝寺（Gimpil Darjaalan Khiid）	中戈壁省额尔德尼达来镇	18世纪末	曾居住约500名僧侣，20世纪30年代因作为仓库和商店利用而幸免破坏。1990年僧院重新开放，现存藏传佛教格鲁派创始人宗喀巴雕像。
39	翁金寺（Ongiin Khiid）	中戈壁省赛汗敖包西区与翁金河沿岸小山区	18世纪中期、19世纪初叶	由两处寺庙遗址构成，分别为位于翁金河北岸的巴里拉姆寺（Bari Lam Khiid），建于1810年；位于该河南岸的胡特高拉姆庙（Khutagt Lam Khiid）建于1760年。曾为蒙古国最大的僧院之一，居住有1000多名僧侣。1937年被毁。1990年以来僧侣在遗迹上开设商店，2004年在原寺庙建筑基础上建成一座小寺庙。寺院一侧建有蒙古包博物馆，展示原寺院绘画等艺术品。
40	和硕呼拉尔林寺（Khoshuu Khuralin Khiid）	中戈壁省赛汗敖包西区与翁金河南岸翁金寺以南21千米	不详	破败僧院遗迹，地表残存碎砖建筑结构，散见陶器等。
41	哈木林寺（Khamaryn Khiid）	东戈壁省赛音山达市以南34千米	19世纪中期	诺彦胡特高丹增热布嘉（Noyon Khutagt Danzan Ravjaa）修行的寺庙，1821年修建僧院并创建了蒙古第一座剧院，20世纪30年代被毁。
42	德木其格寺庙遗址	南戈壁省汗博格多苏木境内	明清时期	现存10余处院落，土坯、砖石混建，主体建筑前有多个圆形建筑台基，部分砖石雕刻图案精美。
43	桑根寺庙遗址	南戈壁省脑穆贡苏木境内	明清时期	共存6座寺庙和1座佛塔，寺庙由主殿、配殿及门廊组成，属汉式和藏式混合型建筑风格。
44	兰因葛根贡甘丹德林寺（Lamyn Gegeenii Gon Gandan Dedlin Khiid）	巴彦洪戈尔省巴彦洪戈尔市以东20千米	明清时期	曾为蒙古国最大僧院之一，1937年被夷为平地。现于巴彦洪戈尔市区北部修建了同名僧院，供奉一尊释迦牟尼雕像和白绿两色的度母（Tara）雕像。
45	阿马尔布彦特寺（Amarbuyant Khiid）	巴彦洪戈尔省新津斯特以西47千米	明清时期	包括寺庙建筑和围墙等遗迹。曾有约1000名僧侣居住生活，1937年被毁。现主寺庙被修复。

编号	寺庙名称	地理位置	修建年代	保存现状
46	甘丹彭查格乔林寺（Gandan Puntsag Choilon Khiid）	科布多省科布多市区西南1.5千米	不详	佛教僧院，是蒙古国西部最大的僧院，整个僧院由围墙和108座佛塔环绕，主寺庙供奉1尊佛像和10尊护法神。2010年对外开放。市区北部残存1762年前后清政府修建的桑根城墙（Sangiin Kherem）和寺庙等遗址。
47	德希恩拉加林寺（Dechinravjaalin Khiid）	乌布苏省乌兰固木市区	始建于1738年	曾有7座寺庙，居住约2000名僧侣。1937年被毁。现建成一顶混凝土蒙古包。
48	托格布彦特扎布赫兰寺（Tögs Buyant Javkhlant Khiid）	扎布汗省乌里雅苏台市区东北部	不详	山前地带佛教僧院。东北1.6千米处残存扎布赫兰陶勒盖满族军事要塞遗迹等。
49	乌里雅苏台关帝庙遗址	扎布汗省乌里雅苏台市区东北郊	清雍正十二年（1734年）	已废弃，寺庙格局较清楚，遗址上残存石碑1通。
50	巴德马埃加寺（Badma Ega Datsan）	乌兰巴托市区西北隅	清代	完整。乌兰巴托市一座重要的关帝庙文物建筑，与甘丹寺同处一地区，隶属于甘丹寺。

注：本表参考中国内蒙古自治区文物考古研究所、蒙古国游牧文化研究国际学院、蒙古国国家博物馆编《蒙古国古代游牧民族文化遗存考古调查报告（2005～2006）》（文物出版社，2008年）和澳大利亚孤独星球（Lonely Planet）公司编《蒙古》（中国地图出版社，2015年）等资料整理而成。

第三节 历史文化遗产研究与保护管理

一、历史文化遗产保护管理现状

（一）文物政策法律法规

根据1992年通过的《蒙古国宪法》规定，土地和自然资源、文化遗产可以获得国家所有权并受到国家保护。蒙古国文化领域主要法律法规有《蒙古国文化法》《蒙古国文化遗产保护法》和《蒙古国教育法》《蒙古国国家与寺庙关系法》等法规，其中1971年通过对历史文化古迹保护的第一部法律，古迹保护的具体事宜由政府进行协调解决。2001年通过了关于文化遗产保护的新法律及文化遗产名录。2006年蒙古国颁布的法律，针对国际合作中对考古发掘的不同争论，规定严禁外国考古队在蒙古国随意进行考古发掘，需要经过严格的批准方准合作考古工作。2014年修订颁布的《文化遗产保护法》为全国性质的文化遗产保护法律，该法律中规定了各类遗产的定义和认定程序、各级政府长官和机构的管理责任等。对于违法行为的惩罚措施并未做出明确规定，因此，近年来日益猖獗的盗掘和走私行为虽然多被查处，但是违法者所受到的惩罚较轻，未能起到震慑作用。

针对国家公园和保护区以及世界遗产地，蒙古国除了制定并颁布实施《特别保护区法》（1994年）、《联邦特别保护区法》（1995年）以及《特殊保护区缓冲区法》（1997年）外，根据2008年通过的《蒙古国家发展政策》，2009年通过了《蒙古国教育文化和科学部法令》等，确保在新的《法律》保护下、在可持续发展的框架内特别保护蒙古国的文化遗产，相关的文化遗产等所有组成部分均受到国家最高法律的保护和地方的有限保护地位。如作为国家特别保护区和世界遗产地的鄂尔浑谷地文化景观中的文物古迹，有5个主要遗址被指定为特殊保护区，而20个历史和考古遗址被指定为保护古迹。

（二）文化遗产管理及业务机构

蒙古国文化遗产事业由教育文化科学体育部下设的国家文化遗产中心统一管理，相当于中国国家文物局的行政职能。建筑遗产保护维修和其他文物修复等文化遗产保护经费由国家财政预算支出。其次，全国从事文化遗产保护或者科学研究相关工作的单位共计47家，包括16家公立博物馆、24家地方博物馆、3所公共寺院、1所私人寺院和3所公立大学。在各省还有共计265家不同规模的地方研究室参与相关工作。另外，还有1家非官方研究机构为游牧文化研究所，属于联合国教科文组织下属的研究机构。

截至目前，据统计蒙古国全国从事文化遗产保护和研究工作的专业技术人员约100余人，主要分布于蒙古国立民族历史博物馆（国家博物馆）、国家科学院历史与考古研究所、蒙古国立大学、乌兰巴托大学、哈拉和林博物馆等少数高校和专业科研院所。其中，蒙古国科学院历史与考古研究所作为全国最大的考古学研究机构，承担着较多数量的考古发掘与合作研究项目。大量的博物馆、寺庙等遗产保护机构没有相关专业技术人员。现有专业技术人才中，除了少数有在俄罗斯、中国、韩国、日本留学或培训进修的经历之外，绝大部分为蒙古国本国自己培养。蒙古国文化遗产专业人才的主要培养机构为乌兰巴托大学、蒙古国立大学、蒙古国科技大学等少数高等院校。其中，乌兰巴托大学考古学系目前每年招收本科生约30人，而蒙古国立大学考古学系招收本科生极少，目前主要以培养硕士和博士研究生为主。

（三）分级分类保护管理

依据蒙古国国家文物保护相关法律规定，类似于中国的文物保护单位制度，将这些不可移动的古遗址和文物采取划分保护单位级别的办法，具体可分为三个保护级别，即国家级保护单位、省级保护单位和公共保护单位，其中的公共保护单位类似于一般性保护单位。据蒙古国政府于2008年第175号文件公布的文物资源数据，目前蒙古国被列为国家级保护单位的不可移动文物175处，省级文物保护单位275处。2020年1月8日第13号文件新公布的国家级文物保护单位新增至182处。在这些文物保护单位中，有117处建筑遗产的建筑物，其中75处属于中央政府保护，42处属于地方行政（省会城市）保护，这些建筑物大多被用作博物馆及寺庙。寺庙使用管理方根据政府协议，负责一些寺庙建筑的小规模维修保养，而政府对于文物建筑的大规模修缮则给予经费支持[1]。

---

1 （蒙）J.Bayasgalan著、王璐译：《蒙古的建筑遗产与保护》，《建筑与文化》2010年第11期。

对于可移动文物，则划分为珍贵文物和一般文物两个保护级别。截至2013年，蒙古国政府先后认定珍贵文物共计776件。

（四）文物保护利用现状评价

虽然蒙古国政府和人民在文物保护方面进行了一定努力，取得了骄人的成就，但从整体保护现状来看，由于受经济发展条件限制，蒙古国在文化遗产保护利用方面还不是十分理想，还存在较多发展改善的空间。例如，广泛分布于各省区的较多古遗址和墓葬群，由于人口稀少缺乏保护力量或远离人居之地，基本上缺乏有效保护，而且时刻面临被盗掘破坏的风险。即使经过考古发掘的重要古遗址和古墓葬中，包括高勒毛都1号、2号墓地、布尔干省突厥壁画墓等珍贵考古遗址，最终只能采取回填保护方式，其余均未得到有效保护，也都得不到建设保护管理设施而长期原址原貌展示利用，而仅有哈拉和林古城遗址的部分得到保护性展示。同样，一些建筑遗产因地理位置偏远及人口分布分散而对于文化遗产建筑保护方面也都是负面因素，另一种文化遗产建筑保护的问题是无视或不遵守文化遗产法律，且无视对城市发展规划中的文物保护。

蒙古国境内大量露天散存的雕像、碑刻等文物长期遭受雨雪风沙环境侵蚀，都不同程度地出现损坏迹象。不同时期的古塔等历史建筑多分布于人烟稀少的牧区，缺乏有效保护。现存的大量清代寺庙建筑都面临年久失修的实际状况，文物建筑存在诸多病害和隐患，都缺乏基本的安防、消防等安全保护设施。譬如，地处色楞格省深山之中的庆宁寺建成百余年来未曾有过大型修缮，大部分建筑的彩绘装饰起翘剥落，梁架结构也存在危险。即使是位于首都乌兰巴托市中心的乔金喇嘛庙等因为安全隐患导致已经关闭数年，博格达汗宫自2007年中国援助维修之后也再没有开展过修缮措施。从古建筑维修工程施工效能来看，由于受到寒冷的气候条件限制，蒙古国的工程建设和文物保护工程施工季节比较短，每年只有大概七个月，最多能达到九个月，中等规模的修复工程实施一般会持续大概1至2年。

从博物馆建设发展来看，除了蒙古国家博物馆之外，各省会城市基本都有省级博物馆，还有为数不多的几家古生物、自然、寺庙、考古遗址和历史名人等专题类博物馆以及规模较小的陈列展示馆。国家博物馆规模和展陈面积有限，而且展览内容较为单一，主要展出民俗文物和近现代文物，而古代文物的展陈面积极少。再如，国家自然历史博物馆拆除后，新馆尚未建成开放。哈拉和林博物馆为国家唯一一座考古专业博物馆，结合额尔德尼召景区得到了较好的社会利用效益。哈拉和林以北45千米的毗伽可汗石碑博物馆由土耳其考古队资助修建，是原址保存和展示突厥遗存的考古遗址博物馆。乌兰巴托大学考古博物馆和匈奴博物馆只是曾经短暂对外开放。与此同时，大量的出土文物得不到及时展览展示甚至有效保护。

蒙古国在建筑遗产保护方面，1973年成立对历史文化古迹保护的第一个专业性组织，包括保护工作室和设计研究组等，逐渐开始从事建筑古迹修复工程的基础研究和设计。目前，从事建筑修复设计和工程施工的公司及专业机构还极为缺乏，仍然面临保护资金、专业建筑师和工程师以及高素质工人的短缺问题。蒙古国目前的文化遗产保护专业人才队伍中，尤其是从事文物科技保护的人员十分缺乏，而大量出土文物或馆藏丝织品、木制品、骨制品、铜器、铁器等文物也得不到科学有效保护，甚至存在加速损坏的风险。

二、国际合作研究与文物保护

在文化遗产国际合作领域，为向全世界弘扬蒙古国民族传统文化，有效保护文物古迹，扩大文化产业合作，蒙古国政府不仅与相关国家开展学术交流研究和合作保护，还积极发展兴趣国家、国际组织及其他民间机构参与到经营文化产业相关活动中来，与各方共同保护民族传统文化遗产[1]。

从既往经历和当前现状来看，蒙古国文化遗产保护和研究工作主要依靠国际力量的协助来完成。多年来，蒙古国从联合国开发计划署及联合国教科文组织获得了一定的财政支持，也受到了一些国际组织和外国的援助。俄国、日本、韩国、中国、法国、德国、土耳其、匈牙利等20多个国家的专家学者先后与蒙古国开展合作，协助该国开展文化遗产保护与研究工作，其中该国与俄国合作的时间最为长久，而目前在蒙古国境内从事相关合作项目最多的国家则是中国。

截至目前，在所有开展的国际合作项目中，考古调查、发掘和研究项目占绝大部分，先后与来自俄罗斯、日本、美国、德国、韩国、哈萨克斯坦等国家的多支考古队伍合作，开展从旧石器时代至中世纪时代多项重大研究项目，有力支持了蒙古国考古发展和国际化进程，积极推动了蒙古文明历史研究的逐步深化。21世纪蒙古国国际合作考古研究中，最具突破性的是与中国广泛合作，其中内蒙古起到了关键的开拓性作用。从2005年内蒙古自治区文物考古研究所与蒙古国游牧文化研究国际学院等机构合作，在蒙古国境内实施《蒙古国境内古代游牧民族文化遗存考古调查与发掘研究》项目以来，尤其是2017年以来，至今先后已有中国国家博物馆、中国人民大学、吉林大学、内蒙古自治区文物考古研究院、内蒙古博物院、河南省文物考古研究院等高校和文博科研机构的多支中国考古队伍在蒙古国实施多方面考古研究的文化遗产合作项目，围绕草原游牧文化和"一带一路"倡议下的人类文化遗产保护与研究开展工作，使中蒙考古合作达到了空前的繁荣局面。2018年是蒙古国考古发掘取得丰硕成果的一年，全年共开展考古发掘与调查项目60余项，其中学生实习以及当地国家项目和配合基建项目不足20项，而国际合作项目就达40余项，从而可以看出蒙古国的国际合作与交流开展得比较多，覆盖面也比较宽广[2]。2019年12月，河南省文物考古研究院与乌兰巴托大学合作的考古项目获评年度"世界十大考古发现"，在蒙古国内引起了强烈反响，这也是中国学者首次实地参与匈奴贵族遗存的考古发掘研究。另外，北京大学、西北大学等高校也与蒙方有合作意向并正在洽谈。

2019年度是中蒙两国文化遗产领域合作取得重要成果的一年，除了前述重要考古发现外，一些跨境文物展览也展示出中蒙国际合作交流的最新成果。6月至10月在蒙古国家博物馆举办了"大辽契丹：中国内蒙古辽代文物精品展"，这是外国文物首次在蒙古国展出，展览引起了广泛的社会关注。2020年初，中国国家博物馆计划引进蒙古国精品文物到中国巡回展览，也已经与蒙方文化遗产机构达成初步意向，目前该计划正在实施中。

相比之下，文物古迹保护修复等文化遗产保护利用工作则较少开展，不过相比过去已经有了较大改

---

1 马知遥、刘旭旭：《"一带一路"：认识蒙古国文化的新起点——中国对蒙古国文化研究综述》，《丝绸之路》2016年第10期。

2 索明杰：《蒙古国考古综述》，《蒙古国学研究年鉴》，2018年。

善。目前已经实施过的文化遗产保护项目，包括中国政府援助修复兴仁寺和夏宫、日本援建哈拉和林考古博物馆、日本和越南在联合国教科文组织倡导下援助修复庆宁寺（Amarbayasgalant）、中国国家文物局支援修缮博格达汗宫等。

值得一提的是，庆宁寺是蒙古国重要的寺院建筑遗产，建造于1727至1736年间。1980年至1990年间，联合国开发计划署及联合国教科文组织提供财政援助总额共计34万美元，对庆宁寺进行过大型修复工程项目，其中的28个寺庙建筑和结构得到修缮。在联合国开发计划署及联合国教科文组织的援助项目框架内，包括建筑师、木工、砖瓦师、灰砖专家、艺术史家等方面的7个日本专家，为现场的蒙古国同行带去了很多专业知识，并且给建筑物提供了很多必要的设备，越南非常优秀的20个木匠同蒙古国的工人在这个项目上工作了4年[1]。

另外，位于肯特省（Khentei）的巴尔丹·贝勒文寺院（Baldan Bereeven Monastery）和其他蒙古建筑物都具有藏族或蒙古族建筑风格，由于坐落在风景如画的自然地理位置，许多寺庙的喇嘛都在这里修行，一直持续至1937年左右。20世纪30年代的反宗教运动后，寺庙都空无一人，甚至被摧毁。近年来，有关机构资助项目经费约6.7亿蒙古国币（约合49.6万美元），于2010年完成了对该寺庙的修缮工程，现在的寺庙渐渐恢复往日的盛景。除此而外，2011年有关机构还在后杭爱省（Arkhangai）的Zayiin Khuree地区对一处寺庙进行了修复工程。2020年以来，世界遗产基金会组织具有国际工作经验的外国专家目前正在帮助蒙古国艺术委员会设计保护遗址的总体规划，为蒙古国世界古迹保护提供相应的支持，如对兴仁寺建筑保护状况评估后计划合作开展雅达姆殿（Yadam）修复项目，力争成为遵循国际标准的修复典范，为乔伊金喇嘛庙博物馆和国家未来的修复工作奠定基础。这些蒙古国历史寺院建筑的国际合作修复，也赢得了蒙古国政府的高度赞赏和国际社会的关注，如中国西安文物保护修复中心工程师们因用心用情修缮博格达汗宫而获得蒙古国政府颁发的国家奖章，另如建筑师G.Nyamtsogt曾承担对始建于1586年的蒙古古代佛教寺院额尔德尼召（Erdenezuu）中佛陀的西方寺修复工程的设计工作，因主要得益于这项设计成果而于2010年在乌兰巴托举行的第14届亚洲建筑师协会论坛上被授予了金奖。

有鉴于此，蒙古国在考古研究与文物保护的工作关系上，有关学者已经对于目前存在的重发掘、轻保护的现状也表示不满，期望保护和展示领域能够得到切实关注。未来，蒙古国文化遗产领域的国际合作充满需求，也在多个方面有较多合作意向。

首先，文化遗产保护人才联合培养是最为关键的基础性合作工作。蒙古国现有的文化遗产专业人才体系中，文物保护类人才十分缺乏，除了能够对普通的陶器进行修复外，青铜器、铁器和漆木器等文物类型的保护修复人才基本没有培养。考古发掘出土的大量青铜器、铁器等都只能以碎片原状保存，持续遭受锈蚀侵害，木器脱水干缩变形现象普遍存在，大部分漆木器在考古现场无法提取，丝织品等有机物也因技术原因无法提取。这些现存的问题对文化遗产保护工作造成巨大影响，亟须国际支持，培训科技保护专业技术人才。近年来的中蒙合作考古发掘项目中，有意识地开展了出土文物和重要遗迹的现场保护技术培训，如中国人民大学与蒙古国国立民族博物馆的考古合作项目中注重现场文物保护与修复技术

1　（蒙）J.Bayasgalan著、王璐译：《蒙古的建筑遗产与保护》，《建筑与文化》2010年第11期。

培训和教学，在文物保护队员培训方面已经产生了较好效果。

其次，需要来自文化遗产保护修复和展示工程的国际援助。蒙古国学者已经认识到历史文物古迹保护展示工作的重要性，但是囿于国家经济条件和文物保护技术条件限制，目前蒙古国境内已经发掘完毕的重要古代遗址和墓葬没有一处实施科学保护展示工程。因此，这方面亟须来自国际上的资金和技术支持。

第三，历史建筑维护修缮同样需要国际援助。蒙古国境内现存的古建筑大部分为相当于中国清代以来的宫殿或者寺庙，具有很高的历史和文化艺术价值。然而，大部分文物建筑都年久失修，基本的安防消防措施缺乏，也随时面临雷电、火灾等隐患。蒙古国自身也缺乏古建筑保护修缮专业人才，因此迫切需要国际援助，尤其是来自中国长期以来积累的传统与现代保护技术相结合的历史建筑修缮技术援助。

三、世界文化遗产保护管理

通过积极申报列入世界遗产名录从而加强文化遗产保护管理和传承利用是蒙古国文化遗产保护的一种重要模式。1990年，蒙古国加入《保护世界文化和自然遗产公约》，直至2003年，"乌布苏盆地"成为蒙古国第一个成功申报列入《世界遗产名录》的世界遗产项目。截至2021年，蒙古国共拥有5项世界遗产，含阿尔泰山岩画群、鄂尔浑河谷遗产地、不儿罕合勒敦山及周围的神圣景观等3项文化遗产，以及与俄罗斯共同拥有的乌布苏盆地和达乌里亚山脉景观等2项自然遗产（表1-2）。近年来，蒙古国加快了申报世界遗产的步伐，2021年申报了"鹿石遗址"，但未获成功，2022年将申报"蒙古阿尔泰高地"。另外，蒙古国还精心从国家公园和保护区中凝练符合世界遗产标准的项目，将这些重要的自然和文化遗产资源列入了世界遗产预备清单[1]，目前包括蒙古阿尔泰高原（Highlands of Mongol Altai）、蒙古大戈壁沙漠景观（Desert Landscapes of the Mongolian Great Gobi）、蒙古东部草原（Eastern Mongolian Steppes）、蒙古圣山群（Sacred Mountains of Mongolia）、蒙古戈壁白垩纪恐龙化石地（Cretaceous Dinosaur Fossil Sites in the Mongolian Gobi）、蒙古戈壁岩画群（Petroglyphic Complexes in the Mongolian Gobi）、青铜时代文化的心脏——鹿石遗迹及相关遗产（Deer Stone Monuments, the Heart of Bronze Age Culture）、匈奴贵族墓葬（Funeral Sites of the Xiongnu Elite）、胡都阿勒考古遗址及周边文化景观（Archaeological Site at Khuduu Aral and Surrounding Cultural Landscape）、庆宁寺及其周边文化景观（Amarbayasgalant Monastery and its Surrounding Sacred Cultural Landscape）、巴尔丹·贝勒文寺院及其周边景观（Baldan Bereeven Monastery and its Sacred Surroundings）（图1-9）、宾德圣山及相关文化遗产点（Sacred Binder Mountain and its Associated Cultural Heritage Sites）等12项。

---

1   参考：联合国教科文组织网站之蒙古国世界遗产和蒙古国教育科学文化网站。

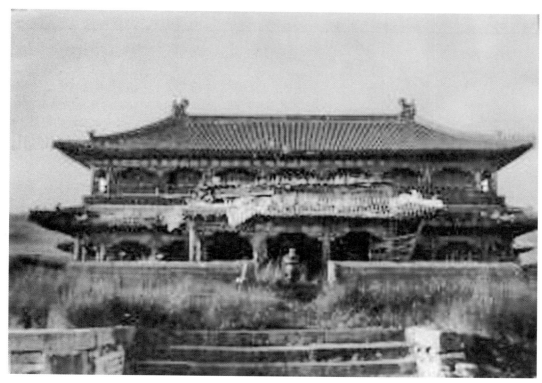

图1-9　修复前的巴尔丹·贝勒文寺院讲堂（Tsogchin庙）正视图（1979年）

表1-2　蒙古国世界遗产列表（共5项）

编号	遗产名称	遗产类别	列入年份	地理位置	遗产价值
1	鄂尔浑河谷文化景观（Orkhon Valley Cultural Landscape）	文化遗产	2004年	后杭爱省、前杭爱省、布尔干省、色楞格省	鄂尔浑河两岸宽广谷地上的大片草场和丰厚的历史遗存，体现出鄂尔浑河谷为当时政治权力、商业贸易和文化宗教的中心，也成为联通亚欧大陆东西的枢纽和文明交汇之地。
2	蒙古阿尔泰山脉岩画群（Petroglyphic Complexes of the Mongolian Altai）	文化遗产	2011年	巴彦乌列盖省	岩画群皆位于由更新世冰川作用形成的高山峡谷中，既包括岩刻也有彩绘，内容多为狩猎、放牧、舞蹈、战争、祭祀等活动以及各种家畜和野生动物形象，它们与附近的墓葬以及仪式性建筑遗迹共同反映出12000年来人类文明的发展变化，为了解中亚与北亚交界地区从史前时代至中世纪的社会发展提供了帮助。
3	布尔罕合勒敦圣山及周围神圣景观（Great Burkhan Khaldun Mountain and its surrounding sacred landscape）	文化遗产	2015年	肯特省	布尔罕合勒敦山坐落于肯特山脉中段，临近蒙古民族的世居之所斡难河（现鄂嫩河）源头，是蒙古乞颜部早期发展和蒙古帝国建立过程中一系列战争和重要历史时刻的见证，是蒙古民族崇拜的神圣之山。

续表

编号	遗产名称	遗产类别	列入年份	地理位置	遗产价值
4	乌布苏盆地（Uvs Nuur Basin）	自然遗产	2003年	蒙古国：乌布苏省、扎布汗省、库苏古尔省 俄罗斯：图瓦共和国	乌布苏湖及其周边盆地区域典型的大陆和盐湖地理特点和多样化的自然地貌特征带来了丰富多样的生态系统，为大量动植物提供了栖身之所，如濒危的雪豹、盘羊、北山羊以及超过220种鸟类，是众多鸟类的重要栖息地。
5	达乌里亚景观（又译作外贝加尔山脉、达斡尔景观，Landscapes of Dauria）	自然遗产	2017年	蒙古国：东方省 俄罗斯：外贝加尔边疆区	达斡尔严格保护区（Mongol Daguur SPNA）等4片遗产地涵盖了达斡尔草原北部从草原、森林、湖泊、湿地到荒漠和苔原的多种生态景观，是从蒙古国东部延伸至俄罗斯西伯利亚和中国东北的达斡尔草原生态系统的典型代表。

第二章 援助蒙古国文物建筑维修工程项目概述

第一节 时代及项目背景

一、时代背景

新中国刚成立，国外请求援助的信函便纷至沓来，蒙古国最早请求支援劳动力。1950年7月，我国首任驻蒙古国大使吉雅泰刚到任，蒙古国总理乔巴山就提出帮助解决急需劳动力的问题，其中就包括修复古庙的，这是有关向我国最早提出的对外援助请求。这时新中国刚成立不到一年，国内战争还没有结束，动员工人出国有困难，但中国并没有拒绝，答应这个问题容日后考虑[1]。1952年10月4日，在毛泽东主席见证下，周恩来总理和泽登巴尔总理代表两国政府于北京签订了《中华人民共和国和蒙古人民共和国经济及文化合作协定》，内容共三条：一是缔约双方同意在经济、文化、教育方面，建立、发展及巩固中华人民共和国与蒙古人民共和国的合作；二是根据本协定并为实现本协定计，中华人民共和国及蒙古人民共和国有关经济、贸易及文化教育部门之间将分别缔结具体协定；三是本协定应尽速批准，并自批准之日起生效，其有效期为十年，批准书在乌兰巴托互换，本协定如在期满一年未经缔结任何一方通知时，则将自动延长十年。本协定标志着中蒙两国经济和文化关系的正式确立，开始有计划、有步骤地对经济合作和文化交流进行规划实施[2]。

对蒙古国的劳动力和经济技术援助方面，20世纪50年代的中国在最为艰难的岁月给予了山水相连的友好邻邦莫大的支持和帮助。1954年11月，副总理乌兰夫率中共代表团访问蒙古国，周恩来总理指示外交部了解蒙方的困难以及我国可能给予的帮助，当时蒙古国提交了近40个工种12250名工人的清单。1955年4月7日，中蒙两国签订了《中华人民共和国政府与蒙古人民共和国政府关于中华人民共和国派遣工人参加蒙古人民共和国生产建设的协定》。为落实该协定，20世纪50年代，我国先后两次派遣援蒙人员两万多人，包括粗细木匠、泥瓦匠、制砖瓦、烧石灰、家具制造、厨师、裁缝、制靴、印染、捕鱼等近40个工种的工人。

---

1 杨丽琼：《新中国对外援助究竟有多少？——我国外交档案解密透露一九六○年底以前的实情》，《新一代》2007年第3期。

2 《中华人民共和国与蒙古人民共和国关于缔结经济及文化合作协定的公报》，《人民日报》1952年10月5日第1版。外交部编：《中华人民共和国对外关系文件集（1951~1953）》（第2集），世界知识出版社，1958年，第94页。

其中1955年4月，在周恩来总理的关心下，中国派出首批8200名工人赴蒙，帮助蒙古国建学校、医院、疗养院、专家招待所、热电站、玻璃厂、造纸厂、养鸡场等，甚至修复古庙[1]。这里的"修复古庙"人员（有的称"修庙的"）的派出，我们还没有掌握到相关记载，如果当年选派了修复古庙的专业技术人员和工人，那么文物领域援助蒙古国甚至对外合作交流的年代则至少要比1957年早两年多。

1956年8月，中蒙两国签订《经济和技术援助协定》，中国开始向蒙古国提供经济技术援助，中国无偿援助蒙古国1.5亿元人民币。中国从1956年至1959年，共无偿援助蒙古国1.6亿卢布，帮助蒙古国建设工业、农业、交通、文化设施等项目[2]。其中，1958年、1960年向蒙古国提供两笔长期低息贷款，至1964年共实施了21个项目，包括援建了2座火力发电厂及毛纺织厂、玻璃厂、造纸厂、砖瓦厂、蔬菜农场、养鸡场、医院、疗养院和6座桥梁等，而且由于蒙古国缺乏技术力量，这一时期的援助项目都采取中国包揽一切"交钥匙"方式，全部建成后将钥匙交给蒙方即可[3]。

中蒙两国建交初期，两国的建党与国庆等重大纪念日成为两国领导人来往的重要契机，也是政治交往的主要内容。与此同时，马匹、烟草、茶叶等传统商品成为中蒙之间有限贸易往来的基础，以此初步建立了贸易关系。随着中蒙友好外交关系的发展和对外援助的逐步开展，20世纪50年代以来中蒙之间大规模的文化交流，在中蒙关系史尤其是文化交流史上具有重要地位，也是当时中国对外文化交流的重要组成部分，不仅促进了中蒙关系的发展，也为两国的社会主义建设提供了积极因素。回顾新中国成立后中蒙文化交流的历史，积累其经验，对于今天的中蒙文化交流的繁荣发展，具有重要借鉴意义。

新中国成立之初和中蒙建交后，中国为促进两国的友好互信，从中国文化外交和新中国社会主义建设的需求出发，再结合两国关系的实际情况，向蒙古国提出文化交流的意愿，直到中蒙互派大使且两国大使到任后，双方关系才取得实质性进展，从而推动了中蒙文化关系得以建立，两国于1951年起建立文化联系。1952年初，当蒙古国向中国提出签订经济合作协定时，中国再次提出建立两国间的文化关系。如前所述，经中蒙两国的多轮谈判协商，最后签订了《中蒙经济及文化合作协定》，标志着中蒙文化关系的正式建立，为两国文化工作者和两国人民提供了相互了解和学习的文化交流友好合作平台，从此中蒙在展览会、艺术、文化和教育等多方面的交流与合作取得了较大成效，促进了两国关系、学术交流、贸易交流的发展[4]。1954年5月19日，中国外交部副部长章汉夫和蒙古国驻华大使奥其尔巴特代表两国政府签订了《中蒙1954年文化合作执行计划》，这是第一次签订中蒙文化合作执行计划，此后的中蒙文化合作执行计划成为常态化的合作机制，而自1958年2月21日在北京签订的《中华人民共和国政府和蒙古人民共和国政府文化合作协定》开始，中蒙两国文化交流才开始有计划和有步骤地实施，文化交流全面开花。

1983年11月，中蒙恢复中断20多年的文化交流，两国间的文化交往逐渐增多，于1987年5月16日在北京签订并生效《中华人民共和国政府和蒙古人民共和国政府一九八七年至一九八八年文化交流执行

1　舒云：《纠正与国力不符的对外援助——中国外援往事》，《同舟共进》2009年第1期。

2　裴坚章：《中华人民共和国外交史（1949-1956）》，世界知识出版社，1994年，第87页；舒云：《建国初期中国的对外援助》，《传承》2010年第10期。

3　述真：《改革开放前的中国对外援助》，南方网，2010年8月17日。

4　包宝德：《1949-1966年间中蒙文化交流研究》，内蒙古师范大学硕士学位论文，2021年。

计划》。1989年3月10日在北京签订并生效《中华人民共和国政府和蒙古人民共和国政府一九八九年至一九九〇年文化交流执行计划》，其中第7、8条约定，1989年蒙方派出文物修复专家来华考察，1990年中方派出文博工作者赴蒙考察。1991年4月24日在北京签订并生效《中华人民共和国政府和蒙古人民共和国政府一九九一年至一九九二年文化交流执行计划》，其中第21条约定"两国文物部门在修复名胜古迹和保护文物方面进行合作"。随着1989年两国关系实现正常化，1994年双方签署《中蒙文化合作协定》，自此开始中蒙两国政府每三年签订一次具体的文化交流执行计划。近年来，根据中蒙两国政府文化交流执行计划，两国开展了多渠道、多层次、多形式的文化交流与合作，进而助推了两国各领域关系稳步发展[1]。

二、项目背景

一直以来，加强人文交流是中蒙两国元首重要共识，基于两国深厚的历史渊源，历史文化遗产保护交流合作成为两国关系友好发展的重要组成部分。多年来，在中蒙双方领导人的关怀和亲自推动下，两国人文交流十分活跃，富有成效，文化遗产交流作为人文领域的组成部分同样有声有色，开展了多项联合考古研究和文物保护工程项目，推动两国文物保护界保持传统友好交流关系，增进了彼此了解和友谊。这些文物保护工程项目的顺利实施，离不开多方面的交流合作和工作努力，大致背景可列出如下三个阶段。

（一）20世纪50至60年代

在新中国成立不久的援助蒙古国时代背景下，随着中蒙文化交流的发展，文物领域的中蒙交流合作同样取得了非常优秀的成果。20世纪50至60年代，蒙古国在历史建筑保护维修方面基本没有专业技术力量，亟须专业技术支持帮助。另外，1961年7月11日是蒙古人民革命胜利40周年纪念，蒙方请求我们支援修复两处古庙工程，且都需在1961年6月底以前完成，以便在国庆纪念中供外宾参观。为此，自1957年开始中国文化部正式选派古建筑保护专家先后两次赴蒙古国实施勘察和维修兴仁寺等文物建筑，至1961年完成了古建筑修缮任务，有力支援了蒙古国文物建筑保护和国庆纪念活动。

（二）21世纪初的前10年

自1994年中蒙两国政府文化交流计划实施以来，尤其是21世纪初叶以来，中国政府致力于进一步推动中蒙文化深入交流，随着中蒙文化交流的广泛开展，文物领域的交流合作随之跟进。时任中国文化部孙家正部长、国家文物局单霁翔局长于2004年4月访问蒙古国，中蒙双方达成包括博格达汗宫博物馆门前区保护维修、合作考古和文物交流展览等三个项目的两国间文化交流协议。其中的合作考古项目始于

1　曲莉春、张莉莉：《中蒙文化交流的意义、现状及路径研究》，《前沿》2019年第1期。刘红霞：《中蒙文化交流的优势与可拓展性》，《对外传播》2016年第1期。

2005年，由内蒙古自治区文物考古研究所承担实施的"蒙古国境内古代游牧民族文化遗存考古调查与发掘研究"项目，成为中蒙首次开展联合考古行动，本项目目前一直持续合作开展，并带动了中国多家高校和科研院所的积极参与。

至于古建筑保护维修项目，中国文化部、国家文物局与蒙古国文化科技教育部协商并于2005年签署协议，确定启动博格达汗宫博物馆维修工程为中国政府无偿援助蒙古国文化遗产保护项目。中国财政部和国家文物局安排了专项经费600万元，并选派委托西安文物保护修复中心（陕西省文物保护研究院前身）承担组织实施博格达汗宫门前区历史建筑保护修复项目的工程勘察、方案设计和工程实施任务。中方无偿援助蒙古国博格达汗宫博物馆门前区维修工程，包括博格达汗宫大门、东西便门的整体维修和彩画、砖照壁维修加固等10个单体工程。此援助修复项目是博格达汗宫40年来实施的规模最大的一次保护工程，也是中蒙两国在文物保护修复领域又一次友好合作。该工程于2006年5月27日开工，工程历时17个月，于2007年10月8日在乌兰巴托举行了隆重的竣工典礼。

中蒙两国在文化遗产领域的合作成果显著，尤其是2005年以来的中蒙合作考古和文物建筑保护逐步取得了可喜成绩，特别是中国政府无偿援助修复蒙古国博格达汗宫项目得到了蒙古国政府及国际社会好评。蒙方对此项目给予高度评价，称修复博格达汗宫博物馆门前区工程是中蒙两国在文物古建维修领域进行的一次重大合作，开创了两国文化交流合作的新领域。

（三）21世纪初的第二个10年

保护文化遗产，防止非法盗窃、贩运和走私文化财产，促进被盗文物返还原属国，是人类道德、正义和文明发展的必然，也是国际社会的共识和期望，更是各国政府义不容辞的神圣责任。中国政府积极响应并先后加入了联合国教科文组织1970年《关于禁止和防止非法出口文化财产和非法转让其所有权的方法的公约》和国际统一私法协会1995年《关于被盗或者非法出口文物的公约》，并在国际公约的框架下，先后与秘鲁、印度、意大利、菲律宾、智利、希腊、塞浦路斯、美国、土耳其、埃塞俄比亚、澳大利亚、埃及等国签署了关于防止盗窃、盗掘和非法进出境文物的双边协定或谅解备忘录，双边协定的签署深化了政府间的文化交流与合作，共同打击文物犯罪活动，受到国际社会的瞩目。

2011年6月16日，在中国国务院总理温家宝和蒙古国总理巴特包勒德的见证下，中国国家文物局局长单霁翔和蒙古国教育、文化与科学部部长奥特根巴雅尔分别代表两国政府在北京人民大会堂签署了《中华人民共和国政府和蒙古国政府关于防止盗窃、盗掘和非法进出境文化财产的协定》并交换了协定文件[1]。中蒙双边协定的签署有利于加强双方在打击盗窃、盗掘和非法进出境文物方面的合作。根据协定，中国自然资源部（原国土资源部）、国家文物局和蒙古国教育、文化与科学部将分别作为两国政府的专门机构，负责双方在防止盗窃、盗掘和非法进出境文化财产合作事务方面的具体工作。协定的签署为保护、

1　文宣：《中国政府和蒙古国政府签署关于防止盗窃、盗掘和非法进出境文化财产的协定》，《中国文物报》2011年6月24日1版。

传承人类文明的成果，推动人类文明的和谐发展，加强中蒙两国之间在文化遗产领域的合作起到积极作用，同时也表明中蒙两国政府共同合作保护人类文化遗产的坚定决心，对于促进国际社会更加重视保护人类共同的文化遗产产生积极影响。

与此同时，中蒙文化、文物、佛教等各界交流势头良好，越来越多的中蒙两国专家学者和有识之士频繁互访交流，实地参观考察文物古迹，为深化双方文物保护界交流合作发挥着积极影响。2010年8月15日至20日，受蒙古国文物保护中心邀请，中国文化遗产研究院侯卫东副院长、总工程师与中国国家文物局文物处姚丞、故宫博物院张克贵等赴蒙古国考察文化遗产保护工作，并就双方合作事宜进行商谈。2011年5月22日至27日，应中国文化遗产研究院邀请，蒙古国文物保护中心主任G.Enkhbat一行五人来华商谈文物保护合作事宜，双方就《蒙古国文化遗产中心与中国文化遗产研究院文物保护领域合作谅解备忘录》、Ikh Burkhant仰佛石刻群保护前期勘测研究项目和中蒙双方中长期文物保护合作计划以及文物资源调查与登录和档案建设等进行了广泛而深入的交流，并初步达成共识[1]。

根据《中华人民共和国文化部和蒙古国文化体育旅游部2010~2013年文化交流执行计划》第六条，随着中蒙文物领域交流进一步发展，从2013年开始中蒙着手合作保护修缮科伦巴尔古塔，通过抢救修缮这一急难险重文物建筑保护工程，使双方文物保护界继续发挥积极影响，参与和推动中蒙文化交流合作，为促进中蒙关系特别是人文交往和民心相通做出更大贡献，造福两国人民。2014年是中蒙建交65周年，国家文物局援助蒙古国抢救科伦巴尔古塔保护工程项目被纳入了《中蒙友好交流年活动方案》。2014年初，中国国家文物局草拟了《中华人民共和国国家文物局与蒙古国教育文化科技部关于合作保护科伦巴尔古塔的协议（草案）》，并由当时来华的蒙方代表团带回进行协商。2014年6月10日，中国国家文物局与蒙古国文化体育旅游部签署《中华人民共和国国家文物局与蒙古国文化体育旅游部关于合作保护科伦巴尔古塔的备忘录》。

第二节 历史古迹维修概况

自20世纪50年代开始至21世纪前20年，近70年来，中国政府援助蒙古国历年来勘察维修文物建筑七地八处，包括地处首都乌兰巴托市区的兴仁寺、博格达汗宫、甘丹寺、关帝庙和博格达汗宫博物馆门前区，前杭爱省哈拉和林额尔德尼召，色楞格省布隆县庆宁寺、东方省乔巴山市科伦巴尔古塔等。其中，对兴仁寺、博格达汗宫及其门前区和科伦巴尔古塔实施从勘察设计到修缮施工的全过程任务，而对额尔德尼召、甘丹寺、关帝庙和庆宁寺等四处寺庙建筑主要开展了勘察设计和维修方案编制工作，另对盖斯立庙、青林寺等历史建筑和古迹做了考察，留存有历史照片[2]。

---

1 参考中国文化遗产研究院网站报道。
2 盖斯立庙应为关帝庙，至于青林寺，应地处乌兰巴托市区，但历史照片和文字档案并未详细说明。

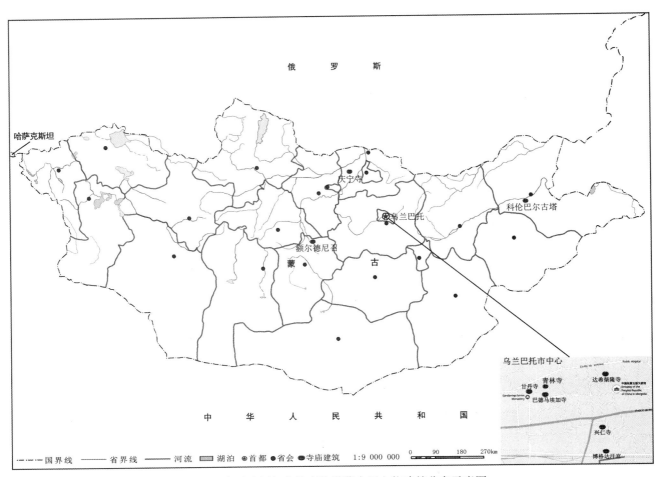

图2-1　中国队历年来勘察修缮蒙古国文物建筑分布示意图

从勘察维修文物古迹的地域分布来看，从蒙古国中西部的前杭爱省到东部地区的东方省，跨越蒙古国广大地区（图2-1）。从保护修复文物古迹对象来看，主要为寺庙建筑，也有古代砖塔，时代从公元10世纪一直延续到19世纪末至20世纪初。中方承担实施机构为古代建筑修整所及其现身中国文化遗产研究院以及西安文物保护修复中心（陕西省文物保护研究院前身），蒙方合作机构先后有蒙古国科学院国家中央博物馆、蒙古国建委设计院、乌兰巴托市第一建筑公司和蒙古国文物保护中心等（表2-1）。

表2-1　中国队历年来勘察维修蒙古国文物建筑统计简表

编号	文物建筑名称	地理位置	建筑历史	勘察修缮年代	中方承担机构	蒙方合作机构
1	兴仁寺	乌兰巴托市区	1904年	1957～1961年	古代建筑修整所	蒙古国科学院国家中央博物馆、蒙古国建委设计院、乌兰巴托市第一建筑公司
2	博格达汗宫（广慧寺）	乌兰巴托市南郊	1893年	1957～1961年	古代建筑修整所	同上

编号	文物建筑名称	地理位置	建筑历史	勘察修缮年代	中方承担机构	蒙方合作机构
3	额尔德尼召	哈拉和林	1586年	1957～1961年	古代建筑修整所	同上
4	庆宁寺	色楞格省布隆县	1727年	1957～1961年	古代建筑修整所	同上
5	将来斯格庙（眼光菩萨阁）	乌兰巴托甘丹寺（冈登寺）	19世纪初叶前后	1957～1961年	古代建筑修整所	同上
6	关帝庙（盖斯立庙）	乌兰巴托市区西北隅	清代	1957～1961年	古代建筑修整所	同上
7	青林寺	乌兰巴托市区西北隅	清代	1957～1961年	古代建筑修整所	同上
8	博格达汗宫博物馆（门前区）	乌兰巴托市南郊	1893～1926年	2006～2007年	西安文物保护修复中心（陕西省文物保护研究院前身）	蒙古国文物保护中心
9	科伦巴尔古塔	东方省乔巴山市	10～11世纪	2013～2016年	中国文化遗产研究院	蒙古国文物保护中心

第三节　工程档案保存与整理

援助蒙古国文物建筑维修工程档案和历史照片等珍贵历史资料，分藏于中国文化遗产研究院（以下简称"文研院"）、陕西省文物保护研究院和蒙古国的有关文博机构。这里仅以现藏于文研院的20世纪50至60年代援助蒙古国修复兴仁寺等历史建筑和21世纪初抢救维修科伦巴尔古塔的工程档案为主体，就这批工程档案的保存历史、保存状况和档案内容进行详细整理研究，尽可能记录并复原当时的援外文物保护国际合作的具体工作历史过程和取得的业务成就。

一、工程档案保存状况

（一）工程档案的形成历史

文研院现藏的《蒙古国兴仁寺和博格达汗宫修缮工程档案》形成于1957～1961年，包含文稿、公文、测稿、图纸、照片、底片等共计880余件，其中1957年6月至9月在蒙古国勘察测绘期间形成的图纸、照片文件则为这批资料的主体。1958年因中国方面未派遣人员赴蒙开展相关工作，资料十分稀少。

1959~1961年工程正式实施，期间形成了大量施工技术文件，文研院现仅存有少量文稿和国内往来公文及部分施工照片，大部分施工文件应是在施工期间及工程竣工后由中方移交给蒙方保存，需要在今后的工作中加强与蒙方相关机构的联系与合作以补充资料，再续中蒙友谊新篇章。

1957年，为进一步落实中蒙两国于1955年4月7日签订的《中华人民共和国政府与蒙古人民共和国政府关于中华人民共和国派遣工人参加蒙古人民共和国生产建设的协定》，文化部文物管理局指派古代建筑修整所（以下简称"古建所"）承担协助蒙古国兴仁寺和博格达汗宫的修缮任务。古建所选派工程师余鸣谦、技术员李竹君二人赴蒙古国完成前期的勘察设计工作。余、李二人承担参与过众多国内重要的文物保护修复项目，具有丰富的文物保护实践经验。余鸣谦先生此前曾主持并参与修复过北京护国寺金刚殿、河北正定隆兴寺转轮藏殿、赵县安济桥、敦煌莫高窟249-259窟等重要文物古迹的修缮工作；李竹君先生曾参加由文化部和山西省文化厅联合组织的山西文物普查试验工作队，开展晋东南地区的文物勘察工作，并参与太原晋祠勘测设计等多项文物保护工程项目。

1957年6月8日，余、李两位先生乘火车从北京出发前往蒙古国，于6月10日抵达蒙古国首都乌兰巴托，会同蒙古国文化部中央博物馆相关人员一同开展兴仁寺与博格达汗宫的勘察设计工作，文研院现藏的工程资料主要形成于这段时间。在6月17日~7月27日和8月6日~8月28日期间，先后完成了兴仁寺和博格达汗宫的勘察设计和经费估算工作，并于9月3日、5日、7日三次与蒙古国文化部建筑局交换了关于修缮两处古建筑的意见，讨论了工期、工料数量、预算编制、双方责任等内容，并形成相关纪要文件。这次工作进行得比较紧凑，总计两处共写成初步设计文字说明书各一份；人工、材料、工具数量估算表各一份；实测图、修缮计划图共七张。由于此次勘察设计任务时间比较紧急，取得的资料本就不多，两位先生回国后整理了建筑测稿、实测图纸等资料，并做了赴蒙工作的书面报告[1]。

1958年，相关人员当年未赴蒙古国实地开展修缮实施等相关工作，主要在中国国内开展工程施工方案编制、深化设计和相关研究及工程材料、选调用工等准备工作。因工程档案形成较少，只留存有余鸣谦先生应外贸部要求编著的工程概算和工料数量的检查补充意见和报送公函等。

1959~1961年工程实施期间，余鸣谦先生主要在设计院负责图纸设计工作，李竹君先生则常驻修缮现场对修缮工作进行技术指导。此外，两位先生还在修复期间承担了蒙古国其他古建筑的修缮设计工作，如多次前往位于蒙古国前杭盖省（现称"前杭爱省"）的哈尔和林（即"哈拉和林"）对蒙古国现存年代最早的古建筑额尔德尼昭（以下译成"额尔德尼召"）进行现场勘察和测绘，并绘制了部分建筑的图纸，给出了相关建筑的保固性修理计划，经蒙古国科学院同意后实施。1960年又对位于色楞格省的庆宁寺与乌兰巴托西北隅的将来斯格庙（即"岗登寺"或"甘丹寺"）和关帝庙进行了勘察测绘并给出了修护方案，提交蒙古国相关机构审批实施。遗憾的是，工程实施期间形成的大量工程资料现收藏于蒙古国的文博和相关机构，2019年4月17日，在蒙古国首都乌兰巴托为庆祝中蒙两国建交70周年举办的蒙古国乔伊金喇嘛庙博物馆（即兴仁寺）珍贵历史资料大型图片展所展出的历史资料应是这批施工期间形成的工程资料。文研院现藏的该段时期的工程档案只有两位先生回国后所写的工作总结手稿1份和部分照片。

---

[1]　余鸣谦、李竹君：《赴蒙三月工作报告》（手稿），1957年9月17日。

（二）保存机构

70余年来，援助蒙古国文物建筑保护修缮工程档案分藏于中蒙两国的多处多家单位。20世纪50年代和2014～2017年援蒙两批文物保护工程档案的部分资料现保存于文研院。前者经历了从古代建筑修整所到文研院时代近70年的保存历史，从一个单位到更名组建后的另一个单位，经历一代代人传承保护到今天。

蒙古国兴仁寺和博格达汗宫维修工程历史档案主要是在1958～1965年的古建所时期形成整理归档的。古建所的前身是成立于1935年的旧都文物整理委员会，1949年更名为北京文物整理委员会，1956年1月6日，文化部决定将北京文物整理委员会改名为古代建筑修整所，由俞同奎任所长，下设工程组、勘察研究组、资料室（后改称“资料组”）、办公室等部门。俞同奎所长同时兼任资料室主任，在他的领导下，王丽英同志于1958年8月29日整理归档了1957～1958年赴蒙形成的档案资料，完成了《关于协助蒙古人民共和国设计修缮古代建筑所需要的资料》《赴蒙协助古建筑修理工作报告》《呈送赴蒙古人民共和国协助修缮古建报告及设计图由》《关于蒙古工程检查意见已写好送请核阅》等4份档案的归档立卷工作（图2-2）。这批工程档案中，共有文稿4件共计12页，测稿2套共计47页，实测图纸7张，修理计划图2张，此外还有向文化部文物管理局报送审批的蓝图7张。

卷内目录

顺序号	作者	文件上的号数	文件上的日期	内容摘要	文件所在的张号
1	古建所		1957年4月4日	关于协助蒙古人民共和国設計修缮古代建筑所需要的资料	1
2	余鸣谦		1957年9月17日	赴蒙协助古建筑修理工作报告	2—5
3	古建所	古工49号	1957年9月21日	呈送赴蒙古人民共和国协助修缮古建报告及设计图由	6—16
4	余鸣谦		1958年3月12日	关于蒙古工程检查意见已写好送请核阅	17—19

填写人王丽英 1958年8月29

图2-2　1958年整理归档文件

　　1959年5月，余鸣谦、李竹君两位先生将1957年在蒙古国期间拍摄的400张（229张照片与171底片）照片整理成相册两本，与171张照片的底片一并提交古建所资料室保存。后来，由杨琳同志办理立卷入库（图2-3，上）。为这批历史照片整理编号便利，这次整理中将本图（图2-3）中的上部左侧"皇宫"等一本编为A，将右侧"乌兰巴托兴仁寺"一本编为B，下部右侧"兴仁寺图片"一本编为C，左侧"庆宁寺建筑照片"一本编为D，在附录三"历史照片整理统计列表"中的原始编号中有所体现。

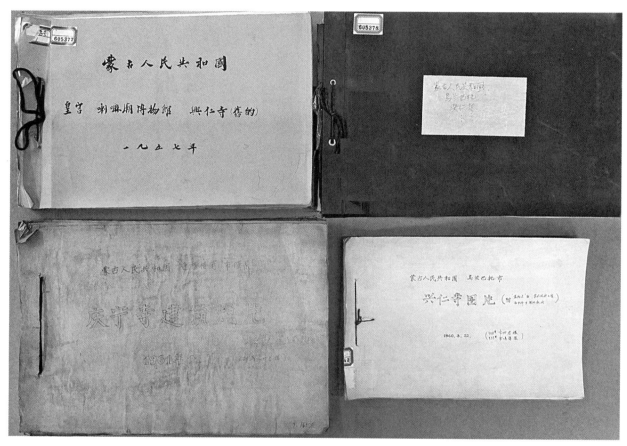

图2-3　照片整理（上：1957年；下：1960、1961年）

　　1960年6月29日，陈颖敏同志完成了《关于蒙古人民共和国两个喇嘛庙修建问题的会谈情况》《请局设法为去蒙而急需一架照相机由》《关于派遣古建技术人员赴蒙古工作事》《请即为余鸣谦、李竹君两同志办理出国赴蒙手续由》等4份文件档案的归档工作（图2-4）。

　　1960年3月22日和1961年12月13日，余鸣谦、李竹君两位先生又整理完成包含220张（其中2张分别由两张照片合并拼接而成，原计222张）照片的两本新相册，提交古建所资料室保存。后来，杨琳同志负责归档（图2-3，下）。

　　1965年7月，古建所资料组又将1957年赴蒙期间的测绘手稿和1961年的工作总结报告整理归档（图2-5）。

去蒙古人民共和国所
形成的文件.材料

卷　内　目　录

顺序号	作　者	文件上原編字号	文件上的日期	标　　　　题	文件号件的所张
1	余鸣谦		1959. 3.10	关于蒙古人民共和国两个喇嘛庙修建问题的会谈情况	1—2
2	古建所		1959 6.23	请局设法为去蒙而急需一架照像机由	3
3	北京市文化局		1959. 7.18	关于派遣古建技术人员赴蒙古工作事	4～5
4	〃		1959. 9.3	请即为余鸣谦、李竹君两同志办理出国赴蒙手续由	6～12

填写人　陈颖敏　　1960 年 6 月 29 日

图2-4　1960年整理归档文件

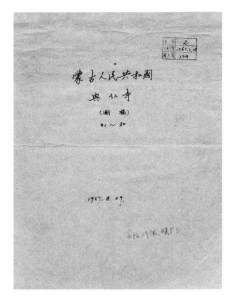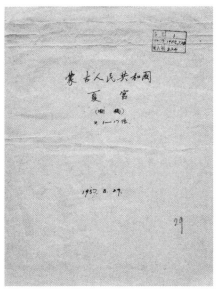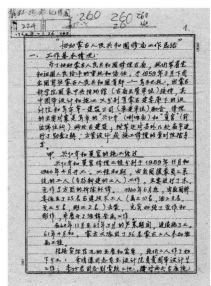

图 2-5　1965 年整理归档的手稿

1973 年 6 月，中央图博口领导小组批准成立文物保护科学技术研究所，原资料组保存的档案资料由新改组的图书资料情报馆负责整理保存。1990 年 8 月，根据国家文物保护科学技术发展规划，整合文物保护科技资源，承担国家重大文物保护科研课题和文物保护项目，文物保护科学技术研究所与文化部古文献研究室合并成立中国文物研究所，由下设的文物资料信息中心统筹负责文献档案的整理保存工作。进入新世纪，为更好地承担中国世界文化遗产保护、出土文献研究、援外文物保护工程以及对各地文物保护专业骨干的培训任务等，2007 年 8 月，中国文物研究所更名为中国文化遗产研究院[1]，由下设的文献研究室（图书馆）负责文献研究与保存，2011 年 8 月，将 1965 年归档的援助蒙古国文物建筑修缮工程文件重新建档收藏（图 2-6）。

中 国 文 物 研 究 所

目 录

外 41/4440　蒙古人民共和国古建筑

1. 协助蒙古人民共和国修庙工作总结　　　　　　（12页）

　　　1961.11 于北京　余鸣谦·李竹君

2. 蒙古人民共和国夏宫测稿 (1957.8.29)　　（17页）

3. 蒙古人民共和国兴仁寺测稿 (1957.8.29)　　（29页）

　　　　　3件58页

　　　　　　　　　2011.8 整理

图 2-6　2011 年重新建档保管

1　《前进中的中国文化遗产研究院》，《世界遗产》2014 年第 7 期。

（三）历史档案

20世纪五六十年代援助蒙古国历史建筑维修工程档案包括历史照片、图纸、文稿等三大类。其中，历史照片数量最多，含底片、黑白照片和彩色照片三种。图纸包含测稿和实测图纸两种。文稿包括项目的往来报批文件和工作报告。另外，还包括历年来的文件档案管理归档统计表格（表2-2）。

表2-2　20世纪50~60年代援助蒙古国文物建筑维修工程管理档案表

档案分类		兴仁寺	夏宫（博格达汗宫）	将来斯格庙（甘丹寺）	关帝庙	庆宁寺	额尔德尼召	青林寺	其他	合计
历史照片	底片	63	7	5			67	5	24	171
	黑白照片	287	143	8	3	39	105	7	28	620（含2张拼接则为622张）
	彩色照片	从2019年兴仁寺图片展来看，当时有过彩色照片，或许是后期修饰而为，文研院保存的均为黑白照片								
图纸	测稿	30（缺第3张）	17							46
	实测图纸	5（含1张修理计划图）	4（含1张修理计划图）							9
文稿	报批文件	1957年：3份（手稿9页）；1958年：1份（手稿3页）；1959年：4份（手稿2份计3页，油印2份计9页）								8
	工作报告	1957年：1份（手稿3页）；1961年11月：1份（手稿12页）								2
文件档案归档卷宗	图纸文稿	1958年8月29日：1卷；1960年6月29日：1卷；2011年8月：1卷								3
	历史照片	20世纪60年代相册：4册；2004年底片翻拍的电子相册：8册；底片：1套								13

二、档案信息资料整理

1. 中国文物研究所文物资料信息中心时期的抢救保护与初步整理

2005年前后，中国文物研究所文物资料信息中心（1997年5月之前为文物档案情报资料中心）加大了所藏历史资料的抢救、收集、保护、整理、研究、利用的力度，在国家文物局立项拨款支持下，刘志雄主持开展古籍善本抢救保护项目（1996~1999年），刘志雄、嵇沪民主持开展历代金石拓片抢救整理项目（2004~2006年），嵇沪民、刘志雄主持历史照片抢救整理项目（2004~2006年）和古建筑图纸整理项目（2003年），努力为科学研究与社会应用提供强有力的支撑与服务。

中国文化遗产研究院收藏各种历史照片20余万张，由于历史原因，长期未得到适当保护与全面整理，大部分照片存在老化损毁病害。2004年以来，本着对国家档案负责、对珍贵文物负责的态度，以抢救保护为中心，全面改善照片的保存条件与环境，对有价值照片给予翻拍复制，建立完整档案与检索系统，为历史照片的长期保存与科学利用打下了良好基础[1]。

20世纪50年代援蒙和访问越南等国外文物资料正是在这样的历史档案管理中得到了科学保护与整理。2004年，对没有照片的所藏底片重新洗印了部分照片，补充了原相册中缺失的3张照片，并将新作照片装裱成册，对底片进行扫描，按类目分册刻录光盘，完成有价值照片的数据化，建立照片信息数据库和光盘库，对所藏历史照片进行分类、建档，除部分纸本照片还没有完成数字化档案外，基本上初步建立了较为完整的纸本档案和电脑数据化档案，为科学保护与利用打下了坚实的基础，从此惊醒并唤醒了后来者们对如此重要的历史工作和珍贵档案的不断重视。

2. 中国文化遗产研究院文献研究室（图书馆）时期的科学整理与数字化保护

2011年在国家文物局《国家文物博物馆事业发展"十二五"规划》和《中国文化遗产研究院发展"十二五"规划》的引导下，文献研究室（图书馆）开展了中国文化遗产研究院藏文献资料数据管理系统建设项目，开始着手对院藏的4万余份文物档案、20余万张老照片及1.8万张古建测绘图纸等其他大量文物档案进行清查、建档数字化工作，2012年整理文献资料和工程档案3000余份。2011年8月对夏宫和兴仁寺测稿做了整理。根据以往各时期对《蒙古国兴仁寺和博格达汗宫修缮工程档案》的整理记录，检查了档案的保存现状，清点了文档数量，重新对文档整体进行编号建档并建立数字档案目录，以便后期管理与查阅（图2-7）。

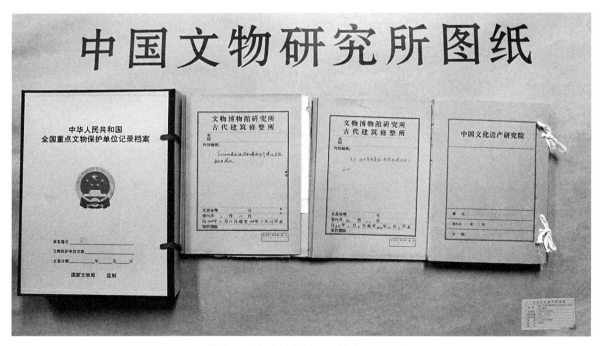

图2-7　蒙古国文物建筑保护工程档案（2011年8月）

---

1 《中国文物研究所七十年重要成果》，《中国文物报》2005年12月9日第5版。

3. 2021年以来集中专题整理和全面研究

2021年，新冠疫情依旧在世界各国蔓延，中国文化遗产研究院主要承担我国援外文物保护工程任务的国际文物保护研究与合作中心因疫情原因无法前往各项目现场开展工作，由此着手实施了梳理中国文物援外项目资料的工作。在这期间，了解到以我国政府名义组织实施的首个文物援外项目正是古代建筑修整所承担的蒙古国兴仁寺和夏宫（即博格达汗宫）修缮项目。经查证，虽经机构几番变更，这批修缮工程的部分工程资料现仍藏于文研院文献研究室（图书馆），遂在文研院领导批准和指导下与文献研究室（图书馆）协同合作，对这批工程档案展开全面的整理研究工作。这次集中整理过程中，主要对未形成数字化档案的纸质照片、测稿、图纸、文稿进行精细扫描，从而建立院藏的这套珍贵资料的完整数据化档案。

新一轮的档案整理工作在两部门的密切协作下分两阶段展开。第一阶段围绕院藏档案原件和文献资料数据库开展；第二阶段围绕老照片和底片进行。经全面核查，这批文稿、测稿、实测图纸等的原件保存基本完好，文研院藏文献资料数据库建立了数字档案目录，但未对档案本身进行数字化存储。老照片共有实体相册4本和171张底片，2004年资料整理时根据院藏171张原底片翻印而成电子相册8册。在整理中发现实体相册的其中一本当中应有照片171张，实际空缺3张，这次整理对照后，做了填补（图2-8）。

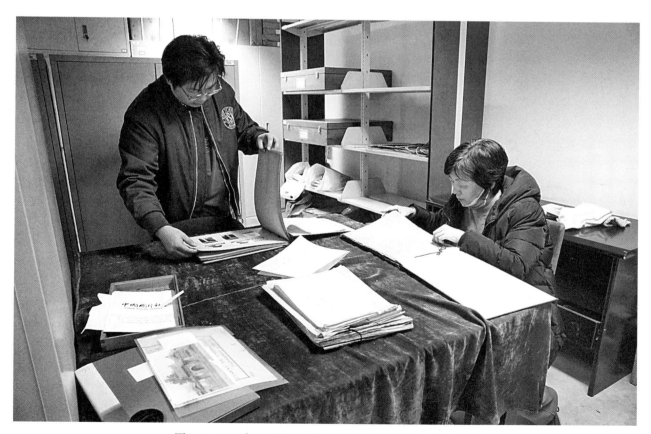

图2-8　2022年1月整理历史照片档案（2022年1月18日）

另外，在清点历史照片和测稿、文稿中也发现了以下几点问题：

①铅笔记录的测稿数据及相关批示信息已褪色；

②兴仁寺测稿缺失1张，其他测稿纸张卷边、折角普遍，个别已有缺损情况；

③文稿、图纸纸张虽整体保存完好，因年代久远明显老化，不宜频繁翻阅；

④蓝图褪色严重，识图比较困难；

⑤在前期的整理过程中未对文稿、图纸等资料进行数字化存档。

针对上述问题，为确保历史档案信息的完整性，决定对文稿、图纸采取数字化措施以避免后期因研究所需频繁查阅对档案本身造成不可逆的损害。首先对已卷边、折角的纸张进行修整，将卷边折角严重的测稿小心拆解，仔细抚平卷折部位，利用物理挤压的方法使其恢复平整。实测图纸的载体是硫酸纸，虽然具有强度高、不变形、抗老化的特点，但因年代久远纸体已脆化，存在缺角破损的情况。为避免档案数字化过程中对档案本身不造成不必要的损害，决定采用无接触式扫描对档案进行数字化留档工作。

2021年12月17日，文档、图纸数字化工作在文献研究室（图书馆）指导下，由国际文物保护研究与合作中心负责具体实施。采用大幅面线振CCD扫描仪对9份文件、2套测稿、9张大尺寸图纸共计97张进行了全面、细致的扫描（图2-9-1、2）。同时还对各时期整理文档形成的4张记录文件也进行了扫描。根据这4张记录文件，我们可以直观地看到各时期对档案保存管理的一个缩影。除对文件和图纸进行扫描外，还对文件内容整体进行了文档录入，实测图纸CAD绘图，依照档案原件的归档顺序建立纸质档案副本和数字档案。

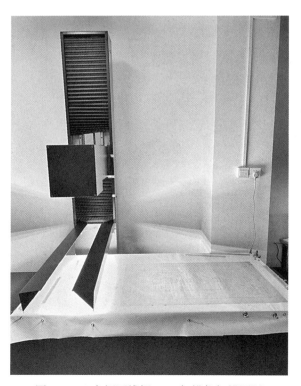

图2-9-1　大幅面线振CCD扫描仪扫描图纸

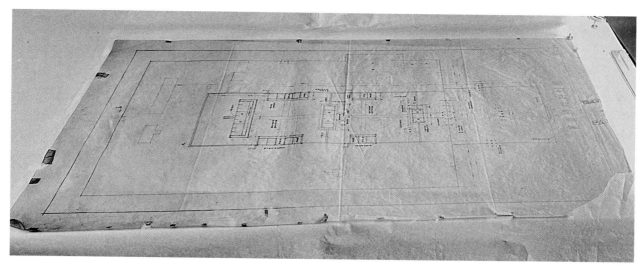

图 2-9-2　大幅面线振 CCD 扫描仪扫描图纸

2022 年 1 月，清查核对了馆藏底片 171 张，为其中一本名为"蒙古人民共和国乌兰巴托兴仁寺"（后编号 605378）相册的底片，包含 1960 年前后乌兰巴托市容市貌、兴仁寺、眼光菩萨阁、青林寺、夏宫、额尔德尼召等六部分照片，从已经翻印的数字照片中补充了原相册中缺失的 3 张照片。另三册无底片，均为黑白照片，对其进行高分辨率扫描，根据原相册顺序进行编号，并在此基础上按古庙、单体建筑、部位名称、拍摄时间等进行分类排列和划分统计。

此次对援助蒙古国文物建筑维修工程档案的整理工作，是继此前各时期大量档案整理保存工作以来最为全面的一次整理研究，不仅最大限度地保留档案原始信息，而且在整理过程中不限于针对档案本身的保存和归档，还对档案本身所承载的信息进行了深入挖掘研究。从这批珍贵的历史档案中，一窥我国文物援外事业的艰难起步，也能从整理的过程中深刻回顾我国首批文物援外前辈的工作身影。

第三章　额尔德尼召等历史建筑保护的勘察设计

第一节　额尔德尼召

一、寺院简介

额尔德尼召（Erdene Zun Khiid），汉名光显寺，蒙古语"百宝"之意，位于蒙古国乌兰巴托以西365千米的前杭爱省（övörkhangai）哈喇和林（Kharkhorin）市东侧，地处历史积淀深厚的哈喇和林旧城以南[1]，由蒙古阿尔泰汗（Altai Khaan，又称土谢图汗部阿巴岱赛因汗）始建于1586年，推测是利用被毁于1368年的哈喇和林古城万安宫遗址上的各类石质材料筑成的[2]。该寺院的建立标志着外蒙古地区藏传佛教建筑营建的正式开启，此后的寺院营建活动一直持续到20世纪初。该寺院是蒙古国现存最古老也是最大的藏传佛教格鲁派寺院，即蒙古国第一座喇嘛教寺庙或称蒙古国第一座佛教僧院，也堪称蒙古国第一个喇嘛教（佛教）中心，寺院建筑为蒙古国现存最早的藏传佛教木构建筑[3]。作为蒙古国全国历史最悠久的寺庙，在最为鼎盛时期，曾有60～100间庙宇（也有称62座殿堂）林立此地，围墙内几百座（又称约有300顶）蒙古包坐落于庙宇的周围，一万多位喇嘛（又称多达1000名僧侣）在此修行，声势浩大，为蒙古地区最重要的宗教信仰重镇。

据文献记载，土谢图汗阿巴岱皈依佛教后，曾亲自前往内蒙古呼和浩特朝见三世达赖喇嘛索南嘉措，从此喇嘛教在蒙古地区流行起来。不幸的是，自从1922年开始，尤其是20世纪30年代（特别是1937年），受斯大林高压政策的影响，在乔巴山领导的蒙古人民共和国大民族解放运动中，因蒙古国的宗教限制政策，实施大规模镇压运动，数以百计（大约700座）的寺院被摧毁，上万名喇嘛惨遭处决，全国几万个喇嘛还俗，或遭流放，有的逃到内蒙古，有的流放至西伯利亚古拉格劳改营，史无前例的这场政治浩劫给蒙古国的历史文

1　原名喀喇昆仑，又译作Kharakhorum，另写作哈剌和林、哈拉和林、哈尔和林等，是蒙古帝国都城所在地。参考：萨仁毕力格：《蒙古帝国首都哈剌和林》，内蒙古师范大学硕士论文，2007年。

2　日本大谷大学松川节教授根据2009年在主寺二楼梁架上发现的两则蒙、汉文墨书题记判断，该寺庙始建于1586年，1587年竣工。参考松川節《世界遺産エルデニゾー寺院（モンゴル国）で新たに確認された2つの文字資料》，《日本モンゴル学会紀要》第40号，第79—80页，2010年。乌云毕力格认为额尔德尼召在当时称瓦齐赉汗寺，且主寺始建于1585年，次年落成。参考：乌云毕力格《额尔德尼召建造的年代及其历史背景——围绕额尔德尼召主寺新发现的墨迹》，《文史》2016年第4辑（总第117辑）。

3　吴宏亮：《蒙古建筑发展简史（公元前300年—公元2012年）》，哈尔滨工业大学硕士论文，2013年。

化遗产带来严重破坏。虽然额尔德尼召等寺庙的建筑在这段时间内被摧毁，但大多数寺庙所藏物品，如雕像、唐卡、佛经和祭品都未被损坏，部分喇嘛和牧民保护了其中珍贵唐卡画作、雕塑、查玛面具、经书等。1939年，乔巴山下令将历经沧桑沉浮的额尔德尼召僧院摧毁，全部寺院遭受了毁灭性的破坏，最后仅有三座较小的寺庙殿堂以及带有白色佛塔的外墙被保留下来。1947年，额尔德尼召被改为寺院博物馆，但僧院一直处于关闭状态，直到1965年才获准作为博物馆重新对外开放，但当时还不能作为宗教敬奉活动场所。20世纪80年代以来，信徒们捐资复建，重新修建仿元代藏式白塔建筑等，逐步形成今天蒙古国历史上最壮观的喇嘛庙样貌，寺院规模宏大，建筑坚固（图3-1-1、2）。20世纪90年代，宗教自由得以恢复之后，额尔德尼召被还给了喇嘛们，从而重新成为一座开展宗教活动的场所，僧院活力重现。如今，额尔德尼召既是一座兴盛的寺院，同时也是向游客开放的重要寺庙博物馆，与距离较近的西侧哈拉和林城镇及南侧新建的哈拉和林博物馆（又称喀喇昆仑博物馆）等一起，已成为蒙古国一处重要的历史文化胜地和观光景点。

现在的额尔德尼召庙宇院落保存完整，坐西朝东，呈自西北偏向东南布局，约北偏东15度，庙址院落占地面积为0.16平方千米，约400米见方，东西略宽，四边长度不一，东、南、西、北四面边长分别为417、460、406、464米（图3-2）。每面中间开1门，东门为正门（图3-3）。四周有高大的土筑墙体作为寺院围墙，犹如城墙般巍峨，每边围墙上每隔约15米平均分布有数目相等的25座白色小佛塔（图3-4-1～3），院外四角朝外布设各两座小佛塔，共计108座[1]，院内佛塔9座。寺庙建筑主要分布于院内西部（图3-5-1、2），基本可见呈西北至东南向轴线布局，分主殿、佛堂、经堂等建筑，属汉式、藏式建筑结合风格[2]。额尔德尼召三殿（佛殿）、乐格斯穆贡布殿（经堂）、措钦大殿、藏式拉卜楞等建筑中，措钦大殿和藏式拉卜楞为清代的宗教中心。

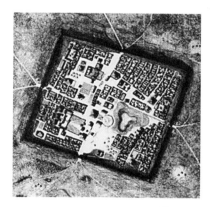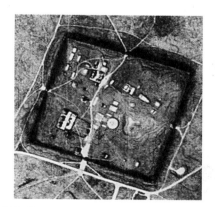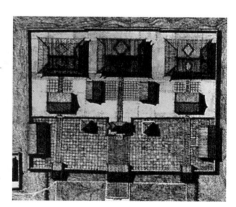

图3-1-1　额尔德尼召1891年、2001年俯瞰图及1891年三殿平面图

（图片来源参考：BRANDTA，GUTSCHOWN.*Erdene Zuu: Bemerkungen zum: lageplaan und zu den Bauten der 1586 begrundeten Klosteranlage in harhorin*[J].Mongolei，（2001）：167.）

1　在佛教中，"108"是神圣的数字，在蒙古国的多座历史寺院遗址或新建寺院中都存在这样的佛塔组合现象，环绕布置于寺院围墙之上或周围。

2　陈未通过分析额尔德尼召寺院布局、三殿的院落组成以及建筑结构，认为额尔德尼召的原型即蓝本为俺答汗在呼和浩特所建寺院，并指出额尔德尼召的建造是俺答汗家族支持下藏传佛教传播的重要一环。参考：陈未《蒙古额尔德尼召及其蓝本问题的建筑学思考》，《世界建筑》2019年第3期。

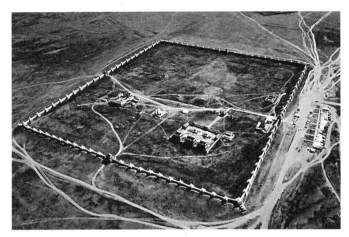

图3-1-2 额尔德尼召航拍（采自网络）

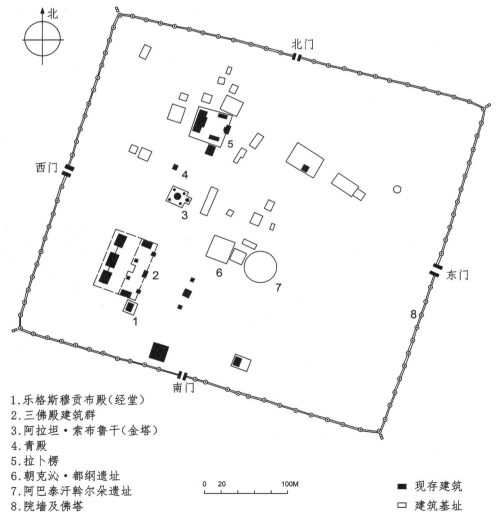

1.乐格斯穆贡布殿（经堂）
2.三佛殿建筑群
3.阿拉坦·索布鲁干（金塔）
4.青殿
5.拉卜楞
6.朝克沁·都纲遗址
7.阿巴泰汗斡尔朵遗址
8.院墙及佛塔

0　20　　　100M

■ 现存建筑
□ 建筑基址

图3-2 额尔德尼召总平面示意图（图片来源：根据包慕萍《蒙古帝国之后的哈敕和林木构佛寺建筑》，

《中国建筑史论汇刊（第捌辑）》2013年第2期，172-198页插图绘制）

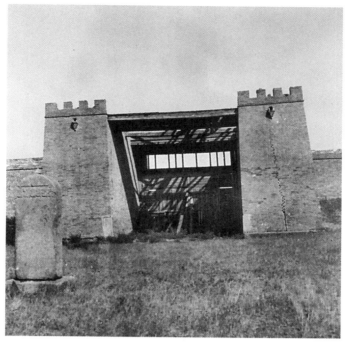

图3-3　东门（正门）内视

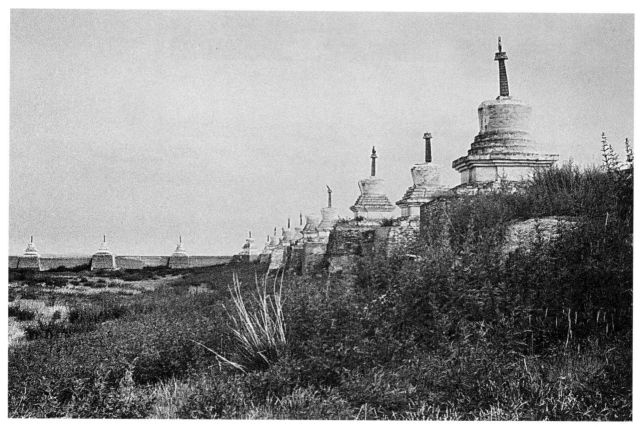

图3-4-1　南围墙垛上白塔

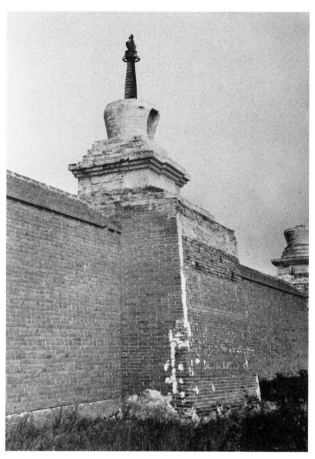

图 3-4-2　北围墙垛上白塔

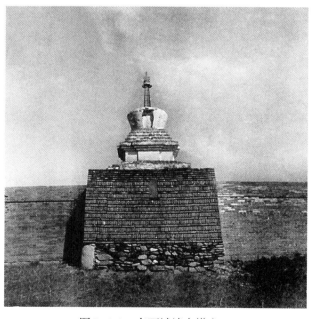

图 3-4-3　东面城墙白塔之一

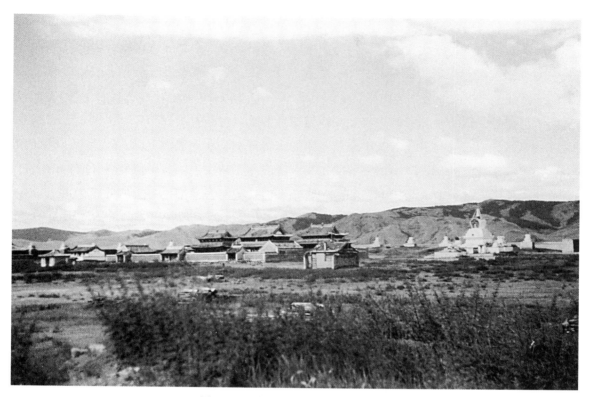

图3-5-1　额尔德尼召内西南部远景

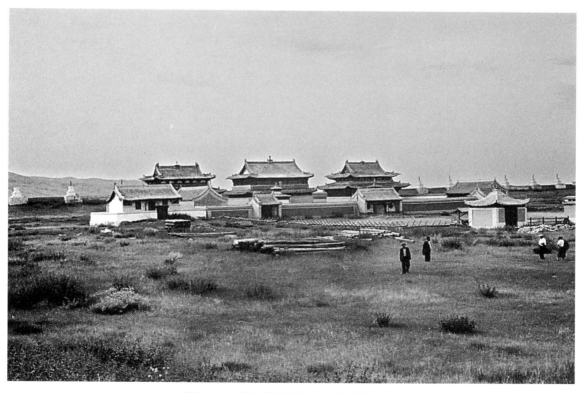

图3-5-2　额尔德尼召内西南部佛殿院落

额尔德尼召寺院内西南部院落建筑群中，原有单体建筑13座，现存8座，均为汉式建筑，同处一院落（又称红院）布局之中，依次为正门及侧门、阿尔萨门、长寿佛殿和弥勒佛殿、南北墓塔、三殿，墓塔和其他佛殿处于前院，三殿为后院。其中，保存着历经20世纪30年代浩劫而未被破坏的三座寺庙佛殿，三殿一字排开，自南向北分别为南殿、中殿和北殿[1]（图3-6-1～4）。三座佛殿建于高1.4米的台基之上，推测台基可能是元代哈剌和林城中兴元阁建筑遗址台基，台基及其殿前存有灵塔。这三座佛殿单体结构均为汉式风格，但布局与汉族寺院中东西三路的布置有别，在建筑体量以及功能上亦没有明显的主次区别，更像是三座独立的佛殿。类似三殿的布局广泛应用于蒙古寺院，不仅俺答汗时期的大召等寺院中存在，清代的蒙古寺院也有大量实例，如内蒙古呼和浩特拉布齐召中也有类似的布局形式。有学者认为，三殿的建筑形式可能取材于内蒙古呼和浩特的大召菩提过殿、乃春庙（乃琼殿）以及菩萨殿（已毁）[2]，且额尔德尼召与美岱召两座寺院在回字形的柱网布局的建筑结构和集宫殿、军堡、陵墓于一体的使用功能等都显示了极大的相似性[3]。

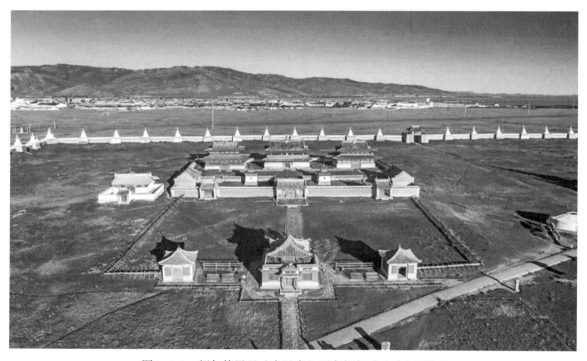

图3-6-1　额尔德尼召（光显寺）西南部鸟瞰（采自网络）

1　又因自西北向东南偏向，有的描述为自西向东分别是西寺（Baruun Zuu）、释迦牟尼寺（Zuu of Buddha）和东寺（Zuun Zuu），三座寺庙总称固尔班召，供奉着佛祖释迦牟尼（Sakyamuni）的童年、青少年和成年等一生的三个主要阶段。
2　陈未：《蒙古额尔德尼召及其蓝本问题的建筑学思考》，《世界建筑》2019年第3期。
3　陈未：《16世纪以来蒙古地区藏传佛教建筑研究的再思考》，《建筑学报》2020年第7期。

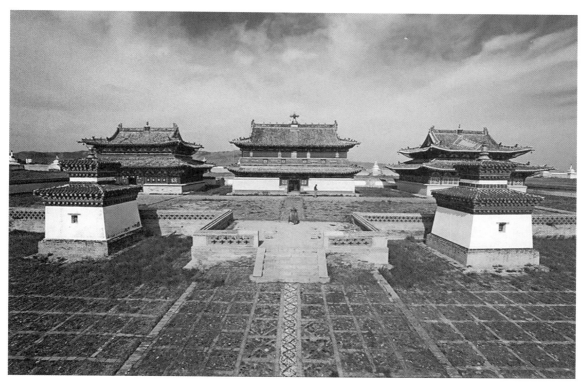

图3-6-2　额尔德尼召（光显寺）三佛殿（采自网络）

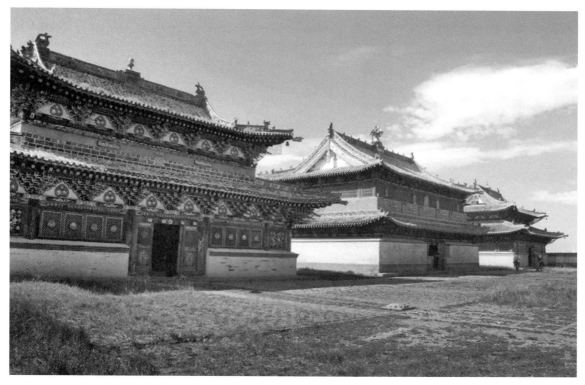

图3-6-3　北、中、南三殿（采自网络）

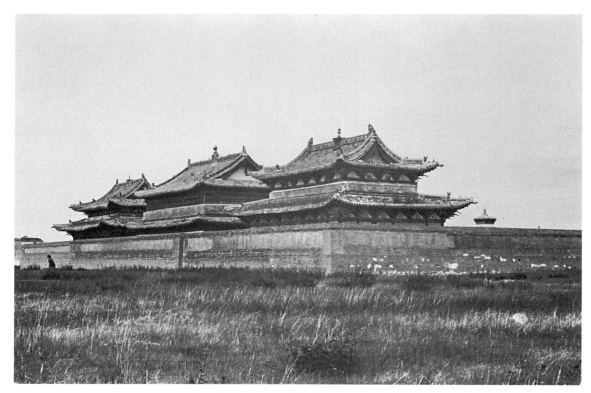

图3-6-4　北、中、南三殿的侧面

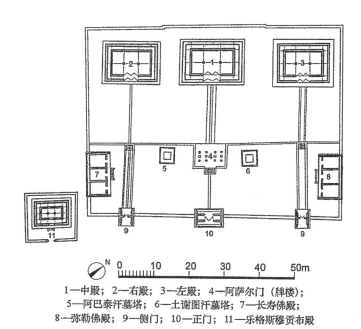

1—中殿；2—右殿；3—左殿；4—阿萨尔门（牌楼）；
5—阿巴泰汗墓塔；6—土谢图汗墓塔；7—长寿佛殿；
8—弥勒佛殿；9—侧门；10—正门；11—乐格斯穆贡布殿

图3-6-5　额尔德尼召三佛殿建筑总平面示意图

（来源参考：Andreas Brandt，Niels Gutschow.*Erdene Zuu: Bemerkungen zum lageplan und zu den Bauten der 1586 begründeten klosteranlage in harhorin*.Mongolei，Bonn，2001. 包慕萍：《蒙古帝国之后的哈敕和林木构佛寺建筑》,《中国建筑史论汇刊（第捌辑）》2013年第2期，172-198页。）

处于同一院落的这三座佛殿中，地处中心位置的释迦牟尼寺被称为主寺庙，即中殿或称主殿。这座居于中间的主殿为单檐歇山顶的汉式两层楼阁，面阔五间进深四椽。屋顶通体铺绿琉璃瓦，中有黄琉璃瓦聚锦，其楼阁的建造结构与包头美岱召琉璃殿相同。平身科斗栱出一跳，补间斗栱一朵，具有明代山西木构建筑风格（图3-7）。

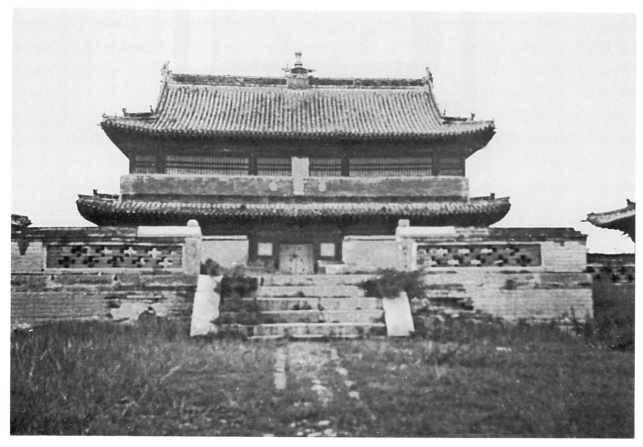

图3-7　中殿正立面

中殿内部上下两层均带有室内回字形转经道回廊，这种形制布局较为特殊，其他蒙古喇嘛教建筑中不曾出现（图3-8-1~3）。造像风格与现存呼和浩特大召佛殿造像相差较多。塑像应该是清代重塑。左侧为宫古尔（Gonggor）神灵，右侧为吉祥天母（Bandal Lham，梵文Palden Lhamo），寺庙内佛陀童年雕像左右两侧分别为正义之神（Holy Abida）和药师佛（Otoch Manal），另遗存有太阳神尼姆（Niam）和月亮神达巴（Dabaa）雕像、守卫雕像（16、17世纪）和一些查玛面具以及佛教雕刻家扎纳巴扎尔的一些作品等。虽然主寺庙可追溯至16世纪，但保存的大多数壁画、唐卡、面具等属于18世纪遗品（图3-8-4）。

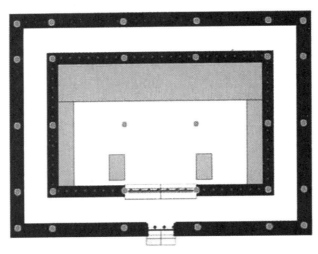

图 3-8-1 额尔德尼召中殿平面图（采自陈未：《蒙古额尔德尼召及其蓝本问题的建筑学思考》）

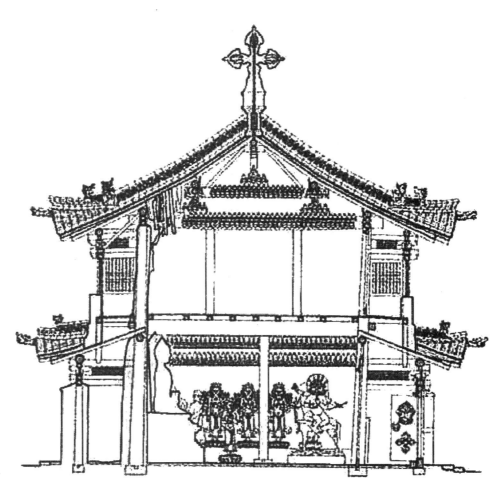

图 3-8-2 额尔德尼召中殿剖面图

（图片来源：BRANDTA，GUTSCHOWN.*Erdene Zuu: Bemerkungen zum: lageplaan und zu den Bauten der 1586 begrundeten Klosteranlage in harhorin*[J].Mongolei，（2001）：167.）

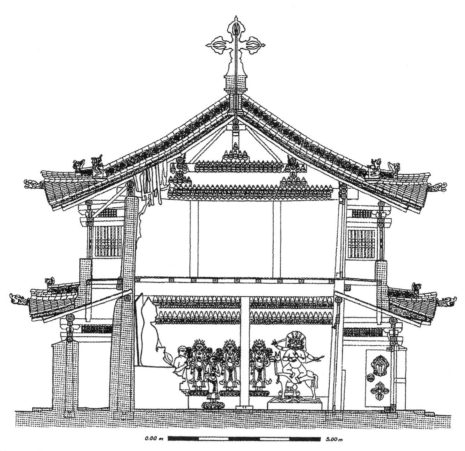

图 3-8-3 额尔德尼召中殿实测剖面图（2003 年 8 月 Bijay Basukala实测及制图，引自 Niels Gutschow，Andreas Brandt.*Die Baugeschichte der klosteranlage von Erdeni Joo(Erdenezuu).*Claudius Müller，ed.Dschingis Khan und seine Erben：Das Weltreich der Mongolen.Hirmer Verlag.Bonn，2005：pp.355.）

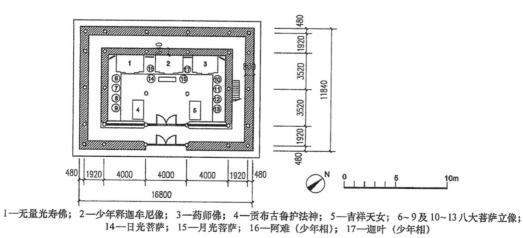

1—无量光寿佛；2—少年释迦牟尼像；3—药师佛；4—贡布古鲁护法神；5—吉祥天女；6~9 及 10~13 八大菩萨立像；
14—日光菩萨；15—月光菩萨；16—阿难（少年相）；17—迦叶（少年相）

图 3-8-4 额尔德尼召中殿平面图（采自包慕萍：《蒙古帝国之后的哈敕和林木构佛寺建筑》,《中国建筑史论汇刊（第捌辑）》2013 年第 2 期，172-198 页。）

　　左右两殿即北殿（又称东庙或东寺）和南殿（又称西庙或西寺）均为重檐歇山顶的汉式建筑，下檐为副阶即室内转经廊道，即亦有副阶周匝、单层，面阔五间进深四攒，两殿面积相近，形制略小于中殿。屋顶与主殿一致。仅在天花以及外檐斗栱跳数上略有不同，斗栱双昂三抄，补间不施斗栱，斗栱比例较大，与山西地区明代做法相似。建筑彩绘为三宝眼火焰珠，与官方做法有较大差异，含有浓厚的地方特色。南殿位于寺院内西部偏南，由阿巴岱汗及其儿子修建，供奉成年后的佛陀，释迦牟尼雕像两侧分别为左侧的过去佛燃灯佛（Sanjaa，梵文Dipamkara）和右侧的未来佛弥勒佛（Maidar，梵文Maitreya），藏品有数件金色"长寿轮"、吉祥八宝（naimin takhel）和17、18世纪的小型塑像等（图3-9、10）。

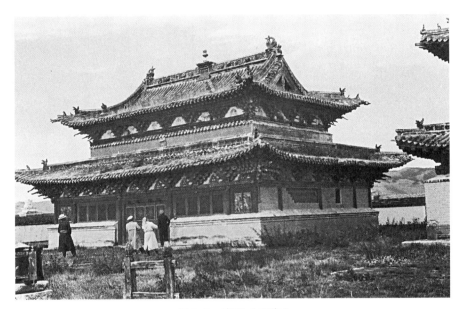

图3-9　南殿（西庙）

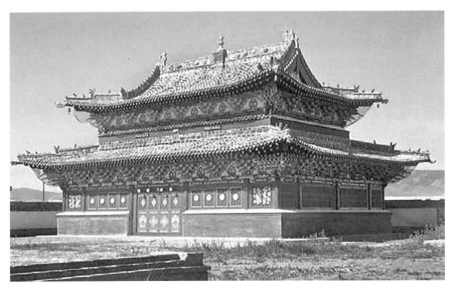

图3-10　重建后的南殿（西寺，Western Buddha's Monastery，2008年）

　　紧邻主寺庙东北侧的北殿顶部残损严重，殿内的一尊青少年时期的佛陀雕像左、右两侧，分别为观音菩萨（Janraisig，藏文Chenresig，梵文Avalokitesvara）和在西藏创建佛教黄教的宗喀巴（Tsongkhapa）（图3-11-1～3）。

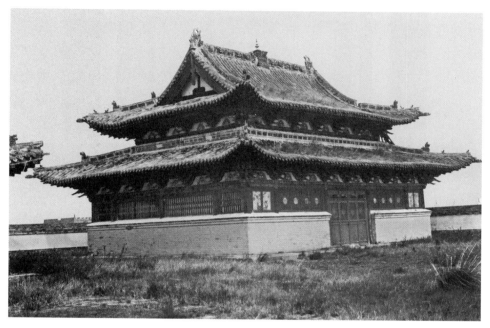

图3-11-1　北殿（东庙）侧面

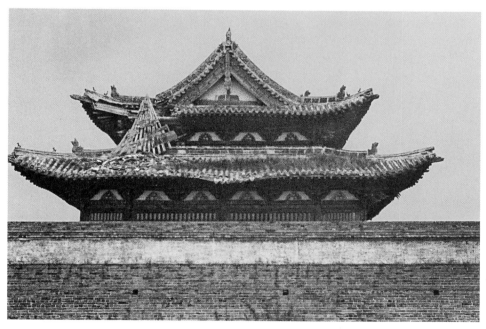

图3-11-2　北殿（东庙）山墙二层檐局部塌落

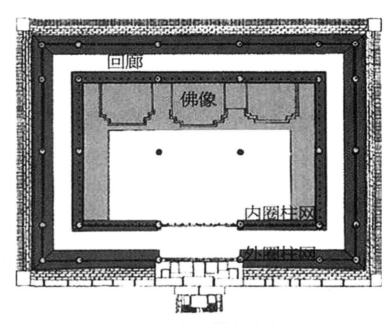

图3-11-3　额尔德尼召北殿（左殿）平面图（陈未：《蒙古额尔德尼召及其蓝本问题的建筑学思考》）

　　三殿院落的东部呈南北对称分布有两座墓塔和佛殿，分别为长寿佛殿和弥勒佛殿、阿巴泰汗墓塔和土谢图汗墓塔。在这组三座寺庙为中心的寺院中北部，较为分散地分布有多座塔庙建筑和其他一些遗存（图3-12）。三殿北侧是修建于1799年的祈祷金塔（Golden Prayer Stupa），旁边遗存一座早于额尔德尼召僧院约200年的蓝色瓦屋顶小寺庙（图3-13-1、2）。再向北最远端的白色寺庙为藏式建筑风格的拉卜楞

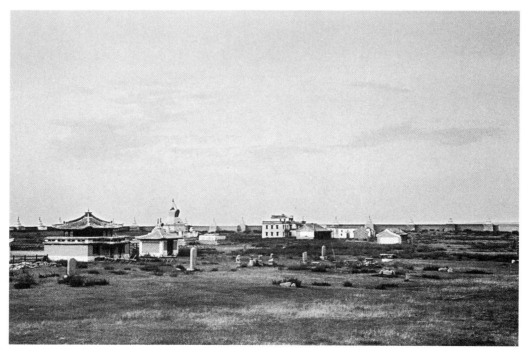

图3-12　额尔德尼召西北部

庙（Lavrin Süm，又译作拉夫林庙），现在这里每天都举行宗教仪式，是整个寺院建筑群落中最具宗教氛围的庙宇区域（图3-14-1、2）。喇嘛庙（Lama Süm）又称高布古里殿（即措钦大殿），修建于1675年，为纪念阿巴岱汗（Abtai Khaan）的儿子即阿勒坦（Altan）而建，现庙内藏有一尊扎纳巴扎尔雕像和一些描绘有众位保护神的17世纪精美唐卡（图3-15-1、2）。喇嘛庙前矗立有阿巴岱汗（1554～1588年）及其孙子图施奈汗衮布（Tüshet Khaan Gombodorj，扎纳巴扎尔之父）的墓碑，碑文用蒙古文、藏文和阿拉伯文铭刻（图3-16）。

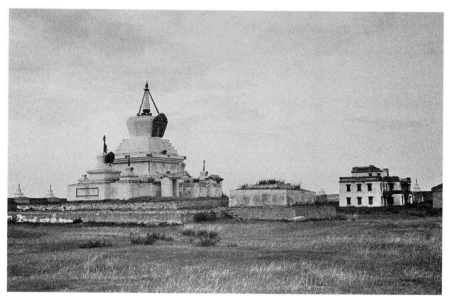

图3-13-1 金塔及拉卜楞庙

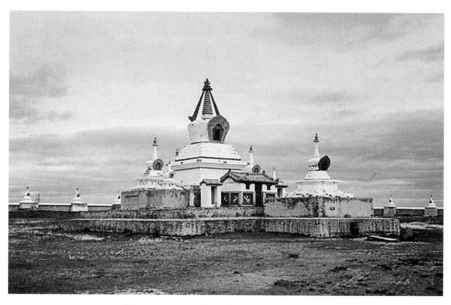

图3-13-2 金塔（采自UNESCO网站）

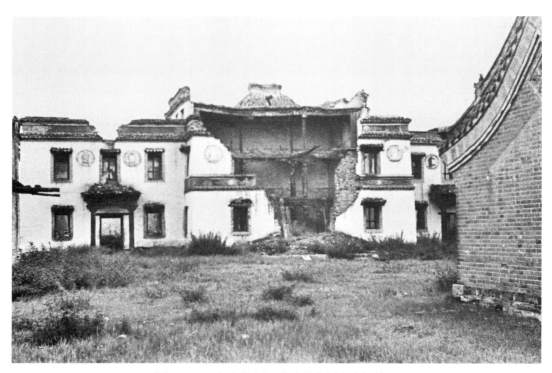

图3-14-1　额尔德尼召藏式拉卜楞庙残损情况

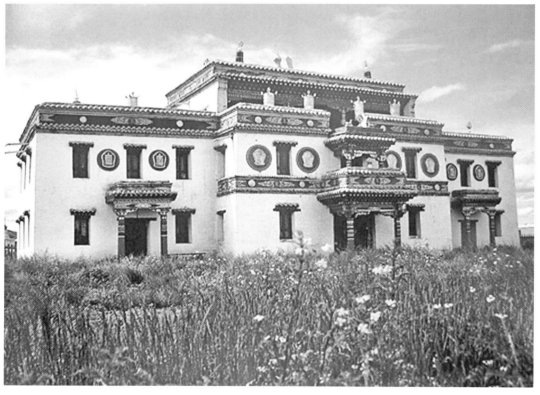

图3-14-2　藏式拉卜楞庙（Laviran in Eredenezuu temple）

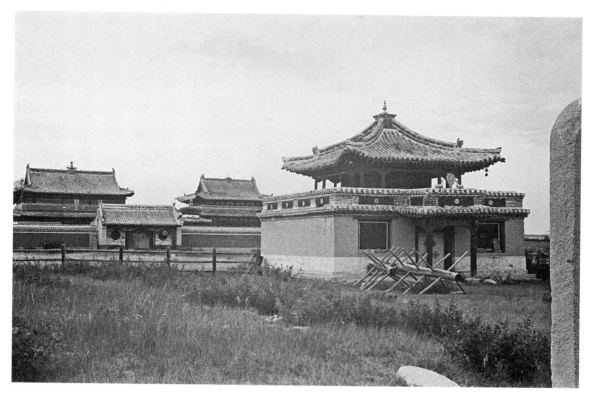

图 3-15-1 高布古里殿

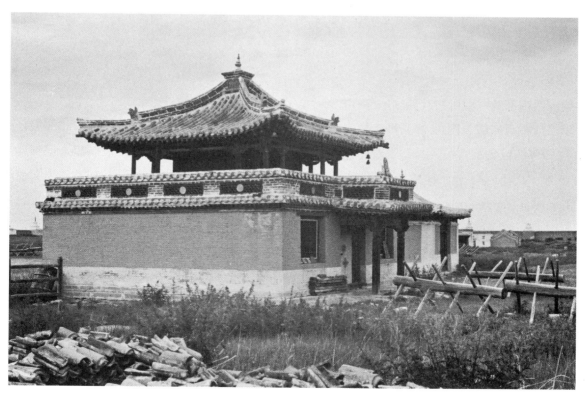

图 3-15-2 高布古里殿侧面

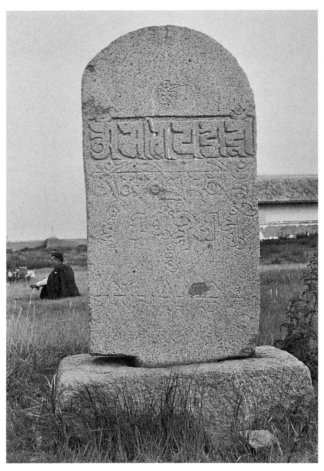

图 3-16　藏文碑

　　寺院内西南部的三殿所在红院围墙保存较好，院内还保存有舍利塔（又称双墓塔，图 3-17）、"艾列"庙（即乐格斯穆贡布殿，图 3-18）和兰殿（又称青殿，图 3-19）等庙宇建筑。寺院内东北部保存着一顶建立于 1639 年的巨大蒙古包的基石石圈和柱础遗迹，是用作纪念扎纳巴扎尔的诞辰而建，据测算，蒙古包高约 15 米、直径约 45 米，有 35 道折叠墙壁，可容纳约 300 人举行可汗集会活动，现被称为幸福和繁荣广场（Square of Happiness and Prosperity）。

　　该寺院遗址类博物馆院内还保存着一些阿拉伯文和汉文元代石碑、15～17 世纪的绘画、装饰品、刺绣品以及大量的珍贵手稿、木板书籍、碑刻等珍贵文物。寺庙内殿前遗存有"中华民国十六年（1927）"铸造的铜鼎。在蒙古国境内其他地方博物馆和庆宁寺等寺院庙宇都保存有不少来自中国清代和民国时期铸造的类似大铜鼎、大铁钟或大口锅甚至大铁刀，且汉字铭文显示多来自山西一带。例如，蒙古国家博物馆（国立民族历史博物馆）门前矗立一口清光绪三十年（1904 年）铸造的藏、蒙、汉三种铭文的大铁钟，这些钟、鼎、锅应当是从中国铸造后运送到蒙古国的一些庙宇陈设使用的。前述博格达汗宫博物馆东院内也保存有数口大铁锅，其中 1 口大锅汉字铭文为清代光绪三十年（1904 年）立。扎布汗省博物馆门前草丛中用铁栅栏围护着一口铁钟，很可能也是铸造于清末民初。

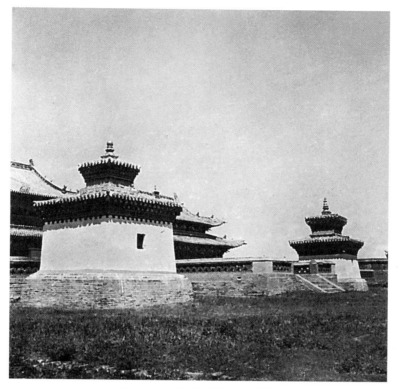

图3-17　红院舍利塔（双墓塔）

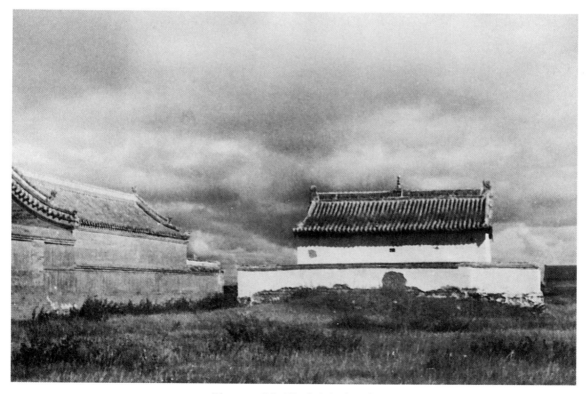

图3-18　"艾列"庙和红院围墙

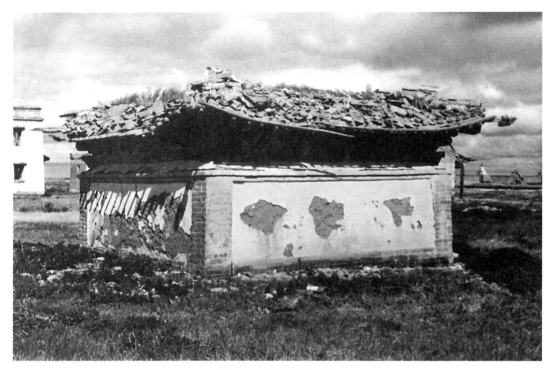

图 3-19　兰殿残破现状

　　额尔德尼召周边还遗存有喀喇昆仑遗址及窝阔台宫殿遗址等一些古代遗址和石龟、元代石碑赑屃碑座等，从而也说明了这一带曾经在历史上的重要地位和繁荣发达程度。如在寺院的西山顶上，现存一处平面长方形建筑遗址，推测属于清代卫戍山顶的一处小城鄣[1]。

　　额尔德尼召属于世界文化遗产"鄂尔浑河谷文化景观"（Orkhon Valley Cultural Landscape）的重要遗产点之一[2]。鄂尔浑河谷文化景观遗产区面积达 1219.67 平方千米，由鄂尔浑河两岸宽广谷地上的大片草场组成，拥有丰厚的历史遗存，包括许多考古遗迹和地面建筑物。鄂尔浑河谷水草丰美，自古以来就是适宜游牧之地，根据"鄂尔浑 7 号"（Orkhon-7）考古遗址的发现，早在 6.2 万至 5.8 万年前，这里便已有人类活动。游牧文明在这片土地上从史前时期存在至今，自青铜时代以来，匈奴、突厥、回鹘和蒙古人相继在这里建立起各自的王国，与草原共生息，创造出独特的经济、社会与文化成果，使鄂尔浑河谷成为政治权力、商业贸易和文化宗教的中心，也成为联通亚欧大陆东西的枢纽和文明交汇之地。除了额尔德尼召之外，列入名录的最具代表性遗产点还有成吉思汗创立于 13 世纪的蒙古帝国的旧都哈拉和林故址，以及附近的阙特勤石碑（Kul Teginii Monument）、回鹘牙帐城遗址（Khar Balgas）、图布浑寺（Monastery of Tuvkhun，图 3-20）、尚赫寺（Shankh Western Monastery）等一系列考古遗存（图 3-21）。鄂尔浑河谷众多历史遗迹集中反映了游牧社会及其管理与宗教中心的共生，以及此地在内亚历史中的重要地位。其中，6～7 世纪的突厥遗迹和由突厥毗伽可汗设立于 8 世纪的以古突厥文和汉字镌刻的阙特勤碑，这一突

1　罗丰：《蒙古国纪行：从乌兰巴托到阿尔泰山》，生活读书新知三联书店，2018 年。
2　鄂尔浑峡谷文化景观，百度百科 https：//baike.baidu，2018 年。

厥民族最重要的历史文物被俄国考古学家于1889～1893年发掘并破译；8至9世纪的回鹘都城窝鲁朵八里（即牙帐城）遗址，占地50平方千米，保留有宫殿、寺庙、商铺、龙纹石刻等遗迹；图布浑寺是蒙古国内最古老的寺庙之一，尚赫寺也是十分重要的藏传佛教格鲁派寺院，均为北方佛教流传广泛而持久的宗教传统和文化习俗的见证。

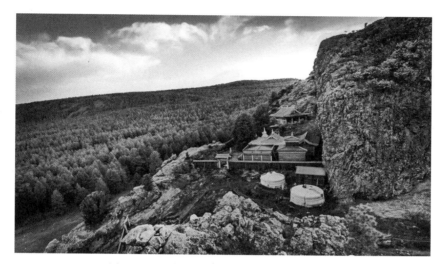

图3-20　图布浑寺（Monastery of Tuvkhum）

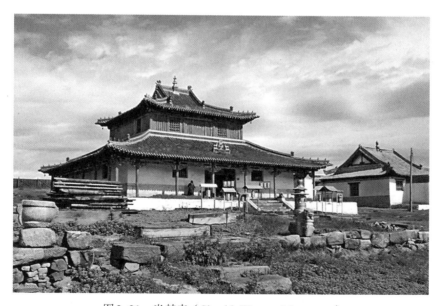

图3-21　尚赫寺（Shankh Western Monastery）

总体来看，额尔德尼召所处的鄂尔浑河谷地区历史发展基础雄厚，是蒙古帝国时期的中心，也是蒙古族佛教文化发展的早期重要地区。喀喇昆仑在13世纪中期是一个受世人关注的热闹之地，是成吉思汗设置的一处供给基地更是在1220年建立的庞大的蒙古帝国的都城之地，1235年成吉思汗的儿子窝阔台修建了环绕喀喇昆仑的城墙，更加成为一座规整的都城，延揽了各地的能工巧匠、商人和学者、高僧及宗教领袖等。大约经历了40余年的活跃期后，忽必烈迁都汗八里（Khanbalik，即北京），继之而来的蒙古帝国崩溃，盛极一时的喀喇昆仑也随之被废弃，1388年又遭受明朝士兵的破坏[1]。16世纪，利用哈拉和林都城一带的遗址废弃材料修建了宏大而又肃穆的额尔德尼召，但后来即使如此重要的僧院本身也没有摆脱斯大林清洗运动中的惨重损毁。由此，可以说位于今天哈拉和林一带的这些都城遗址群落尤其是喀喇昆仑遗址本体等历史悠久的遗产是鄂尔浑河流域文化发展达到顶峰的代表。蒙古帝国衰落之后的数个世纪，受满族和藏传佛教影响，人们在喀喇昆仑遗迹之上建立了作为佛教僧院的额尔德尼召，也使得本土萨满信仰受到排挤弱化，佛教成为社会上占主流的宗教信仰，深刻体现了这个地域人们的精神世界。

二、勘察设计与保护维修

哈剌和林古城遗址是珍贵的考古学文化遗存，与之密切相关的额尔德尼召寺庙建筑群落同样记录了蒙古帝国盛衰的历史，对其进行考古调查和发掘研究的同时，采取措施加以保护和整修是非常必要的，不仅对保护蒙古帝国的历史文化和蒙古国文化遗产有着重大意义，而且对世界文化遗产保护管理具有深刻的影响。额尔德尼召的保护修缮，已经历了百余年的历史文化遗产保护历程，始终是伴随着该寺院的不断修复完善和哈拉和林遗址考古发现与古迹保护而逐步发展的。

1889年，俄罗斯学者 H·W·雅德林采夫等人受俄罗斯地理协会东西伯利亚分会的派遣，赴蒙古国考察额尔德尼召，并在寺院附近发现了一处并推断为蒙古帝国都城哈剌和林大型城址。1891年，俄罗斯鄂尔浑河考古调查队的探险家 B·B·拉德洛夫等考察额尔德尼召，并发现了若干石碑残块。1912年，波兰考古学家 B·Л·科特维奇于额尔德尼召寺院内又发现三块石碑残段。这三次考古调查工作对哈拉和林和额尔德尼召古迹有了初步认识。但是，1919年，苏联学者 N·M·麦亦斯基将哈剌和林与其北部的回鹘城遗址—哈拉巴拉嘎斯相混淆，认为哈拉巴拉嘎斯为蒙古帝国都城哈剌和林。另外，苏联学者 Д·Д·布可尼奇于1933～1934年对哈剌和林古城遗址进行了考古调查和发掘，试图结合文字史料研究该都城。但是，根据在较晚期文化层出土的大量与佛教相关的遗物，Д·Д·布可尼奇得出该遗址并非哈剌和林而是与宗教有关的寺院遗址的不准确认识。

直至1948～1949年，苏联考古学家 C·B·吉谢列夫带领蒙苏联合考古队对哈剌和林古城遗址进行大规模发掘，发现了筑有64根圆柱支撑的大厅，确定了公元1235年建造的窝阔台汗宫殿"万安宫"的准确位置，并在手工业作坊和店铺遗址中发现了工具、武器、装饰品、钱币和带有蒙古文的印章等珍贵遗物。更为重要的是，蒙古国科学院历史研究院和考古所于1976～1985年组织对哈剌和林进行了多次考古发掘，参与发掘研究工作的 H·色尔奥德扎布、纳旺、和迈达尔等分别编写《哈剌和林古城的考古发掘研究》《哈剌和林》《蒙古历史文化遗存》专著，并共同编写每一阶段的发掘报告，使哈剌和林遗址研究更加深入。

1　萨仁毕力格：《蒙古帝国首都哈剌和林》，内蒙古师范大学硕士论文，2007年。

在以上考古研究和古迹调查基础上，20世纪90年代以来，在蒙古国政府的推动下，联合德国、俄罗斯等国外专业团队对额尔德尼召和甘丹寺、庆宁寺等寺院遗址进行了比较完整的考古调查和测绘，为进一步开展专业研究和保护修复提供了良好的资料基础。根据联合国教科文组织（Unesco）制定的《蒙古国哈剌和林都城遗址的保存和修整计划》，在日本外务省的援助下，日本国学院大学加藤晋平教授负责于1995～1996年进行了一次日蒙合作调查，重新测绘了哈剌和林古城遗址的平面图，并制定了遗址的保护与整修方案。

与此同时，对这处大型都城遗址的综合性研究仍在持续，如1996～1998年，蒙古国科学院历史研究院与日本中亚研究院合作进行了碑铭研究项目。蒙古国科学院考古所与德国考古研究院波恩分院和波恩大学考古所合作，于1999～2003年和2004～2008年实施了两次为期五年的蒙德联合哈剌和林研究项目。蒙德联合考古队运用世界先进的考古学方法与技术，对哈剌和林进行大规模的考古发掘，发现了较多遗迹和遗物，弥补了前人研究成果中的一些不足和缺陷，无疑将哈剌和林遗址研究推向了更高水平。2000年，德国专家对"万安宫"南侧发现的四处砖窑遗址进行了修整，并计划建立一座小型博物馆加以保护和展示利用。

针对额尔德尼召寺院建筑本体的保护修缮，早在20世纪五六十年代就已经由中国援助蒙古国文物保护专家负责开展过一定程度的勘察设计和推动蒙方负责组织实施的修缮工作。自1957年8月1日至8月4日，余鸣谦和李竹君参观了"阿尔杭麦"省（前杭爱省）的牧场并参观了该省的"额尔德尼昭"喇嘛庙——蒙古国最早也是最大的一座庙宇；1959至1960年间，二人多次前往现场负责进行了该寺院三殿、喇嘛庙门楼、城墙等寺院建筑的勘察设计和修缮方案编制。蒙古国方面负责于1960至1961年完成了中殿、北殿等保护修缮工程实施（图3-22，1、2）。在1961年11月编写的"协助蒙古人民共和国修庙工作总结"（手稿）中这样写道：

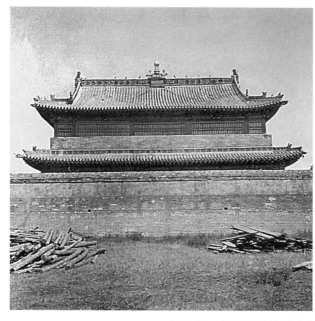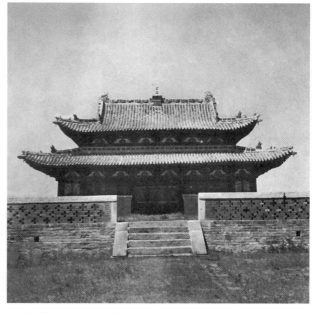

图3-22　修理后的佛殿（左：中殿背面；右：北殿正面）

"额尔德尼召"——这是蒙古现存古建筑中最早的一处，迄今约近400年。它位于"前杭盖"省的"哈尔和林"地方附近。我们几度前往现场进行勘察和测量之后，绘制了部分图样，制订了"红院"内部分建筑的保固性修理计划。该计划经蒙古科学院同意后，已于60年12月委托当地的建筑处施工，至61年第二季度中工程完竣[1]。

第二节　庆宁寺

一、寺庙简介

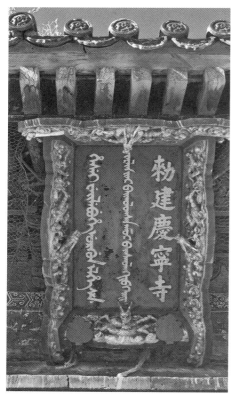

图3-23　"勅建庆宁寺"匾额

庆宁寺（Amarbayasgalant，又写为Amarbangasgalant Khiid）又译作庆林寺、青林寺[2]，音译为阿玛尔巴雅斯嘎朗图寺（Amarbayasgalant），又写作阿玛巴雅斯伽兰特寺。位于色楞格省（Selenge）达尔汗市以北的西布伦县（又译作巴润布仁县），坐落于宽阔的布仁汗山（Burenkhan）南麓的深山谷地之中，毗邻埃文河（Evin River），南距乌兰巴托市约300千米。庆宁寺是一座有着近300年历史的宏伟僧院建筑群落，是清政府为了在蒙古地区传播佛教，雍正皇帝遵照康熙皇帝圣旨（"尊圣祖之遗诏"），支库银十万两，于库伦（今乌兰巴托）附近的草原深处兴建大刹，为纪念一世哲布尊丹巴呼图克图活佛扎纳巴扎尔（Undur Gegeen Zanabazar）而兴建该寺庙，用于安放蒙古国藏传佛教最高领袖——一世哲布尊丹巴呼图克图舍利，并成为历代哲布尊丹巴呼图克图驻锡之地[3]。寺内设有供奉第一世、第四世哲布尊丹巴灵殿，及历世哲布尊丹巴参谒庆宁寺期间居住的拉布楞。始建于清雍正五年（1727年），乾隆元年（1736年）完竣，乾隆皇帝赐名"庆宁寺"，御书"勅建庆宁寺"（图3-23），并赐"福佑恒沙"匾额（图3-24），乾隆二年（1737年）立"御制庆宁寺碑"。

1　余鸣谦、李竹君：《协助蒙古人民共和国修庙工作总结》（手稿），1961年11月。

2　青林寺应指位于乌兰巴托市区西北隅的一处寺庙，可能与关帝庙有关，距离甘丹寺不远。

3　扎纳巴扎尔出生于1635年，是蒙古国伟大的政治家、佛教徒（活佛）和雕刻绘画艺术家，也是蒙古国宗教艺术学校的创始人，并创建铸造佛像，这些佛像如今在世界范围内都受到高度尊重和认可。他还发明了蒙古国的国家象征索永布（Soyombo），并改革了蒙古国的书写字母。3岁时就被认为可能会成为格根（Gegeen），即圣人，后来在蒙古国以温都尔格根（Öndör Gegeen）而闻名，再后来被宣布为藏传佛教觉囊派（Jonangpa）法王的转世化身，成为蒙古国首位转世的佛教领袖博格达汗，即第一代博格达格根（Bogd Gegeen）。参考：唐·克罗纳（Don Croner）：《扎纳巴扎尔生平背景指南》（Guidebook Locales Connected with the Life of Zanabazar）。

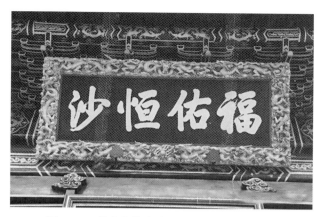

图3-24 乾隆御笔庆宁寺"福佑恒沙"匾额

雍正元年（1723年），扎纳巴扎尔于北京圆寂，1779年，扎纳巴扎尔的灵柩被移送该寺院佛塔中安葬供奉。20世纪30年代受蒙古人民共和国"肃反"运动影响，这座寺院尽管在民族和宗教文化受到政治伤害的过程中遭到破坏，但主体建筑保存尚属完整，仅分布于东、西两路南端的一些配套建筑被部分焚毁。此后该寺院不断遭受破坏，但一些法器以及唐卡（thangkas）得到了僧众的保护。总体来看，庆宁寺属于

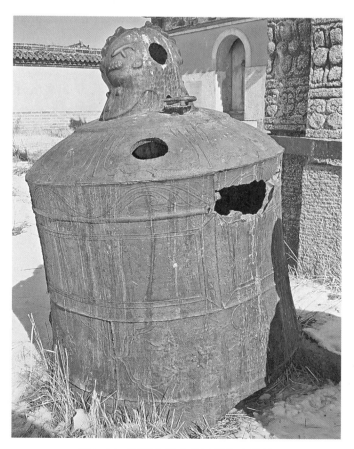

图3-25 雍正十年（1732年）大铁钟

30年代政治动乱后在蒙古国保存最完整的佛教寺院之一，基本上没有遭受到1937年"清洗"运动中毁灭性的影响，1936年曾有僧侣2000余名，如今僧院居住僧侣约40余名。1988年起，该寺开始全面重建，在庙宇内保存有多数雕像、佛教手稿和唐卡以及镌刻有寺院历史铭文的碑刻等。寺院内另遗存有多口来自中国清代雍正十年（1732年）等不同年份铸造的大铁钟、嘉庆二十一年（1816年）大铁釜等遗物（图3-25、26）。

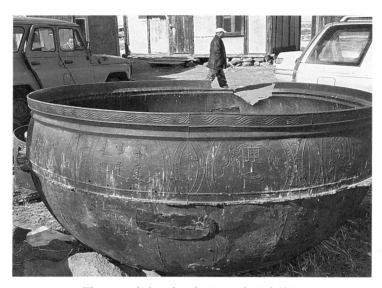

图3-26　嘉庆二十一年（1816年）大铁釜

庆宁寺地处山坡台地上，南低北高，最初由修建于特殊露台上的40多座寺庙建筑组成，现仅存28座原始寺庙建筑，自1944年以来一直受到国家保护（图3-27~29）。寺院坐北朝南，平面呈南北向长方形，南北长207米，东西宽175米，四周围墙环绕（图3-30-1、2）。

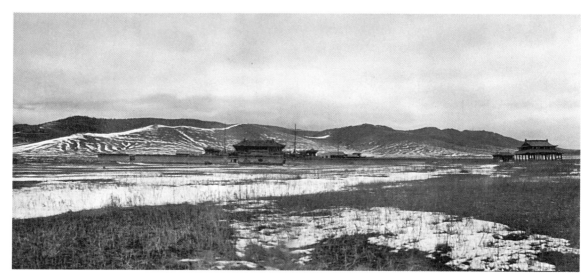

图3-27　庆宁寺远景（自南向北）

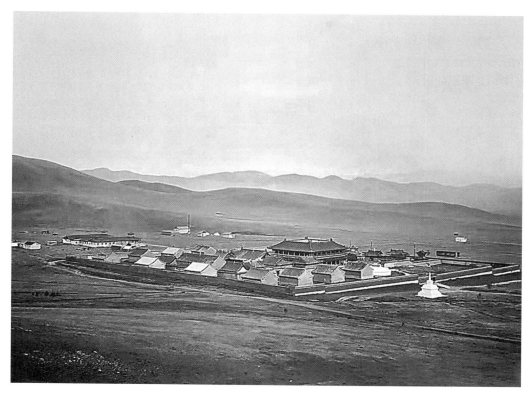

图3-28　庆宁寺远眺（自西北向东南）

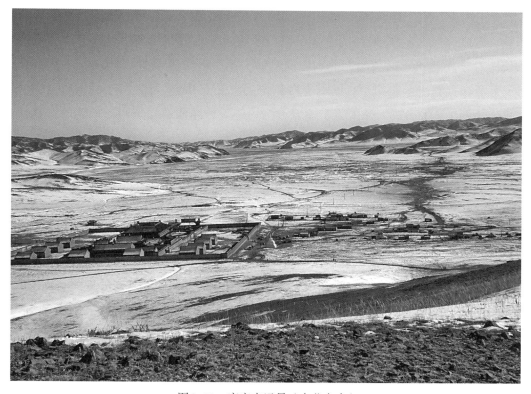

图3-29　庆宁寺远景（自北向南）

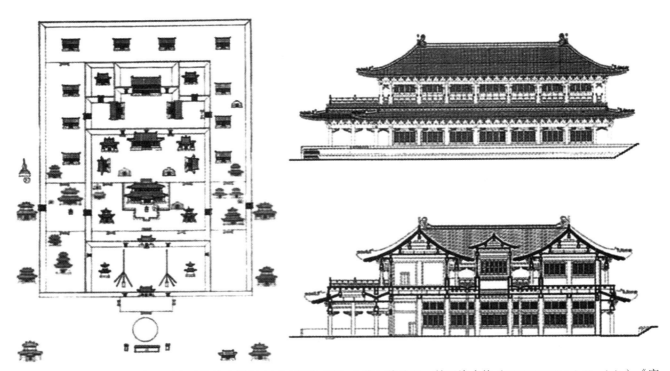

图3-30-1　庆宁寺平面布局示意及措钦大殿剖立面（图片来源：（蒙）尊杜恩·敖云毕力格（OIUUNBILEG Zunduin）：《庆宁寺建筑》（Зундуйн Оюунбилэг，*Амарбаясгалантын Архитэктур*，Ulaanbaatar khot：Admon，2010.）

　　整体寺院分左、中、右三路院落，每院进深又分三进院，整体形成"回"字形，东、西两侧与寺院主体组成圜圙（即"库伦"）。以中路为主体，院内建筑具有对称布局结构，各单体建筑物沿中心轴线分层排列，使所有重要建筑物从中心向北和向南延伸。第三进院落内西、北、东三面对称布局10座寺庙建筑，僧侣生活区分布于东路的第二进院落内即乔金独贡庙东侧，西路和东路的中南部院落内还遗存有其他建筑基址（图3-31、32）。外围墙东侧置大门一座。中路建筑均施褐色琉璃瓦，其他建筑施布瓦（陶瓦）。

　　中路建筑自南向北依次为影壁、山门、鼓楼和钟楼、天王殿、御制碑亭、主殿、Manal Temple 和 Ayush Temple、佛殿和拉卜楞庙等，释迦牟尼寺的左侧和右侧分别为第四世博格达格根之墓和扎纳巴扎尔之墓，第四世博格达格根的起居室两侧分别为 Narkhajid Temple 和 Maider（Maitreya）Temple 以及南侧左右两座寺庙。

　　影壁：又称照壁，位于山门以南60米处，正对山门。左、右两侧各置"下马"碑亭一座（图3-33、34）。

　　山门：面阔三间，为大木作单檐无廊歇山式，斗拱用三踩，前檐悬挂御赐寺匾，上书"敕建庆宁寺"。正面中间为券门，两次间为券窗；背面中间为余塞板门，两次间无窗。山门前置月台，上有木栅栏。山门两侧对称布置墙门各一处（图3-35-1、2）。

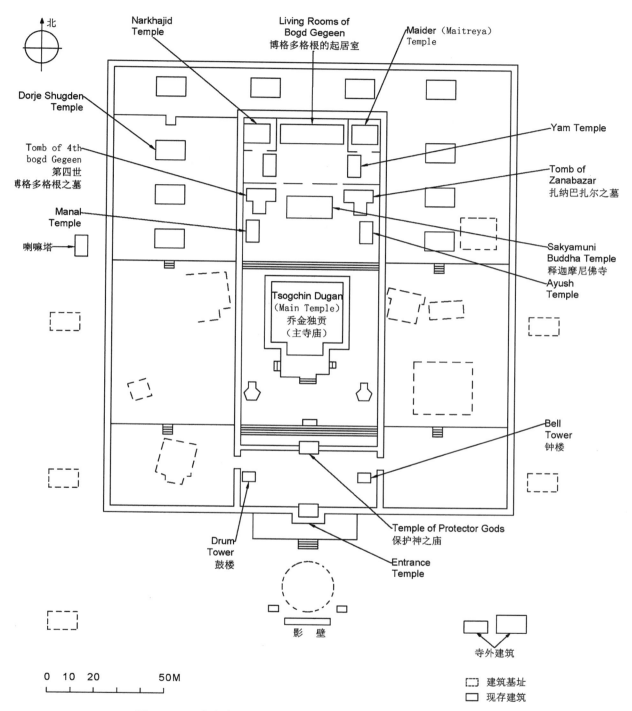

图3-30-2　庆宁寺平面布局示意图（底图来源：孤独星球《蒙古》）

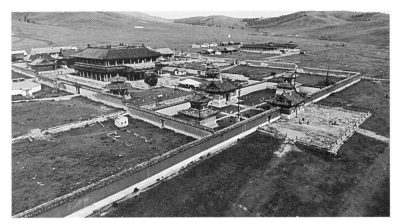

图3-31　庆宁寺远景（西南至东北，采自网络）

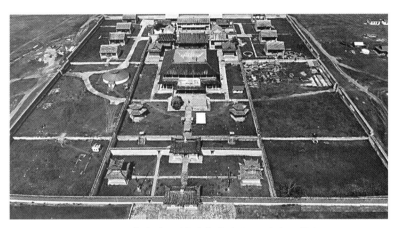

图3-32　庆宁寺远景（自南向北，采自网络）

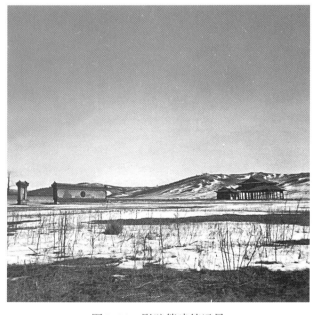

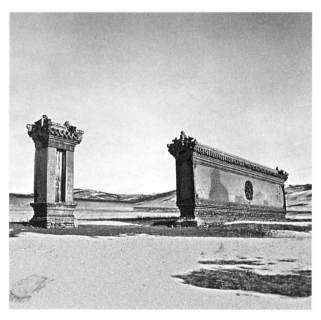

图3-33　影壁等建筑远景　　　　　　　　　　图3-34　影壁、碑楼

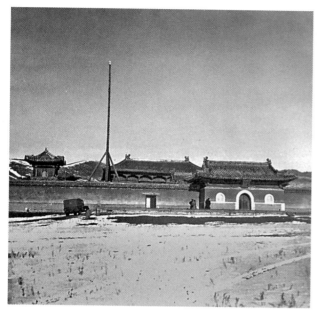
图3-35-1　庆宁寺南侧

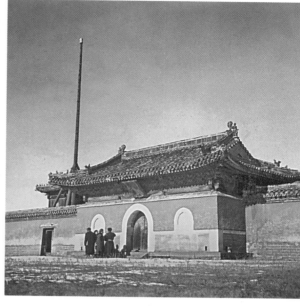
图3-35-2　山门远景

天王殿：又称保护神之庙，面阔三间，大木单檐无廊歇山式。正面为板式券门、券窗，后面为板门，与山门相同。斗栱用五踩。天王殿两侧置对称的墙门各一处（图3-36）。天王殿前面的东、西两侧竖立旗杆各一处。

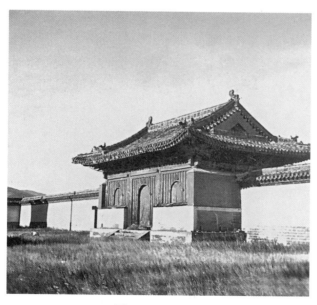
图3-36　天王殿

钟楼、鼓楼：位于一进院落内天王殿前部的东西两侧。形制相同，均为大木重檐二层歇山式，底层在外檐以墙体封护，内金柱用通柱，为二层檐柱。斗栱用三踩，东、西两楼对面辟门（图3-37、38）。

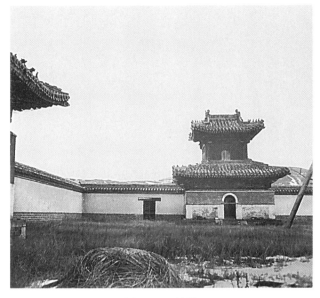

图 3-37　钟楼

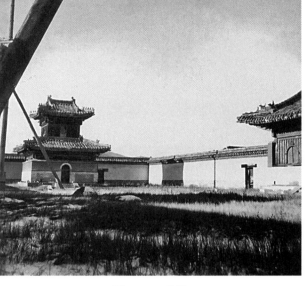

图 3-38　鼓楼

　　主殿：又称大殿、经堂、讲堂、主庙、乔金独贡庙（Tsogchin Dugan），平面正方形，面阔七间，进深七间，边长 32 米。四周设有围廊。重檐二层盝顶式，底层为大殿，前是面阔三间抱厦。二层带一圈回廊，中央部分建成一个凸起的空间，形成天井，用以采光。坐落殿身的高台基前为月台。大殿通往东、西两路之间的围墙上各置一门。该大殿为整个寺院的主寺庙，体现了蒙古民族建筑的规划和特色，但修造技术则非常原始。庙宇装饰华丽，庙内供奉来自内蒙古的仁波切古茹戴瓦（Rinpoche Gurdava）喇嘛雕像，该喇嘛曾居住生活于西藏和尼泊尔，后于 1992 年回到蒙古国并筹集资金修复了该寺庙（图 3-39 ~ 43）。

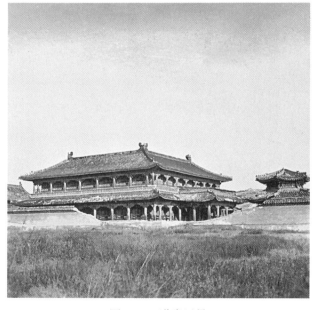

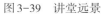

图 3-39　讲堂远景

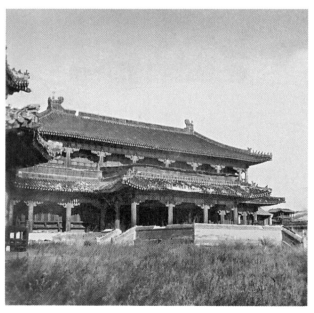

图 3-40　讲堂前景

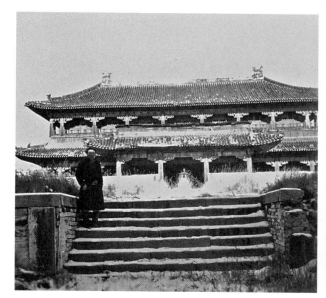

图3-41　讲堂正面

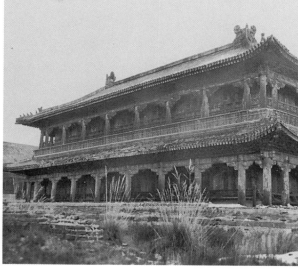

图3-42　讲堂西面

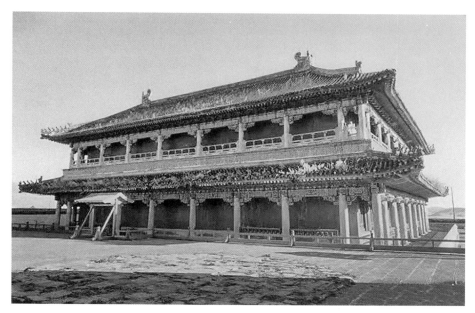

图3-43　讲堂背面（主庙措钦大殿，采自网络）

碑亭：又称御制碑亭，共两座，分别位于二进院大殿前部的东西两侧。形制相同，平面六角形，单檐攒尖顶式。亭子内立御制庆宁寺碑（图3-44）。

佛殿：又称后殿、释迦牟尼寺、千佛殿，面阔五间，大木单檐无廊歇山式。明间悬有"福佑恒沙"匾额（图3-45）。

前院厢殿：即耳殿，位于佛殿左、右两侧，两座耳殿形制相同，平面呈"凸"字形。面阔三间，大木歇山式。殿前置平顶木构抱厦（图3-46、47）。

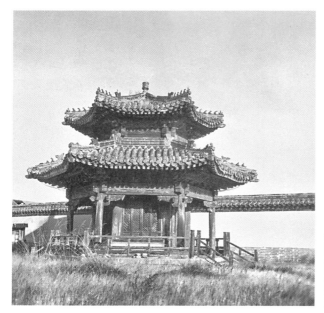

图3-44　庆宁寺碑亭

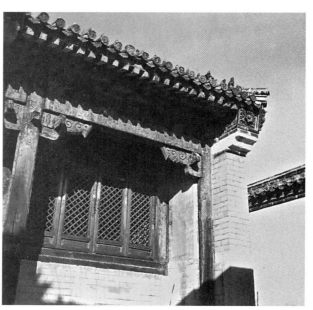

图3-45　千佛殿局部

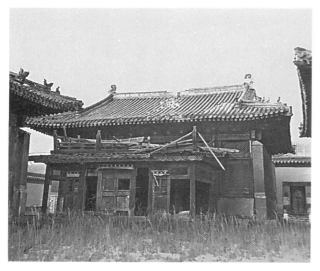

图3-46　前院西耳殿

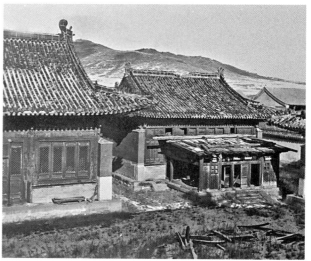

图3-47　前院东耳殿

前院配殿：又称寺庙（分别称Manal Temple和Ayush Temple），位于佛殿前部左右两侧。两座配殿形制相同，大木歇山式，面阔三间，前置檐廊（图3-48）。

拉卜楞庙：又称拉卜楞殿，为活佛起居的场所，即第四世博格达格根的起居室。单檐二层大木硬山式，面阔九间，置前廊，并前置平顶木构式抱厦五间（图3-49）。拉卜楞院落东、西各有一大门。佛殿和拉卜楞院落之间，置有三个墙门。

后院厢殿：位于拉卜楞庙左、右两侧。两座厢殿形制相同，大木硬山式，面阔三间，置前廊。

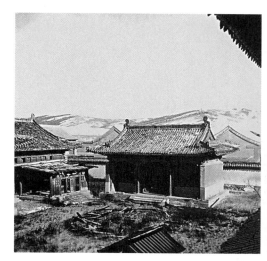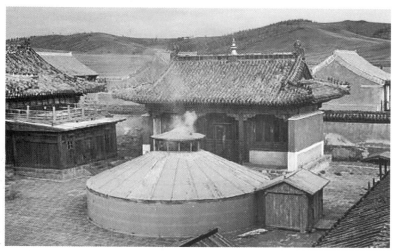

图3-48　前院东配殿（左：1961年；右：2009年）

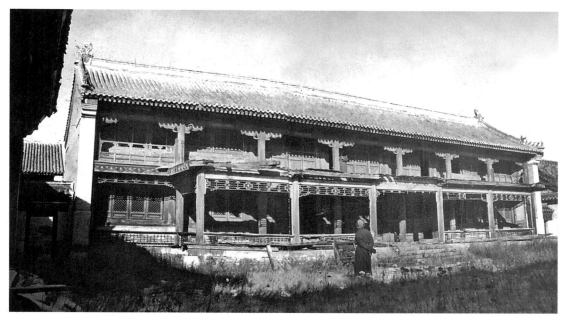

图3-49　拉卜楞殿

后院配殿：位于拉卜楞庙前部左、右两侧，以墙封闭为单独院落。两座配殿形制相同，大木硬山式，面阔三间，置前廊（图3-50）。

中路的第三进院落北侧另有两座建筑，均为面阔三间，前廊大木硬山式，建于主院落之外，与东、西院落北部的库房应为一组建筑，共计10座独立的单体建筑，故又称独庙。

左路即西路建筑保存不多，南段原有建筑从南向北布置的迈达里佛殿、参尼殿、古里穆殿等均已毁无存，现存建筑均为后来捐资营建。西路北段建筑现存四座库房（或称独庙），保存完好，形制相同，均为面阔三间，前廊大木硬山式（图3-51）。

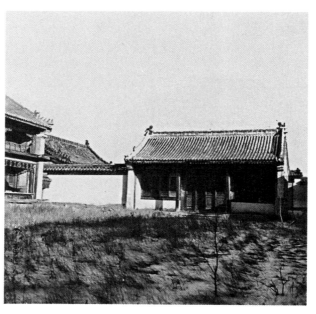

图3-50　后院配殿

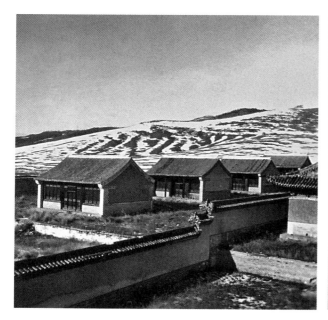

图3-51　西院库房

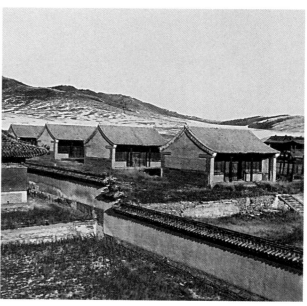

图3-52　东院库房

　　右路即东路建筑保存状况基本与西路相同，南段的参尼喇嘛殿、珠德（珠都巴）曼巴殿及其他几座建筑均已毁无存，现存建筑均为后来捐资营建。东路北段现存建筑四座库房（或称独庙），保存完好，与西路建筑对称布局，形制相同，均为面阔三间，前廊大木硬山式（图3-52）。20世纪60年代初，东院库房南侧还残存楼阁式建筑，具体殿宇名称不明（图3-53）。另外，在20世纪60年代初勘察工程的历史照片中还存在有名为三圣殿的建筑（图3-54），是否为佛殿或称后殿的建筑，有待进一步调查确认。

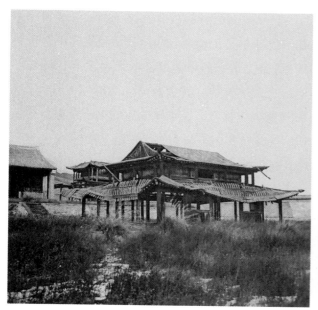

图 3-53　东院楼房

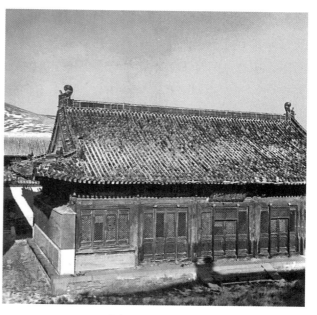

图 3-54　三圣殿

除了庆宁寺"回"字形院落内的主体建筑外，寺院周边另有较多建筑遗存，寺院以北属于寺产的马场、驼场等。例如，相距庆宁寺主体院落稍外围，以庆宁寺院落为中心，东、西布列六个蒙古各部和旗的喇嘛居所（即所谓"艾马克"）及其属庙。这些居所建筑主要为蒙古包，此外还有小土屋，以木栅栏分隔各院落，而居所的属庙现仅存东南侧一座面阔三间的殿堂，其他全部已毁无存。位于影壁东南部存在单体庙宇和二层楼阁式殿堂建筑，布局相对较为分散（图 3-55），是否为居所的属庙残存建筑，还有待调查确认。

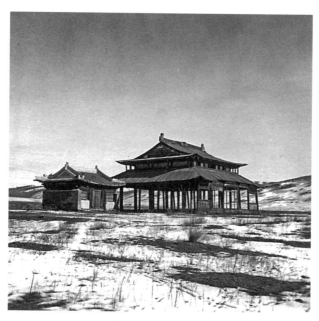

图 3-55　寺外建筑

另外，毁于20世纪30年代末期的多杰雄登寺，位于庆宁寺主建筑群以西约3.2千米处，是一座有三间庙宇的佛寺建筑，其中一间供奉第一世哲布尊丹巴扎纳巴扎尔（Zanabazar），另一间供奉第八世哲布尊丹巴，还有一间是多杰雄登寺院。在庆宁寺附近的小山上矗立着一座单独的佛塔，兴建于1868年，至今保存完好。寺院外围和后方的山丘上坐落有几处新建纪念性建筑物，其中西墙外中部保留有1座佛塔（Jaryn Khashuur Stupa），周边边山间有8座白色佛塔，另有1尊金质佛像。该寺院保留有名为贡格林邦巴尼呼拉尔（Gongoriin Bombani Hural）的佛教祈祷仪式，使得寺院及其周边的人文气息较为浓厚[1]。

从庆宁寺的寺庙建筑群整体建筑风格来看，建筑布局对称规整，屋面檐角瑞兽细腻入微，油饰彩画的色彩搭配庄严肃穆，寺院布局与满族式皇宫建筑空间规划的总体布局相似，加之寺院遗存的碑文等，呈现出融合满族风格的空间布局和中国佛教建筑艺术特征，也体现了浓郁的汉式建筑样式和传统，以及生动活泼且独特的蒙古国当地民族建筑元素，整体建筑风格艺术对后来的寺院建筑产生了一定影响。庆宁寺和地处中国内蒙古多伦县的善因寺、北京西黄寺正院等寺院建筑规制基本相同，尤其是与善因寺可能出自同一张图纸蓝本，而且是同年同月同日由雍正皇帝准予兴建，出于对两位藏传佛教领袖的同等重视[2]。

庆宁寺寺院建筑地处偏远山谷，是蒙古国保存最为完整的建筑群，根植于3至7世纪的突厥墓地等重要历史古迹分布地域之上，悠久的萨满教和佛教宗教传统以及游牧民族的习俗与周围丰富的植被和牧场等神圣的高山草原自然环境完美融合。该寺院与哈拉和林的额尔德尼召和乌兰巴托的甘丹寺一起，被认为是蒙古国三大佛教机构，建筑年代和形制与地处蒙古国东部肯特省南德勒格尔区荒原上西扎尔嘎朗特河（Baruun Jargalant）深谷中的巴尔丹·贝勒文寺院（Baldan Bereeven Monastery）类似，寺院建筑群及其周围的神圣文化景观均已列入蒙古国申报世界文化遗产的预备清单中，现在是最为吸引人的蒙古国寺庙建筑和游览胜地。该寺院及其周围的神圣景观拥有一个独特的文化区域，游牧民族自很久以前就居住在这里，并经历了传统的土地使用和游牧民族文化以及对自然胜地和山脉的长期崇拜，成为重要宗教和精神意义的地方，寺院及其周围的文化景观在蒙古国北部中部和东北文化地区内的佛教寺院建筑建设发展中，代表着重要的创造性人文价值交流，该文化遗产不仅是宗教建筑发展交流的杰出例证，而且是蒙古族佛教的独特宗教传统和文化以及游牧民族对神圣场所的特定崇拜传统和习俗的特殊见证。时至今日，虽然该寺院远离人口稠密的地区，但仍然为当地牧民的宗教和精神需求而开展着宗教服务和仪式，周围的景观仍然是游牧文化和当地游牧民族的重要资源。

二、勘察设计与保护修缮

庆宁寺作为神圣场所，对这一文化景观的保护已有悠久的历史，多年来，通过以科学方法和方式制

1　（蒙）尊杜恩·敖云毕力格（OIUUNBILEG Zunduin）：《庆宁寺建筑》（Зундуйн Оюунбилэг，Амарбаясгалантын Архитэктур，Ulaanbaatar khot：Admon，2010.）

2　张汉君：《善因寺与庆宁寺构制比照》，《中国民族建筑（文物）保护与发展高峰论坛论文集》，2007年；张晓东：《善因寺与庆宁寺构制比照》，《中国民族建筑研究会第二十一届学术年会论文特辑》，2018年。李勤璞：《景观转换：蒙古地区喇嘛寺院建筑样式和空间构造》，《西部蒙古论坛》2015年第4期。

定的保护计划来保护寺院真实性和完整性。尤其是20世纪50年代以来，经历过多次保护修缮工程，使这座大型庙宇建筑群得到了较好的保护修复，寺院修缮和维护状况良好，有关历史及现状也得到社会各界的广泛关注。尽管如此，基于历史建筑的木构彩画特质，受经年累月的严寒酷暑气候影响和风雨侵蚀等自然病害，鸟类粪便、鼠类老鸭和植被滋生等都影响到了建筑物的日常良好维护保养，木架彩画也容易褪色，寺庙建筑群落呈现既古朴幽静但又衰败沧桑的景象。

　　1960年冬季，中国援助蒙古国修缮兴仁寺和博格达汗宫的余鸣谦、李竹君对该寺院进行过勘察测绘和保护修缮方案的编制，并提交给了蒙方审查，至于后来蒙古国方面负责组织实施的具体修缮工程，我们还没了解到更多的信息。余鸣谦和李竹君1961年11月编写的"协助蒙古人民共和国修庙工作总结"（手稿）是这样写的：

　　"庆宁寺"——位在"色楞格"省的"布隆"县境内。建筑规模宏伟，自创建至今约有200年。我们曾于60年冬季前往现场，进行了初步的勘测和拍照工作，并写了一个初步维护方案计划，已提交蒙古科学院中央博物馆审查。

　　其他组织和队伍对该寺院的测量和修复工作始于1972年，并得到了联合国教科文组织的国际援助，一直持续到今天。寺庙的修复工作是依据寺院的原始材料和设计档案照片进行的。

　　1980年至1990年，联合国开发计划署及联合国教科文组织提供财政援助总额共计34万美元，对庆宁寺进行过大型修复工程项目，其中的28个寺庙建筑和结构得到了大规模修缮。

第三节　将来斯格庙和关帝庙

　　除了对额尔德尼召、庆宁寺等重要寺庙建筑开展过勘察设计外，还对将来斯格庙、关帝庙、青林寺等进行了不同程度的勘察设计及实地调查研究。

一、将来斯格庙

　　将来斯格庙（Migjid Janraisig Süm），又称观音殿、观音阁、眼光菩萨阁或眼光菩提庙大阁，属于甘丹寺寺院群落的一处寺庙（图3-56-1、2）。甘丹寺（Gandan Khiid）又俗称冈登寺、甘登寺，位于蒙古国首都乌兰巴托市中心西北部甘丹寺地区。全名为大乘普乐之寺（Gandantegchinlen），大致意思为"普天同乐的好地方"。甘丹是藏语音译，其意为"兜率天"，是未来佛弥勒所教化的世界，甘丹寺也可以理解为极乐世界的圣殿。甘丹寺由哲布尊丹巴呼图克图四世（外蒙古地区的最高转世活佛）始建于1838年。该寺庙是乌兰巴托最重要的喇嘛庙，也是蒙古国最大最重要的佛教僧院之一，有"第一大寺庙甘登寺"之称，乌兰巴托市的前身大库伦就是在甘丹寺的基础上逐渐发展成为城镇的。

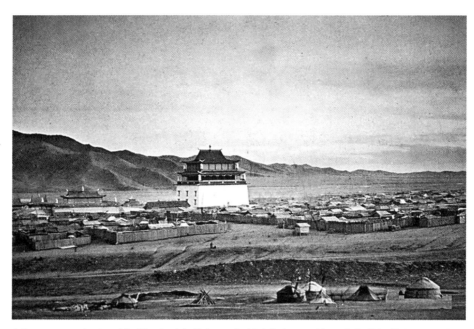

图 3-56-1 乌兰巴托西部（西库伦）远眺（图片来源：俄国学者谢佩蒂尔尼尼科夫（Shchepetil′nikov）的《蒙古建筑》（Архитектура Монголии））

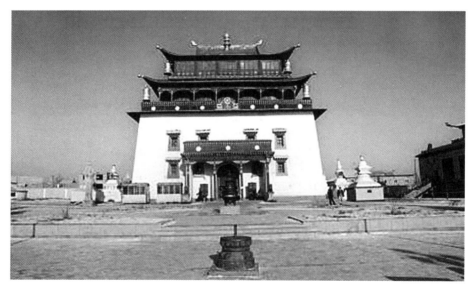

图 3-56-2 观音阁（眼光菩萨阁，采自网络）

甘丹寺与蒙古国大多数僧院一样，曾遭受1937年"清洗"运动的严重影响，如寺庙中1911年哲布尊丹巴呼图克图八世下令铸造的大佛雕像于1937年被毁[1]，但后来寺院在1938年被关闭，甘丹寺逃脱了这场彻

---

1 1996年开始，受来自日本和尼泊尔的捐赠而修建一尊新雕像，镀金铜制雕像高达26米，内部保存有27吨草药、334部佛经、200万捆祷文和一顶带家具的蒙古包。

底劫难。1944年，美国副总统亨利·华莱士（Henry Wallace）访问蒙古国期间乔巴山开放参观了这座僧院，此后，甘丹寺一直面向外国游客展览。直到20世纪90年代后，甘丹寺作为蒙古国现存重要的藏传佛教寺院之一，重新开始有了完整的宗教仪式，成为蒙古国仅存的具有佛教教义和功能的宗教场所之一。如今，甘丹寺作为蒙古国传统文化和宗教的一个记忆符号而存在，僧院常驻僧侣（喇嘛）从过去的150多名增加到了现在鼎盛时期的600多名，会定期举行大大小小的祈祷仪式，是乌兰巴托文化和宗教的景观亮点，成为现今蒙古国广大佛教徒的活动中心，也是蒙古国香火最旺的寺庙，成为蒙古国最大的旅游景点之一。同时，寺院东西有佛教学校多所，如以东有4所佛学院和一座供奉怒目金刚时轮（Kalachakra）建筑，以西为创建于1970年的温都尔格根扎纳巴扎尔佛教大学，可见该寺院及其周边的宗教文化氛围浓厚[1]。

寺院建筑群总体坐北朝南，由自南向北分布的五座僧院组成。南部庭院内有两座寺庙，东北侧建筑为智达庙（Ochidara Temple），也称甘丹庙（Gandan Süm），属于举行最重大仪式的场所。甘丹庙旁边安置一尊巨大的藏传佛教格鲁派创始人宗喀巴雕像。该庭院内另一座寺庙名为迪丹拉沃兰庙（Didan-Lavran Temple），为二层建筑，是喇嘛的住所。整个寺院主路北端尽头为观音殿（Migjid Janraisig Süm），建于1913年，是一座白色的宏伟建筑，也是僧院的主要建筑，为两层方殿结构，下层为藏式方殿，上层为一重檐歇山顶汉式建筑，即外部为2层汉式歇山顶的方殿建于二层藏式四方白台之上，内为3层通高的大阁结构。现在庙宇的墙壁上排列数百幅长寿佛（Ayush）画像，殿内现存四臂观世音菩萨雕像，这尊观世音大佛像端庄而雄伟[2]。这座观音殿就是1960年余鸣谦和李竹君先生与蒙方合作勘察设计修缮的将来斯格庙，又译作章冉泽庙或眼光菩萨阁，还有的称让克华西格召（图3-57）。2014年援助蒙古国科伦巴尔古塔保护工程的刘江曾考察过本寺庙（图3-58）。该佛殿的檐部柱饰极具特色，砌筑和雕饰细腻精致（图3-59）。

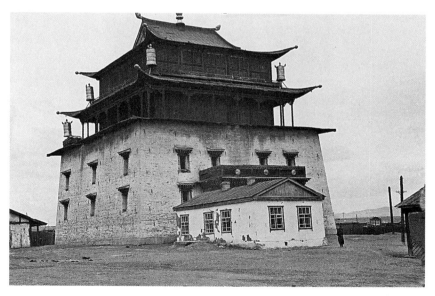

图3-57　观音阁（眼光菩萨阁）侧面

1　金竹：《蒙古的甘丹寺》，《蒙古学信息》（曾用刊名《蒙古学资料与情报》）1989年第4期。
2　这就是寺内最引人瞩目的章冉泽大佛（Migjid Janraisig statue），此佛高26米，全身镀金，镶嵌大量宝石，是蒙古国的国宝。

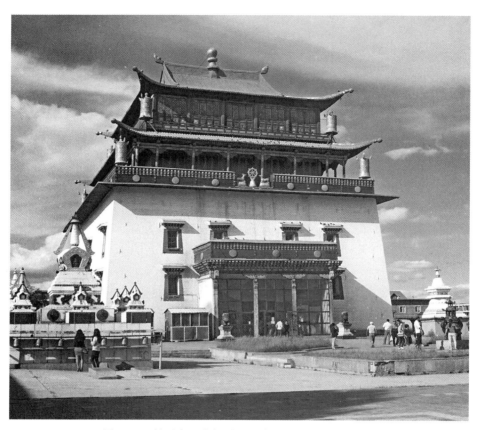

图 3-58　甘丹寺观音阁（2014年8月23日刘江拍摄）

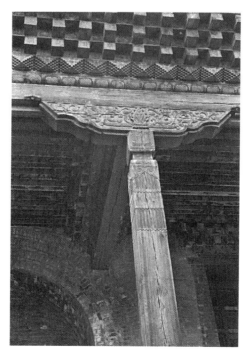

图 3-59　观音阁（眼光菩萨阁）前门檐部柱饰

余鸣谦和李竹君1961年11月编写的"协助蒙古人民共和国修庙工作总结"（手稿）中这样写道：

"将来斯格"庙和关帝庙——"将来斯格"庙俗称"冈登寺"，它和关帝庙都位于乌兰巴托市区的西北隅。60年曾进行勘察并写出修护方案，交给了蒙古国家建委。其中关帝庙已由建委批交"蒙古喇嘛委员会"自营修理，现已焕然一新。

二、青林寺

在20世纪50～60年代的援助蒙古国历史建筑的历史照片档案中，还有一处称"青林寺"的庙宇，位于乌兰巴托市区西北隅，与甘丹寺和关帝庙不远。从照片来看，应为一处独立的寺院建筑（图3-60）。2014年援助蒙古国科伦巴尔古塔保护工程的刘江曾考察过本寺庙（图3-61、62）。这处寺院应属甘丹寺寺院群落的组成部分，但是否与关帝庙为同一处庙宇甚或关帝庙为青林寺内的一处建筑，有待今后实地调查确认。

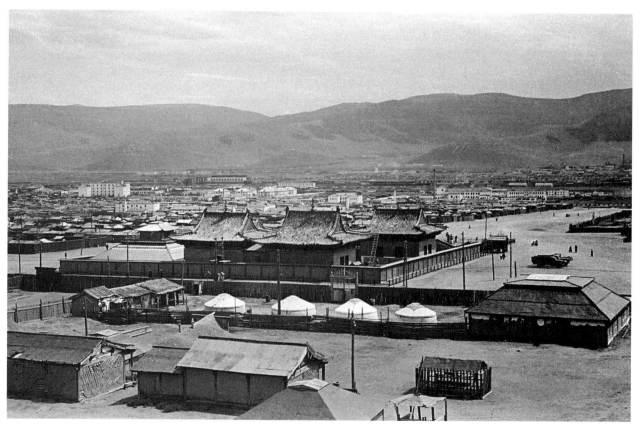

图3-60 青林寺

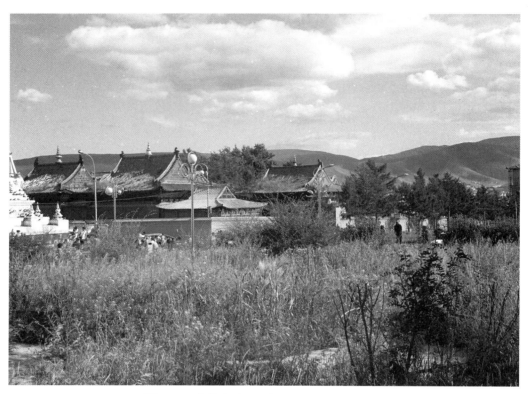

图3-61　青林寺（2014年8月23日刘江拍摄）

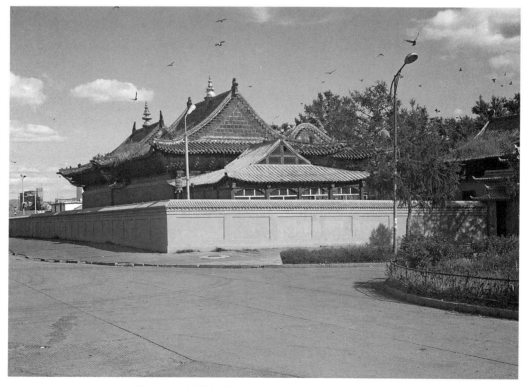

图3-62　青林寺局部（2014年8月23日刘江拍摄）

三、关帝庙

蒙古地区的关帝庙也比较引人关注，蒙古人都称其为格萨尔庙，是基于蒙古语中将忠勇仗义的三国名人关羽翻译后就是藏族传说中的英雄格萨尔王，甚至约在18世纪以后存在着将关帝庙改奉为格萨尔的现象。蒙古国现存的关帝庙基本上属于清代所建，除了乌兰巴托关帝庙外，另如扎布汗省会乌里雅苏台城区东北郊的关帝庙遗址，也是非常重要的一处历史建筑遗产[1]。这处关帝庙遗址上残存汉文"大清雍正拾贰年"（1734年）竖立的"乌里雅苏泰关帝庙碑"石碑一通，道光二十五年（1845年）重修。寺庙遗址平面呈南北向长方形，大殿等建筑结构基址保存较为清晰（图3-63）。这应该就是扎布汗省博物馆藏清朝末年蒙文《乌里雅苏台城区图》上标注的格萨尔庙。再从收藏在台北故宫博物院的《清代乌里雅苏台周围形胜图》中可以看到，称为"后关帝庙"的建筑地处城区东郊[2]。从俄国学者波兹德涅耶夫《蒙古与蒙古人》中所记的另一通蒙文石碑题记可知，乌里雅苏台城郊的这座格萨尔庙在道光十二年（1832年）修葺过一次。波兹德涅耶夫还记叙了城中的一座格萨尔庙，匾额记载建成于道光十四年（1834年），当时城郊区还有几座类似寺庙[3]。

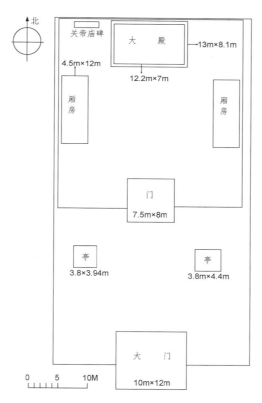

图3-63　乌里雅苏台关帝庙平面布局示意图（采自罗丰《蒙古国纪行》）

1　1733年，清军在乌里雅苏台修建了一座军事要塞，因要塞周围为中国人的贸易区，被称为买卖城。
2　罗丰：《蒙古国纪行：从乌兰巴托到阿尔泰山》，生活读书新知三联书店，2018年。
3　（俄）阿·马·波兹德涅耶夫著，刘汉明、张梦玲、卢龙译：《蒙古及蒙古人》（全2卷），内蒙古人民出版社，1989年。

　　1960年，余鸣谦和李竹君负责对位于甘丹寺附近的一座关帝庙进行勘察设计，并由"蒙古喇嘛委员会"自营修缮而焕然一新。这座关帝庙应是历史照片中所称的"盖斯立庙"，也就是今天隶属于甘丹寺的巴德马埃加寺（Badma Ega Datsan），位于甘丹寺景区与市中心之间繁华路口的一处较为破败区域（图3-64）。这座关帝庙最初称巴德马埃加，但居民更多地称为格萨尔庙（Gesar Süm），又译作格斯尔庙或盖斯立庙，地处北面山丘前的平原地带，据说在此地修建关帝寺庙是为了阻挡正在缓慢向市中心移动的背后山丘。寺庙以北约300米处有一组用神圣石头垒筑成金字塔形状的塔斯嘎尼敖包（Tasgany Ovoo）。

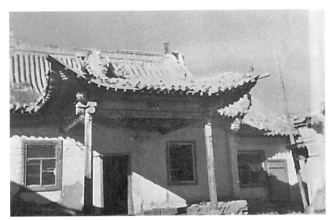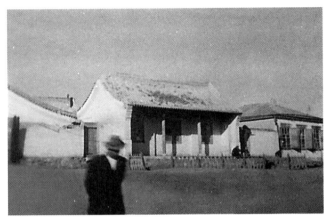

图3-64　盖斯立庙（左：近景；右：正殿及门廊）

第四章 兴仁寺的维修

第一节 古建筑简介

一、地理位置与历史沿革

兴仁寺（Choijin Lama Temple），俗称乔伊金喇嘛庙（又译作乔依进或吹仲喇嘛庙），位于蒙古国首都乌兰巴托市区中心，原为藏传佛教寺庙，是八世哲布尊丹巴呼图克图（Javzandamba Khutagt）即博格达汗（Bogd Khan）的弟弟——国家神谕者吹仲喇嘛卢布桑·海达夫（Luvsan Haidav Choijin Lama，又译作鲁布桑·海达布）的住所[1]。

1872年（即藏历黑猴年）卢布桑·海达夫生于一个富庶的西藏官宦家庭，他的父亲贡奇采仁（Gonchigtseren）注重从小对孩子们进行宗教教育。1874年秋，他4岁的哥哥阿旺垂济尼玛丹彬旺楚克被认定为蒙古第八世哲布尊丹巴活佛。1875年，卢布桑·海达夫随同哥哥第八世哲布尊丹巴等家人举迁来到蒙古，受到蒙古佛教徒的欢迎。1883～1884年，卢布桑·海达夫12岁时，第八世哲布尊丹巴的经师巴丹曲波决定令其成为通灵者，并于1884年从西藏请来吹仲喇嘛塞特巴与库伦喇嘛罗桑培哲一同为其举行宗教仪式，被赋予了蒙古佛教护法的角色，尊称乔伊金喇嘛（Choijin Lama），一直担任蒙古国官方的国家神谕，直到1918年去世。卢布桑·海达夫每年阴历初八都会作法，依止的神卜有乃琼吹仲、孜玛热吹仲、多杰雄登，而他的助手来自库伦的喇嘛会将通灵状态下的神谕传达给众人。随着时间的推移，乔伊金喇嘛在蒙古宗教事务中非常活跃，具有非常大的影响力，受到八世哲布尊丹巴和广大蒙古人的尊敬。

在现在的兴仁寺之前，来自于民间虔诚的信徒和博格达汗的追随者集资而建成的首座吹仲喇嘛寺庙，位于大库伦（今乌兰巴托）黄宫附近，建于1896年至1902年期间。这是第一座为公共吹仲喇嘛而建的藏传佛教寺院，八世哲布尊丹巴赐寺名"镇魔极乐宫"，由一座大殿和两个小配殿、一个厨房组成，寺庙外有格栅。1903年冬，该寺院毁于火灾，传说卢布桑·海达夫当时仅穿了一件蒙古袍从火场中逃脱。随后，卢布桑·海达夫之妻苏伦霍洛出资于1904年至1908年间兴建了另一座专门寺院[2]。这座寺院选址于1891年

---

1 Choijin Lama，乔依金喇嘛或写为乔依进喇嘛，又译写为"吹仲"喇嘛，是一些僧侣的荣誉法号，也称神谕喇嘛。
2 卢布桑·海达夫本人是红教（即藏传佛教宁玛派）的信奉者，不顾黄教（即藏传佛教格鲁派）的独身教规而结婚。他的妻子苏伦霍洛，是乌兰巴托买卖城（汉人商业区）一位官商的女儿。

至1901年之间兴建的一座寺院的基址上，在著名建筑师俄木布（Ombo）的领导下，由三百多名精心挑选的工匠建造，使用了石头建筑材料。1906年，卢布桑·海达夫借向清廷进献"九白年贡"[1]之机呈奏清朝光绪皇帝，称修建此寺以为光绪皇帝祝寿并祝大清帝国江山永固，请光绪皇帝为该寺赐名，遂得赐名与御笔"兴仁寺"，并赐予该寺与博格达汗的黄宫相同的地位。清朝灭亡后，卢布桑·海达夫和兴仁寺在蒙古独立期间扮演了重要的角色，其本人更被尊为"国师"，对蒙古独立产生了巨大的影响。直至1938年，现存寺院一直作为藏传佛教活动场所使用，而在蒙古人民共和国大镇压期间，因蒙古国的宗教限制政策该寺院被关闭，并使部分建筑遭到损毁，仅存5座庙宇和3座仓库，但大多数寺院文物如雕塑、唐卡、佛经和寺庙法会的宗教舞蹈表演所用面具和法袍等都完好地保留了下来，可以说乔伊金喇嘛庙是少数几个未被摧毁的寺院之一。

　　1940年，因寺庙特殊的历史地位和保留众多珍贵文物，经蒙古国学术委员会的批准，该寺被作为文物建筑保留下来，由国立苏达学院（现在的蒙古国家科学院）管理。1941年11月13日蒙古国通过《保护古代文物古迹法令》，兴仁寺被列入无价的宗教、历史和文化遗产名录，受到国家保护，避免了可能被彻底拆毁的厄运，这是保护寺院极其重要历史文化宝藏的第一步。1942年，蒙古国政府决定将该寺辟为宗教历史博物馆，称兴仁寺博物馆（或称乔伊金喇嘛庙博物馆），这座寺庙博物馆成为隐藏于市中央的文物建筑和历史瑰宝，从而避免了当时可能被彻底拆毁的厄运，但仅向经过特别批准的高级僧侣和官员开放参观，直到20年后的1962年，经中国政府援助完成大规模修缮后才面向大众开放（图4-1～4）。1990～1991年蒙古民主革命期间，尽管恢复了宗教自由，这座曾经辉煌的寺院也不再是一处活跃的宗

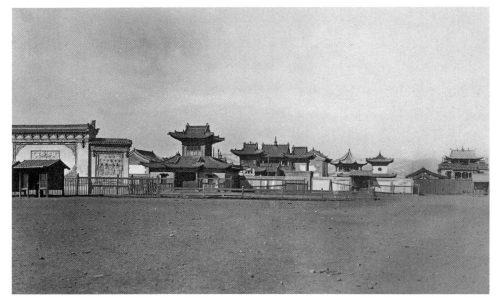

图4-1　兴仁寺外景

1　清代自顺治八年（1651年）至清亡，蒙古喀尔喀部向清廷每年进贡白驼一只、白马八匹，称为"九白年贡"。参考：张双智：《清代喀尔喀九白年贡仪制》，《青海民族研究》2012年第2期。

教场所，而是短暂地成为国家博物馆，之后到2000年期间作为宗教历史博物馆使用。2000年1月5日，根据蒙古国文教部颁布第293/7号法令，正式改称乔伊金喇嘛庙博物馆[1]。

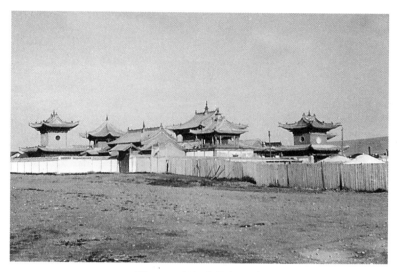

图4-2　兴仁寺北部远眺

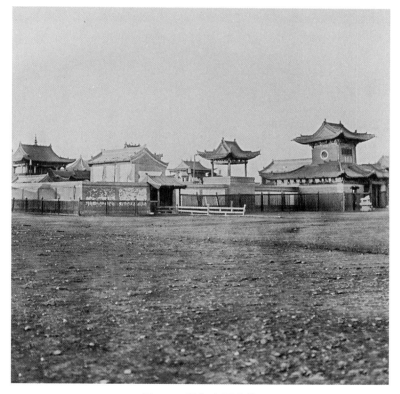

图4-3　兴仁寺西南角

1　Otgonsuren.D，*CHOIJIN LAMA TEMPLE MUSEUM*，Ulaanbaatar，2011.

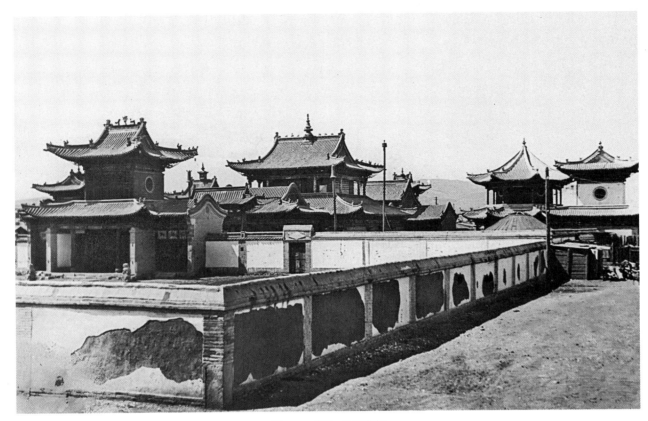

图4-4　兴仁寺东南部

二、建筑布局及保存状况

兴仁寺坐北朝南，方向北偏西约15度，南北长169.2米，东西宽61.26米，呈汉式三进院落对称布局，自南向北依次建有影壁、前门（Maharaja Tample）、中门、正殿、畅厅、后殿、后阁，正殿两侧还建有形制不一的东、西阁楼，共5座庙宇和5道门，共同构成一座较大型寺庙建筑群（图4-5）。其中，自前门至后阁等5座寺庙殿宇建筑又分别称为大君庙（Maharaja Süm）、主寺庙、召殿（Zuu Süm）、本尊殿（Yadam Süm）与和平殿（Amgalan Süm），分别供奉不同的神灵。

寺院内保存有自17世纪以来遗留下来的佛教造像、唐卡、壁画、坛城等珍贵文物6000余件。其中，主寺庙中有释迦牟尼、吹仲喇嘛和巴尔东·乔依姆巴（Baltung Choimba，博格达汗的老师）的塑像，据传后者的干尸就保存在塑像之内。主寺庙内还保存有一些精美的唐卡和查玛面具。主殿北面的小厅（Gongkhang）内有神谕者宝座和一座宏大的欢喜佛（Yabyum）雕像。召殿供奉释迦牟尼。本尊殿收藏有各种神灵的木制和青铜制雕像，其中一些雕像由有名的蒙古国雕塑家扎纳巴扎尔创作。和平殿保存有一幅扎纳巴扎尔自画像以及一座来自西藏地区的小舍利塔。

兴仁寺建筑群的大多数单体建筑为木构建筑，均为建筑师俄木布（又译成奥木博格）设计。从寺庙整体建筑风格观察，应受到了中国汉式传统建筑的影响，又融入了藏式喇嘛庙的细部手法，成为汉藏风

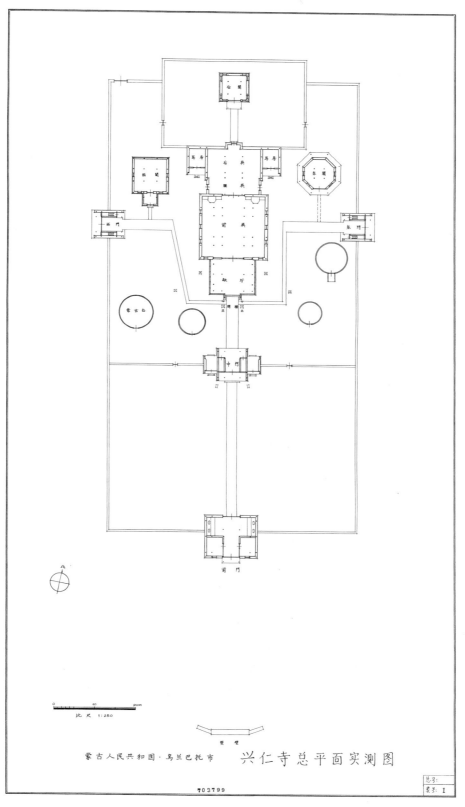

图4-5　兴仁寺总平面实测图

格宗教建筑的范例之一。建筑用青砖建造，木柱支撑木屋顶，并用绿瓦装饰。在制作寺院中的法物特别是唐卡的过程中，后来作为蒙古国现代艺术奠基人的巴尔杜·沙拉布参与其中。据说，整个建筑群使用了18212千克纯银。

以下对主要建筑作分别介绍。

1. 影壁（Yampai Gate）

位于兴仁寺中轴线南端，形式为八字形，青砖材质砖雕影壁。通体直线面阔15.65米，曲线面阔16.3米，一字部分面阔9.24米，高7.1米，八字部分每边面阔3.69米（图4-6）。壁座为青砖浅雕须弥座，影壁北面心内雕饰五龙戏珠、山、海水、祥云等图案，南面心内做中心四岔布局，中心位置雕有大鹏金翅鸟（迦楼罗）和两头狮子等图案。壁心框外砌撞头，以上起枋子、垂柱。八字部分正面东侧雕饰释迦牟尼悟道图，西侧雕饰寿星、仙鹿、奇石等图案，背部雕饰八仙过海的图案。屋面前后檐为悬山式，两侧饰博风砖，筒板瓦灰陶屋面（图4-7）。作为清朝皇帝敕建宫殿和寺庙前显示等级和威望的影壁，在蒙古地区现存18至20世纪期间的博格达汗宫、庆宁寺等大型寺院建筑布局中经常可见。

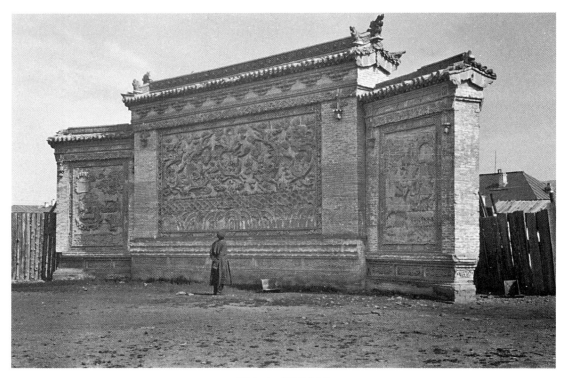

图4-6　影壁北面

2. 前门（Maharaja Tample）

即天王殿（又称大君庙），位于影壁北端49.5米处，二层歇山楼阁建筑，高11.75米（图4-8）。一层面阔五间，进深四间，通面阔12.95米，通进深10.31米，一层前檐明间出卷棚歇山抱厦一间，灰筒瓦屋面，出三踩斗栱，二层歇山灰筒瓦屋面，面阔一间，进深一间，出五踩斗栱。一层前檐明间设板门，两

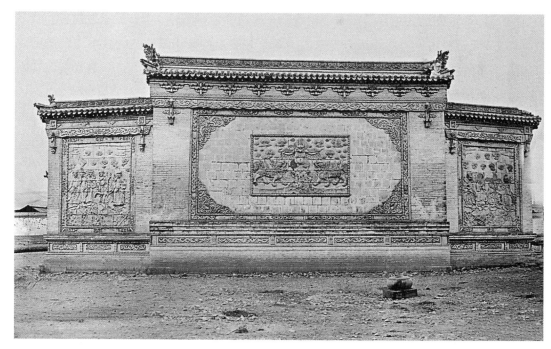

图4-7　影壁背面

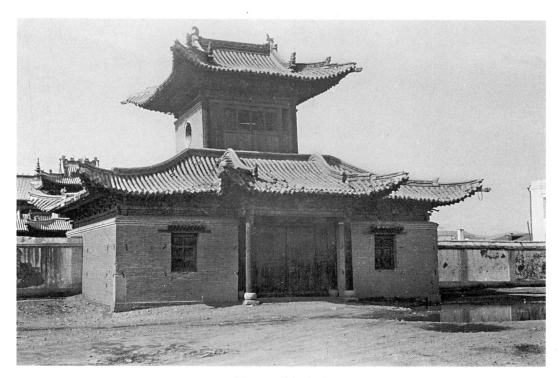

图4-8　前门南面

次间开窗，后檐设斜十字搭交六抹隔扇门6扇。东、西次间和梢间于中柱缝设隔断墙将门内空间分为前后两部分，前部于明间东西缝亦设隔断，将前部空间分为三个部分，中为门道，门道西侧设楼梯上达二层阁楼；后部东西靠山墙设四大天王像。二层前檐设斜十字搭交六抹隔扇4扇，后檐设拱券门，东西两墙开圆洞窗（图4-9）。天王殿东、西两侧接有外院墙，两旁院墙上各开一侧门，构成本寺院的前院即第一进院落。天王殿原为吹仲喇嘛鲁布桑·海达布举行重要法事之所之一，殿内中央供奉着铜像和密宗的时轮金刚、摩诃摩耶、执金刚像及其他神像。

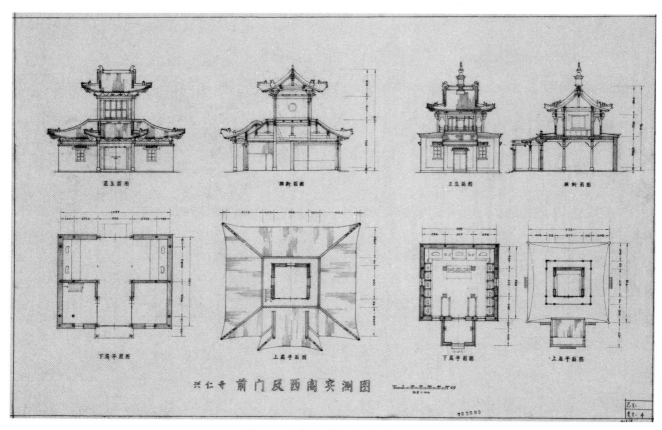

图4-9　兴仁寺前门及西阁实测图

3. 中阁门（Gate of Honour）

又称山门、二进门，矗立在天王殿和主殿之间，与主殿及其前面的敞厅和后殿、东西配殿、东西阁门一起构成第二进院落，为本寺院的主院（图4-10、11）。高耸的门楼东、西两侧连接内院墙，山门两旁院墙上各开一侧门。南距前门42.55米，为二层歇山阁楼，门前东西两侧各置石狮一尊，主体面阔三间14.08米，进深三间8.63米，两侧各带卷棚硬山耳房一间，耳房屋面一层檐搭交，一层檐出三踩斗栱，二层檐出五踩斗栱，屋面覆灰筒瓦。一层前后廊，中为门道，明间东西缝设隔墙，东西梢间设楼梯连接阁楼。二层面阔4.21米，前檐设六抹隔扇4扇，后檐设拱券门，东西两墙开圆洞窗，屋脊正中饰法轮，两侧为卧鹿（图4-12～14）。中阁门一般在举行重大仪式时使用，被称为荣誉之门，中间的门道由地位崇高的喇嘛和官员使用，左侧的耳房供普通喇嘛进出，右侧耳房供普通民众进出。

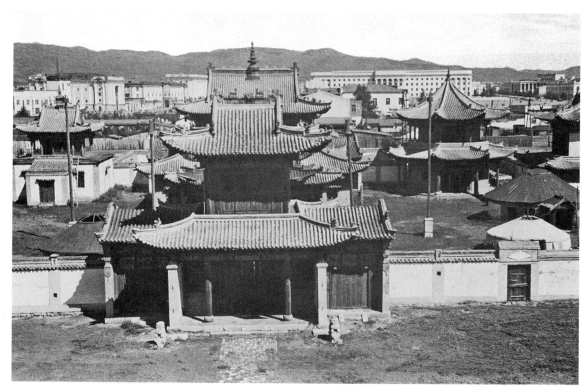

图4-10 兴仁寺中院

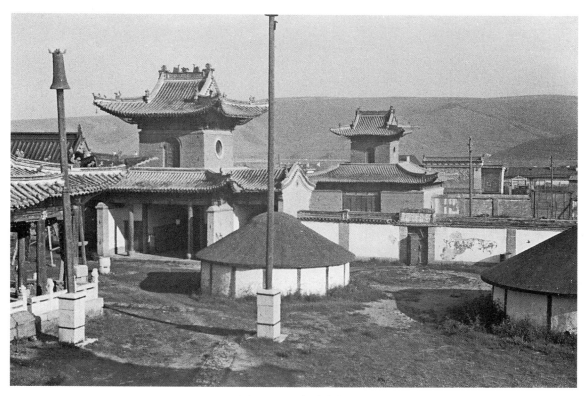

图4-11 兴仁寺南侧

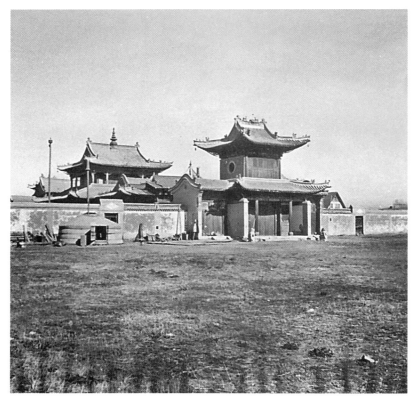

图4-12　中门和正殿远景

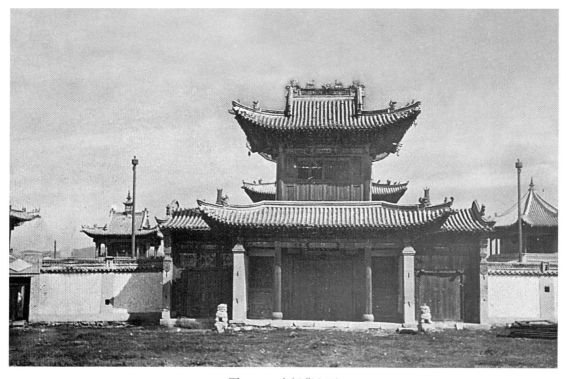

图4-13　中门背立面

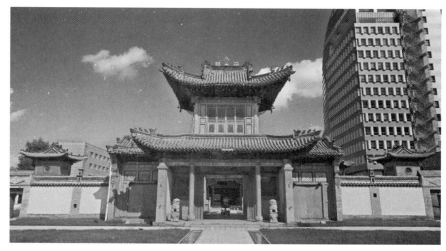

图4-14　中门背立面（采自网络）

4. 主殿（Main Temple）

又称正殿，为整个寺院的中心建筑，前接抱厦（即敞厅），北连后殿，三座建筑建于石台基上，连通一体。

敞厅：前设歇山牌楼一座，顶覆铁皮，单开间，面阔4.64米，用九踩斗栱，南北两侧施戗杆，戗杆下对称布置4个石雕狮子戗兽（图4-15-1），前檐挂牌匾一面，用满、蒙、汉、藏四种文字书写"兴仁寺"（图4-15-2）。敞厅面阔三间，进深四间，通面阔11.38米，进深8.89米，卷棚歇山顶，顶覆铁皮，后檐与正殿一层屋檐搭交，东、西、南三侧围砌石栏杆，柱头雕刻形态各异的小狮子、莲花、大象，前设踏步，三步踏步两侧的柱头雕刻形态优美的大象，阑板上则雕有骆驼、山羊、大象等形象（图4-16）。

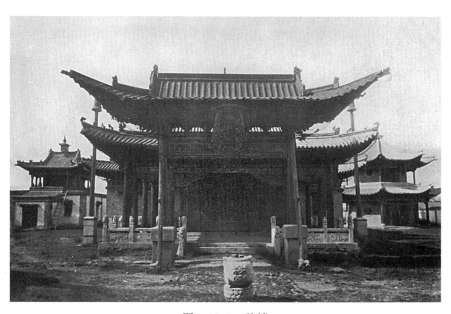

图4-15-1　牌楼

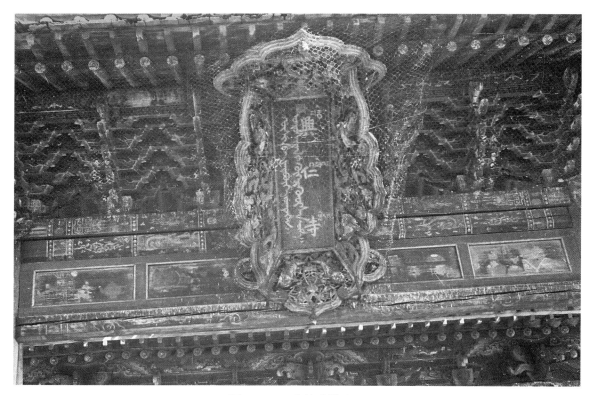

图4-15-2　牌楼斗栱及匾

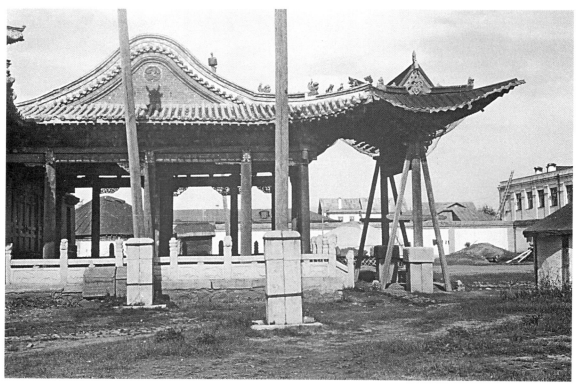

图4-16　敞厅侧视图

正殿：主体建筑两层，一层面阔五间，进深五间，通面阔16.68米，进深16.42米，前檐明间设隔扇门四扇，东西梢间开窗，前檐挂牌匾一面，用满、蒙、汉、藏四种文字书写"兴仁寺"（图4-17）。两侧山墙各开窗三扇，用三踩斗栱（4-18）。二层方三间，面阔7.3米，周围廊，廊宽1.1米，歇山顶，檐下出五踩斗栱。主殿东西另有小殿2座，均为蒙古包式外形的单层小殿，一座位于主殿东侧，紧邻东配殿南侧，另一座位于主殿西南侧，靠近山门西侧的侧门。

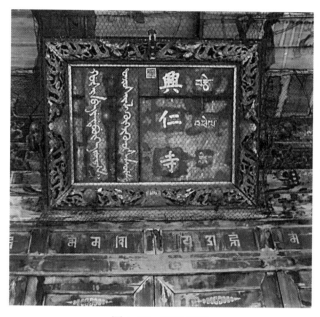

图4-17　正殿匾额

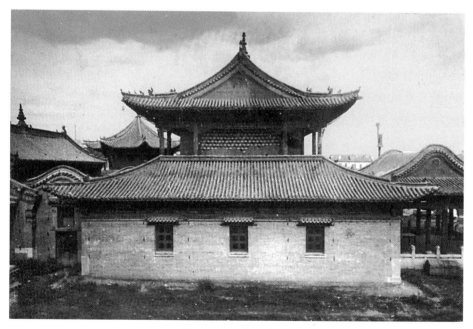

图4-18　正殿西侧面

后殿：又称赞可汗寺或赞可汗殿（Zankhan Temple），二层硬山顶，一层面阔三间，进深三间，通面面阔12.55米，进深7.63米，前檐与正殿间以顶覆铁皮的卷棚腰殿衔接，后檐明间凸出小门一扇；二层面阔12.55米，进深6.36米，前檐明间出一小平台置小门一扇，门两侧各开1扇小窗，两侧梢间又各开4扇小窗，正脊正中饰钢制"塔"形脊饰（图4-19）。后殿东西两侧各带卷棚硬山耳房一间，面阔4.74米，进深5.11米，前置檐廊，廊宽1.25米（图4-20）。

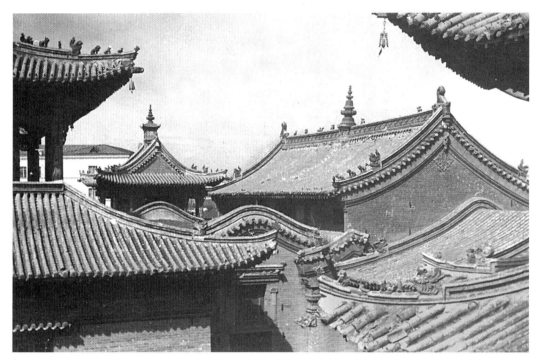

图4-19 后殿及腰殿一角

正殿内北侧中央供奉着一尊18世纪制作的铜镀金释迦牟尼佛像，身后两侧恭立阿难、迦叶两尊者。佛像右边供奉卢布桑·海达夫塑像，左边供奉巴丹曲波的肉身法像。殿内还存有数量巨大的藏传佛教文物，包括大量的跳神用的面具、法物、佛经等，其中包括八世哲布尊丹巴自西藏迎请的108卷《甘珠尔》、226卷《丹珠尔》经卷。后殿是卢布桑·海达夫举行吹仲仪式的场所，殿内安置有卢布桑·海达夫的宝座和密宗的时轮金刚、摩诃摩耶、执金刚像及其他神像。

根据蒙古国档案记载，巴达古尔特托尔汗三十年[1]（即光绪三十年，1904年）建造后殿时花费白银69230锭，贡银3500两、贡茶1610斤、酥油80斤[2]。根据博格达汗的命令，建造费用由民间和国库筹集，并说明庙宇建造的正当性：

1 清朝为巩固对蒙古的统治，自清太宗皇太极时起，历代皇帝在登基时都会由蒙古各部奉上汗号，以彰显清帝同时也是全蒙古各部的最高统治者。

2 30th year（1904）of Badarguult state account of 1.Nameless，Registration number 3898. MNCA fund. 参考《兴仁寺博物馆（Otgonsuren.D,CHOIJIN LAMA TEMPLE MUSEUM, Ulaanbaatar,2011.）》第52页。

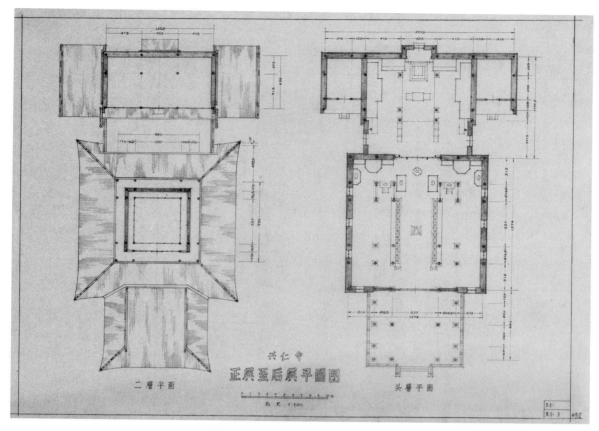

图4-20　兴仁寺正殿至后殿平面图

赞可汗殿（兴仁寺）将长存不衰，代代相传，以供奉吹仲仪式，造福众生[1]。这座寺庙的意义不亚于我建造的其他寺庙。在梦里我清晰地感受到人们对它的非议，他们不尊奉它反而抱怨它。我的职责就是以弘扬佛法、巩固政权、让众生幸福、积累功德为宗旨。建造赞可汗殿（Zankhan Tample）是为践行此类职责最显著的行动之一。

5. 东、西阁楼

又称配殿，为对称分布于正殿（主殿）东西两侧的二层阁楼建筑，两座配殿南北连接寺院两侧院墙。建筑形制相同，一层方三间，通面阔6.28米，前后廊，灰筒瓦屋面，明间为门道，两梢间外立面开窗，面向院内一侧设有小门，楼梯设于南梢间，檐下出三踩斗栱；二层方一间，通面阔3.81米，歇山灰筒瓦屋面，前檐设六抹隔扇4扇，南北侧山墙开圆洞窗，出五踩斗栱。

西阁：即召殿（Zuu Temple），位于二进院内后殿（主殿）西侧靠北，系汉藏结合二层阁楼式建筑。一层为藏式方殿，方三间，通面阔8.92米，前檐入口处一抱厦，面阔一间，通面阔3.91米，进深3.01米，以砖墙围砌，为后期修建；东西山墙的明间和前檐两侧梢间各设小窗一扇；二层方三间，面阔3.51米，

1　Papers from Khamba Nomuun Khan and deputy Khamba.M–85.D–2.KhN958.MNCA fund.

周围廊，廊宽0.93米，歇山顶，屋面覆盖铁皮，东西两侧开窗（图4-21）。西阁内供奉燃灯、释迦、弥勒三世佛像，诸佛端坐，左手托钵，安详微笑。殿内的壁画绘有十六罗汉及四大天王。

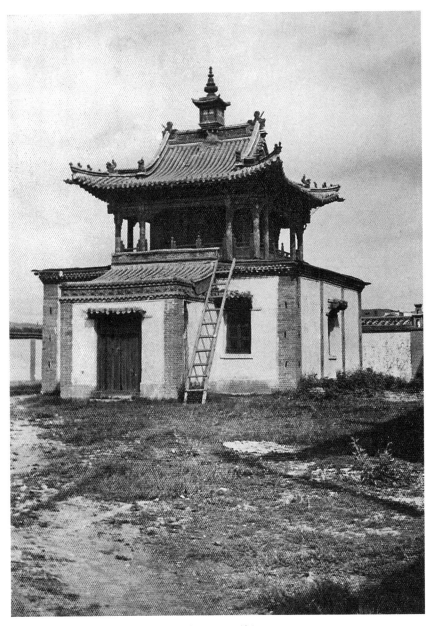

图4-21　西阁

东阁：即和平殿（Amgalan Temple），位于二进院内后殿（主殿）东侧靠北，系八角攒尖顶二层楼阁建筑，灰筒瓦屋面，一层宽7.11米，二层宽4.74米，上下檐皆周围回廊，东西两侧及东南、西南侧各开一圆窗，一层正面设隔扇四扇，二层正面设隔扇两扇（图4-22）。在严格讲究对称布局的汉式建筑格局中，这一不寻常的设计，似与蒙古包外形相呼应。东阁专为供奉一世哲布尊丹巴（法名"扎纳巴扎尔"）

而建，一层中央供奉有一世哲布尊丹巴的雕塑，后墙上装饰无量寿佛、白度母、尊胜佛母组成的长寿三尊雕塑，两侧墙壁绘有十六罗汉彩画，殿内还保存有扎纳巴扎尔创作的雕塑和他的自画像以及一座来自西藏地区的小舍利塔。一世哲布尊丹巴于1649年、1655年两度进藏修法，佛法造诣高深，民望遍及蒙古各部，被尊为蒙古喀尔喀地区的最高政教领袖。他对内率领蒙古喀尔喀部归附清朝，对外抵制沙俄侵略，维护了清朝的大一统，对蒙古地区的政治、宗教、文化产生了重要影响。尤其是其高超的佛教造像技术，推动了喀尔喀地区造像艺术的空前发展，形成了扎纳巴扎尔流派，在当今世界佛教造像艺术流派中占有重要的地位，兴仁寺中最初保存着几乎所有一世哲布尊丹巴制作的佛像。

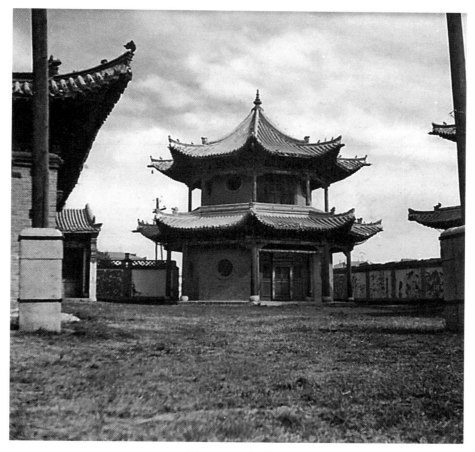

图4-22　东阁全景

6.后阁

即本尊殿（Yadam Tample），位于主殿以北，为寺院最北端的殿宇，单独成第三进院，四周有院墙，殿后为整个寺院的后围墙。二层歇山楼阁，一层方三间，面阔7.32米，前檐入口设披檐，灰筒瓦屋面，出三踩斗栱，除北侧外其余三侧山墙两侧梢间均开小窗一扇。二层方一间，面阔3.61米，出五踩斗栱，东西两墙开圆洞窗（图4-23）。该殿阁是卢布桑·海达夫的重要法事场所，殿内中央供奉一尊镀金铜像以及莲花生大师像、时轮金刚、大幻金刚等密宗佛像。

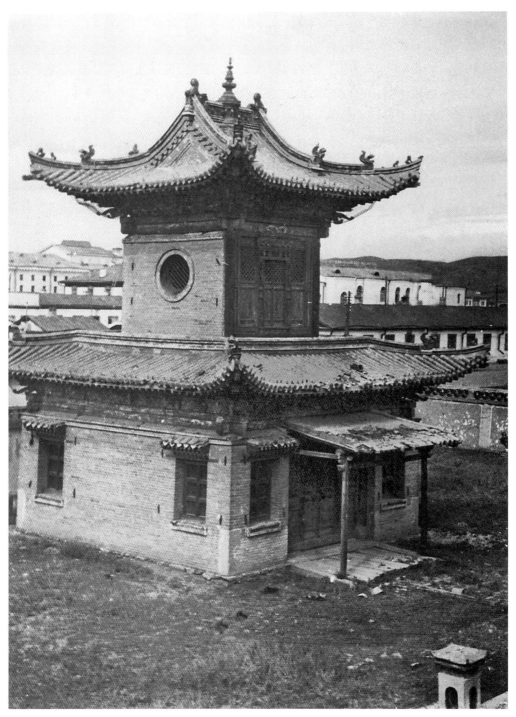

图4-23　后阁

7. 东、西门

　　位于二进院落的东西两面墙体，对称分布，向中央与正殿相对，形制相同，为二层楼阁式，与前门、中门的形制结构亦相同（图4-24、25）。

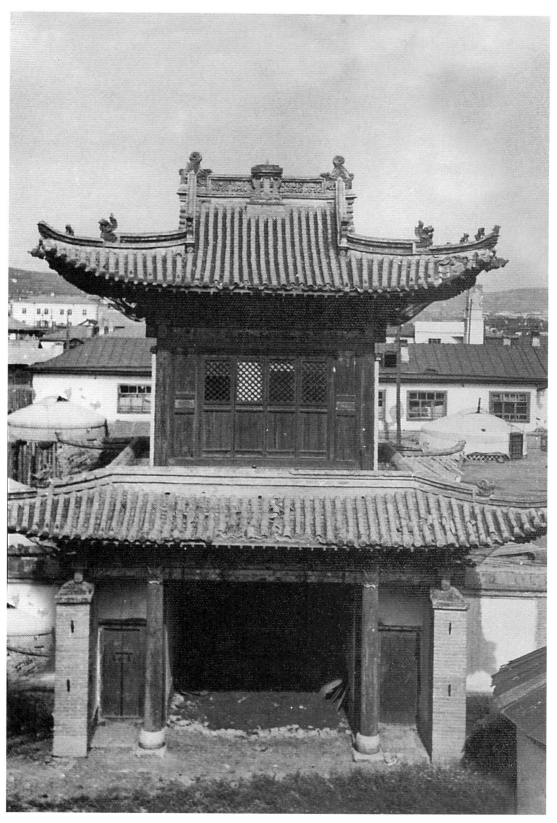

图4-24 东门正立面

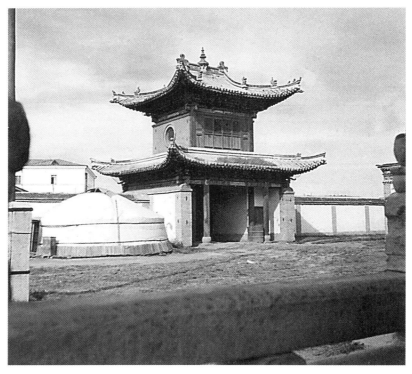

图4-25　西门中景

第二节　20世纪50年代的维修工程

一、勘察设计

　　1957年6月初，根据中华人民共和国文化部和蒙古人民共和国有关方面签署的中蒙文化协定，中方选派古代建筑修整所的工程师余鸣谦、技术员李竹君赴乌兰巴托，开展历史建筑的前期勘察和设计研究。经与蒙古国文化部中央博物馆联系，初步了解兴仁寺和夏宫（即博格达汗宫，俗称"夏宫"）两处古建筑的保存现状，该博物馆馆长雅达姆苏仑同志提出要进行这两处古建筑的设计和施工。中方工作组根据实际情况提出意见，两处古建筑的修缮设计可在当年8月下旬完成，而施工问题最好考虑来年开始，以求周备。这一意见蒙古国方面亦表示同意。随后，对兴仁寺和夏宫进行了勘测与设计。经过三个多月的勘察、测绘，余鸣谦、李竹君制定了两处文物建筑的初步维修设计方案，并提交给蒙古国方面，于9月底顺利返回北京。

　　当时，蒙古人民共和国在古建筑保护领域无论专业人员还是技术手段基本处于空白，这两处古建筑均仅有一位日常看门的工作人员。对兴仁寺的勘察测绘工作于1957年6月17日开始，至7月27日完成（图4-26）。因当时配合两位先生一起开展工作的蒙方专业人员极度缺乏，分别只有兴仁寺和博格达汗宫建筑的管理员及博物馆解说员共计3人，且受陌生的工作环境和人手生疏等原因，又赶上7月11日蒙古国庆日休假期一周左右，兴仁寺的勘察测绘工作耗时较长，进展较为缓慢。

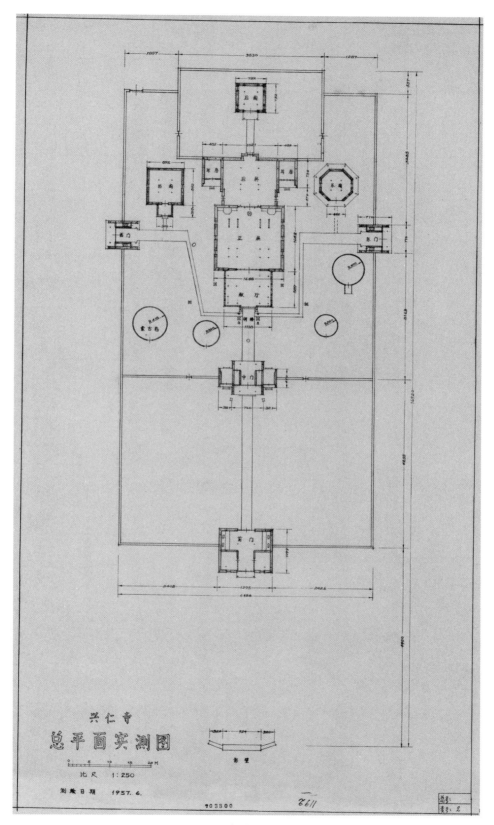

图4-26　兴仁寺总平面实测图

　　现藏的200余张兴仁寺历史照片中，有较多反映出各单体建筑存在不同程度的病害，如影壁、前门、抱厦等的石雕刻剥落、瓦顶残破、墙体倾斜开裂等严重病害（图4-27、28）。

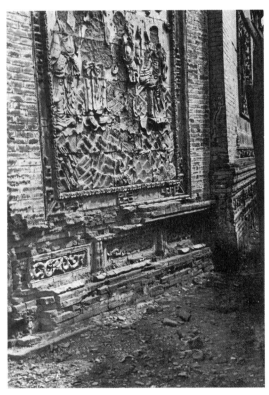

图4-27　兴仁寺影壁左壁背面残破情况

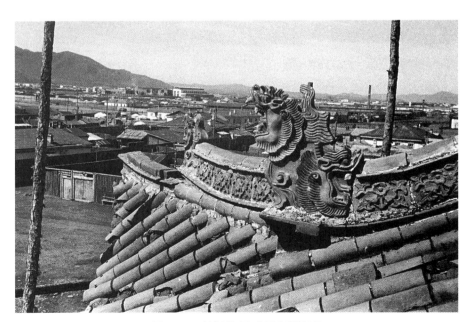

图4-28　前门抱厦瓦顶残损情况

据1957年8月29日整理成册、1965年7月28日编目入档（编号2、收入号224）的兴仁寺测稿共计30张，现藏29张（缺第3张），另藏有实测图5张。其中，29张测稿除详细绘制了各单体建筑的平面图、屋顶俯视图外，还包括前门、西阁、西阁门的纵剖图，以及部分建筑的细部大样图，如前门外的经幢、前门的蚩兽和窗户样式尺寸、后殿和西阁的格栅窗、各殿的柱础柱径等。此外，测稿细节处还有文字性的描述，如瓦垄数、屋顶样式、地面砖和甬路铺设方式等（图4-29～57）。以下对照这些修缮计划图（图4-58）、测稿和文字标注以及历史照片等信息对各建筑单体存在的主要病害与修复措施列表如下（表4-1）。

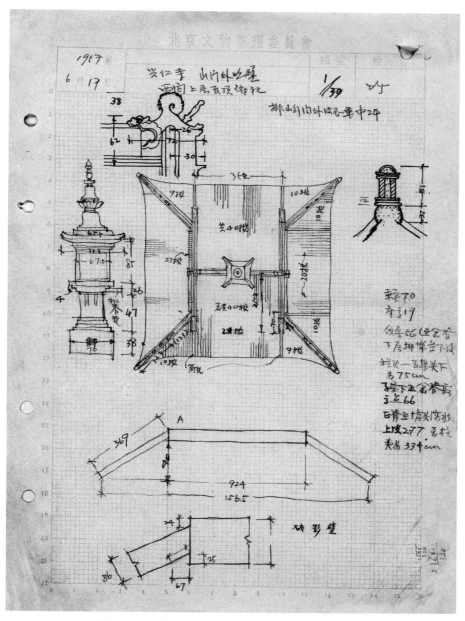

图4-29 兴仁寺山门外照壁西阁上层瓦顶俯视测稿

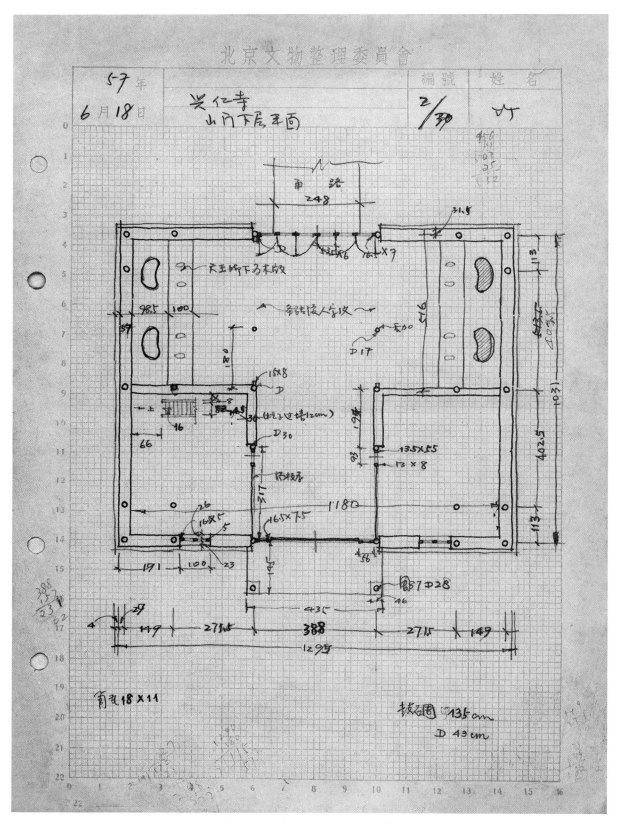

图4-30　兴仁寺山门下层平面测稿

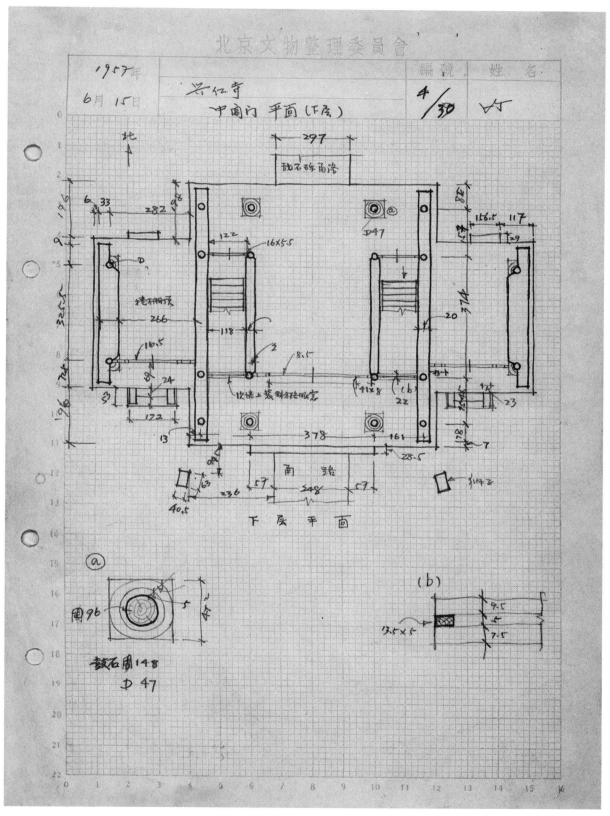

图4-31 兴仁寺中阁门下层平面测稿

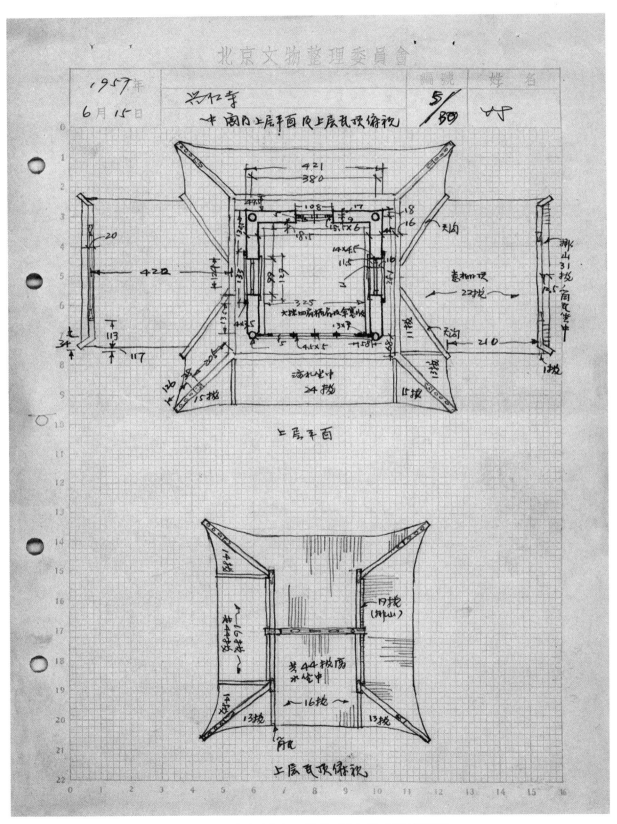

图4-32　兴仁寺中阁门上层平面及上层瓦顶俯视测稿

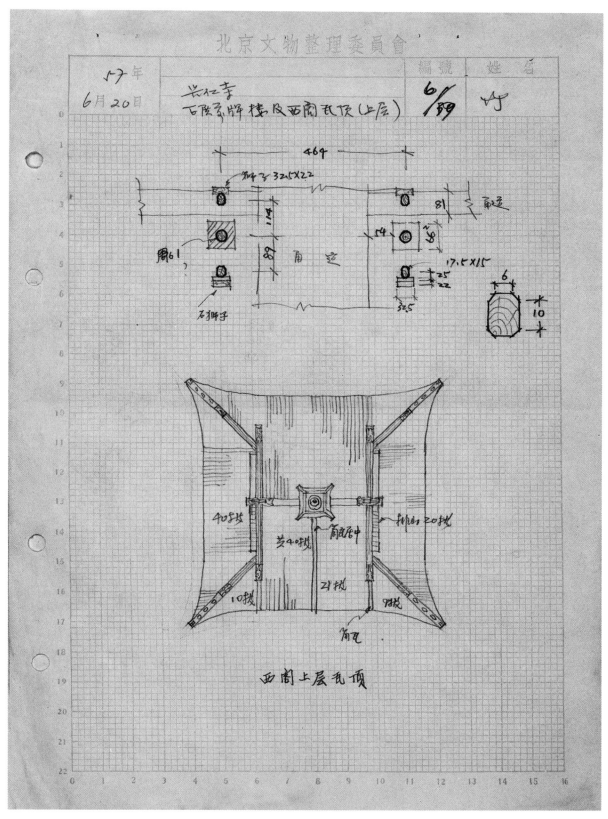

图4-33 兴仁寺正殿前牌楼及西阁瓦顶上层测稿

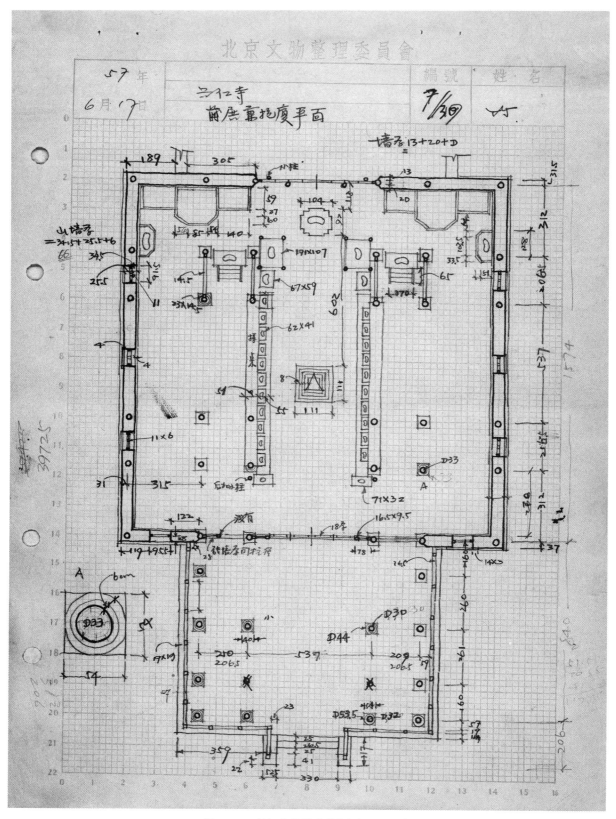

图4-34　兴仁寺前殿和抱厦平面图测稿

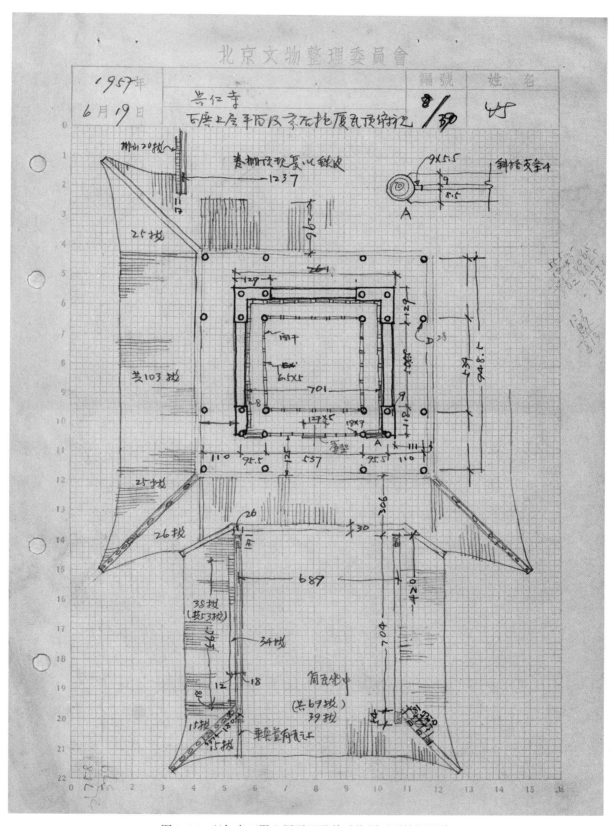

图4-35　兴仁寺正殿上层平面及前后抱厦瓦顶俯视测稿

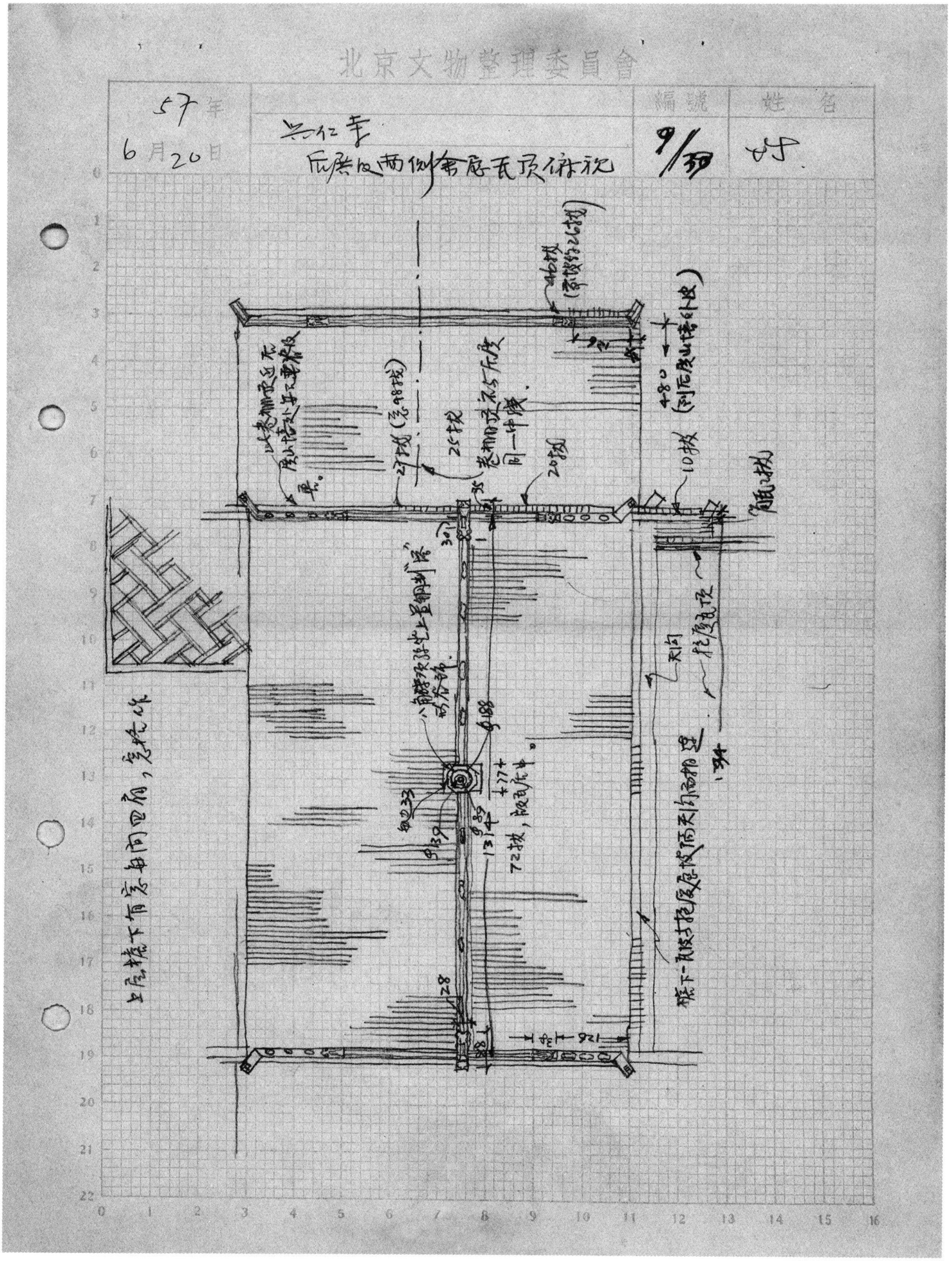

图4-36　兴仁寺后殿及两侧屋瓦顶俯视测稿

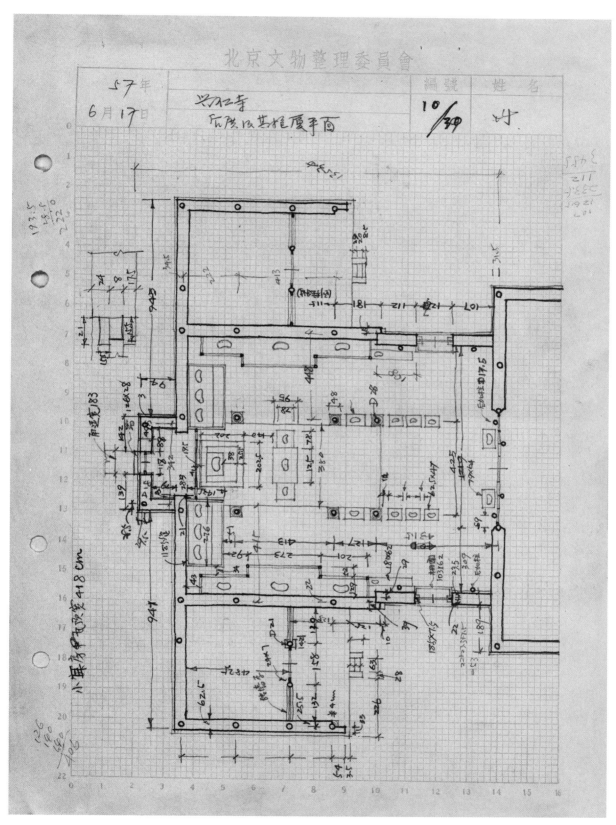

图4-37　兴仁寺后殿及其抱厦平面测稿

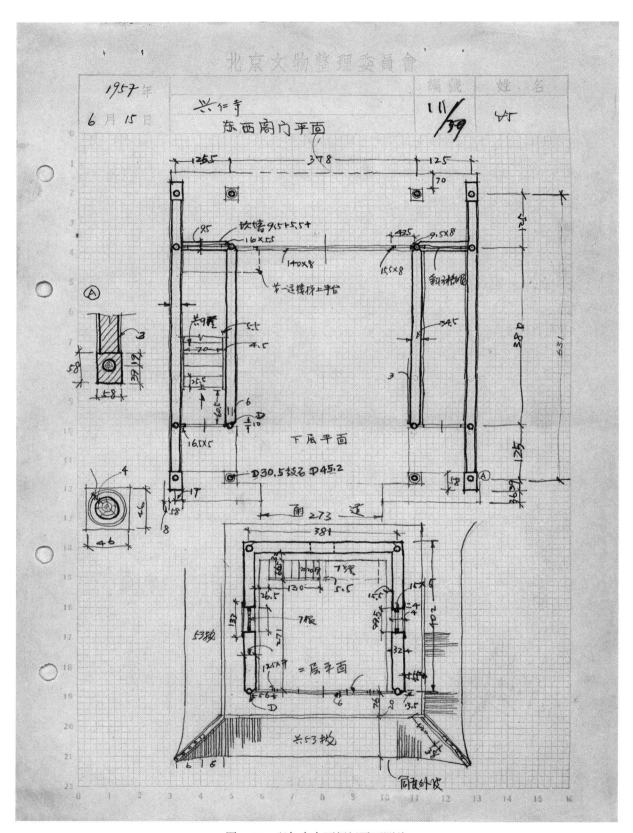

图4-38　兴仁寺东西阁门平面测稿

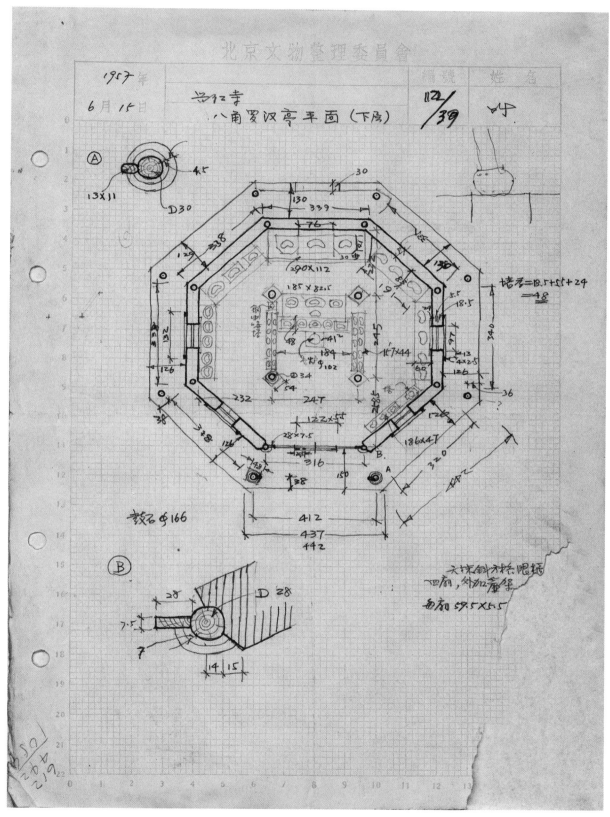

图4-39　兴仁寺八角罗汉亭下层平面测稿

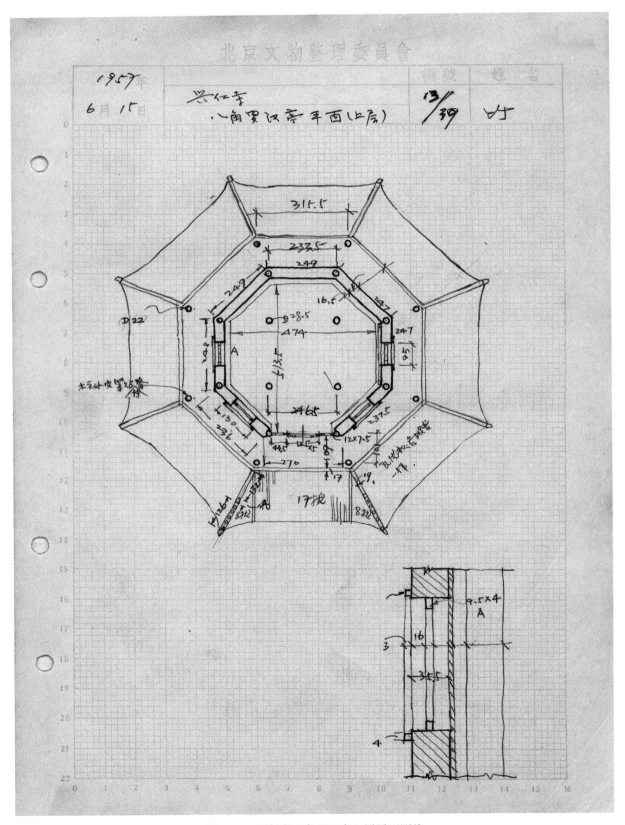

图4-40 兴仁寺八角罗汉亭上层平面测稿

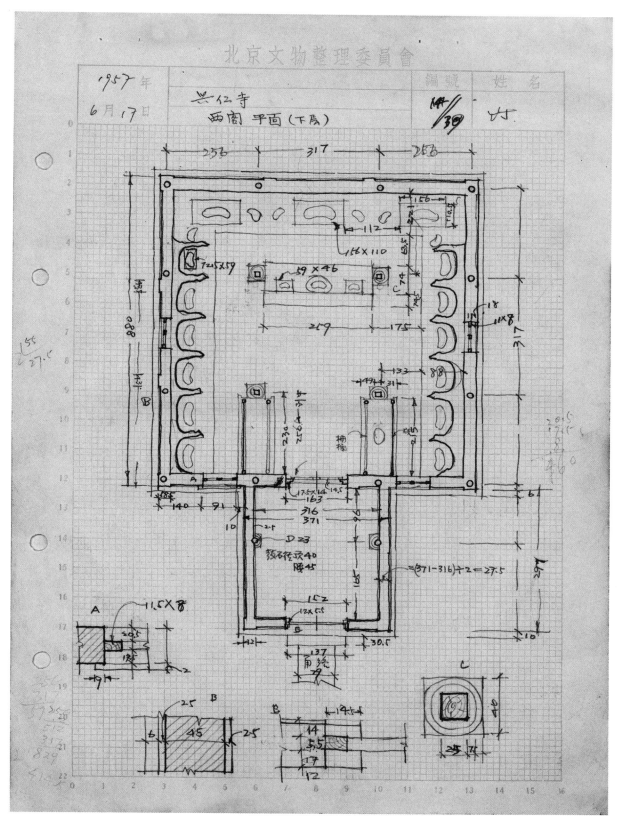

图4-41　兴仁寺西阁下层平面测稿

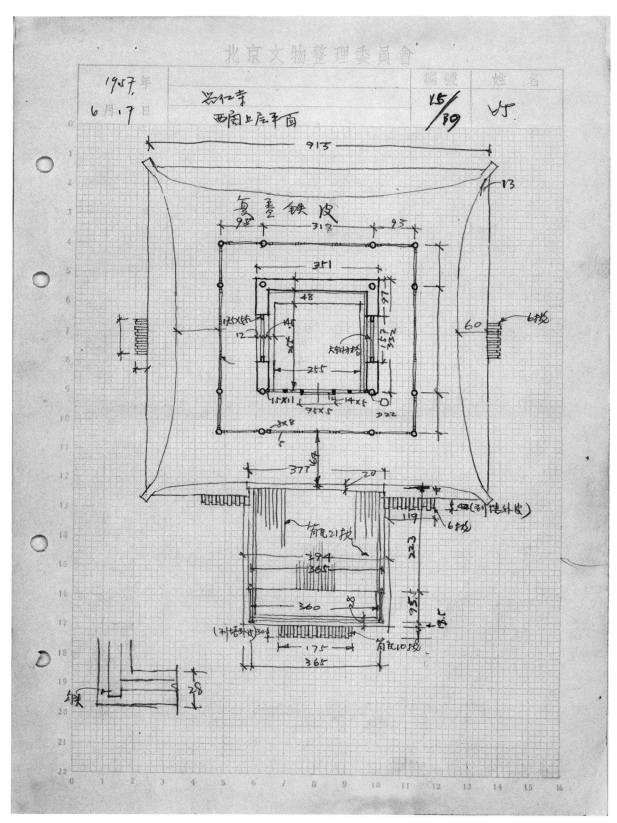

图 4-42　兴仁寺西阁上层平面测稿

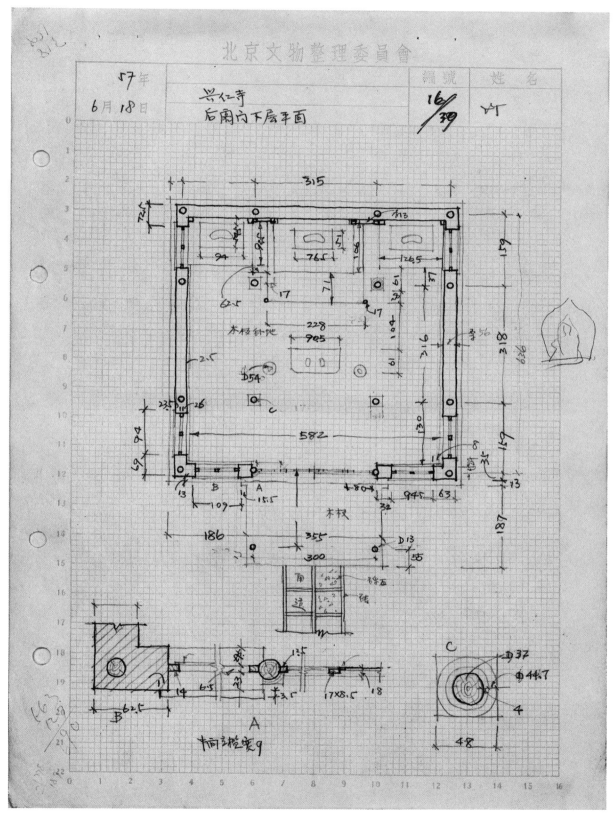

图4-43 兴仁寺后阁门下层平面测稿

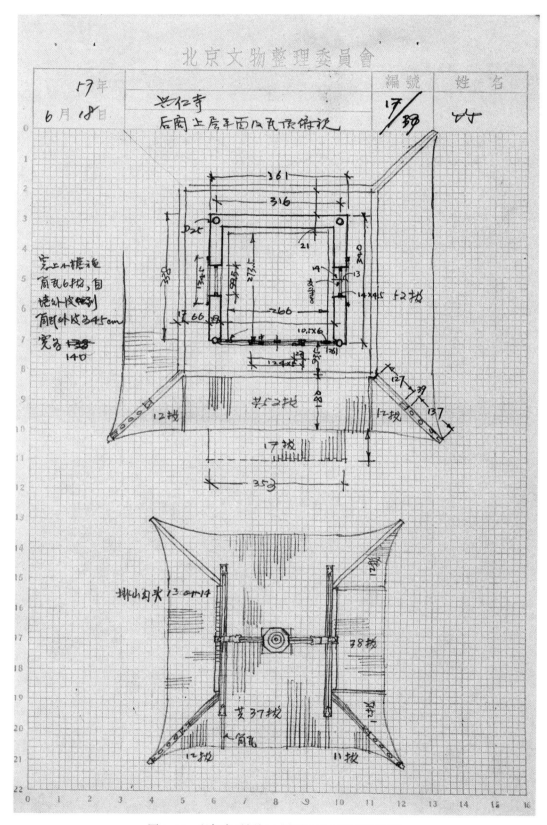

图4-44 兴仁寺后阁门上层平面及瓦顶俯视测稿

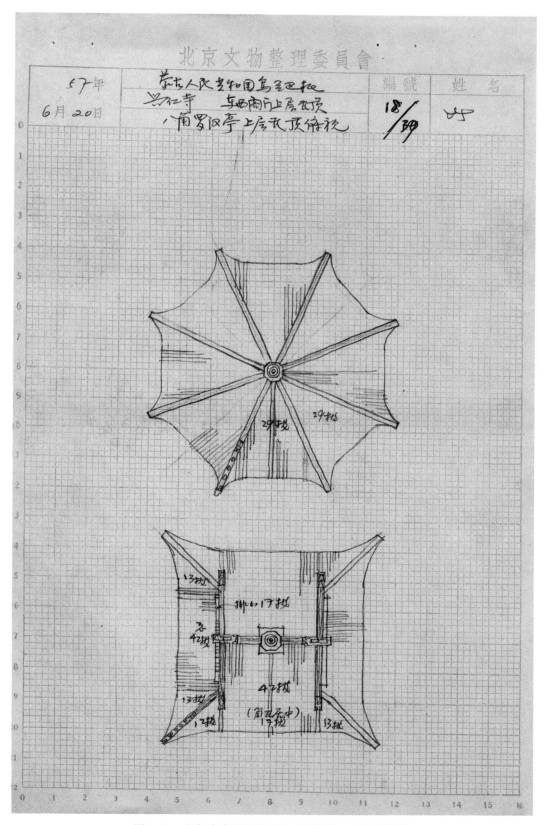

图4-45 兴仁寺东西阁门及八角罗汉亭上层瓦顶测稿

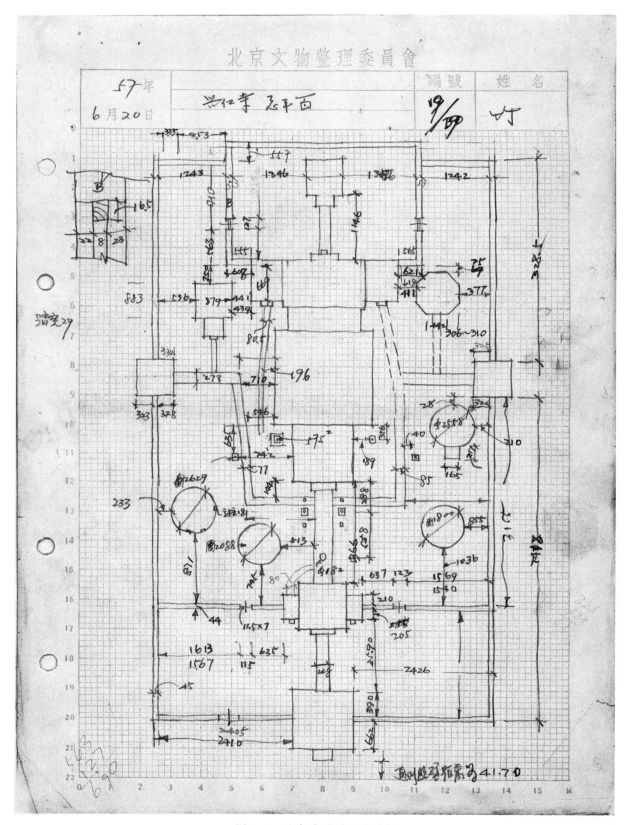

图 4-46　兴仁寺总平面图测稿

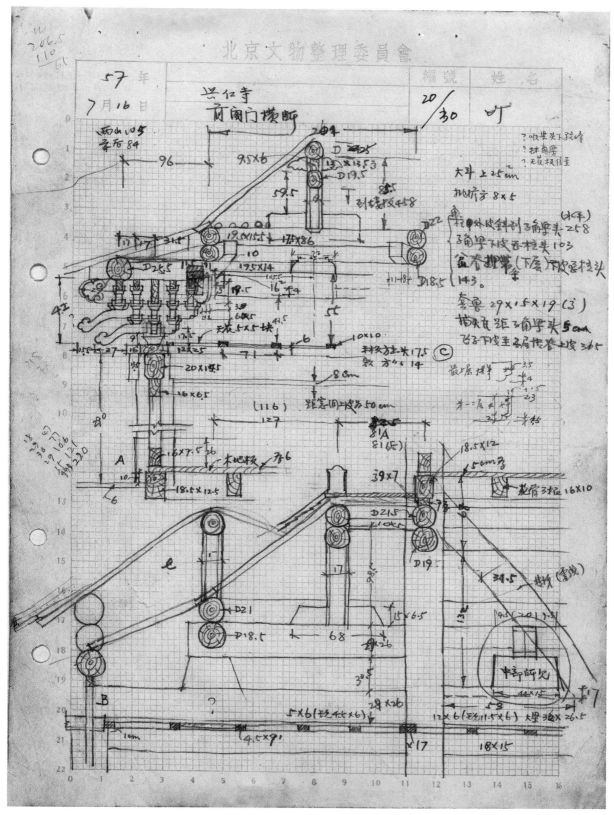

图4-47 兴仁寺前阁门横断面测稿

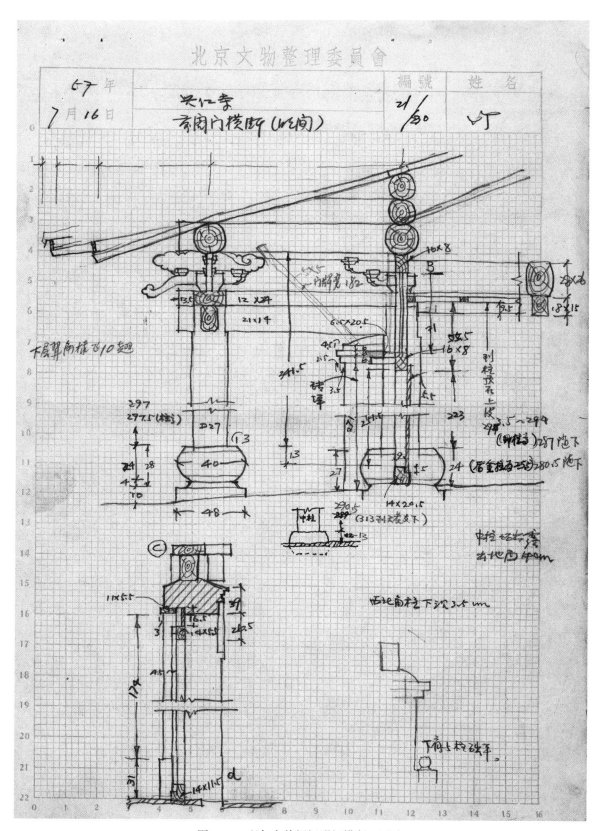

图4-48　兴仁寺前阁门明间横断面测稿

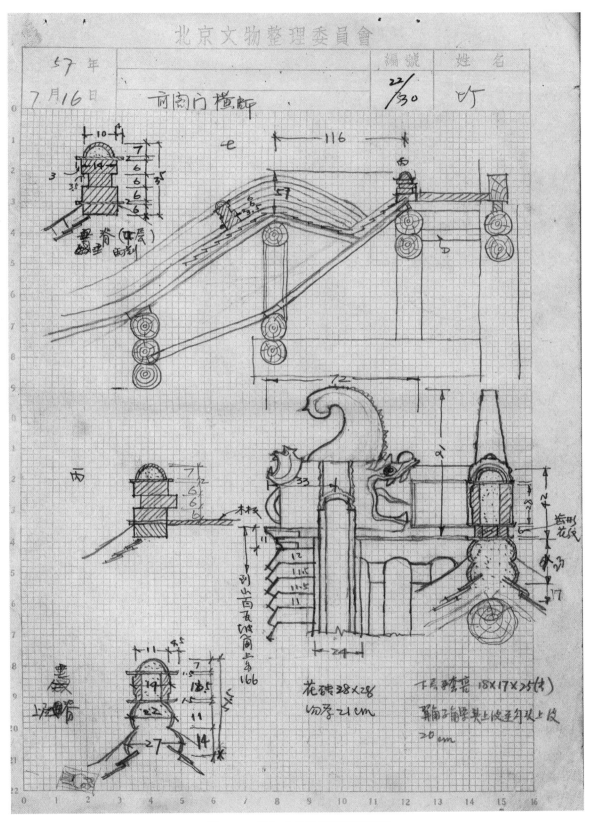

图4-49　兴仁寺前阁门横断面测稿

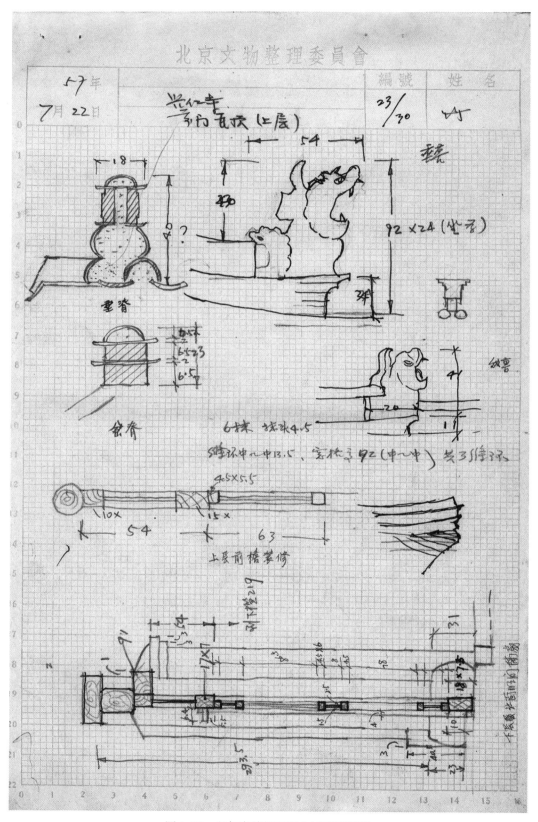

图4-50　兴仁寺前门瓦顶上层平面测稿

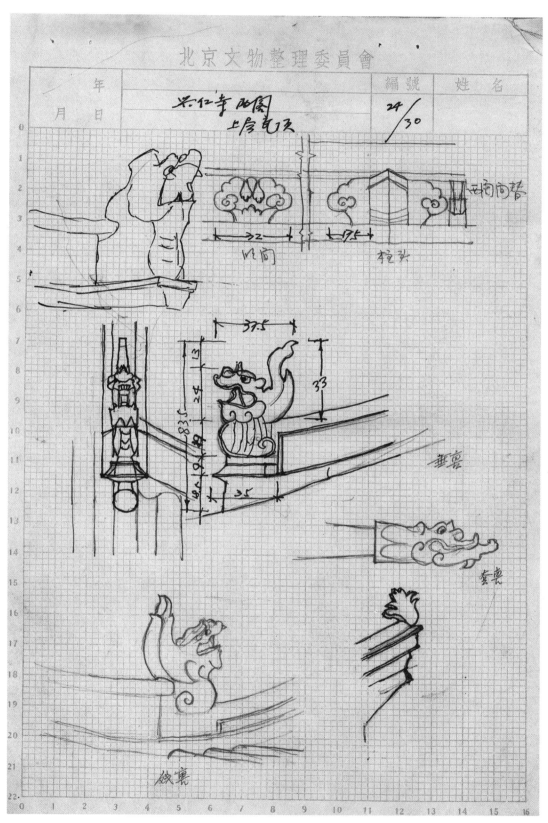

图4-51　兴仁寺西阁上层瓦顶测稿

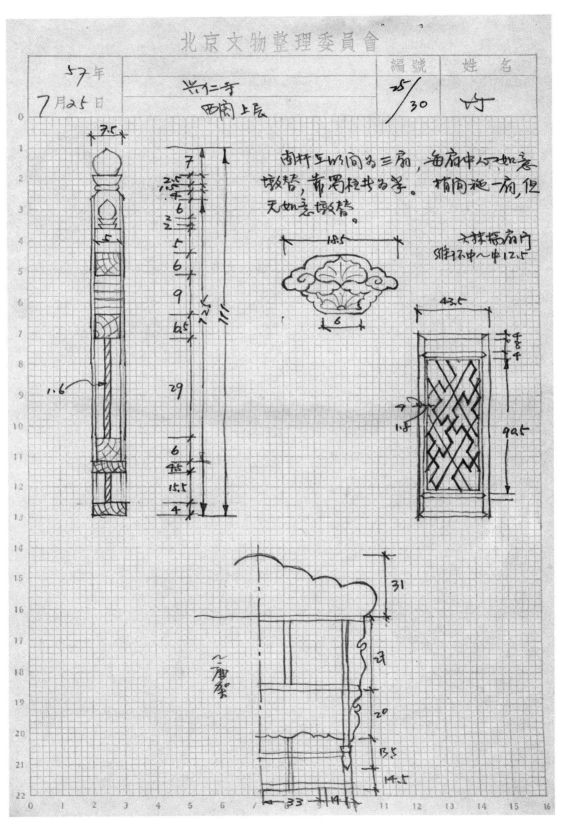

图4-52　兴仁寺西阁上层测稿

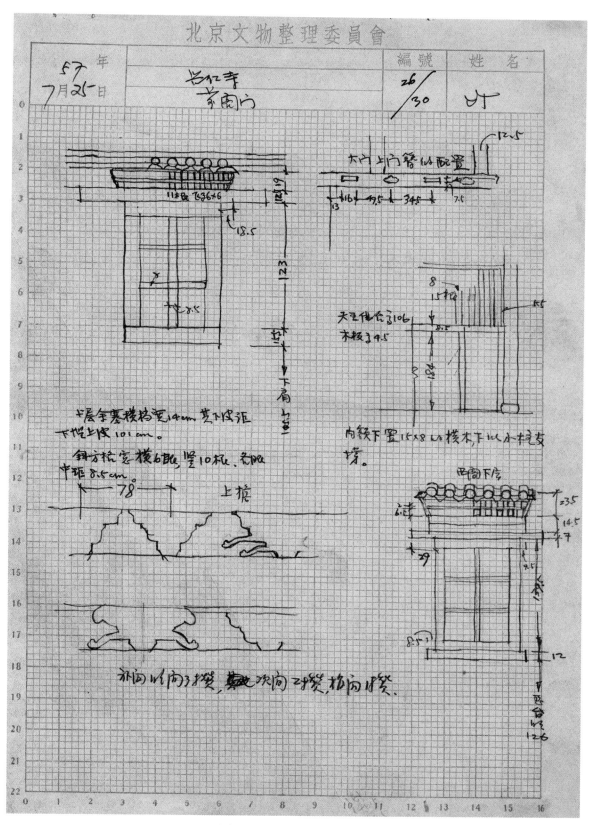

图4-53　兴仁寺前阁门测稿

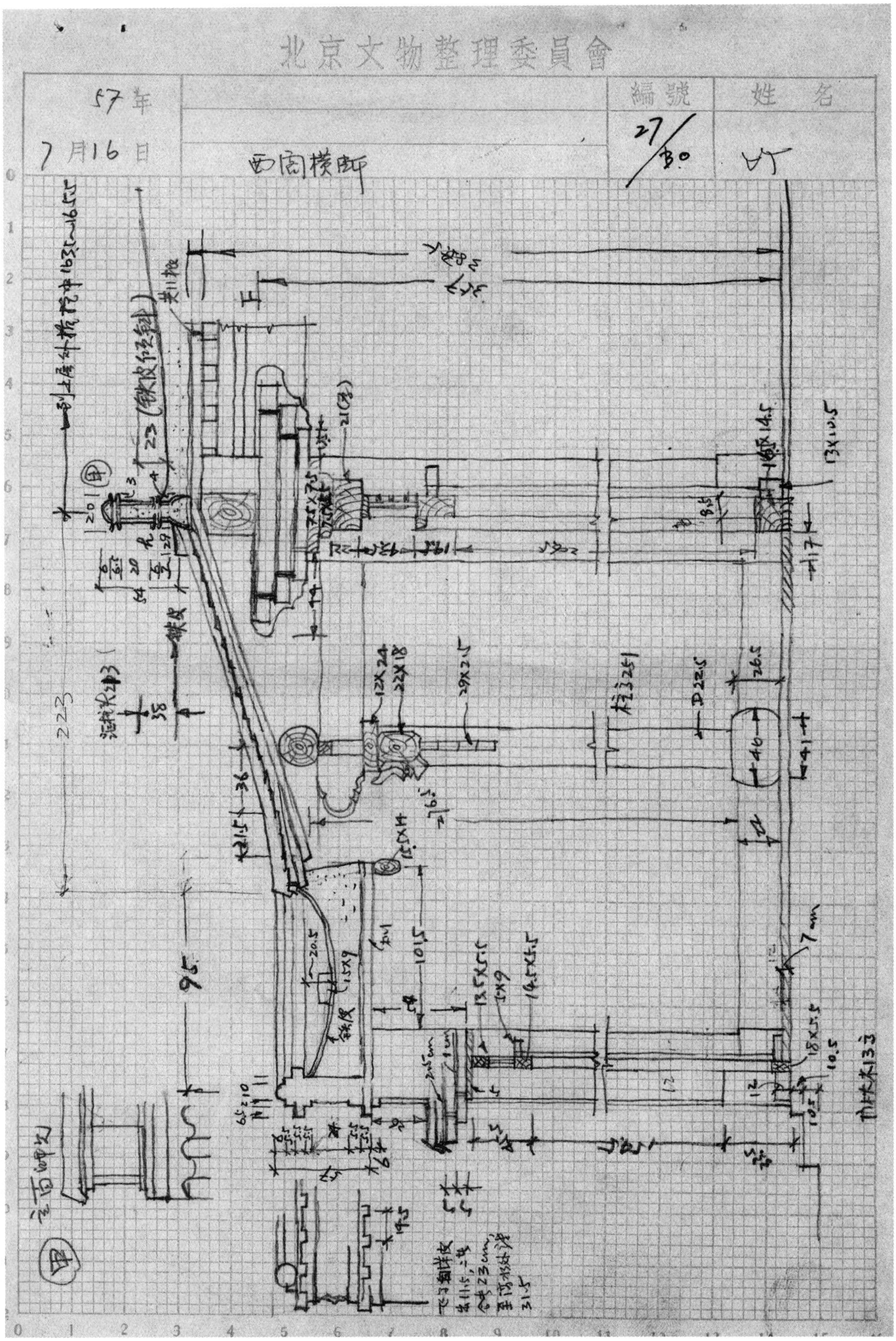

图4-54　兴仁寺西阁横断面测稿一

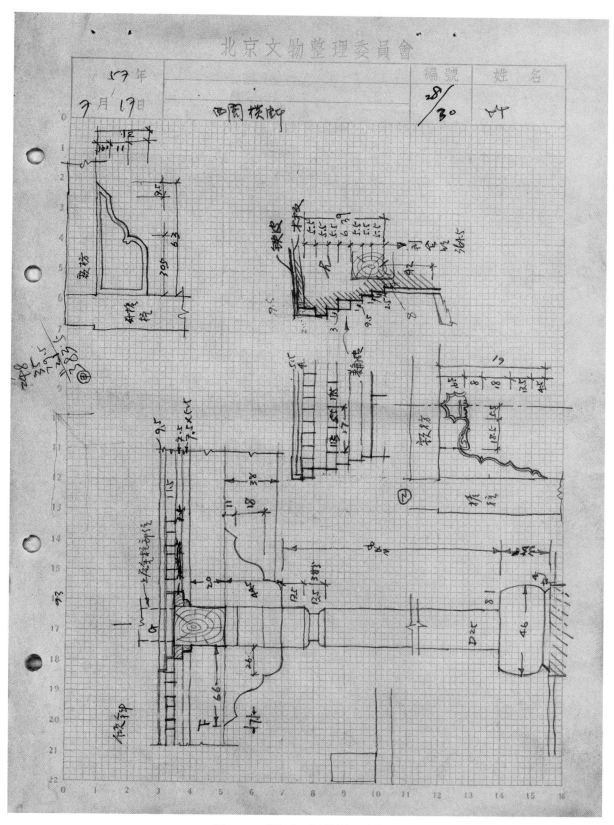

图4-55 兴仁寺西阁横断面测稿二

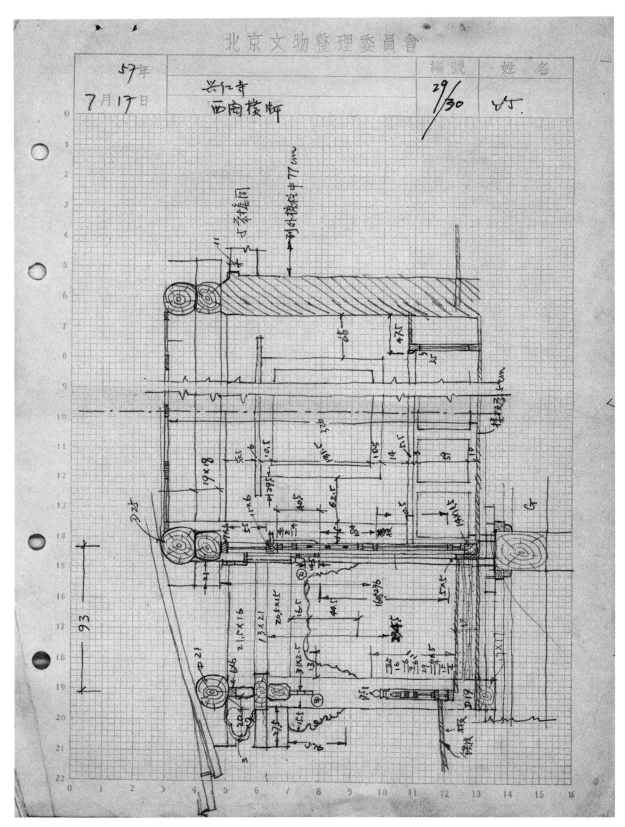

图 4-56 兴仁寺西阁横断面测稿三

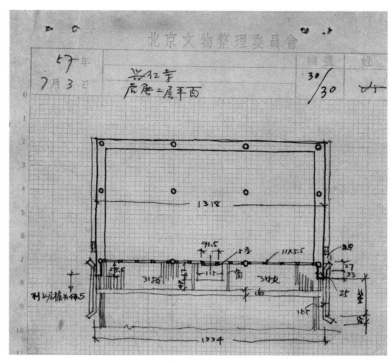

图4-57　兴仁寺后殿上层平面测稿

表4-1　兴仁寺建筑病害及修复措施对照表

建筑名称	主要病害	修复措施
影壁	影壁北侧墙心雕饰较为完好，背面及两翼砖雕酥碱残缺严重，左翼基座残损。	修整基座，对残砖进行剔补；补雕墙心部分，缺失的部分砖雕图案直接在素面砖上雕补补砌。
门前广场区	门前广场区杂草丛生，地面局部坑洼下沉，坑洼处积水。	清理杂草、垫平坑洼地面；加做木栅栏沿影壁东西两翼向两侧做木格栅14米，后向北连接至院墙，形成一片面积约2205平方米封闭空间作为门前广场区，木格栅东西两侧各开一侧门，翻修甬路连接两个小门。
前门	纵大梁弯曲变形，导致上层歇山顶倾斜严重，屋顶上下两层筒瓦有不同程度的破损，四角脊兽和檐口的瓦钉等瓦件均有缺失。	纵大梁换新。整体落架拆除更换所有弯曲变形的纵大梁，补配缺失的脊兽、瓦钉等瓦件。
中门	正脊法轮脊饰倒塌、筒瓦有不同程度的破损，四角脊兽和檐口的瓦钉等瓦件均有缺失，条砖地面开裂起翘，屋顶长有杂草，台明勾缝砂浆流失严重，造成西南角台明变形下沉。	重新归安倒塌的脊饰；清除屋顶杂草，补配缺失的脊兽等瓦件；台明扶正并重新勾缝；地面改做方砖地面。
牌楼	整体向左侧倾斜。	打牮拨正复位。
敞厅	西南角台明勾缝砂浆流失，后檐与正殿一层屋檐搭交处天沟破损，木地板局部不平。	西南角台明重新勾缝；翻修天沟；更换破损的屋面瓦；新加支柱，明间两侧各新增2根立柱，增强对屋面的支撑；翻墁不平的木地板。

续表

建筑名称	主要病害	修复措施
正殿	四角脊兽和檐口的瓦钉等瓦件均有缺失；大殿内木地板局部不平，外墙墙体砖面开裂；天沟残损；二层两侧山墙外立面墙皮脱落，使马赛克图案残缺，衔接腰垫处天沟破损。	补配缺失的脊兽、瓦钉等瓦件；翻墁不平的木地板；剔除更换开裂的墙砖；二层两侧山墙墙皮修补，恢复马赛克图案全貌。
后阁	屋面瓦件缺失，雨搭糟朽。	补配缺失瓦件；拆除后期加建的糟朽雨搭。
东阁	压面条石缺失，屋面瓦件缺失，雨搭缺失。	添配压面条石和屋面瓦件，重建雨搭。
西阁	下层墙皮酥碱脱落，西北角枋柱糟朽。	下层酥碱墙皮铲除，重做墙面；更换糟朽的枋柱；拆除前檐入口抱厦处砌筑的砖墙，恢复原抱厦形式。
院墙	院墙局部墙皮脱落；外院北侧院墙整体被拆除；后阁小院有后期砌筑的砖墙连接院墙的东西两侧；二进院西侧院墙歪闪严重。	一进院东西院墙改建；铲除脱落的墙皮，重做墙皮；拆砌二进院西侧歪闪的墙体，拆砌长度约10米；拆除后阁小院两侧后期砌筑的院墙，重新砌筑北侧拆除的原院墙，恢复原有形制。
甬路	甬路为砾石铺砌，因年久失修局部有缺损，后期人为改造，改变了原有布局。	甬路翻墁，重新翻修一进院甬路；二进院甬路改造并恢复原状。
蒙古包	无。	拆除东门南侧外的其余3处蒙古包。
其他	所有建筑的油饰彩绘均脱落褪色严重。	重新制油饰及彩绘，彩画形式包括和玺彩画、苏式彩画。

二、工程实施

（一）前期准备

根据1957年中国技术工作组余鸣谦、李竹君与蒙古国文化部副部长"鲍尔德"同志的交换意见，蒙古国建筑局根据中方的初步设计，做出工程预算后，蒙古国政府已初步决定分期维修两处宫庙，1958年修缮兴仁寺，1959年修缮夏宫，且维修工程中的一部分人工、材料和监工技术人员拟请中国方面协助解决。其中，技术人员方面，为了及时解决施工中发生的问题，要继续补充初步设计中的测设不充足部分并绘制施工图，要培养蒙古国技术力量，需要中国技术人员5～7人；工人方面，拟聘请中国架工、木工、瓦工、雕工、油工、画工，共30人左右，施工期限约七个月（4月～10月），施工过程当中和蒙古国工人一起工作，并起到领导、示范作用。关于保护修缮施工，技术工作队建议最好约请北京市建筑公司古建队，因该队人手整齐，技术较强，办料熟悉方便，故担负此任务比较恰当。另外，关于修缮中使用材料问题，兴仁寺修缮所用主要材料拟由中国方面订购，计列为[1]：

1　余鸣谦、李竹君：《赴蒙三月工作报告》（手稿），1957年9月17日。

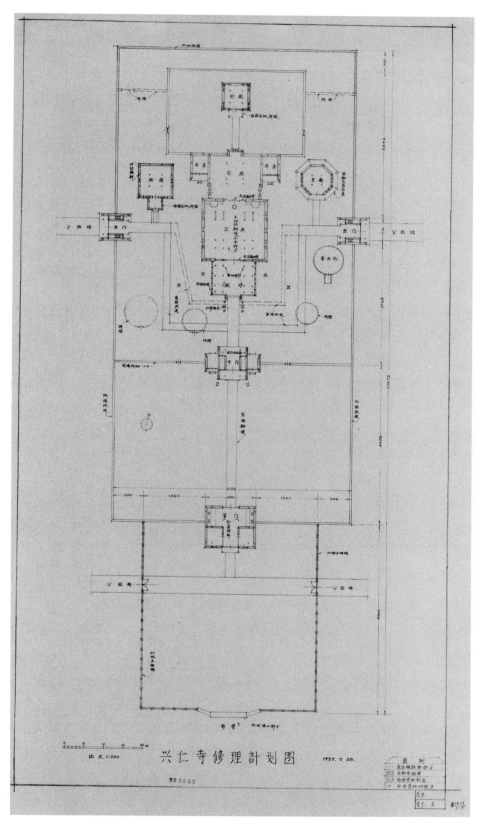

图4-58 兴仁寺修理计划图

青条砖		148110块	青方砖	2680块
削割瓦	筒瓦	16500块	布瓦、勾滴、吻兽件	10454件
	板瓦	44000块		
颜料（包括红土、洋绿、佛青等）		共1213公斤		
苏大赤金		75.20具	桐油	13490公斤

1958年3月10日关于《蒙古人民共和国乌兰巴托城两处古建筑工程概算及工料数量的检查补充意见》（以下简称《意见》）的"关于工料数量"中，兴仁寺工程中所用桐油数量由原估桐油13490千克应改成2553千克，且原估兴仁寺和夏宫两处工程缺少稀油，需补加线油617千克。另外，建议还需要补充一些零星材料工具，可能从中国买去较方便；有些颜料如洋绿，是从欧洲国家如捷克、德国进口的价格昂贵，如果蒙古国能向这些国家直接订购，似较相宜。在《意见》的"关于工程概算"中，1957年9月初，临回国之前蒙古国文化部副部长鲍尔德曾面谈希望提出工程预算数字，以便向蒙古国政府请款，当时因一部分需请中国供应的材料单价不能得到，粗略估计兴仁寺、夏宫两处古建筑修缮情况，与北京雍和宫相仿，而雍和宫在1953～1954年修理费用是800000元。1958年2月，比较近于正确地估计了全部工程费用，以当时在北京附近地区了解的工人工资、材料单价、一般修缮工程取费率为依据，得出概算金额如下（单位：人民币）：

建筑名称	人工费	材料费	间接费	总金额
兴仁寺	51000	171000	25%	277500
夏宫	98000	142000	25%	300000
两处共计人民币				577500

《意见》指出，这个工程费用概算数字仅依据当时在北京附近施工的条件算出，在乌兰巴托熟练工人少，一般工资标准高，据了解是北京地区的四倍，如果实施，这一概算可能偏低[1]。

遗憾的是，后来没有于1958年如期开展兴仁寺的修缮，一年后，余、李二人继续赴蒙组织开展实地的深化设计和修缮施工任务。

（二）施工经过

在1959年3月关于蒙古人民共和国两个喇嘛庙修建问题会谈以及后续与蒙古国文化部、蒙古国驻华大使馆、中国对外贸易部等相关机构的大量联络准备后，1959年8月，余鸣谦、李竹君再度赴乌兰巴托[2]。此后，在他们的指导下，开始了对这两处古建筑的维修工程。援蒙工作队虽然于1957年夏季曾经前去乌

1　余鸣谦：《蒙古人民共和国乌兰巴托城两处古建筑工程概算及工料数量的检查补充意见》（手稿），1958年3月10日。

2　余鸣谦：《关于蒙古人民共和国两个喇嘛庙修建问题的会谈情况》（手稿），1959年3月10日。

兰巴托做过兴仁寺和夏宫修缮工程的方案设计，但因时间短促（三个月）而取得资料甚少，所以那仅仅是做了较粗简的初步设计工作。这次修缮工程开始后，工作队得架木之便，做了进一步的勘察和测量，补充了各处殿、门、影壁和牌楼等的图纸和工料估算，使施工有所依循。

从兴仁寺和夏宫的施工经过来看，这两处古庙修缮工程分别于1959年11月和1960年4月开工，经过两年时间的施工，分别于1961年6月和10月胜利竣工了。关于修缮工程实施，初期，由中国援蒙员工系统的长春建筑公司工人（专搞新建的工人）承担施工工作，主要进行了木、瓦作等方面的拆除补修。1960年6月底，由中国科委从国内抽调派出了25名古建筑专业技术工人（含画工10名、油工8名、瓦工5名、雕工2名）赴蒙继续接手施工工作，充实加强了瓦作和雕作，并展开了油饰、彩画工作。大部分工程均由中国工人完成，仅有油漆彩画工程招用了30多位蒙古国小工，其中多数是家庭主妇，少数是略通绘画的男性老者。

尤为困难的是，包括夏宫在内，两处维修工程所用砖瓦、油漆颜料、铜铁装饰品等都是向中国订购的，尺寸规格比较特殊，为了避免错误，明确规格要求，在蒙方的委托下，中国队员曾于1960年2月和8月两次归国进行联系工作。具体来说，兴仁寺修缮所需的材料，除木材由蒙古国提供外，其他材料在蒙古国难以找到，均由李竹君在1960年8月回国时订购。在1960年11月至1961年3月的严寒期间，连续施工。1961年4月初，蒙方又派出了56名蒙古国工人参加油画工程。

根据修缮工程实际情况的发展和需要，余鸣谦同志专在蒙古国设计院负责图纸设计等工作，李竹君同志则常驻工地，对两处古庙施工进行技术指导，如此工作分工有效推进了工程进度和质量。当时，兴仁寺的砖影壁上，有图案为八仙过海的砖雕，但残损严重。经过来自北京雕塑工厂的两位石雕工人的努力，将影壁上残毁约1/3的八仙人物及其周围的衬景饰物修补完成。兴仁寺山门重层歇山顶倾斜十分严重，故进行了落架大修（图4-59）。先后对中门、东门、西阁、东阁、后阁等单体建筑实施了不同程度的保护修缮（图4-60～65）。

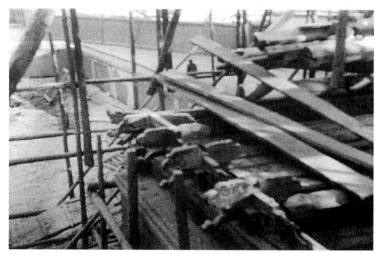

图4-59　山门（天王殿）拆至下檐斗栱处

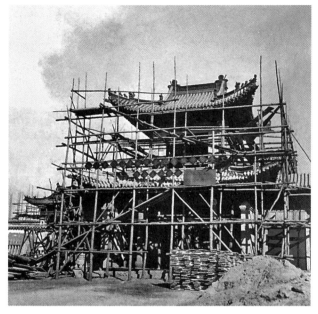

图4-60 中门修缮

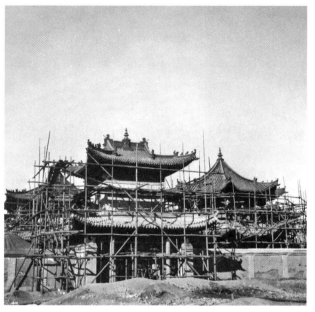

图4-61 东门修缮

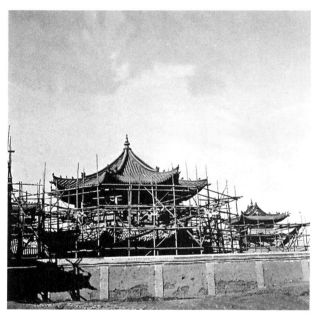

图4-62 东阁修缮

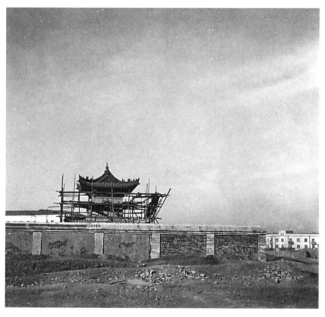

图4-63 后阁修缮

兴仁寺和夏宫两处工程从开始到完竣的施工过程中,中国工作队一直参加施工技术指导工作。除了和党支部一起直接领导25名古建工人进行工作外,中方技术人员专门抓住技术方面等的问题,通过和蒙古国企业派去的中国工长共同研究,加以解决。鉴于工程进行中的大部分时间,蒙古国企业只委派了一名中国工长,工地领导力量显得十分薄弱,中方技术人员为了推动工程的顺利进行,有时就做一些超越职责范围的工作,如组织材料供应,调配工人,补充预算以及制订工地各阶段的施工计划(包括工程进

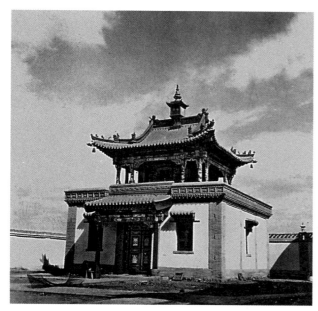

图4-64　西阁修缮后新貌

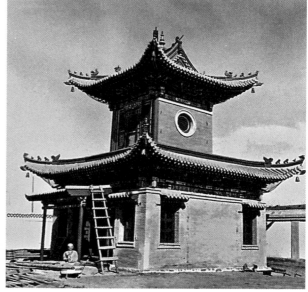

图4-65　后阁修缮后新貌

度计划、技术要求、保证完成计划的措施等）等工作。

　　兴仁寺维修完成早于夏宫，基本于1961年6月底蒙古国建国40周年庆典前完成。由于中国驻蒙古国大使馆党委以及谢甫生大使和商参处的正确指示和领导，由于蒙古国有关单位的重视和支持，由于中国援蒙员工和蒙古国工人的有力配合，以及中方古庙工作组（包括25名古建工人）全体同志的齐心协力、积极主动，发挥了骨干和主导作用，所以两处古庙主体修缮工程最终按照预定计划于1961年7月11日即蒙古人民共和国成立四十周年纪念日之前完工。1961年7月11日蒙古国庆当日，余鸣谦、李竹君参加了蒙古人民共和国总理尤睦佳·泽登巴尔举行的国庆晚宴。随后，为表彰中方工作人员的杰出工作，蒙古国方面还向余鸣谦、李竹君颁发了纪念奖状[1]。

<hr />

1　余鸣谦、李竹君：《协助蒙古人民共和国修庙工作总结》（手稿），1961年11月。

第五章　博格达汗宫的维修

第一节　古建筑简介

一、地理位置与历史沿革

博格达汗宫（Palace of the Bogd Khan）又译为博格多或博克多汗宫，又称夏宫，"博格达"在蒙古语中为"圣贤、崇高"之意[1]。夏宫位于蒙古国首都乌兰巴托市南郊的图拉河北岸，地处于被蒙古人尊奉为"圣山"的博格达汗山脚下，整个宫殿院落坐落于地势平坦的川地之上，坐北朝南，形成面山临水之势，是蒙古国最为重要的历史文化遗产之一[2]。所处地域环境幽雅，风景如画，从地舆学角度认为是一处"风水宝地"。宫殿院落占地面积较大，当时它的附近并没有修建其他建筑设施，乃属一处避暑佳境，故有夏宫之称。

博格达汗宫汉名广慧寺，庙门上悬挂有满、藏、蒙、汉文书写的"广慧寺"匾额，始建于1893年，1903年完工[3]。博格达汗宫建成于清晚期的五世哲布尊丹巴呼克图时期[4]，初称博格达格根夏宫，即哲布尊丹巴活佛的夏宫（或夏殿）。此后，基于喀尔喀蒙古晚清至民国期间历史的变革，因第八世哲布尊丹巴呼图克图于1911年、1921年两度宣布独立，博格达格根夏宫遂改称博格达汗宫即博格达汗宫殿之称[5]。

关于博格达汗宫的营建时间，一般来说，大都认为建于1893~1903年（清光绪十九至二十九年），即第八世哲布尊丹巴呼图克图时期。然而，据《蒙藏佛教史》记载，八世哲布尊丹巴呼图克图于清同治九年（1870年）转世于西藏，同治十三年（1874年）十月三十日抵达库伦（今乌兰巴托）后，"光绪十一年（1885年）居

1　张晓东、张汉君：《博格多汗宫》，《文博》2006年第4期。

2　图拉河（Tuul Gol）又译作图勒河。现存的博格达汗宫地处图拉河南岸，孤独星球公司出版的丛书《蒙古》中描写为冬宫（Winter Palace of the Bogd Khan），而所谓夏宫（或称夏殿）则位于冬宫北部更加靠近图拉河岸边一带，早已被毁无存。有的资料显示，现存寺院就是夏宫，而冬宫与夏宫地处同一寺院范围，位于夏宫东院的二层藏式建筑为冬宫。历史上在图拉河岸边应有另一座寺院与现存博格达汗宫密切相关，但被完全损毁。究竟如何确定，有待今后进一步实地调查和访问。在这里，我们尊重20世纪50年代余鸣谦和李竹君先生工作记录，仍写成"夏宫"。

3　一般介绍称始建于1893年，但根据《清实录》和《蒙藏佛教史》等文献记载推断，其始建年代更早。

4　刘大伟：《哲布尊丹巴呼图克图研究》，中央民族大学博士学位论文，2017年。

5　《博格达汗宫博物馆》，百度百科https：//baike.baidu.2018年。

于图拉河畔之夏殿"[1]。同样是在《蒙藏佛教史》中，还有较多历代格根坐床后营建寺庙、宫殿的记载，例如五世格根呼毕勒罕曾在道光十六年（1836年）奏请清廷另筑宫殿于"甘丹"[2]，可惜没有记载具体迁建事宜。无独有偶，俄国人波兹德涅耶夫曾引用《宝贝念珠》第三十五章内容，依据其中记载的清代道光十六年（1836年）五月五日所下谕旨，即清廷允许格根将寺院迁到图拉河北岸，从而推测博格达汗宫的具体建筑年代应在五世格根于库伦坐床的嘉庆二十五年（1820年）至其圆寂的前六年即道光十六年（1836年）之间[3]。由此，博格达汗宫始建年代当在道光十六年（1836年）前后较为可信，应早于1893-1903年的建成年代之说。

　　博格达汗宫曾是蒙古国最高宗教领袖居住和进行宗教活动的场所，蒙古喇嘛教八世博格达·哲布尊丹巴呼图克图活佛（Jebtzun Damba Hutagt Ⅷ，又译作八世博格达·吉赞达姆巴，通常称作博格达汗）曾在这里居住和进行政教活动20余年。1924年5月八世博格达汗圆寂之后，汗宫于1926年4月1日改建为博格达汗宫博物馆，宫殿建筑幸免当时喇嘛教寺庙被大量破坏浩劫的影响，成为乌兰巴托市一座重要的国家历史和古建筑博物馆，馆内珍藏有博格达汗当年使用过的生活物品和宗教法器以及17～20世纪部分蒙古国的传统绘画等众多珍贵历史文物。现在，这座汗宫通常称为博格达汗宫博物馆（图5-1）。自建成以来至20世纪50年代，一直没有进行过大的维修，汗宫各单体建筑出现了不同程度的变形、残损和倾斜。20世纪50年代以来，中国政府援助先后对博格达汗宫进行过两次保护修缮，均取得了良好效果。

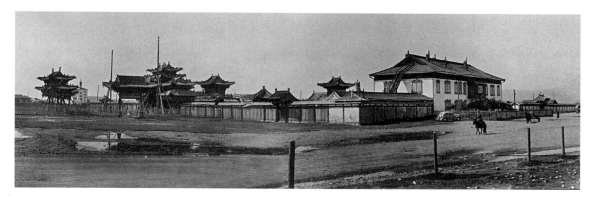

图5-1　夏宫外景（东南方向）

二、寺院布局特点与遗产价值

（一）寺院平面布局及保存现状

　　博格达汗宫平面呈一南北向长方形的"回"字形重院式对称格局（图5-2）。一重院落南北长197.08米，东西宽108.78米，南北共开5门，南侧正中牌坊为正宫门，两侧对称分布东、西便门，北侧和东侧各开一门，

1　参考：《蒙藏佛教史》。

2　这里的"甘丹"应该就是现在位于乌兰巴托市区西北隅的甘丹寺，又称冈登寺。

3　（俄）阿·玛·波兹德涅耶夫著，张汉明、张梦玲、卢龙译：《蒙古及蒙古人》（第一、二卷），内蒙古人民出版社，1989年。

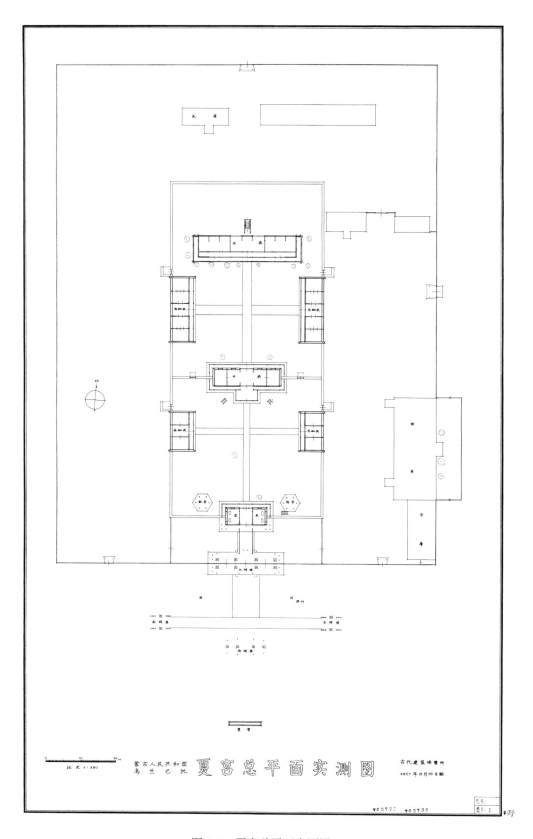

图5-2 夏宫总平面实测图

院墙为木装板墙。正宫门南侧是由东、西、南木牌楼和影壁（照壁）等组成广阔的前庭广场区，广场区早期曾有木栅栏设施。二重院落南北长100.58米，宽43.38米，为宫殿区，砖砌院墙，现存大殿3座、东西配殿4座、六角亭2座、冬宫1座及附属建筑等。主宫殿区为八世哲布尊丹巴呼图克图（即八世博格达·吉赞达姆巴）居住生活的夏宫所在，位于一重院中路，平面呈汉式轴线对称的二进院落布局。二重院落西侧空旷无建筑，北侧有仓库两座，而院落东侧即左路（东院）靠南建有二层藏式白色建筑所谓冬宫和仓库各一座。

从寺院左右对称和院落进深来划分，横向可分为左、中、右三路组合而成的院落整体。其中，中路院落为寺院整体的中轴所在，为夏宫的主体，左右两路分别坐落于中路院落的东西两侧（图5-3）。博格达汗宫相比乔伊金喇嘛庙等寺庙建筑等级高，但这种平面布局与蒙古国其他的寺庙布局形制十分类似。

（二）寺院建筑特点及价值评析

1. 博格达汗宫以中路为宫内主体建筑，左右两路为辅院，形成"回"字形平面布局，中轴线上布列的主要建筑呈左右两侧严格对称，这种寺院平面布局深受中国古代建筑的传统中轴对称制度影响，"回"字形的双重布局亦当与安全防卫功能有关。汗宫的建筑经清廷批准而建，建筑具体风格样貌与"庆宁寺"略有不同，但平面布局相类似。该汗宫至今已保存近两百年历史且基本完好，为乌兰巴托近代建筑史上一座十分完整的宫殿式建筑群组，体现并代表了当时建筑科学技术的水平，具有一定的科学价值和研究价值，在蒙古地区建筑史上占有一定地位。

2. 汗宫基本属于中式建筑，建筑形制属于效仿中原汉式传统建筑的基本构制为主，兼容大式、小式和民间形制于一体的一种特殊形制的产物，宫殿内建筑采用蒙藏文化风格与汉式工程做法相结合的建造手法，也具有蒙古式建筑文化内涵的表达，反映了清代晚期一种新的民族建筑设计理念[1]。同时，此汗宫是一座集供佛寺庙、格根居住理政的综合性功能于一体的宫殿建筑，为哲布尊丹巴呼图克图最高宗教领袖重要居所之一，即属于以居住为主的活佛之夏宫，故采用了适应生活功能为主的建筑构制，即采取建筑功能与园林艺术相融合，而且与常规建筑布局中往往是在两侧及后院中方可见到的花园式格局不同，是在主殿庭院内布设有养殖各类珍禽异兽的小型人工池塘园林景观。另外，建筑造型和内外装修细部融入了帐幕造型等蒙古民族特有的文化艺术元素风格，同时借鉴了汉式传统艺术表现手法，形成了独具魅力的艺术表现风格，具有较高的艺术价值。例如，无斗栱垂柱式牌楼及牌楼门的殿式构制风格，与内蒙古呼和浩特的小召前牌楼形制类似，区别在于后者属于垂柱式斗栱形制。以牌楼作为宫门的做法，也见于内蒙古呼和浩特观音庙大门的牌楼式构制。

3. 汗宫建筑中各院落的功能分布与主次地位明显，从门的设置来看，中轴建筑的明间之门应是活佛的通行必经之门，而两侧之门则供一般僧俗人士通行；主要建筑的造型风格多以前厦后殿重檐二层的组合为规律，且中路二进院落中的主体建筑主殿为面阔九间的大殿，为哲布尊丹巴呼图克图礼佛、居住之所，高于其他建筑之功能，亦体现出汗宫及其建筑的等级制度之高。

4. 博格达汗宫经历了自晚清至民国时期以来的演变过程，直到1924年第八世哲布尊丹巴呼图克图的

1　吴宏亮：《蒙古建筑发展简史（公元前300年~公元2012年）》，哈尔滨工业大学硕士论文，2013年。

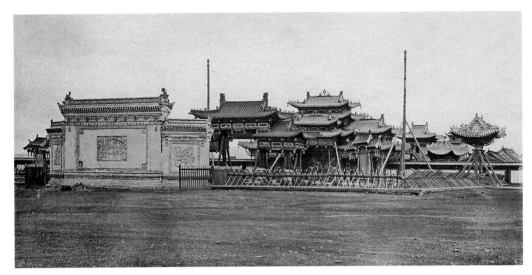

图5-3　夏宫远眺（东南方向）

圆寂，自此喀尔喀蒙古地区结束了格根呼毕勒罕的转世。作为重要的历史文化遗产实物见证，该汗宫建筑具有重要的历史价值和研究价值。

（三）博物馆藏品

汗宫内收藏文物丰富，每座庙宇都有唐卡、佛像和法器等佛教艺术珍品展出，具有极高的研究价值。东院的冬宫即哲布丹尊巴八世与皇后的寝宫内所藏文物及陈设，为宫中原有实物，如金缕靴、狐狸皮制长袍、雪豹皮内衬蒙古包以及大象等特别的动物标本等，价值较高。另外，一重院西侧即左路院内现存放有数口大铁锅，均有铸造之年代及人名等铭文，多为蒙文，其中清光绪三十年（1904年）的一口大铁锅有汉文铭文为："山西丰镇府顺成街广明炉吉日造执事人：刘秉元、金火匠人：苏俊党、白玉山、王德元、蔡玉鸣，东口：福兴涌韩画铺揽大清光绪叁拾年立。"

第二节　20世纪50年代的维修

一、勘察设计

在完成兴仁寺的勘察测绘后，余鸣谦、李竹君两位先生于1957年8月1日至8月4日参观考察了位于蒙古国前杭爱省（当时写成"阿尔杭麦省"）的额尔德尼召，这是蒙古国现存最早、规模最大的一处寺庙。同年8月6日，对博格达汗宫的勘察测绘工作正式展开，前期在兴仁寺的勘察工作中，让两位先生适应了国外的工作节奏，也逐渐与蒙古国协助人员产生了默契，因而博格达汗宫的勘察测绘工作实施得比较紧凑，于8月28日全部完成博格达汉宫的勘察测绘任务（图5-4）。

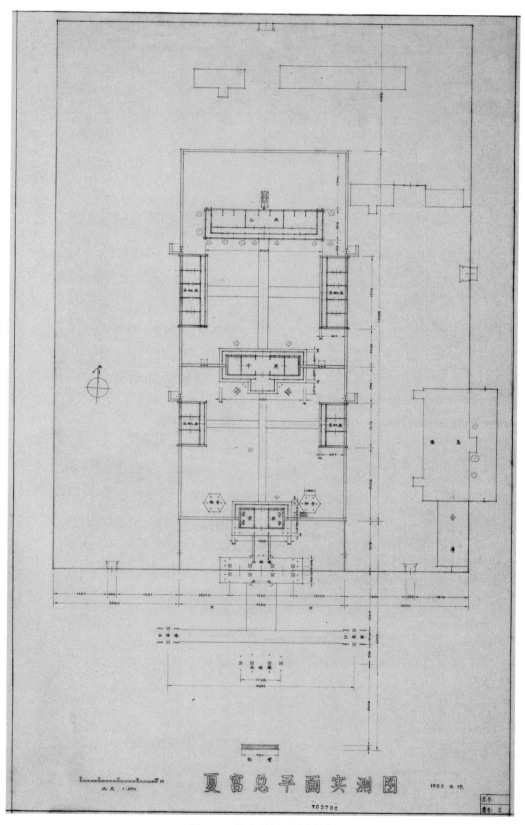

图 5-4　夏宫总平面实测图

如前所述，现存博格达汗宫的左、中、右三路院落布局中，以中路院落的哲布尊丹巴呼图克图夏季所居宫殿（俗称夏宫）为主体，因这里冬季气候严寒而又缺乏过冬之取暖设施，故在其左路院中另建有冬宫一处，是为冬季居住之所。冬宫坐东朝西，此宫殿原为藏式二层结构，后经改建，门窗改制为俄式风格，二层平顶亦改为简易歇山式（图5-5）。现存左、右两路院落的其余区域空旷无建筑，仅存可能属于后期建造的木构外围墙，原状推测为木栅栏。现存木构围墙做法保持了蒙古式建筑特有风格，南北居中两侧有通往东西以外的大门各一座，正面各开侧门一座[1]。

中路院落由南向北依次布局前殿、钟鼓亭、东西厢殿、中殿、东西配殿、后殿等6座主要庙宇单体建筑。以下主要介绍中路（中轴）主院各主要建筑和部分附属建筑。

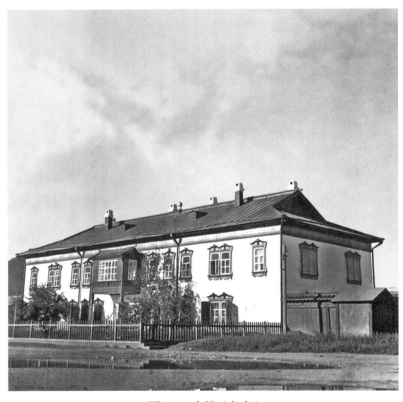

图5-5　白楼（冬宫）

（一）中路院落建筑结构形制及保存状况

1. 前庭广场

博格达汗宫的前庭广场位于中轴线之南，以木栅栏自东西两路的内侧向南延伸形成一个十分开阔的前庭广场范围。自南向北分别布局有影壁、南牌楼和东、西牌楼。

1　张晓东、张汉君：《博格多汗宫》，《文博》2006年第4期。

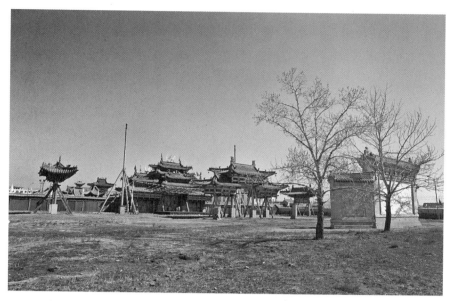

图5-6　博格达汗宫门前区（西南方向，2006年5月26日许言拍摄）

（1）影壁

位于博格达汗宫中轴线南端，形式两侧壁墙与主壁斜向内收呈八字形状布列影壁，须弥座式。通面阔约16.1米，一字部分完好，两翼八字部分残毁，测得八字部分长3.3米。一字部分面阔9.5米，壁厚1.31米，高5.03米。影壁整体青砖材质砌就，形成一面砖雕的大照壁。影壁北面居中池心内雕饰二龙戏珠、海水礁岩、祥云等浮雕图案，背面雕花残无。壁心框外砌撞头，以上起枋子、垂柱，上身至瓦顶之间做三彩如意斗栱。屋面前后檐为硬山式，两侧饰博风砖，灰陶筒板瓦覆盖屋面，施脊饰雕刻（图5-7、8）。

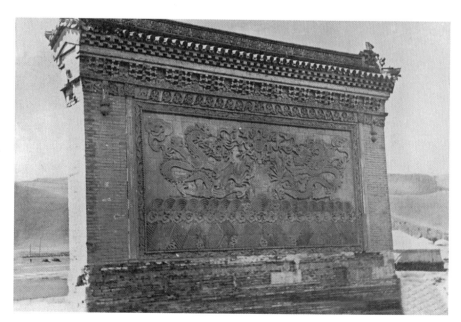

图5-7　夏宫影壁正立面

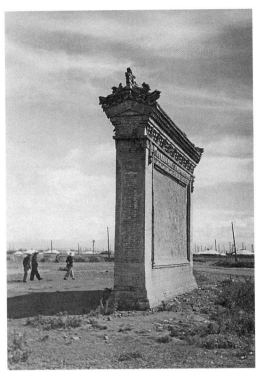

图5-8　夏宫影壁侧视图

（2）南牌楼

位于照壁与头道宫门（牌楼门）之间，又称木牌坊，呈三间四柱一字形的垂柱无斗栱木牌楼，面阔10.28米，高8.9米，主楼和副楼屋面皆为歇山顶，中柱直达脊檩，前后撑戗杆，四周出挑枋，挑起垂莲吊柱，支撑屋面，屋面以铁皮制成筒板瓦件覆盖，明间悬挂蓝底金字"乐善好施"匾额，依次用蒙、汉、满、藏四种文字书写（图5-9）。

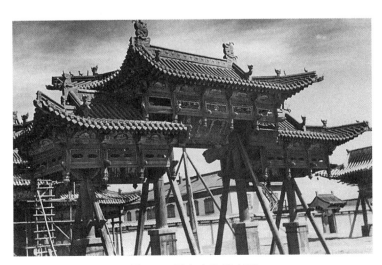

图5-9　夏宫南牌楼南面

（3）东、西牌楼

位于南牌楼、北牌楼之间甬路的东西两端，呈对称布局的单间木牌坊各一座，相距48.48米，西牌楼已塌毁（图5-10）。东牌楼面阔3.73米，一开间，出单翘三昂九踩斗栱，歇山顶屋面，屋面筒板瓦件及脊兽皆为铁皮砸制而成（图5-11）。

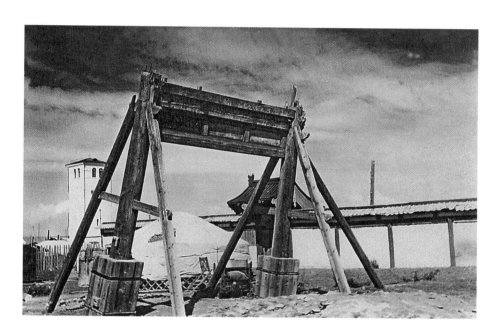

图5-10 夏宫西牌楼残留部分

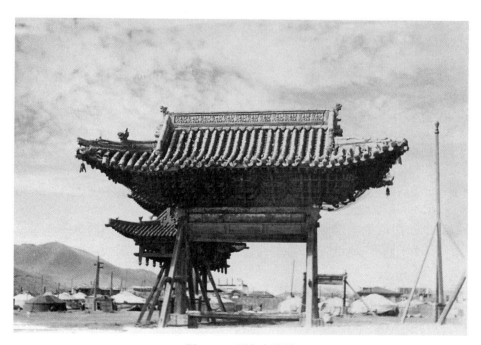

图5-11 夏宫东牌楼

2. 一进院落及附属建筑（南院）

（1）北牌楼

博格达汗宫的宫门居中设置，分南北二道，北牌楼为头道宫门即第一道宫门，又称前门，而二道宫门为一进院内的前殿。北牌楼位于一重院南侧板墙正中，作为一重院的正门，面阔五间16.63米，进深三间6.96米，高11.8米。主楼为重檐三滴水歇山屋面，副楼为重檐二滴水歇山屋面，前后檐柱直通上层屋顶，前后撑戗杆，柱间用梁枋穿插形成井字框架，向四周出挑枋，挑起垂莲吊柱，支撑下几层屋面。覆盖屋面的筒板瓦件为铁皮砸制而成。屋面采用三间四柱的牌楼样式，但平面布局上进深两间，中柱安装门扇，作为一重院的正门，形制特殊（图5-12～15）。牌楼两山居中置有围墙，与东西两侧的南北围墙相接。牌楼前两侧各立一高约18米的旗杆。

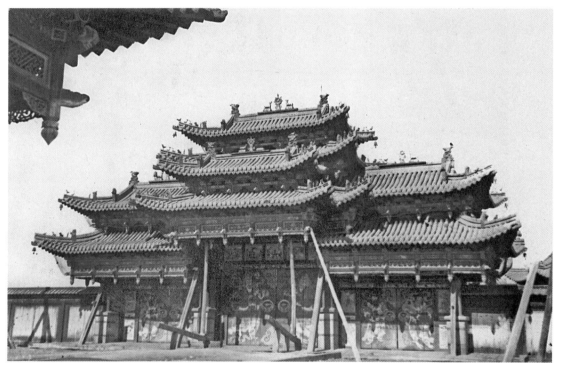

图5-12　北牌楼正立面

（2）东、西便门

位于北牌楼偏北的东西两侧对称布列，连接木构板墙，可通达东西两路院内。两座便门形制相同，单间，面阔2.25米，进深2.85米，悬山顶屋面，屋面筒板瓦件及脊兽皆为铁皮砸制而成。

（3）前殿

又称二道宫门，重檐二层楼阁式建筑（图5-16），一层面阔三间，进深五间，通体面阔13.88米，进深7.59米，居中前置卷棚抱厦一间，周围设廊，明间为门道，整体平面呈"凸"字形。左右次间分列天王像，明间外檐悬挂蓝底金字"广慧寺"匾额，以蒙、藏、满、汉文书写；二层为一歇山顶亭式楼阁，面阔进深均为一间构造，宽3.77米，出单翘三昂九踩斗栱（图5-17）。前殿两侧连接砖构围墙，表面抹灰刷赭红，施筒板瓦屋盖，与东、西两面的南北走向围墙相接形成中路主院的四至围墙。

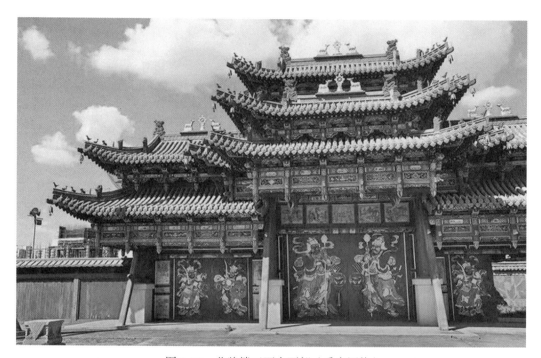

图5-13　北牌楼正面中西部（采自网络）

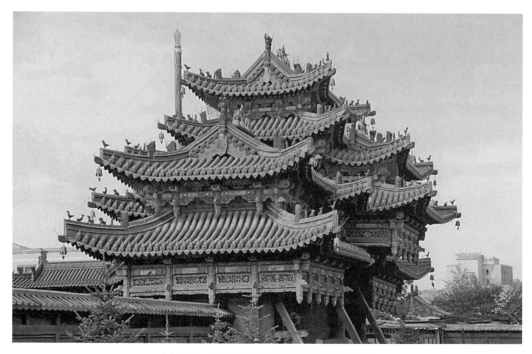

图5-14　北牌楼顶部东侧面（采自网络）

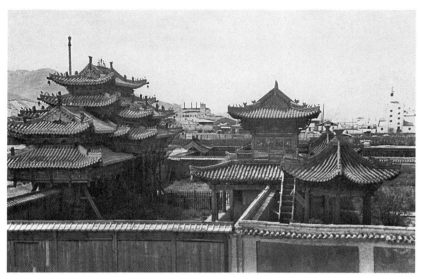

图5-15　夏宫北牌楼与前殿东侧面

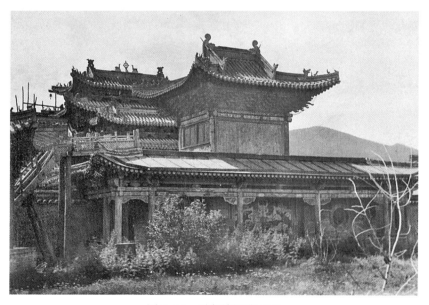

图5-16　夏宫前殿背立面

（4）钟、鼓亭

分列于宫门（北牌楼）内前殿东、西两侧，皆为单檐六角攒尖式木构亭子建筑，西为鼓亭（图5-18），东为钟亭（图5-19），每边宽2.68～2.86米，通宽5.5米。

（5）东、西配殿（一进院）

又称东、西厢殿，位于一进院东西两侧对称布列，建筑结构形制相同，均面阔三间11.35米，进深两间6.53米，前出檐廊，硬山顶，灰筒瓦屋面，铃铛排山脊，山墙上做墀头（图5-20、21）。东、西配殿两侧的围墙上还辟有墙门，可通向东、西路院落（图5-22、23）。

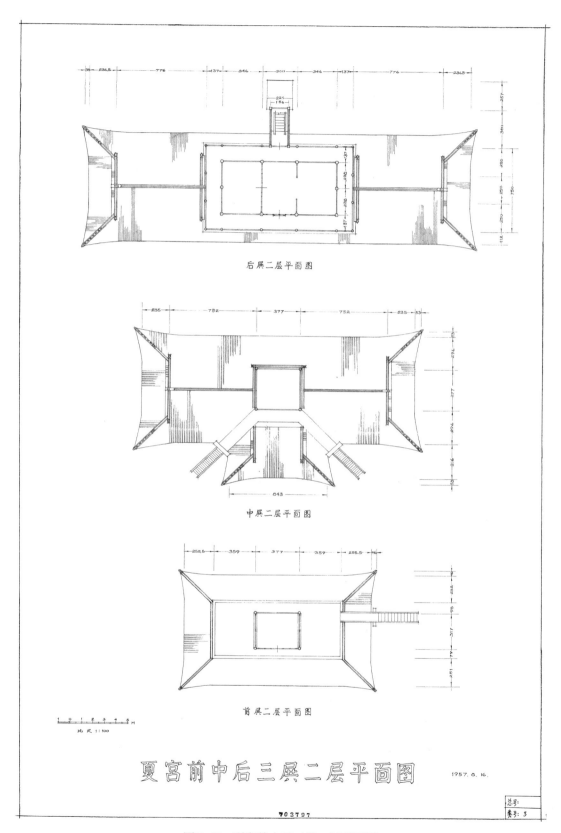

图5-17 夏宫前中后三殿二层平面图

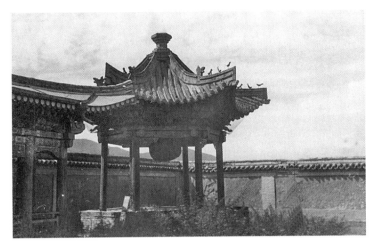

图5-18 夏宫鼓亭

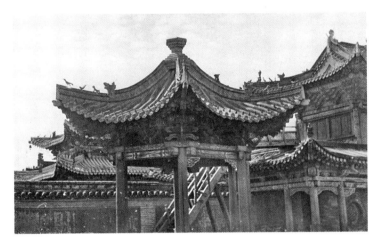

图5-19 夏宫钟亭

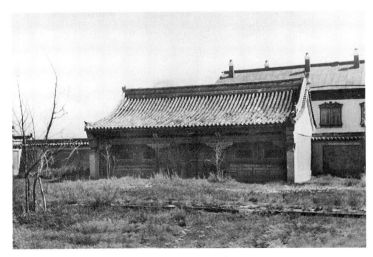

图5-20 夏宫前院东配殿

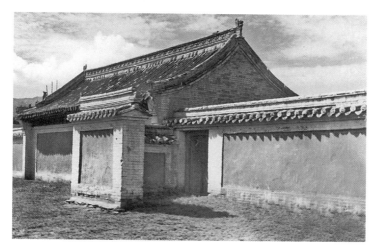

图5-21　夏宫前院东配殿及其左侧旁门

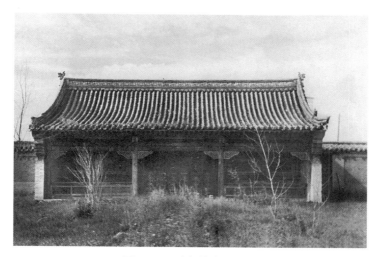

图5-22　夏宫前院西配殿

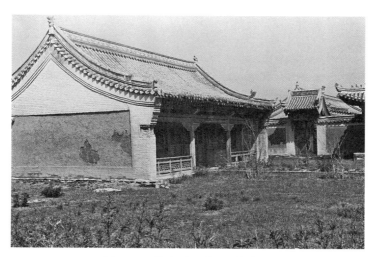

图5-23　前院西配殿及西侧旁门

3. 二进院落（汗宫主院）

汗宫的二进院落，也是汗宫的主院，现存主要建筑有中殿、东西配殿和后殿。据俄国人波兹德涅耶夫记载，北部的二进院落为汗宫办理庶务和活佛库房（佛仓）、财库的办公之所，当时还存有六座独立大房子，都靠着南院栅栏，它们之间还有几座独立的棚屋，院内还有各种马车，库房收藏有各种宝藏及外国人敬献的礼品[1]。现存院落中，这些建筑和附属设施基本无存。

（1）中殿

建于砖石台基之上，重檐二层楼阁式建筑，上下皆为歇山屋面，平面呈"凸"字形。一层面阔五间22.15米，进深三间6.94米，周围设廊，明间前出三间卷棚抱厦，屋面覆铁皮，两侧各设一楼梯；二层为一歇山阁楼，面阔进深各一间，宽3.77米，出单翘三昂九踩斗栱（图5-24、25）。中殿与东西院墙以砖墙相连，左右两侧各开垂花门一扇（图5-26）。

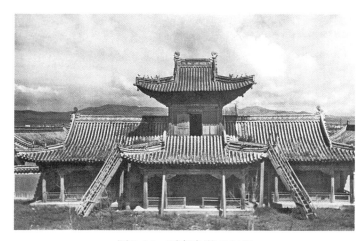

图5-24　夏宫中殿正立面

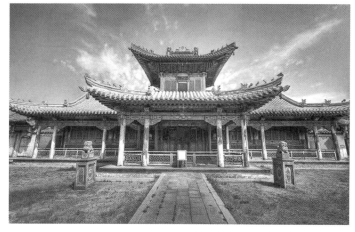

图5-25　夏宫中殿（采自网络）

---

1 （俄）波兹德涅耶夫：《蒙古及蒙古人》（第一卷）。

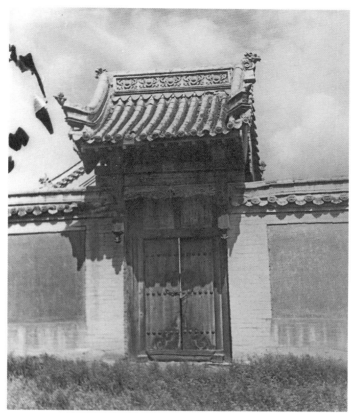

图 5-26　夏宫中殿右旁门

（2）东、西配殿（二进院）

　　又称厢殿，位于中殿与后殿之间并偏向北部的东西两侧对称布列，建筑结构形制相同，均面阔五间
18米，进深两间6.53米，前出檐廊，硬山顶，灰筒瓦屋面，铃铛排山脊，山墙上做墀头（图5-27～29）。
与一进院落的厢殿类似，东西配殿两侧北部的围墙上还辟有墙门，可通向东、西路院落。

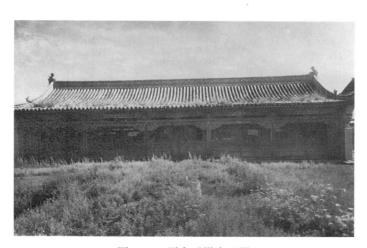

图5-27　夏宫后殿东配殿

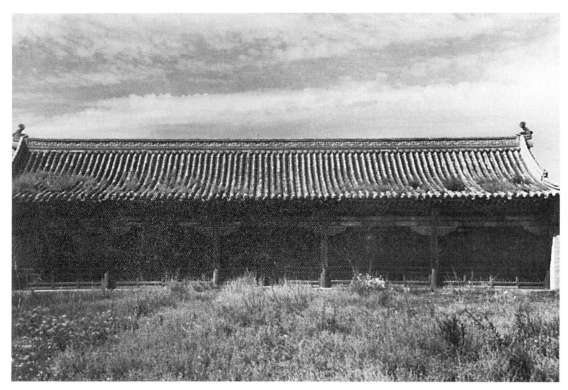

图5-28　夏宫后殿西配殿

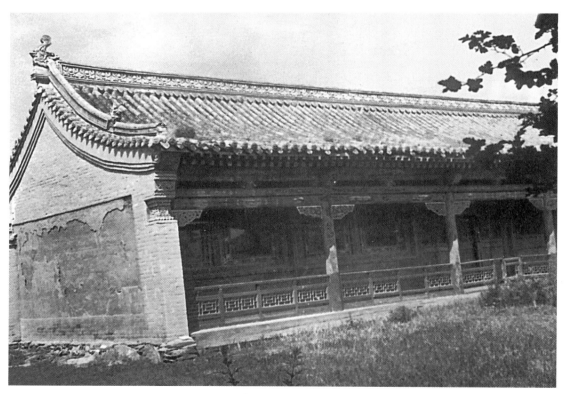

图5-29　后院西配殿局部

（3）后殿

又称主殿，位于中轴线北端，为一座三层楼阁式大殿建筑，正面及两山皆为歇山式屋面，前檐明间彩画并悬挂满、藏、蒙、汉文"广慧寺"匾额（图5-30~33）。一层面阔九间，进深四间，通面阔30.67米，进深7.5米，前出廊；二层面阔五间12.66米，进深四间7.3米，前檐与两山施围廊；二层屋盖居中起以一间亭式阁楼，方一间，宽2.21米。这种顶置方亭形成重檐三层大殿的建筑形制，使面阔九间殿宇的立面造型具有增加和提高其高度的特殊视觉效果，而此类特殊构制做法不见于清代官式、大式建筑中，但在内蒙古和山西的一些民间寺观建筑中却有类似的实例。后殿与一进院的北牌楼（正门，又称头道宫门）、二进院的中殿等位于中轴线上的这三大建筑，皆属重檐二层，但与汉式重檐二层建筑的处理手法存在明显不同，如二层面阔间数均小于底层。另外，该三层楼阁式大殿不在殿内设置楼梯，而于建筑外部的背后设置楼梯并可通至二层的明间檐廊，从而扩大了殿内空间的利用面积，此属于较为特殊之处。此殿为哲布尊丹巴呼图克图活佛的大殿，据波兹德涅耶夫记载，当时楼上楼下分东、西各半，各类陈设十分考究，该殿的东侧为其居住房间，上、下三面靠墙皆有炕，靠窗一侧为檀香木雕刻桌椅；右侧上、下为禅堂，满挂唐卡佛像，四壁前有一张供桌和打坐用的坐垫等[1]。

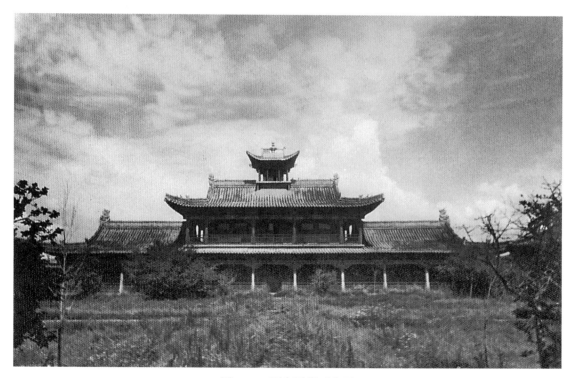

图5-30　夏宫后殿正立面

1　（俄）波兹德涅耶夫：《蒙古及蒙古人》（第一卷）。

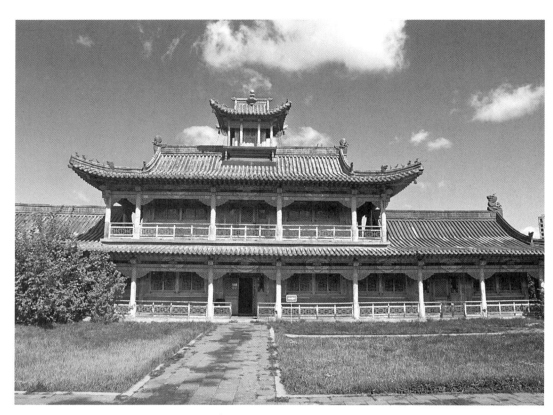

图5-31　夏宫后殿（2014年8月23日刘江拍摄）

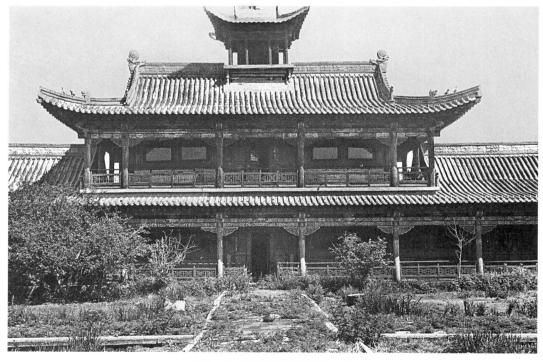

图5-32　夏宫后殿正立面中部

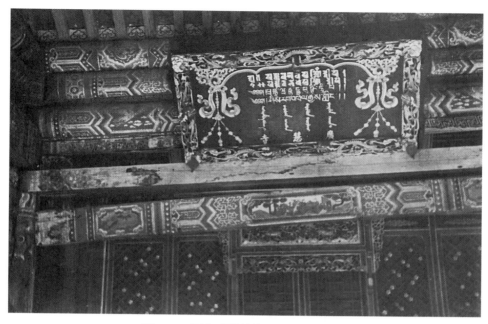

图5-33　夏宫后殿前檐明间彩画及匾额

4. 三进院落

博格达汗宫北部的一、二重院落中间存在两处以上较大面积的建筑遗迹，但现状以围墙封护并隔离于中路第三进院落。据清代库伦平面图中所示，二进院落之后还应有一独立院落，推测后期的二重院北围墙可能存在改建。现存北围墙开后门一处（图5-34）。

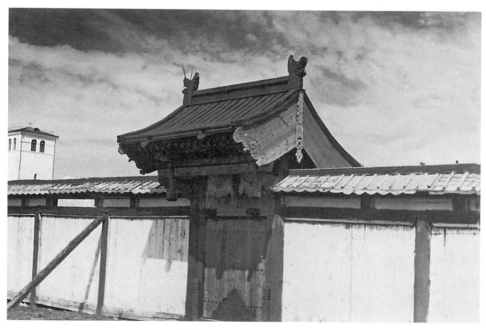

图5-34　夏宫围墙后门

（二）建筑病害及修缮措施

在现存的工程档案中，对于博格达汗宫建筑保存状况及主要病害和采取的修缮措施，工作报告文字稿中记述十分简略。在现藏的历史照片中有较多体现夏宫建筑的各类病害，如影壁石雕剥落、牌楼塌落、彩绘起甲剥落和褪色、前殿和后殿结构失稳等（图5-35）。

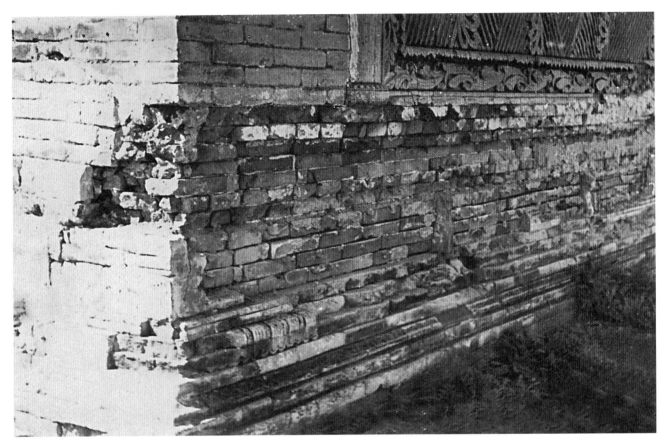

图5-35　夏宫影壁基座残毁情况

另外，1957年8月29日整理成册、1965年7月28日编入资料档案（编号1、收入号224）的夏宫测稿共计17张（图5-36~52），实测图4张，在这些测绘图纸中的测稿和计划修理图中对建筑病害和修复措施等留有扼要标示（图5-53）。

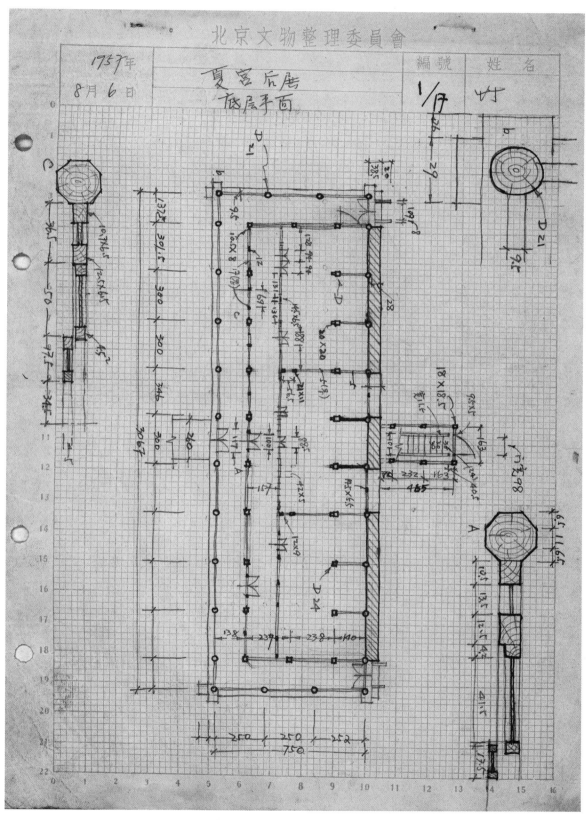

图 5-36　夏宫后殿底层平面测稿

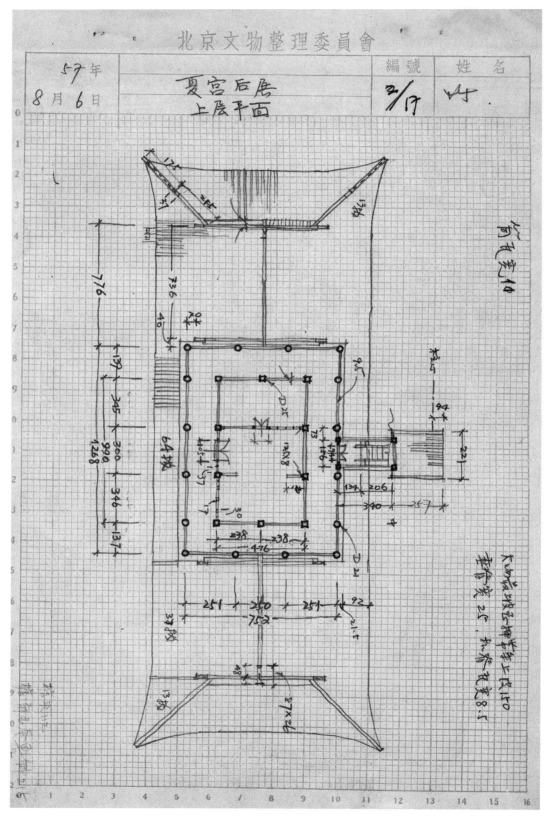

图5-37　夏宫后殿上层平面测稿

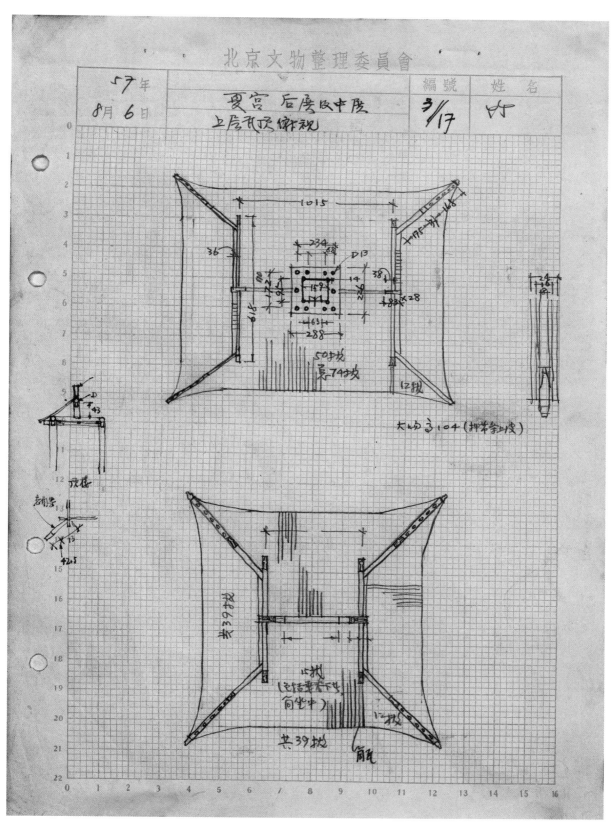

图5-38　夏宫后殿及中殿上层瓦顶俯视测稿

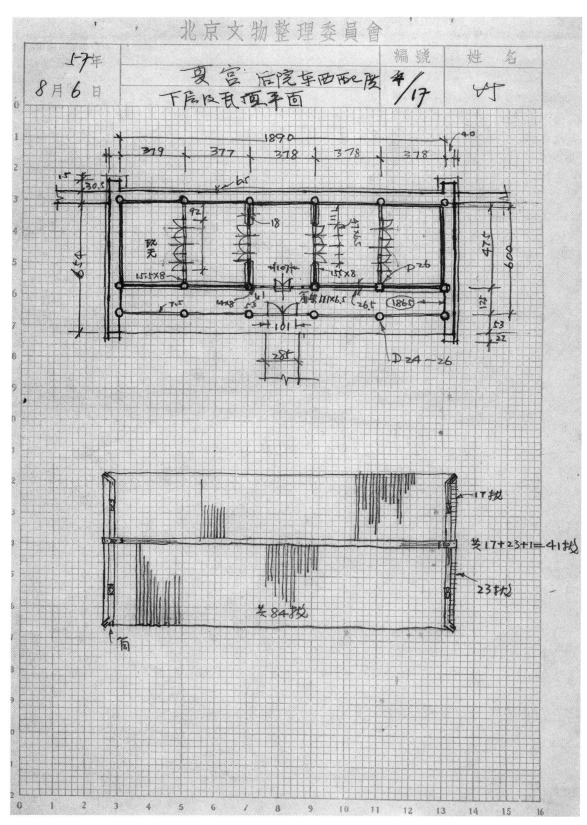

图5-39　夏宫后院东、西配殿下层及瓦顶平面测稿

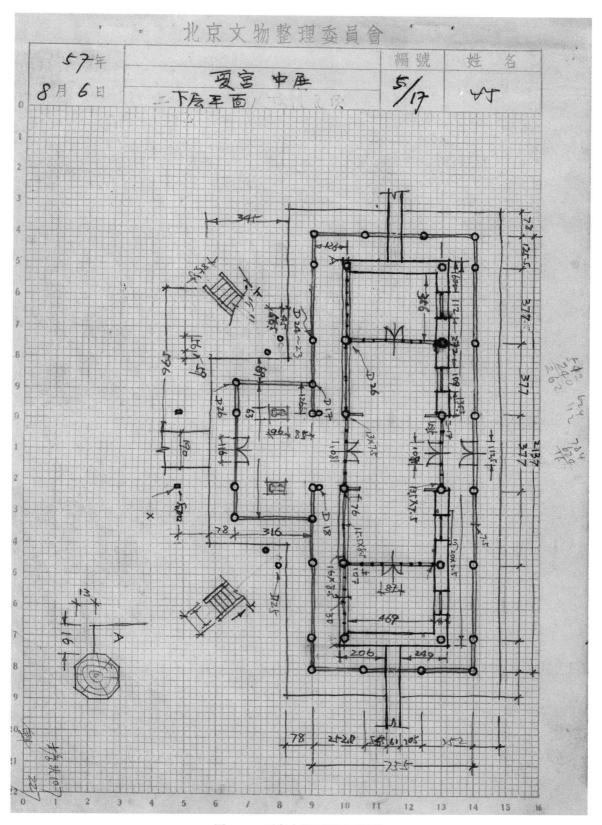

图 5-40　夏宫中殿下层平面测稿

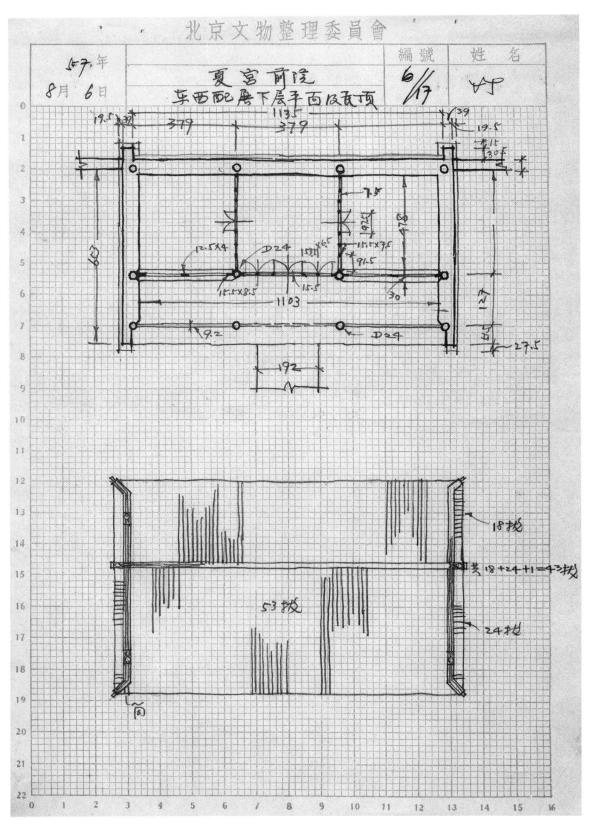

图5-41 夏宫前院东、西配殿下层平面及瓦顶测稿

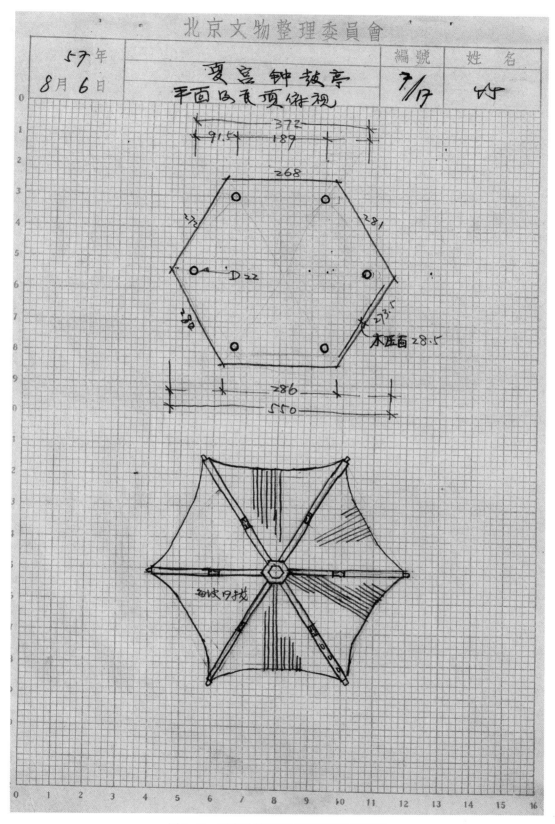

图 5-42　夏宫钟鼓亭平面及瓦顶俯视测稿

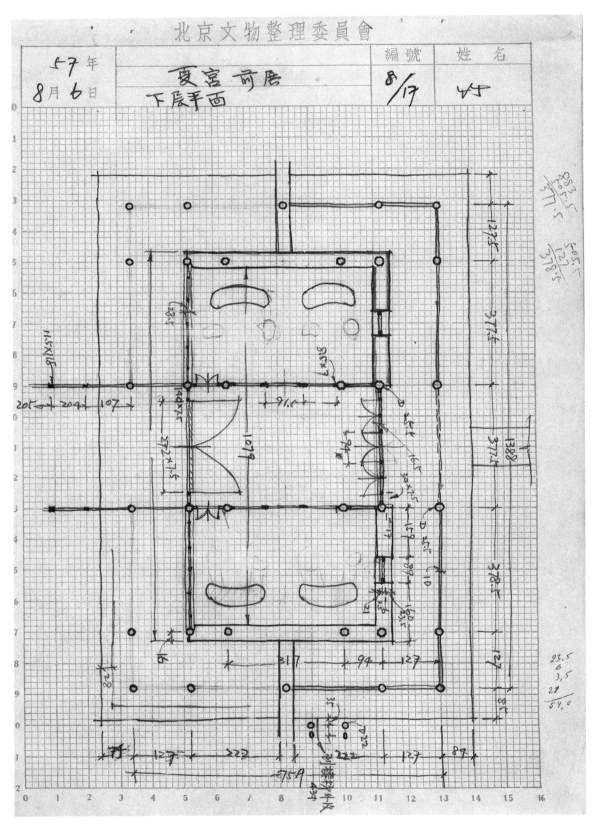

图5-43　夏宫前殿下层平面测稿

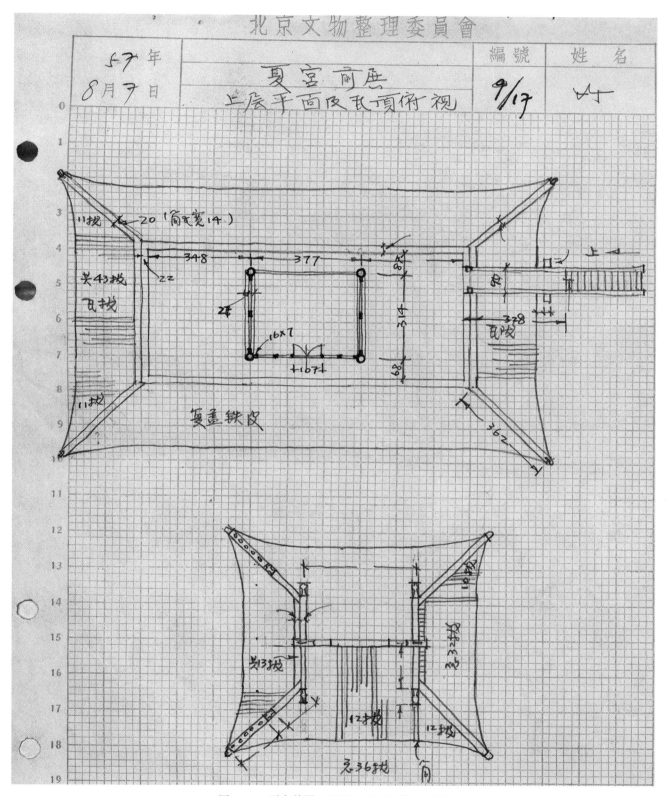

图 5-44 夏宫前殿上层平面及瓦顶俯视测稿

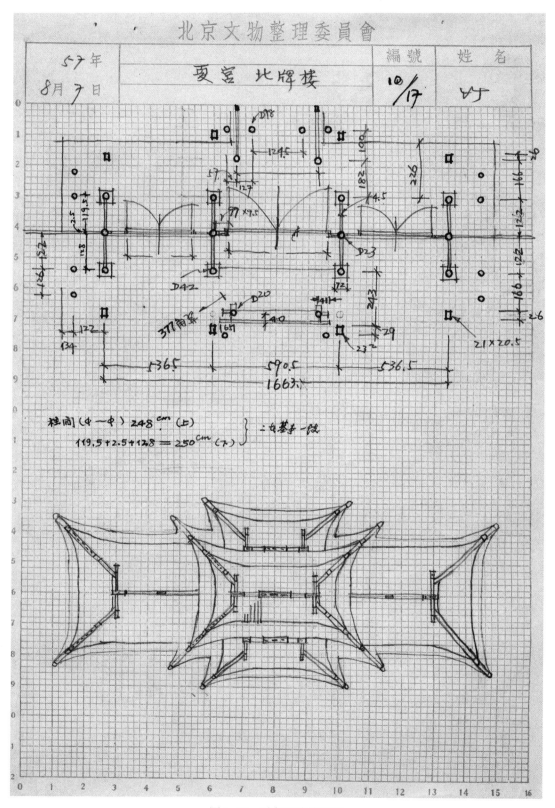

图5-45   夏宫北牌楼测稿

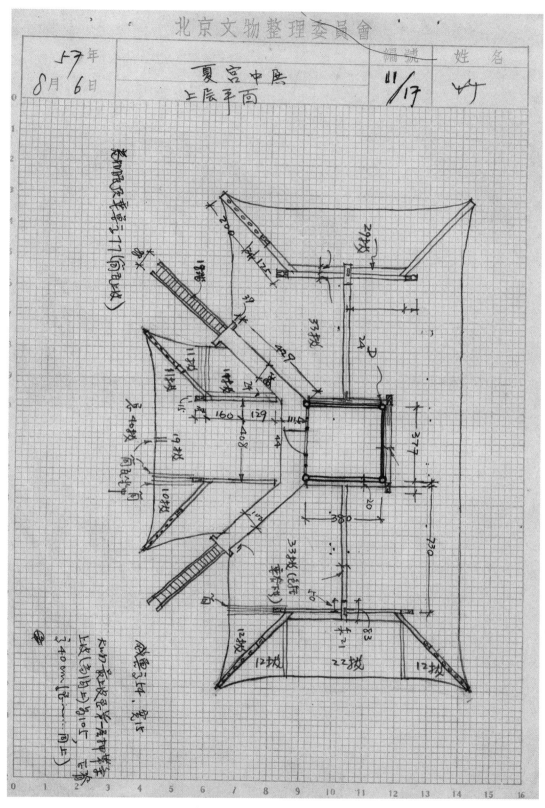

图 5-46 夏宫中殿上层平面测稿

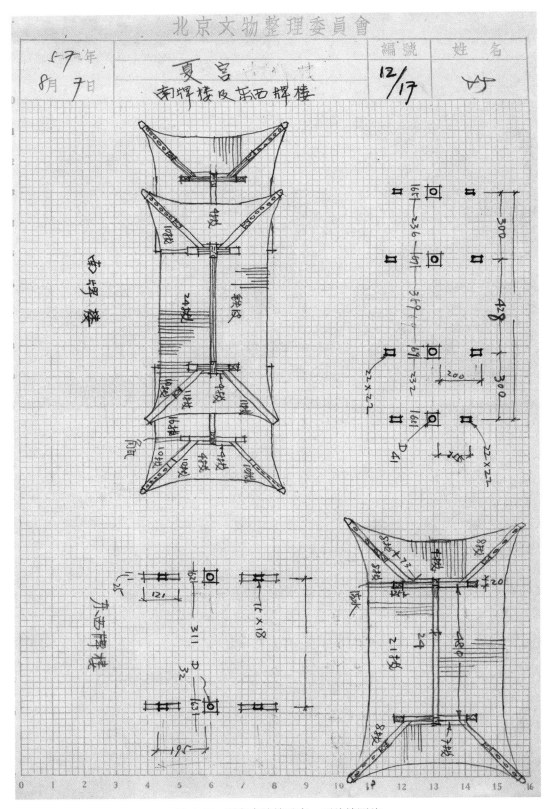

图 5-47   夏宫南牌楼及东、西牌楼测稿

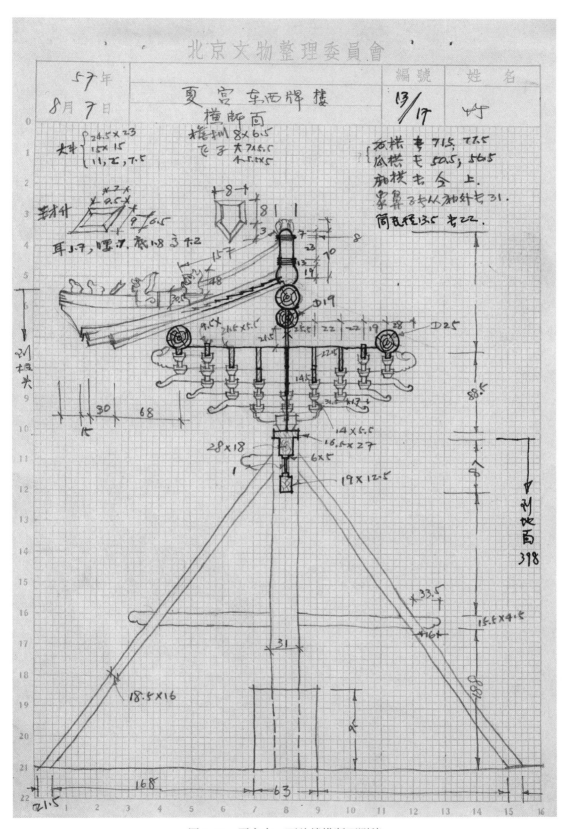

图 5-48　夏宫东、西牌楼横断面测稿

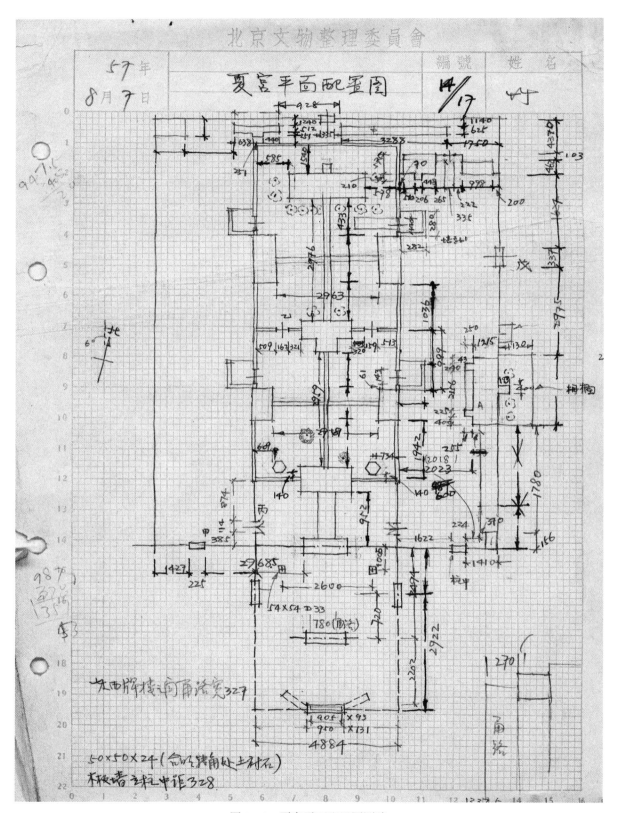

图5-49　夏宫平面配置图测稿

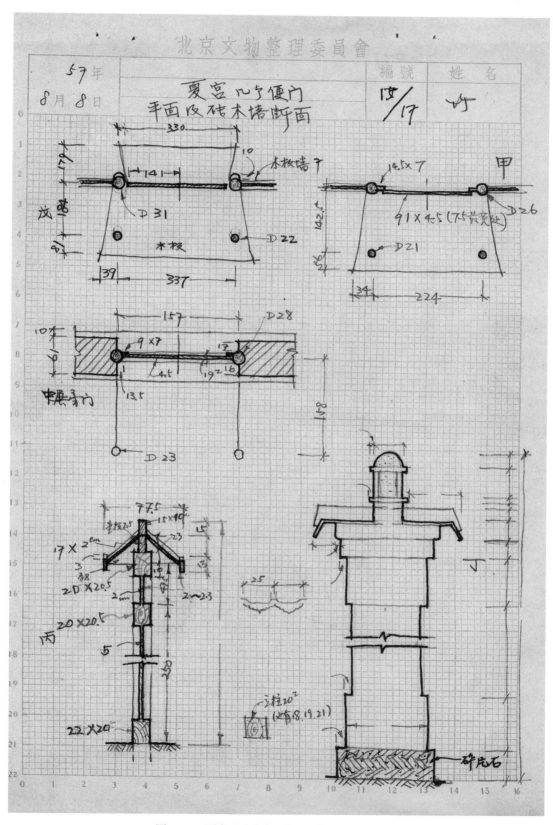

图5-50　夏宫几个便门平面及砖木墙断面测稿

北京文物整理委員會

1957年 8月7日	蒙古乌兰巴托市 夏宫各类建筑主要尺寸 记录表	編號 16/17	姓名

名称	檐柱径	檐柱高	金柱径	金柱高	檐科出	飞科出	檐角出	面进
后展	下 21	231	24	328/262	63	29	215(斜)	112
	上 21	212	25	278	65	29		111(檐)
中展	下 24	264	26	323.5	66		227(斜)	107
	上 24	276			143		334斜	183
托厦	25	264.5			66			107
前展	下 24~255	263		318.5	67		224斜	109
	上 23	206(8K檐)			103		252斜	145
后东西配房	24~26	245	26	290	67			105
前朝西配房	24	239	24	285	65			100
斜後亭	22	257			63		177(斜)	104
中殿守门	23	241	28	376	106			146
南牌楼	41	676(檐)/615(次)	6		186次		400斜次	225次以同
北牌楼					188(墻柱)		?205(次斜)连科 224次檐柱	223(以变)
东西配楼	32	393(墻柱)			163		355(斜)	203
甲门	21	254	26	382				
后层小顶楼	13	145	14	193		59(檐科)	74	
戏门	22	305	31	433				

砖影壁背面雕花(残无)面积 705(宽)×360(高)

每快砖为 30×30 cm

八字影壁长度为 330 cm

北牌楼以向地皮至罩角台脊上皮 690 cm

　　〃　　　古身檐头为 610

图5-51　夏宫各类建筑主要尺寸记录表

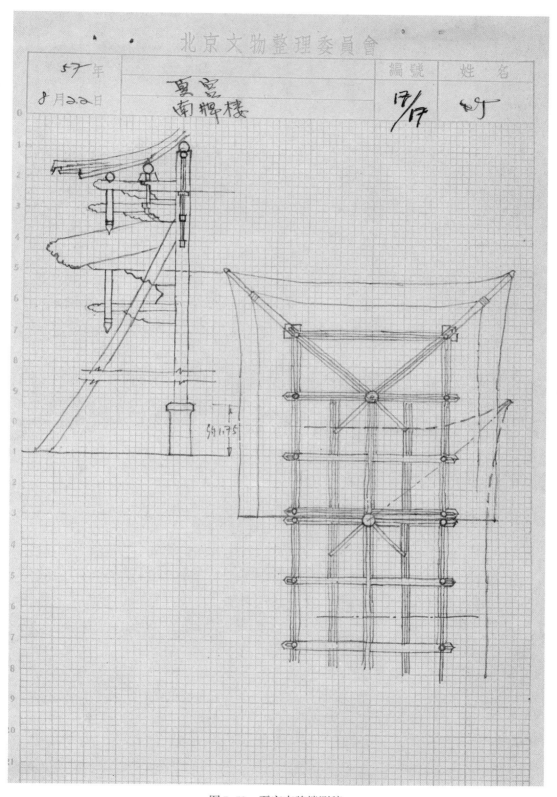

图5-52　夏宫南牌楼测稿

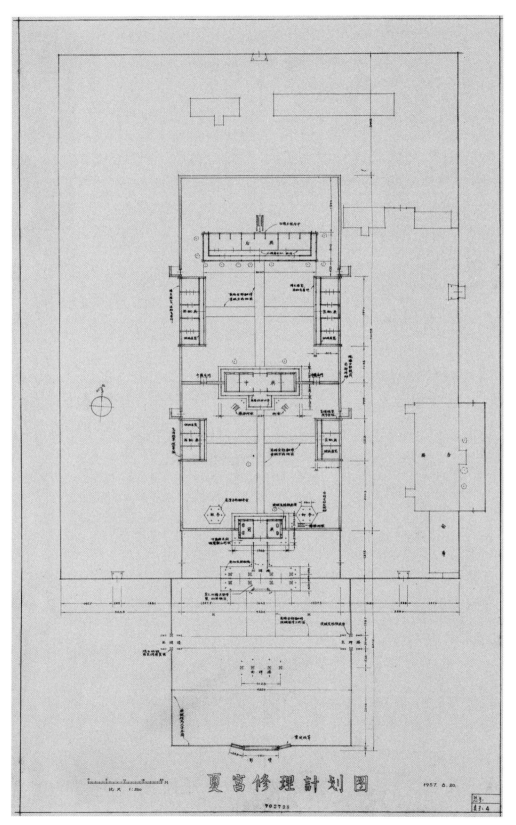

图 5-53　夏宫修理计划图

这里主要依据这些信息并对照历史照片对每一处单体建筑分别统计如下表（表5-1）。

表5-1　博格达汗宫建筑主要病害及修复措施一览表

建筑名称	主要病害	修复措施
影壁	两翼八字部分残毁，背面墙心内雕花残失，表面酥碱严重，基座破损，砖体返碱残缺，墙体局部开裂。	重建塌毁的两翼；剔除基座的残砖，补砌新砖；整体铲除背面墙心内酥碱表面；修补墙体裂缝。
南牌楼	屋面铁皮锈蚀较严重，脊兽缺失，木构件缺失。	拆除并更换锈蚀严重的铁皮，表面刷漆防锈，未拆除的部分做除锈处理后再刷漆；补配缺失的木构件，更换两侧梢间的折柱花板，同明间折柱花板形式一致。
东、西牌楼	东牌楼屋面瓦顶瓦件破损严重，戗脊残损，角梁、椽子、柱根等部位糟朽严重；西牌楼已损毁，屋面不存，整体倾斜。	东牌楼整体揭除屋面，更换修补糟朽的椽子和角梁，将原瓦顶改做瓦垄铁皮顶；补配缺失的脊兽；剔除柱根糟朽处进行墩接；根据东牌楼的样式，重新复原修建西牌楼。
北牌楼	梁架结构严重下沉变形，前檐第三、四檩木架开裂，屋顶铁皮屋面锈蚀。	墩接下沉变形的柱子，抬升屋面，拆除后期用以支护的柱子；开裂的木架加用铁活加固；屋顶除锈重新油漆。
门前广场区	门前广场区长满杂草，地面坑洼，排水不畅，甬路因草式生长被破坏。	清理杂草，垫平坑洼地面；沿影壁东西两翼向两侧增做拒马乂子木阑，后向北与东、西牌楼和一重院墙相连，形成一片面积约2252平方米封闭空间西作为门前广场区；甬路全部翻修，改做混凝土地面。
前殿	下层东、西侧屋面瓦破损严重，南、北侧铁皮屋面锈蚀，屋面围廊缺失。	下层东、西侧屋面改做瓦垄铁皮顶屋面；锈蚀的屋面进行除锈并重新油漆，恢复一层屋顶缺失的围廊，下层两次间恢复歇山形状；拆除东侧的楼梯。
钟、鼓亭	鼓楼花牙子残破缺失，钟楼的台明有松动。	补配鼓楼缺失的花牙子；拆砌钟亭走动处松动的台明。
东、西配殿（一进院）	山墙墙皮脱落，棂窗缺失，屋面杂草丛生，梁架开裂。	重抹两殿山墙墙面；西配殿北梢间和东配殿南梢间缺失的棂窗重做两层窗；屋顶除草；瓦面捉节夹垄。
中殿	卷棚抱厦的排山破损，木栏杆歪闪，一层瓦面破损；台明松动。	修复破损的排山；扶正歪闪和重修损坏的木栏杆；更换破损的瓦面；重新拆砌松倒的台明；雨搭柱枋归安；拆除两侧楼梯。
东、西配殿（二进院）	山墙墙面脱落，栏杆缺失，西配殿南侧台明糟朽严重，屋面杂草丛生，檐头处漏雨，瓦件缺失，两侧南梢间棂窗损坏。	重抹两殿山墙墙面；修补缺失的栏杆；屋面杂草清除后，檐头揭瓦重做苫背、添配瓦兽件；两殿南梢间损害的棂窗重做两层窗。
后殿	后檐木架下沉向后倾内严重，屋面瓦件破损。	采用"打牮拨正"的方法将后檐木架抬平；替换损坏的瓦件，修补屋面；取消后加的小格扇。
院墙	二重院中殿左门东侧南北向院墙的中部鼓闪。	局部拆砌。
院落及甬路	因长期缺少维护，院落内草木旺盛，甬路被植物根系破坏。	拔除院内杂乱生长的草木，对院落进行整体环境整治；甬路全部翻修，重做方砖地面。
其他	所有建筑的油饰彩绘均脱落褪色严重。	重新制油饰及彩绘，彩画形式包括和玺彩画、苏式彩画。

二、工程实施

根据蒙古国方面的意愿，博格达汗宫修缮工程原本与兴仁寺修缮工程同期开展，并于1961年6月底蒙古国建国40周年庆典前完成。但是，考虑到蒙方在人员、材料等条件上不具备同时开展两处修缮工作的客观现实，由此制定了"集中主要力量，首先完成兴仁寺，适当兼顾夏宫"的总体修缮计划，于1960年4月正式展开汗宫的修缮工作，并于1961年10月完成修缮。通过对影壁、四座牌楼、后殿等多座单体建筑的集中修缮和油饰彩画，均取得了较好的保护效果（图5-54～57）。1961年11月下旬，余鸣谦、李竹君二人及25名参与维修工程的中国工人顺利返抵北京，中华人民共和国首次援助蒙古人民共和国古建维修工作圆满完成。

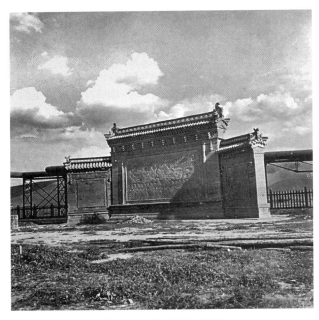

图5-54　修建后的影壁

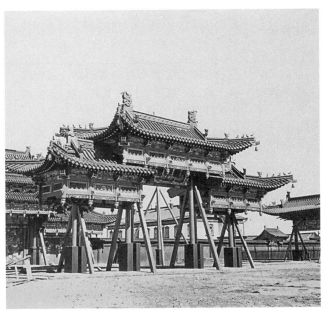

图5-55　南牌楼修复后

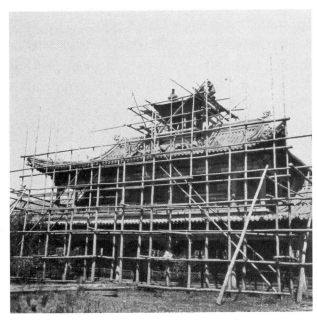

图5-56　后殿修复中

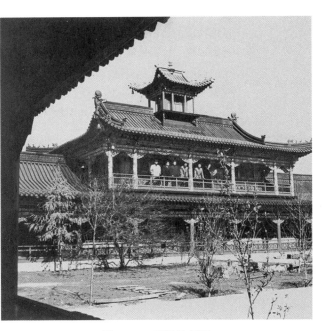

图5-57　后殿修复后

第三节 21世纪初叶的保护修复

在中华人民共和国文化部和蒙古国教育科技文化部的协商下，根据中国国家文物局与蒙古国教育文化科学部签署协议，中国政府无偿援助蒙古国文化遗产保护项目——博格达汗宫博物馆门前区古建筑维修工程，由中国国家文物局委托西安文物保护修复中心（今陕西省文物保护研究院）承担该工程的勘察设计和组织施工以及蒙方文物保护技术人员的专业培训等全部任务，于2006年5月开工，2007年10月竣工[1]。该工程是中国文物保护重点对外援助项目之一，是陕西省首次承担的文化遗产保护修复援外项目，也是继20世纪50年代古代建筑修整所（中国文化遗产研究院前身）承担实施兴仁寺和夏宫保护修缮工程以来相隔近60年之后中国队又一次开展的友好援助蒙古国文物建筑修缮工程，是中蒙两国在文化遗产保护修复领域进行的再一次合作，也是40年来博格达汗宫博物馆实施规模最大的一次保护工程。

博格达汗宫博物馆以大门及南宫墙为界，北为宫殿区，南为门前广场区（图5-58）。门前区占地面积8600平方米，广场中心有照壁、牌楼、大门各1座，大门和牌楼之间东西各置小牌楼1座，大门由108种不同规格的木构件连接而成（图5-59）。博格达汗宫博物馆的建筑遗产是蒙古国最重要的历史古迹和最具代表性的重要文物建筑之一，自建成以来除了20世纪50至60年代中国援助修缮之外，再一直没有进行过大的维修。本次保护维修前，各单体建筑出现了不同程度的变形、残损和倾斜，建筑彩画存在褪色、起甲、皲裂、剥落等病害。

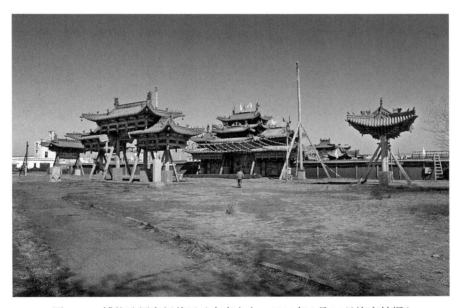

图5-58 博格达汗宫门前区（东南方向，2006年5月26日许言拍摄）

---

1 本次工程项目已出版专门的维修工程报告，参见陕西省文物保护研究院：《博格达汗宫博物馆维修工程》（文物出版社，2014年），这里不再详细描述工程修缮的具体情况，仅作为完整体现中国政府历次援助蒙古国历史文化遗产保护工程历程中一次非常重要的文物援外项目而收录编辑于此，不可或缺，必须力求做到敬畏历史，尊重文物保护工作的历史成就。

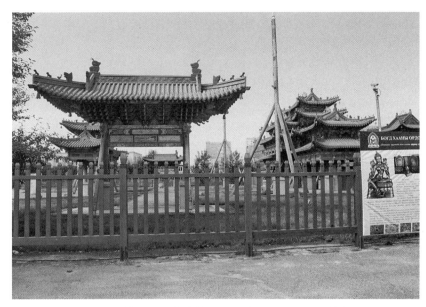

图5-59　博格达汗宫牌楼（2014年8月23日刘江拍摄）

　　自2004年以来，西安文物保护修复中心精心组织实施这项境外文物保护工程，对蒙古国博格达汗宫博物馆门前区的古建筑进行保护维修，同时帮助蒙古国培养古建维修和文物保护方面的专业人员。2005年3月，国家文物局和西安文物保护修复中心选派文物保护专家赴蒙古国乌兰巴托市，对博格达汗宫博物馆门前区古建筑进行实地详细勘察测绘，并完成了保护维修施工图的设计，整个工程按计划在两年内完成。2006年4月，文物保护专家及施工队伍赴蒙古国施工现场开始保护维修工作，根据蒙古国的气候条件，每年的5～9月间进行施工。其中2006年主要维修了大门、东西便门、木板墙和3个牌楼的彩绘，2007年主要维修了照壁、3个牌楼、庭院、木板墙和2个旗杆等。

　　2006年5月27日，中蒙两国合作保护蒙古国博格达汗宫博物馆门前区古建筑维修工程开工仪式在乌兰巴托市举行，中国国家文物局代表团团长、国家文物局副局长董保华，蒙古国政府总理米耶贡布·恩赫包勒德（Miyeegombyn Enkhbold），中国驻蒙古国大使高树茂、蒙古国教育文化科学部部长恩和图布欣等参加仪式并共同为工程开工剪彩。董保华在致辞中说，中蒙合作保护博格达汗宫博物馆是中蒙两国文化交流与合作的重要组成部分，该维修工程项目经费由中国政府提供600万元人民币无偿援助，并派出技术精湛的古建修缮队伍对博物馆门前区的文物建筑及院落实施维修，使这座珍贵的宫殿能够得到妥善保护。董保华强调，文化遗产是全人类的共同财富，文化遗产的保护是全人类的共同事业，保存文化遗产的真实性和完整性是世界范围内共同倡导的遗产保护工作原则，中方力求使这一原则在博格达汗宫博物馆维修保护工作中得以体现，实现最佳的修缮效果，彰显出蕴含其中的全部历史、科学、艺术价值，博格达汗宫博物馆保护维修工程是中蒙两国间一项非常重要的文物保护合作项目，衷心希望这项工程能够成为中蒙两国人民友谊的有力见证[1]。在随后的工程实施过程中，中国驻蒙大使高树茂、余洪耀及文化参

1　庞博、王勇：《中蒙两国首个文物保护合作项目启动》，《中国文物报》2006年5月31日第001版。

赞王大奇，中国国家文物局、陕西省文物局领导和专家组多次赴工地现场指导，为维修工程顺利进展提供了各方面的支持和帮助（图5-60）。

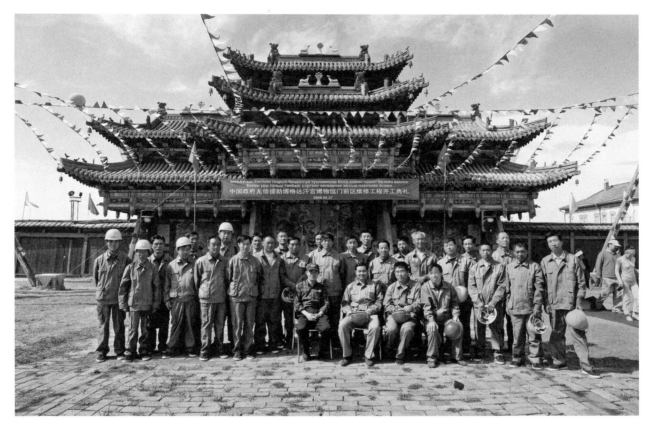

图5-60　博格达汗宫门前区修复工程开工（2006年5月27日拍摄，许言提供）

此次汗宫门前区维修工程包括大门、东西便门的整体维修和彩画、砖照壁维修加固等10个单体工程（图5-61）。西安文物保护修复中心选派技术精湛的古建筑维修队伍，以文物保护科技示范工程为目标，注重维修工程的科技含量，从病害调查、分析检测、修复实施等各方面各环节都高起点严格要求，在维修工程施工过程中始终坚持文化遗产完整性和真实性的保护理念，严格按照文物建筑保护技术操作规范加强工程管理，全部工程技术人员从陕西选派，建筑材料统一从中国国内采购，确保了整个工程的质量和信誉。经过近两年的维护修缮，高质量、高标准地完成了对汗宫大门、东西便门、南宫墙等处的全面维修，完成了对大门、东西便门彩画保护及宫墙油漆彩绘等任务。

值得一提的是，除了中国传统木构建筑修复技术的运用外，古建筑保存环境和彩画科技检测分析等技术手段的应用也是本项维修工程的重要亮点。建筑彩绘的制作材料和工艺特征研究是本项目前期研究的重要内容，2006～2007年西安文物保护修复中心多次派出技术人员对彩绘保护修复开展前期研究。对博格达汗宫博物馆门前区彩绘前期研究工作，首先对博格达汗宫周边的环境、气象、地质等相关资料进行了走访调研，在完成现场背景资料全面详细调研搜集的基础上，对不同层次位置、不同时期彩绘的制

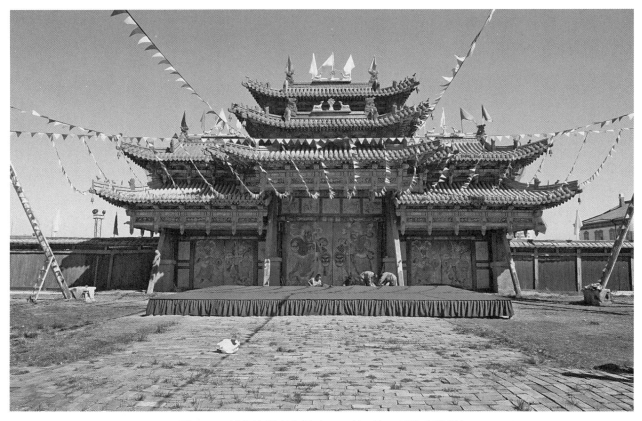

图5-61　博格达汗宫南门（2006年5月26日许言拍摄）

作材料采集各类颜料、剖面、地仗层配比、土成分样品，分别用显微剖面分析、FTIR、XRD、激光拉曼、能谱等手段对彩绘制作工艺及本身材质的分析检测，揭示两者相互作用而产生病变的因果关系和相互印证分析，形成了博格达汗宫建筑彩绘保存环境、制作工艺、病害因素及成因等现场勘察与实验室研究分析报告，从而为保护修复实施提供了可靠的依据[1]。

　　2007年10月8日，中国政府无偿援助蒙古国的这项文化遗产保护维修工程项目竣工，中国国家文物局副局长张柏和蒙古国教育文化科技部部长恩和图布欣共同出席竣工典礼，中国驻蒙古国大使余洪耀代表中国政府参加了竣工典礼。张柏在致辞中指出，博格达汗宫博物馆门前区古建筑经过中国文物技术人员修缮后消除了隐患，使古建筑恢复了原貌，周边环境也得到了改观，受到了蒙古国政府、文化遗产管理部门和当地民众的赞扬，这项工程圆满竣工是中蒙两国文物技术人员共同合作的结果，为两国人民的传统友谊谱写了新的篇章。恩和图布欣高度评价了中国文物保护技术人员高超的专业水平和高质量的维修成效，认为这项工程为两国文化关系增添了新的一页，为今后文物保护修复领域的进一步合作和经验

1　周文晖：《古建油饰彩画制作技术及地仗材料材质分析研究》，西北大学硕士论文，2009年；周文晖等：《博格达汗宫古建柱子油饰制作工艺及材料研究》，《内蒙古大学学报》（自然科学版）2010年第9期；严静：《中国古建油饰彩画颜料成分分析及制作工艺研究》，西北大学硕士论文，2010年；杨璐等：《氨基酸分析法研究蒙古国博格达汗宫建筑彩画的胶料种类》，《分析化学》2010年第7期。

交流奠定了基础[1]。

　　通过两年多来对博格达汗宫博物馆门前区历史建筑修缮工程的顺利实施，不仅使中蒙两国文物保护修复技术人员加深了彼此的专业技术交流，也增添了两国人民的传统友谊。维修工程充分体现了中国文化遗产保护理念和技术的运用，得到了中国国家文物局及专家的充分肯定，获得了中国驻蒙古国大使馆、蒙古国专家和博物馆方面的一致好评。作为蒙方对中国文物保护工作的认可和肯定，也为感谢陕西文物工作者为蒙古国文物保护做出的重要贡献，蒙古国政府向项目负责人侯卫东颁发了国家级奖章，蒙古国科技教育文化部向西安文物保护修复中心以及项目部的负责人杨博、马途分别颁发了部级奖章。同时，为了学习中国的文物维修理念和技术，蒙古国文物保护中心不仅安排技术人员到维修现场学习，中方在项目现场培训近10位蒙古国文物保护技术人员，而且经过双方多次协商，蒙方派出了4名技术人员，于2007年11月到达陕西，至2008年1月，在西安文物保护修复中心系统学习中国文物保护工程的理念、科学检测分析办法、修复技术及管理能力，进行为期3个月的文物保护培训，学习陕西文物保护技术尤其是古建筑保护维修[2]。2010年和2011年中蒙双方人员分别回访与来访，这些友好往来更好的彰显了文物保护方面的国际合作交流作用及其重要意义[3]。

1　庞博：《西安文物保护修复中心圆满完成援蒙古建维修任务》,《中国文物报》2007年11月23日第003版。

2　郭青：《蒙古国首次派人赴陕西参加文物专业培训》,《陕西日报》2007年。

3　张颖岚等：《中国政府无偿援助蒙古国文化遗产项目——蒙古国博格达汗宫博物馆门前区保护维修工程》,《中国文物报》2011年5月18日第004版。

第六章 科伦巴尔古塔的抢救保护

第一节 项目背景

一、科伦巴尔古塔基本情况简介

科伦巴尔古塔（Kherlenbars Tower）位于蒙古国东方省查干敖包县，地处乔巴山和成吉思市之间的主路边，东距省会乔巴山市（Choibalsan，又译作乔巴斯）约100千米（图6-1）。1955年蒙古国对科伦巴尔古塔进行集中考古发掘[1]。古塔原址为10至11世纪契丹时期的大型佛教建筑群，考古学家在现场发现了4座寺庙遗址、10座古塔遗迹等，并在四周发现了围墙遗迹，西、南、东北侧围墙的长度均超过千米，宽约3.5米。经千余年风雨，目前现场仅存一座古代砖塔，高度约22米，另有4座寺庙遗址和侵蚀严重的雕像底座。推测古塔所在地为科伦巴尔古城遗址。

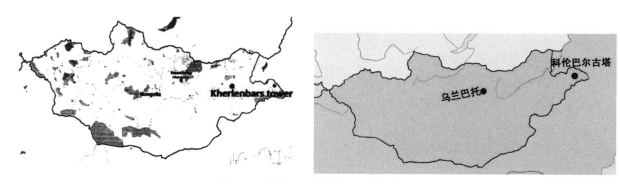

图6-1 科伦巴尔古塔位置示意图

［底图来源：自然资源部网站标准地图服务系统亚洲地图1∶3530万，审图号：GS（2016）2938号］

---

1 推测这里的科伦巴尔古城和古塔应属巴尔斯浩特古城（Kherlen Bar Khot）及其七层宝塔，属于编号为1号的城址。参考（蒙）呼·佩尔列：《巴尔斯浩特Ⅰ发掘记》，1957年；（蒙）呼·佩尔列：《蒙古境内的契丹古城古村遗址》，载《蒙古考古论文集》，莫斯科，1962年。

　　科伦巴尔古城（Kherlen Bar Khot），又译作克鲁伦巴尔城，位于乔巴山市查干敖包县以西12千米处，地处查干敖包县境内，坐落于科伦河（又译作克鲁伦河）畔，由契丹人始建于10世纪，直至12世纪早期这一地区被女真族建立的金政权占领，直至1206年成吉思汗统一蒙古东部分裂部落而归属蒙古帝国。科伦巴尔古城是蒙古国现存的辽代时期隶属于契丹国的要塞城镇遗迹，也是这一地区仅存的唯一的辽代时期的建筑群。

　　据本修缮项目实地勘察，古城内外原有2座砖塔，其中城内1座五层塔毁于20世纪40年代；现存七层八边形砖木结构空心古塔位于城东，残高约16.4米，为辽代砖塔，被视为科伦巴尔古塔（图6-2）。

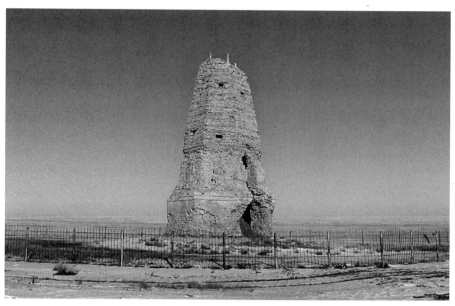

图6-2　科伦巴尔古塔维修前

　　蒙古国境内发现多处契丹时期古城遗址，这些城堡遗址在917～1120年被契丹人占据，被称为契丹古城（Kitan Balgas），如位于布尔干省达欣其楞地区以西的哈尔布克古城遗址等，保存较为完好，而且往往在城址内外遗存有寺院和佛塔建筑遗迹，与中国境内同时期遗存布局特征类似。契丹时期的巴尔斯浩特城等古城遗址内的庙宇遗迹中，考古发现的科伦巴尔古塔构筑特点与中国现存的一些古代塔体建筑结构和造型接近，尤其与内蒙古赤峰地区辽金时期的辽中京"三座塔"中的大明塔（又称大塔、感圣寺佛舍利塔）、小塔、半截塔（又称残塔或三塔）、武安州白塔（又称敖汉南塔）、五十家子塔等八角实心或空心密檐式砖塔遗存较为类似[1]。从外部结构形制来看，科伦巴尔古塔更接近于位于赤峰市宁城县大明镇辽

1　巴尔斯浩特城位于东方省乔巴山市以西，共有三座古城，分别为1、2、3号城，其中1号城内有4座大型庙宇，庙宇附近有若干"苏波尔盖"，即佛塔，1731年游历过蒙古的中国旅行家龚之钥在其游记《后出塞录》中有记述，该城庙宇后殿有七层和五层宝塔各1座。古城建于契丹时代，沿用直至蒙古帝国时代。参考：（清）张穆：《蒙古游牧记》，商务印书馆，1971年。帕·斯·波波夫俄译：《蒙古游牧记》，圣彼得堡，1895年，第392-393页；（苏联）普·巴·科诺瓦洛夫等著、陈弘法译：《蒙古高原考古研究》，内蒙古出版集团、内蒙古人民出版社，2016年。

中京城遗址的三座八角密檐式实心砖塔，如与武安州白塔相比较，均属辽代八边形密檐式空心砖塔（图6-3）。武安州白塔位于内蒙古赤峰市敖汉旗丰收乡白塔子村饮马河北岸的小岗上，建于辽代早期，为八角形密檐空心式砖塔，佛塔密檐外观残存十一级，残高约30米，塔座每边长6.2米，塔身南、北、东、西面为佛龛，其余四面为砖雕棂窗。正南面佛龛已残破无存，露出圆形空腹，塔自下而上第一、第二层檐为砖砌仿木结构的斗栱。每砖角斗栱间各有二朵斗栱、均单抄四铺作。塔檐向上斜收较大。腹壁抹白灰。第一层檐和第二层檐均为仿木结构的斗栱承檐，第三层以上各檐为叠涩式承檐。该八角形密檐式空心砖塔，是现存辽塔中始建年代最早、最具辽早中期佛塔形制和建塔特色的砖塔[1]。2020年5月至2021年10月对武安州辽塔进行了保护修缮（图6-4）。武安州白塔地处辽、金、元时期的武安州古城遗址相邻的寺院遗址之上，科伦巴尔古塔同样地处科伦巴尔古城之上，既反映了辽代信奉佛教、兴建众塔的时代盛行状况，也体现了此类古城在历史上的防御守护属性，该古塔历史遗存对研究契丹时期的历史和宗教具有重要意义。

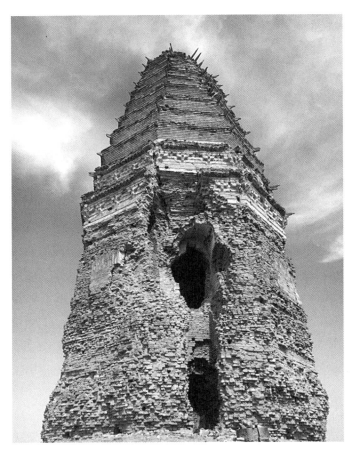

图6-3　修缮之前的武安州辽塔

1　那木斯来、何天明编著：《内蒙古古塔》，内蒙古人民出版社，2003年。宋沁：《赤峰市敖汉武安州塔原貌的数字化复原研究》，内蒙古工业大学硕士学位论文，2019年。

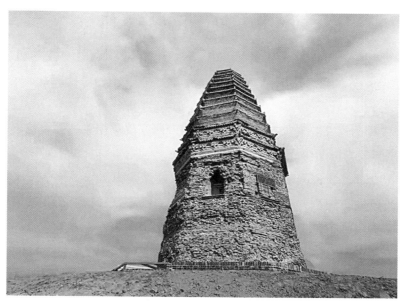

图6-4 修缮之后的武安州辽塔

二、工程承接情况

21世纪初叶的第二个10年内，中蒙两国合作修复了契丹时期的科伦巴尔古塔。中国国家文物局援助蒙古国抢救科伦巴尔古塔保护工程，是根据国家文物局关于对外进行文物保护合作交流的总体精神而组织实施的一项重大援外文物保护工程项目。

2013年11月和2014年12月，中国文化遗产研究院（以下简称"文研院"）参加中国国家文物局援助蒙古国抢救科伦巴尔古塔保护工程一期、二期单一来源谈判并中标，分别中标金额为95万元、71.9万元，合计工程总经费为人民币166.9万元。文研院承担开展国家文物局援助蒙古国科伦巴尔古塔抢险维修工程，项目内容包括科伦巴尔古塔数据采集、设计方案编制、塔体整体加固、周边环境清理整治等施工任务。

根据2010年至2013年中华人民共和国政府和蒙古国政府之间的文化交流计划第六条，2014年初，中国国家文物局草拟了《中华人民共和国国家文物局与蒙古国教育文化科技部关于合作保护科伦巴尔古塔的协议（草案）》，由当时来华的蒙方代表团带回进行协商。2014年6月10日，中国国家文物局与蒙古国文化体育旅游部签署《中华人民共和国国家文物局与蒙古国文化体育旅游部关于合作保护科伦巴尔古塔的备忘录》，由中国驻蒙古国大使馆杨庆东参赞与蒙古国文化体育旅游部国务秘书阿拉坦格日勒在乌兰巴托签署。在合作备忘录签署之前，中蒙有关方面已就科伦巴尔古塔的维修保护进行了充分的接触与协商。2014年是中蒙建交65周年，该项目被纳入了《中蒙友好交流年活动方案》。根据两国合作备忘录内容，中国政府为科伦巴尔古塔保护修复项目提供费用，协助蒙古国修复辽代古塔历史文化遗迹。中国国家文物局委托中国文化遗产研究院，蒙古国文化体育旅游部委托蒙古国文化遗产中心，中国文化遗产研究院及蒙古国文化遗产中心遴选专家负责该项目的执行，修复工程预计在两年内完成。

第二节　前期准备工作

一、中蒙合作协议的落实情况

2013年11月，受中国国家文物局委托，中国文化遗产研究院承担蒙古国科伦巴尔古塔抢险维修工程的设计和施工，并开展与蒙方沟通协商。

2014年1月6日至12日，蒙古国文化和体育部组成4人代表团访华，就中国文化遗产研究院与蒙古国文物保护中心合作进行蒙古国东方省科伦巴尔古塔抢救加固事宜进行协商。双方就确定本次科伦巴尔古塔抢救加固的项目性质、目标、期限进行了较为深入的磋商，并就双方承担的工作和责任进行了界定，初步拟定了《中国文化遗产研究院与蒙古国文物保护中心关于合作抢救加固科伦巴尔古塔的协议（草稿）》，为该项目的顺利进行奠定了基础（图6-5）。

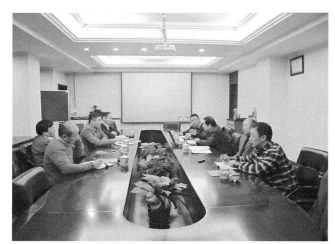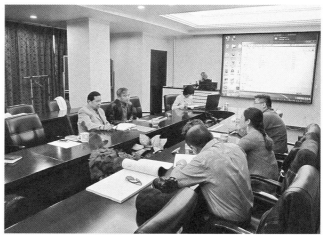

图6-5　文研院领导与蒙方代表团会谈（左：2014年；右：2015年）

2014年2月，中国文化遗产研究院与蒙古国文物保护中心签署了《中国文化遗产研究院与蒙古国文物保护中心关于合作抢救科伦巴尔古塔的协议》，合作双方约定于2014~2016年共同开展实施古塔保护修复项目。

2014年7月至2016年7月，项目组完成工程总体勘察和结构勘察，并进行砖塔现状勘察、记录，三维激光扫描以及建筑砌筑用砖的烧制可行性调查，塔体结构损坏调查等现场勘察工作为结构加固方案提供依据。通过三维激光扫描，采集辽代砖塔的点云数据，获取塔的三维结构、病害信息、梁柱结构等后期维修所需信息，完成青砖烧制土取样、确定窑址工作，并对蒙方人员进行技术培训，共同完成本体维修工程。

2016年8月科伦巴尔古塔保护工程通过竣工验收，11月移交蒙方并举行了竣工典礼[1]。

1　援助蒙古国科伦巴尔古塔保护修复项目概况在中国文化遗产研究院2014、2015、2016年的年报中有所介绍，2020年发表了1篇纪事性简报，参考刘江《援助蒙古国科伦巴尔古塔保护工程纪实》（《中国文化遗产》2021年第5期），并收录于中国文化遗产研究院编的《中国国际合作援外文物保护研究文集（工程卷）》（文物出版社，2021年）。

二、现场勘察工作

2014年7月～8月，中国文化遗产研究院组织技术人员赴蒙古国科伦巴尔古塔现场进行勘察，工作的主要内容包括三维激光扫描测绘外业数据采集及成图、局部手工测绘、古塔残损调查记录、建筑材料取样及施工条件调查等（图6-6～8）。

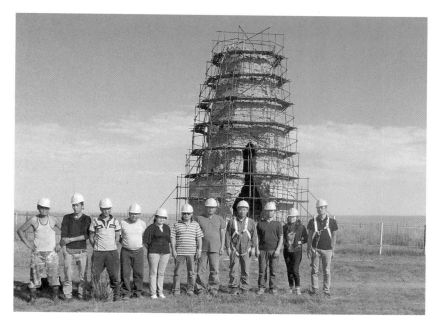

图6-6　中蒙两国项目组人员现场合影

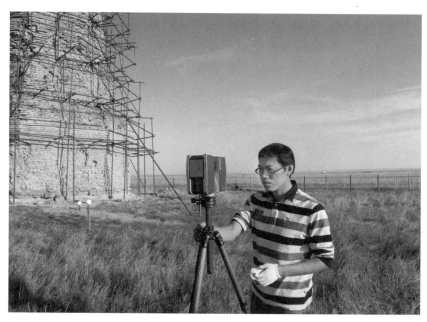

图6-7　现场扫描工作

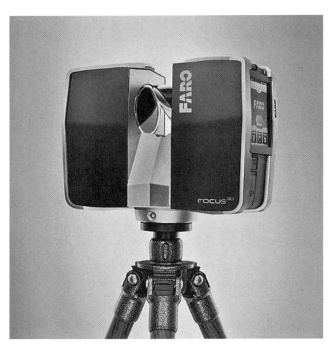

图6-8　Faro Focus3D扫描仪

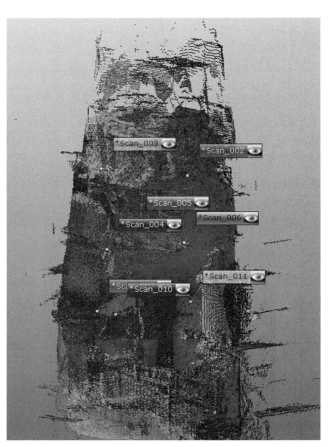

图6-9-1　塔内部扫描拼站点云集

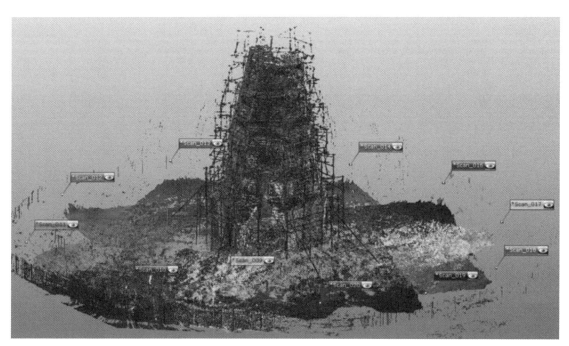

图6-9-2　塔外部扫描拼站点云集

（一）三维扫描测绘外业数据采集及成图工作情况

1. 外业数据采集

蒙古国科伦巴尔古塔（Kherlendbars）采用Faro Focus 3D三维激光扫描仪（详细参数见下表6-1）进行塔体扫描。塔内部采用点云密度1/4、点云质量3X进行扫描，在脚手架上分层单独扫描；塔外采用点云密度1/2、点云质量3X进行整体扫描，塔顶部三维信息再进行分站扫描（图6-9-1、2）。

表6-1　Faro Focus3D扫描仪技术参数表

参数项目	技术参数
扫描距离	0.6~120m 低环境中，对于高反射表面，扫描范围可以大于120m~153.49m
扫描速度	122000 / 244000 / 488000 / 976000 点/秒
扫描时间	黑白3min，彩色5min
系统距离误差	25m时，为 ±2mm
垂直视野范围	305°
垂直分辨率	0.009°
水平视野范围	360°
水平分辨率	0.009°
尺寸	主机240 × 200 × 100 mm³，屏幕54 × 72 mm²
重量	4.9kg（含相机、电池）
倾角传感器	精确度0.015°，补偿范围 ±5°
工作温度	5℃ ~ 40℃
湿度环境	无凝露
集成色彩摄像机	7000万像素自动无视差

采集点云数据如下表6-2所示。

表6-2　科伦巴尔塔点云数据量统计表

扫描位置		扫描站数（站）	扫描文件	扫描分辨率	数据量（MB）	备注
塔内部	内部一层	2	tower_in_scan_012—013	1/4分辨率	300	
	内部二层	2	tower_in_scan_010—011	1/4分辨率	294	
	内部三层	3	tower_in_scan_007—009	1/4分辨率	437	
	内部四层	3	tower_in_scan_004—006	1/4分辨率	433	
	内部五层	2	tower_in_scan_002—003	1/4分辨率	278	
	内部六层	2	tower_in_scan_000—001	1/4分辨率	282	

续表

	扫描位置	扫描站数（站）	扫描文件	扫描分辨率	数据量（MB）	备注
塔外部	塔门口	2	tower_in_scan_014—015	1/4分辨率	343	
	塔顶	2	tower_in_scan_016—017	1/4分辨率	332	
	塔外三层架子扫描	9	ta_in_scan_000—008	1/4分辨率	886	自塔门面逆时针扫描
	塔外部地面扫描	12	ta_in_scan_009—014，016—021	1/2分辨率	4526	自塔门面逆时针扫描
	全景扫描	5	ta_in_scan_022—026	1/8分辨率	452	
总计		44			8563	

2. 内业数据处理

数据模型是制作科伦巴尔古塔剖面图、平面图及断面图的基础，内业数据处理就是将三维扫描仪的点云数据，通过粗差剔除删除与塔无关数据，球标靶或特征点把多站独立坐标系归并到统一的坐标体系中。之后点云经过确定边界、点云数据分割、点云去噪、统一采样、三角网模型建立、补洞和模型的模型后处理工作，便得到整个塔的三角网模型（表6-3）。

表6-3　点云建模流程

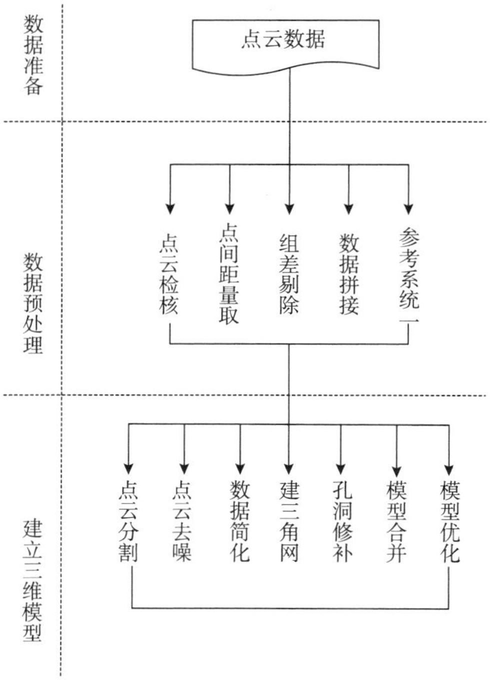

3. 平、立、剖面图制作

基于科伦巴尔古塔模型制作出塔体的各个立面图，可清晰查看、量算尺寸（图6-10）；并快速截取各层平面、断面，利用AutoCAD软件绘制各种图件，主要包括各层平面图、剖面图、梁柱结构平面图等（图6-11～13）。

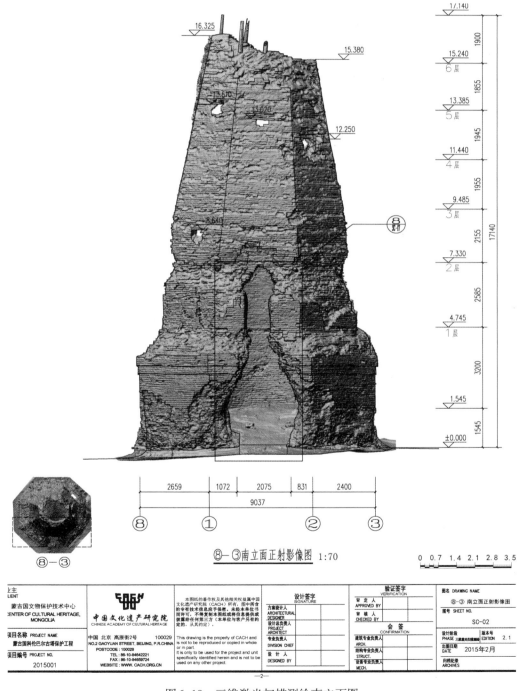

图6-10　三维激光扫描测绘南立面图

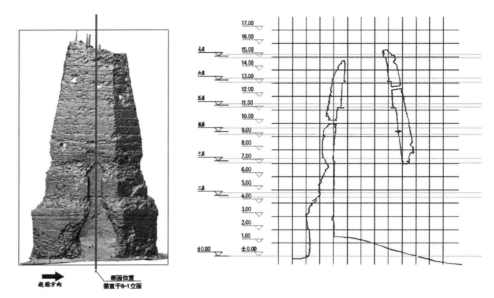

图6-11　基于模型制作的剖面图

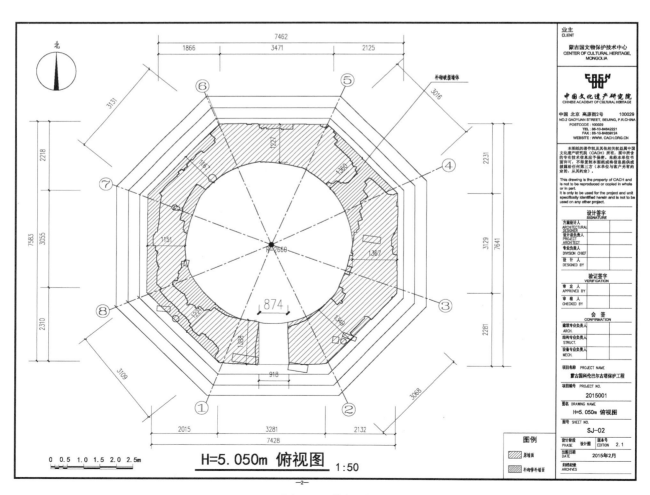

图6-12　俯视图

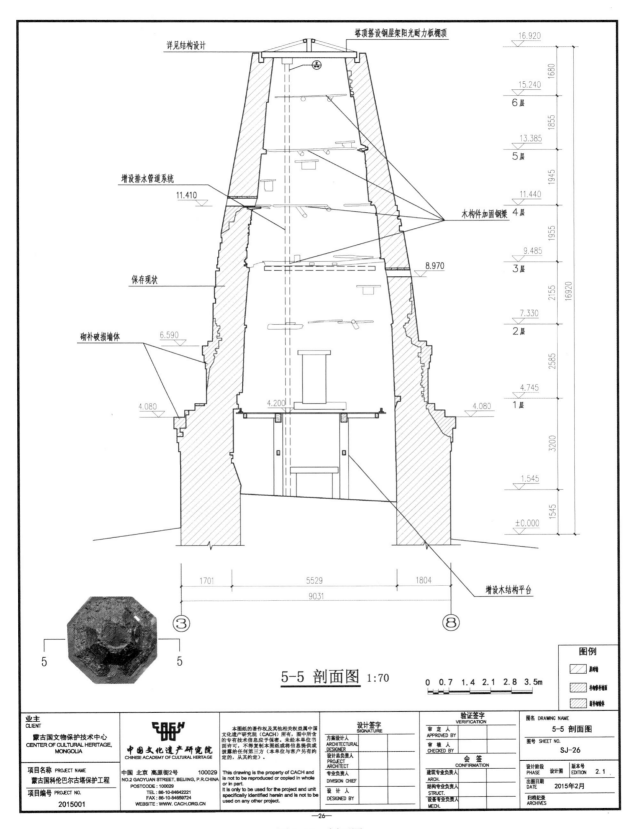

图6-13　剖面图

（二）局部手工测绘

维修对象的现状测绘是勘察工作的重要内容。三维激光扫描对于塔体现状提供了准确的数据。由于塔体残损严重，塔体的一些局部形制特征需要辨别对比后确定。另一方面，手工测绘还要对扫描仪器的局部遮挡死角进行补充测量。

（三）古塔残损调查记录

残损调查的主要内容是记录对古塔塔身残损部位保存情况、主要裂缝走向和开裂宽度、木构件糟朽和墙内隐蔽部位情况等。

（四）建筑材料取样

现场对古塔青砖、砌筑灰浆、木材进行取样带回中国国内进行分析检测。

（五）施工条件调查

施工条件调查包括施工现场场地条件、施工人员生活条件、当地气候条件、建筑材料供应情况和道路运输情况的调查，为保障工程实施和合理制定工程进度计划做准备。

三、青砖现场烧制可行性考察工作

科伦巴尔古塔维修需要大量青砖，蒙古国已无传统青砖烧制厂，从中国国内购买青砖运至现场不仅费用高，而且从乌兰巴托至现场路况差，个别地段大车无法通行，材料运输极为困难。经初步勘察，当地的土质基本可以满足青砖烧制要求，在古塔周围就有当年的砖窑烧制遗址。蒙方第一次访华交流情况时，也有意愿请中方进行青砖烧制技艺培训，以重拾这一传统工艺。考察过程中根据经验从湖边、土丘等处取土样制作砖坯，对土质进行初步筛选，然后带回中国进行样品烧制（图6-14～17）。

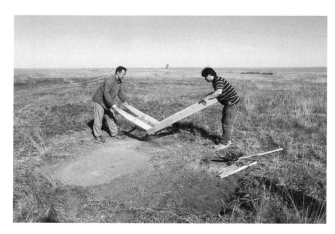

图6-14　现场筛土

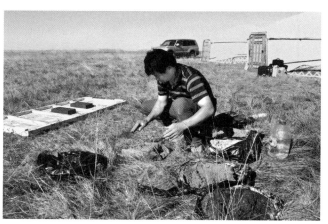

图6-15　拌和砖坯土样

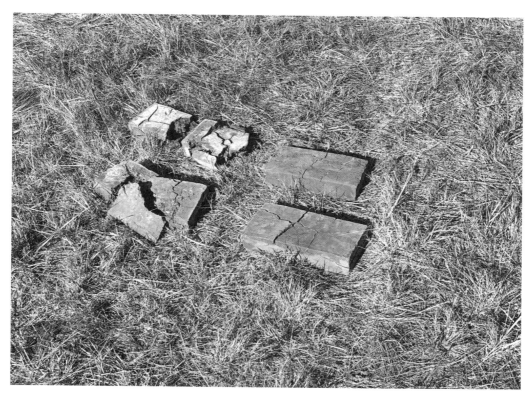

图6-16　湖边土样制成的砖坯破裂严重

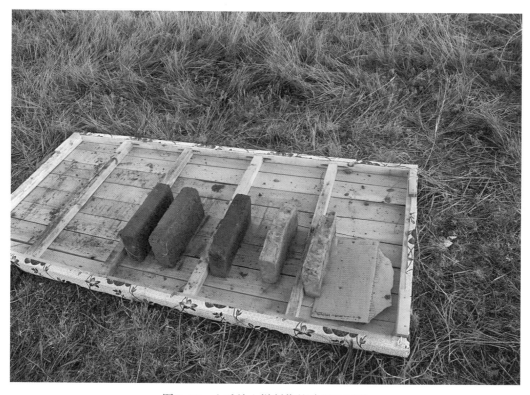

图6-17　土丘处土样制作的砖坯无开裂

第三节 古塔保护研究工作

一、古塔形制调查与分析

（一）塔基

科伦巴尔古塔坐落于石质基岩上，塔基四周露头部分为基本平齐但略有坡度的岩石面，结合一层塔内地面情况，可以初步推测塔基岩体是根据砖塔砌筑的大小需要进行了凿平，室内还保留原岩体的斜度，并未完全凿平。

（二）塔体结构

古塔的基本形制为八角七层的砖木结构辽代塔，坐北朝南，一层塔身每面长约3.6米，东西总面宽9.04米，南北总进深8.92米，塔壁厚平均1.8米，内部为不规则圆形。现存塔体高约16.39米，残存木柱顶点高约17.14米。一层和二层塔壁基本垂直，从三层开始内、外塔壁向内逐层收分，顶层塔壁平均壁厚约1米。塔外壁没有分层塔檐的痕迹（图6-18、19）。

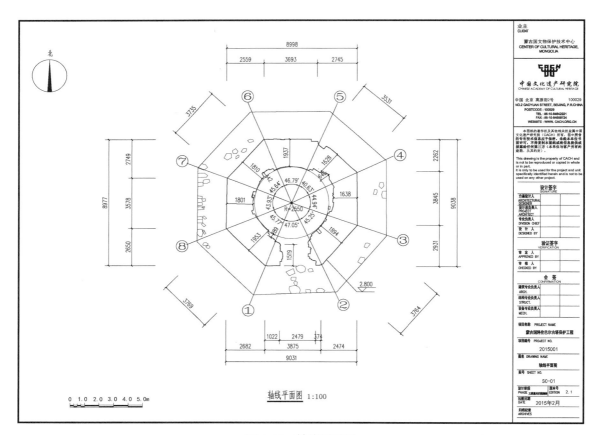

图6-18 轴线平面图

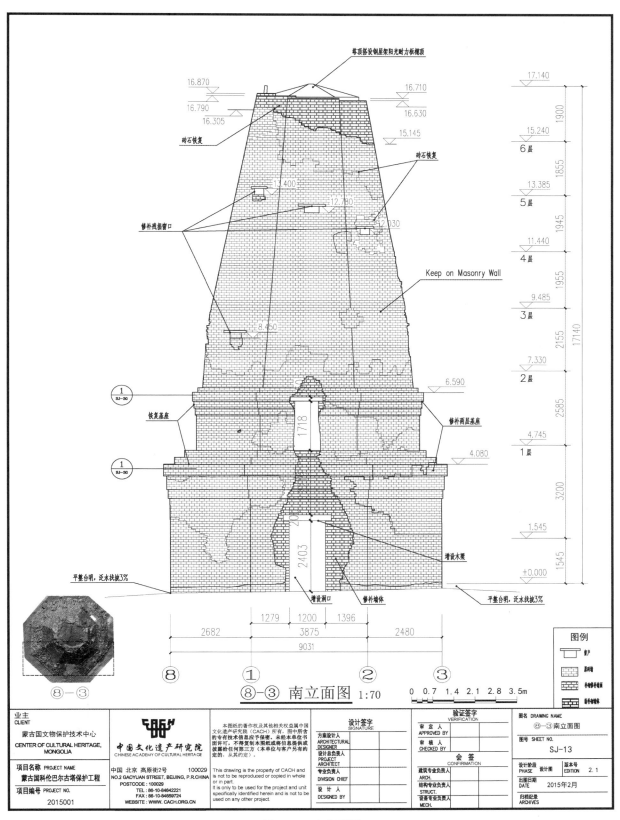

图6-19 南立面图

（三）门窗

现状塔一层洞口部位基本看不到整齐的原外壁面，但二层洞口的下部很明显是原来开洞的形状。从现存迹象推断，由于底层室内是一个原始基岩的斜坡状，且堆积有杂土，没有明显的使用痕迹，是否有门进出不确定，也许底部是室内地宫，二层以上可登临。

三层以上各层的开洞形式是按照高度和方向的转换，每面一个瞭望窗，也就是按照顺时针方向，从南侧的三层洞口开始，在楼板以上开瞭望窗一孔，再转一个面在上一个窗洞以上再开瞭望窗，以此类推，基本是每层三面开窗，环绕上去直至顶层。由此推测这座塔的主要作用是用于瞭望和登高观察之用。在当时战争频繁的年代，其军事作用非常明显。这些瞭望窗结构简单、尺寸较小，宽约0.5米，高约0.3米，垂直洞壁面，上部使用木板过梁（图6-20）。

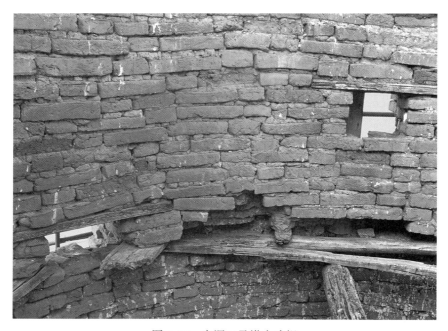

图6-20　窗洞口及塔内残损

（四）塔内木结构

科伦巴尔塔有着非常明确的木结构体系，虽残毁严重，而且是隐藏于砖砌体内部，但仍可从残存部分推导出其构造体系。

从现状看，塔的每层每面墙体内设置有木柱，其中底层内墙有明显的方形柱龛，应属砌筑留出的可安置木柱的凹槽，其作用是支撑上部二层木结构的楼地板，但木柱已全部丢失。二层以上各层支撑木楼板的木结构体系都藏于墙身内，由木柱、楼板梁和楼板组成（图6-21、22）。所有的木质梁板都连接支撑在木柱上而不是直接搭接在砖砌体上，其工程做法应该是木结构与砖砌体同时建造安装，一层结构结束，铺完木楼板后在其上部继续砌筑上层塔身。

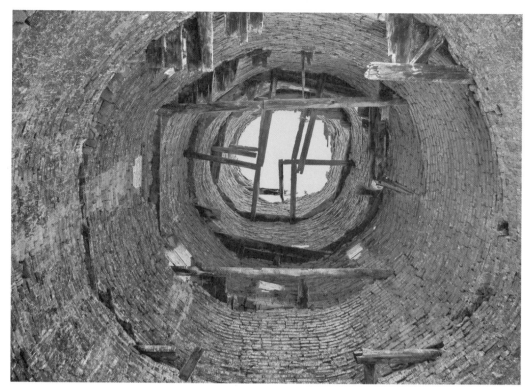

图 6-21-1　塔内残存的木梁架

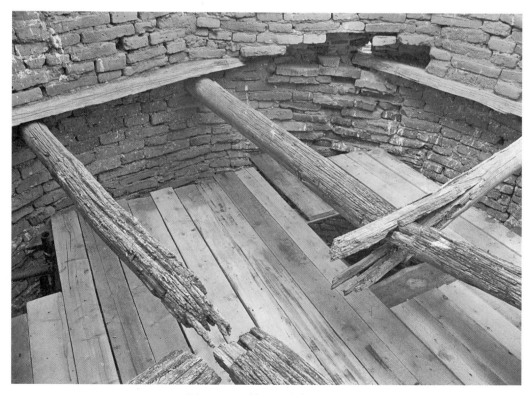

图 6-21-2　第六层残存的木梁

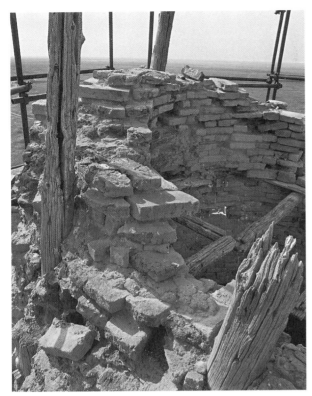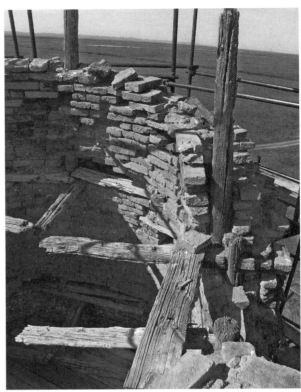

图6-22 塔顶层残损及残存的木梁与木柱

从现存梁柱支撑楼板的体系分析，塔身内的楼地板上应该还有支撑的木柱，但由于各层楼板都已塌毁，因此无法找到设置室内柱的痕迹。

塔的各层之间原来应该设置有木梯，且木梯的位置与窗洞的位置有关，便于瞭望。

除了支撑上部各层楼地面的梁柱体系，在古塔一层檐的部位，发现有挑出的木梁枋，其中有几处类似于下垂的出挑斜构件，因此古塔的一、二层极有可能建造由木结构挑出的屋檐。由于年代久远，外部暴露的屋面已损毁无存。推断有木屋面可能性的另外一个依据是屋檐部位残毁严重，说明当时该部位在失去屋面保护后受风雨侵蚀较严重，形成凹槽。

（五）科伦巴尔塔建造材料

1. 青砖

科伦巴尔塔使用青灰色黏土砖，据分析砖的烧造就在该古城附近，历史上曾经发现有烧造灰陶砖的窑址。砖的砌筑很不规范，且规格杂乱，用量较大的砖有5至6种规格，色差较大。

青砖的块体密度和颗粒密度都相对较小。块体密度和颗粒密度相差很大，这可以证明青砖孔隙率非常大，高孔隙也是砖在制作过程中常出现的问题。青砖的开孔隙率达到了38.3%，饱水系数为0.853，说明青砖内含有大量的开孔孔隙，故砖样吸收水分或吸收盐溶液而发生风化时很容易导致整体风化。通过上述测试可以初步判断青砖的高孔隙率是其易风化的结构基础。青砖抗压强度较低，仅为5.25MPa，承载力不高。

2. 木材

木块样品委托福建农林大学进行树种鉴定，宏观构造为：木材浅红褐色，生长轮明显，宽度不均匀，早材至晚材急变；木射线少至中，极细至甚细；径切面上射线斑纹可见，横切面上树脂道分布在晚材带内，节子周围可见大量松脂，结构粗，不均匀。

显微构造为：弦切面上木射线具单列和纺锤形两类。纺锤射线具径向树脂道。径切面上轴向管胞具缘纹孔1-2列，射线薄壁细胞与早材管胞交叉场纹孔式为窗格状。射线管胞内壁深锯齿。依据中华人民共和国国家标准《中国主要木材名称》（GB/T16734-1997）、《中国热带及亚热带木材》（成俊卿著）和《木材鉴定图谱》（徐峰主编），判断试样属于松科松属马尾松。

3. 砌筑灰浆

因古塔墙体砖规格不一，故砌筑灰浆灰缝厚薄不等，外观比较粗糙。砌筑灰浆有白色和偏黄色两种。

白色灰浆样品在显微镜下观察，可以看到颗粒较细，分布均匀。对白色灰浆的成分进行X射线荧光分析和X射线衍射分析，由荧光结果可知样品中主要的元素为钙和硅。XRD结果表明样品的物相为碳酸钙和石英，推测应由石灰加少量沙子制作，并通过荧光结果计算二者的比例约为16：1。

黄色灰浆样品在显微镜下观察，可以看到颗粒较粗，分布不均匀。对黄色灰浆的成分进行X射线荧光分析和X射线衍射分析，由荧光结果可知样品中主要的元素为钙、硅、铝。XRD结果表明样品的物相为碳酸钙、石英、钙钠长石、微斜长石。石英、钙钠长石、微斜长石均为常见的黏土矿物，故推测砂浆应为白灰和黏土混合制作，且通过荧光结果计算白灰和黏土的比例约为1：2。

（六）砌体表面粉饰

塔体外表面为清水砖砌筑，局部可看到白色粉饰的痕迹，应为契丹时期最普遍的白色刷饰。塔的内表面也是清水砖砌筑，二层有部分彩色粉刷的印记，但不明显。

二、考古报告研究分析

（一）考古报告分析

蒙方提供的考古报告为蒙文，附有图片和插图，包括对早期考古调查的介绍。从插图看，当时对古塔周边一定范围及塔底层地面进行了考古清理发掘，其中外部发现了埋在地下的方形塔基。从照片看，塔基是由砖块和石块砌筑台沿，台子高约三五十厘米。除台沿部分外，其余台基面为土地面，未发现铺砖。

报告介绍的主要内容是对塔内地面的考古发掘，从图片看，考古对底层地面按照堆积土层高度进行了比较剖切，发掘深达岩层表面，深度从1.5米到0.4米不等。地下埋藏物有木质梁柱及建筑雕刻构件（疑似为上部木结构倒塌的堆积），有织物包裹的蒙文佛经，小陶制佛像嚓嚓，还有屋面的灰陶滴水瓦和瓦当及灰陶砖，以及类似塔刹的铜质构件等。

考古报告揭示了塔基的原始形制，先筑成方形塔台，其上砌筑八角形七级塔。塔可能有由木结构支撑出挑的较短的仿木屋面，第一层可能是用于储藏佛经等的地宫，二层以上的主要用途是瞭望。塔内部木结构有一定的装饰，塔顶也可能是木结构瓦屋面上部塔刹。

（二）蒙方考古报告概要

蒙方考古报告中，在关于古塔考古勘探资料部分，大致描述了地层堆积和包含物的概要。随着时间的延长，在塔内形成的堆积物现已成为多层次的文化层。表土层刚开始清理牛羊粪、灰炭后，自第二层开始出土一些与晚期佛教相关方面的遗物，如麻布条、书纸片和带有藏文、满文（或维吾尔蒙文）佛经的布条等。这明显说明晚期对该塔一直有着沿用。

自第三层开始在堆积土中混杂有砖瓦碎片，还发现有大量残损的经书纸片等。第四层主要出土塔内东南墙壁脱落下来的建筑堆积，也有少量的牛羊粪便混杂出土。第五层堆积和包含物不明。第六、七、八层出土少量的塔顶砖瓦残片，可见稀少的"滴水瓦"。塔内中心处发现有直径1.5米的盗坑，距塔内夯土地表深0.5米之多。在塔内西壁底部发现有圆形柱子痕迹，西北墙壁上可见方形柱洞。

三、古塔保存状况

科伦巴尔古塔维修前残损较为严重，主要表现在以下三个方面：

1. 塔体结构损坏，二层入口及其下一层墙体塌落，形成空洞；二层至三层东部墙体开裂（图6-23）。
2. 外墙砖不同程度脱落，表面风化酥碱，外层抹灰普遍剥落。
3. 各层木楼板全部缺失，木梁大部分缺失，现存木构件糟朽。

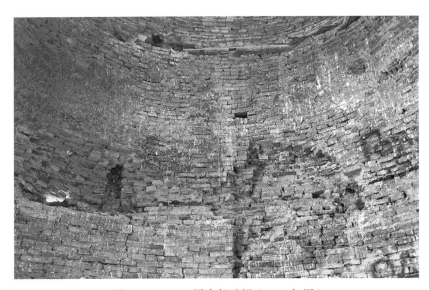

图6-23，1   一层内部破损（2013年摄）

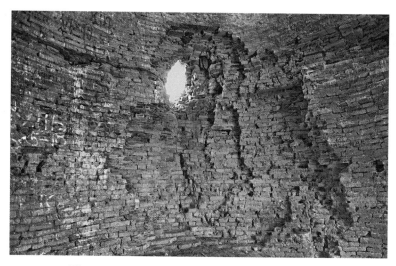

图6-23，2　二层至三层东部墙体开裂和局部塌落

四、古塔残损原因分析

科伦巴尔古塔损坏的原因是多方面的，主要原因有：

1. 年久失修。该塔自建成后估计未进行系统或有规模的维修和保养。

2. 风雨雪侵蚀、冻融及震动造成塔体不断损坏。特别是当塔上部维护结构倒毁，表皮砖脱落后雨水浸泡及冻融作用会明显增强。塔身的严重残损部位都位于雨水容易浸泡的位置。

3. 人为破坏。从现场推测，古塔曾遭受人为破坏，底层塔身有可能是盗掘引起的开洞，塔身内部也有砖块被人为撬走的迹象。

4. 自身建造原因。塔身砌筑方式存在薄弱环节，陶土砖强度不一，用沙土泥浆砌筑不规则，且砖缝大小不一。

对塔体木构体系的详情尚需进一步研究探讨，但从遗存部分看，由于屋顶倒塌后（或者由于木构系统先倒塌），暴露在外的木构件由于风雨冻融残损严重。

五、古塔结构安全计算与分析

（一）结构安全计算内容

计算分析在自重荷载作用下科伦巴尔古塔塔基的应力水平、塔体薄弱部位的应力水平；计算分析在当地风荷载作用下的水平应力分布情况。

（二）结构安全计算目的

根据现场勘察情况来看，古塔最明显和严重的破坏特征是墙体局部坍塌和内部木构架的损毁缺失。

本工程为抢险维修工程，不具备整体修复内部木构架的条件，工程中拟主要依靠对坍塌墙体进行补砌方式进行抢险维修，计算的目的对现存截面的稳定性进行评估，为抢险加固措施提供依据。

（三）结构安全计算过程

通过实测和现场勘察，古塔最危险部位应该是其断面尺寸较小而相对上部荷载最大的部位，从对塔体测绘及现场分析，最危险部位位于标高7.9米处，该部位砌体残损厚度仅有0.3米多，根据现场测绘的图纸可知，在标高为7米的位置是科伦巴尔古塔整体结构中最为薄弱的结构层（表6-4）。根据推测得到的原始结构立面图，可以计算求得该位置塔体的原始平面面积$A_原$：

$$A_原=7.45 \times 7.45 - 2.5^2 \times 3.14159 - 2.2 \times 2.2 \times 2 = 26.18m^2$$

该标高位置的现状平面面积$A_现$。

$$A_现 = 12.746m^2$$

面积损失率，$(A_原 - A_现)/A_原 = 51.31\%$。

表6-4 塔体断面面积及荷载统计表

编号	标高（m）	面积（m²）	重量（kN）
1	8	17.502	1843.36
2	9	16.777	1528.33
3	10	15.50	1226.34
4	11	13.04	947.34
5	12	11.87	712.62
6	13	9.87	498.96
7	14	9.23	321.3
8	15	7.01	155.16
9	16	1.61	28.98

依据荷载规范的规定，按照普通砖计，比重为18kN/m³

薄弱结构层上部结构自重为：1843.36 kN.

当前自重荷载下的压应力：$\sigma_c = 0.144 \text{ N/mm}^2$

根据《砌体结构设计规范》（GB 50003-2001）表3.2.1-1 "烧结普通转抗压强度设计值（MPa）"的规定，对砂浆强度忽略不计的砌体结构，砖强度等级取最低级，即MU10，其抗压强度设计值为0.67MPa。

薄弱结构层截面的平均压应力为0.144 MPa，考虑水平荷载作用下的压应力不均匀系数为2，最大压应力为0.288 MPa，小于标准规定的强度设计值。

（四）结构安全计算结论

通过计算结果得知，在正常的水平下现状结构是安全的。通过对坍塌部位的补砌措施，可进一步提高塔体的安全稳定性，从结构安全的角度，可不必对塔内木构架采取整体加固修复。

第四节　古塔保护设计方案编制工作

一、保护设计原则

秉持最小干预和可逆性保护原则，尽可能采用原有工艺和传统材料，确保古塔的真实性和完整性。

二、保护设计指导思想

本次工程的类型为带有抢险加固性质的维修工程，故以排除险情为首要目的，通过加固、修补等措施解除古塔存在的安全风险。以增强塔体结构稳定、排除险情继续发展的因素制定维修加固措施，同时在外观上保持古塔现有沧桑古朴的风貌。

三、工程范围

本次抢险加固工程范围是古塔本体的加固维修和四周散水整修，不包括内部缺失木构架和塔顶缺失部位的修复。

四、主要抢险加固措施及工程做法

1. 底层塔身外壁剥落部分修补与加固

底层各面下部从岩石基层开始，按照原外壁尺寸以原砖块基本尺寸进行补砌，补砌当中加入植筋，使新旧砌体连接牢固。

2. 底层、二层南面孔洞修补

在南面底层、二层正中安装木门，其余用砖将坍塌损坏部位补砌完整。补砌部分和原墙体间植筋增加连接。

3. 底层屋檐部位修补

按照檐部残存痕迹，按原形制将檐部轮廓修补完整。同时，整修杂乱的屋面砌块砖，使得上部基本平齐，填补孔洞避免积水。

4. 二层塔身外壁及塔门修补

局部补砌塔身上部剥落部位，修补门洞及恢复上部塌落的门过梁、板。

5. 二层屋檐部位修补

对二层塔檐剥落残损部位进行补砌，新旧砌体间植筋增加强度和连接，形式参照底层屋檐。

6. 上部各层砖砌块掉落及塌落的补砌和加固

上部剥落及上部坍塌的部分进行补砌和加固，上部基本平齐即可，新旧砌体间植筋增加强度和连接性。

7. 塔内壁塌落部位修补加固

塔内壁两处较大的塌落部位，分别在西南面和东北面，按现有内壁补砌砖壁，新旧之间增加植筋增强连接性能。

8. 顶部防雨棚设计

在补砌平齐的塔顶搭设三角屋架上承透光板，周边留排水槽，下接落水管由室内底层外联至室外散水。

9. 塔内底层楼地板恢复

在原底层楼地板高度架设钢结构楼梁，上铺木地板，原木构件保持原位，增加连接件与新结构连接。

10. 其他上部各层残存木梁枋构件加固支撑

原上部各层残存的木构件梁枋保持原位，在危险部位下部增加承托的钢构件，避免木构件断裂掉落。

五、保护方案编制审核情况

2014年10月开始维修设计方案的编制，同年12月底完成了维修设计方案初稿。2015年1月补充了现场材料检测报告，同年2月底完成了设计方案的修改稿。

2015年3月底，项目组与来华考察的蒙古国遗产中心专家对设计方案进行讨论，蒙方专家同意了设计方案，表示可以上报蒙古国文化、教育与科技部，申请项目行政许可。同年5月，蒙古国文化、教育与科技部批复了设计方案（图6-24）。

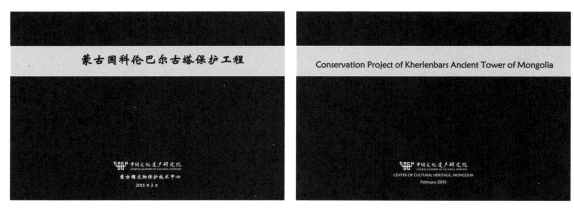

图6-24 设计方案（左：中文版；右：英文版）

　　古塔维修设计方案中，根据科伦巴尔古塔保存现状，针对塔体不同部位残损程度和存在的病害，在塔体维修、结构加固设计方面采取了相应措施，对工程维修效果做了充分预期（图6-25～34）：

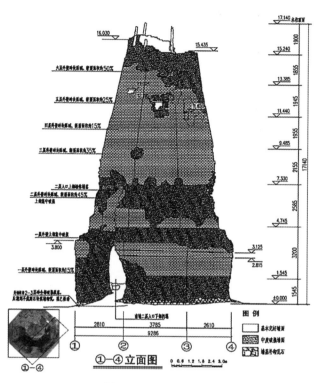

图6-25　现状立面图

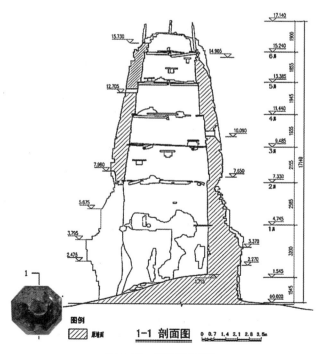

图6-26　现状剖面图

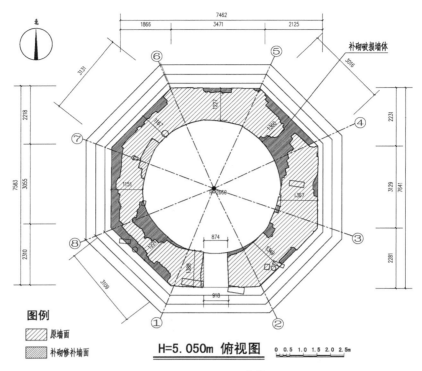

图6-27　一层平面维修图

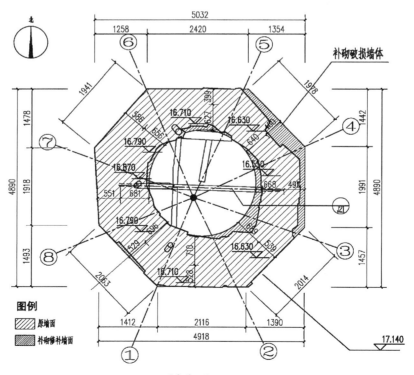

图6-28　顶层平面维修图

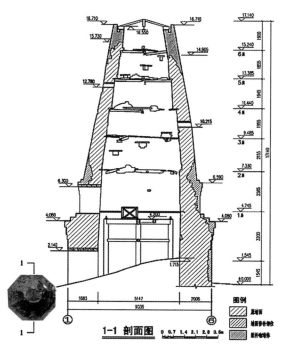

图6-29　剖面设计图

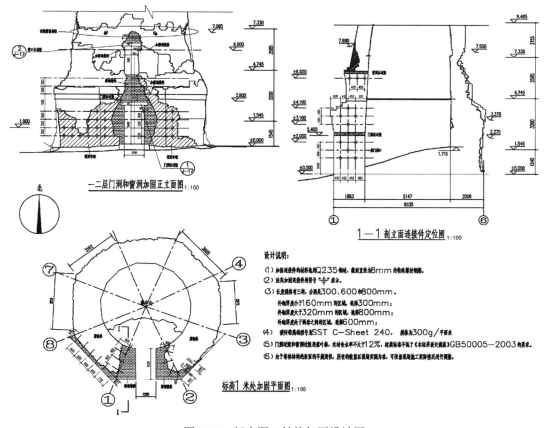

图6-30　门窗洞口结构加固设计图

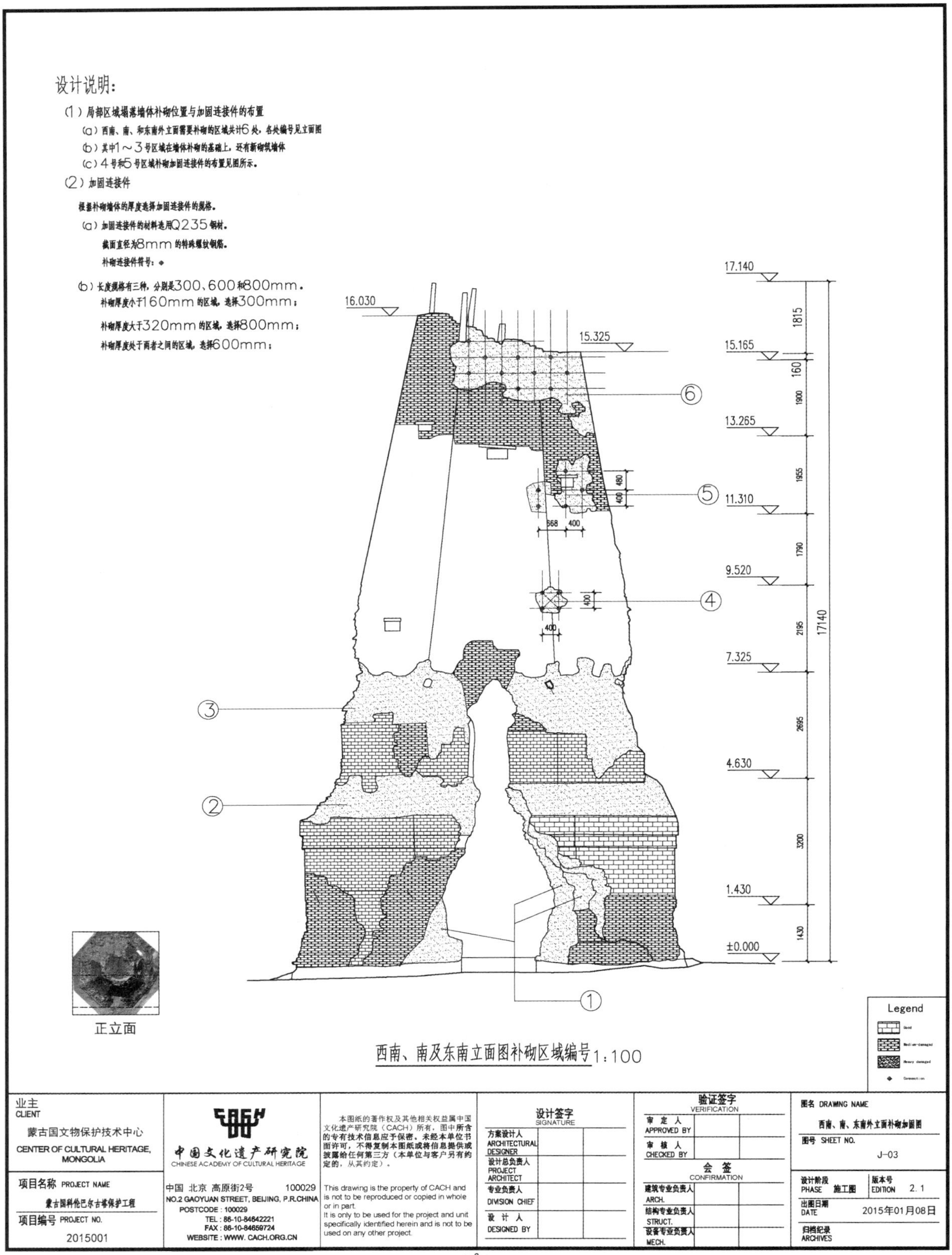

设计说明：
(1）局部区域塌落墙体补砌位置与加固连接件的布置
(a）西南、南、和东南外立面需要补砌的区域共计6处，各处编号见立面图
(b）其中1～3号区域在墙体补砌的基础上，还有新砌筑墙体
(c）4号和5号区域补砌加固连接件的布置见图所示。
(2）加固连接件
根据补砌墙体的厚度选择加固连接件的规格。
(a）加固连接件的材料选用Q235钢材。
截面直径为8mm的特殊螺纹钢筋。
补砌连接件符号：◆
(b）长度规格有三种，分别是300、600和800mm。
补砌厚度小于160mm的区域，选择300mm；
补砌厚度大于320mm的区域，选择800mm；
补砌厚度处于两者之间的区域，选择600mm；
17.140
16.030
15.325
15.165
13.265
11.310
9.520
7.325
4.630
1.430
±0.000
1815
160
1900
1955
1790
2195
2695
3200
1430
17140
480
400
568
①
②
③
④
⑤
⑥
正立面
西南、南及东南立面图补砌区域编号1：100
Legend
业主
CLIENT
蒙古国文物保护技术中心
CENTER OF CULTURAL HERITAGE, MONGOLIA
中国文化遗产研究院
CHINESE ACADEMY OF CULTURAL HERITAGE
本图纸的著作权及其他相关权益属中国文化遗产研究院（CACH）所有，图中所含的专有技术信息应予保密。未经本单位书面许可，不得复制本图纸或将信息提供或披露给任何第三方（本单位与客户另有约定的，从其约定）。
This drawing is the property of CACH and is not to be reproduced or copied in whole or in part.
It is only to be used for the project and unit specifically identified herein and is not to be used on any other project.
设计签字
SIGNATURE
方案设计人
ARCHITECTURAL DESIGNER
设计总负责人
PROJECT ARCHITECT
专业负责人
DIVISION CHIEF
设 计 人
DESIGNED BY
验证签字
VERIFICATION
审 定 人
APPROVED BY
审 核 人
CHECKED BY
会 签
CONFIRMATION
建筑专业负责人
ARCH.
结构专业负责人
STRUCT.
设备专业负责人
MECH.
图名 DRAWING NAME
西南、南、东南外立面补砌加固图
图号 SHEET NO.
J-03
项目名称 PROJECT NAME
蒙古国科伦巴尔古塔保护工程
项目编号 PROJECT NO.
2015001
中国 北京 高原街2号 100029
NO.2 GAOYUAN STREET, BEIJING, P.R.CHINA
POSTCODE：100029
TEL：86-10-84642221
FAX：86-10-84659724
WEBSITE：WWW. CACH.ORG.CN
设计阶段
PHASE 施工图
版本号
EDITION 2.1
出图日期
DATE 2015年01月08日
归档纪录
ARCHIVES
—3—

图6-31 西南及南面结构加固补砌

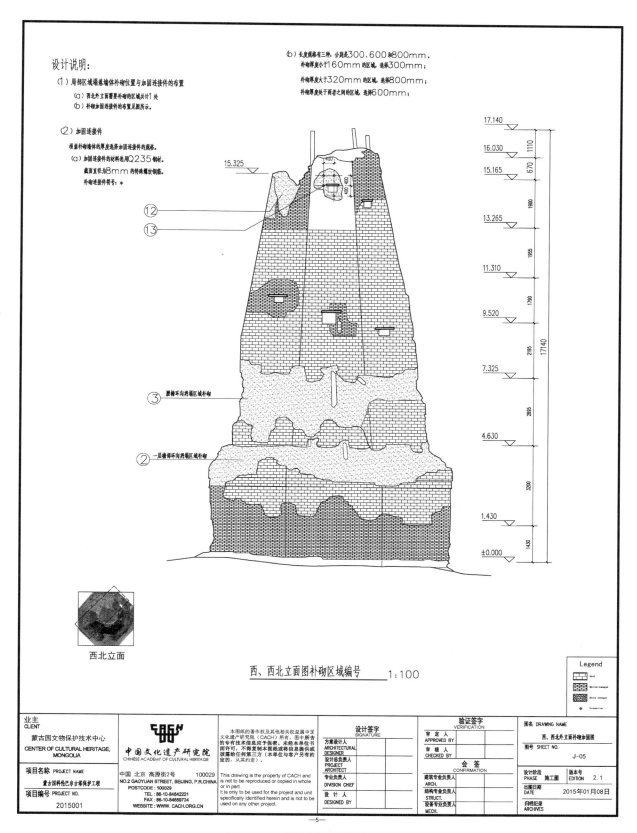

图6-32　西北及北面结构加固补砌

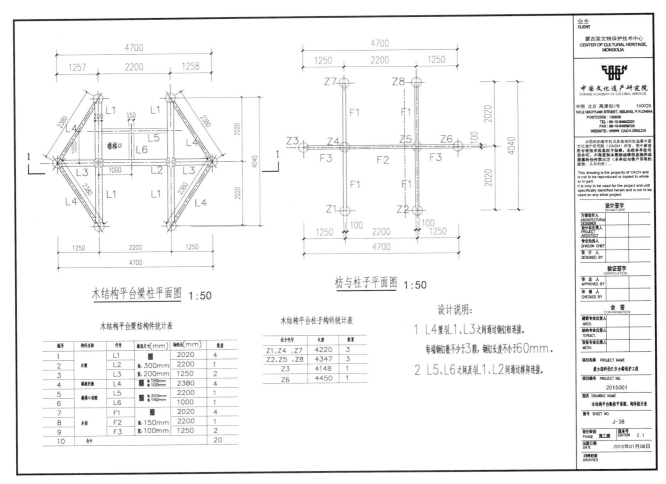

木结构平台梁柱平面图 1:50

枋与柱子平面图 1:50

木结构平台梁枋构件统计表

编号	构件名称	代号	截面尺寸(mm)	编线长(mm)	数量
1	木梁	L1	■	2020	4
2		L2	高300mm	2200	1
3		L3	宽200mm	1250	2
4	楼板托梁	L4	高150mm 宽100mm	2380	4
5	楼梯口遗梁	L5	高200mm	2200	1
6		L6	宽150mm	1000	1
7	木枋	F1	■	2020	4
8		F2	高150mm	2200	1
9		F3	宽100mm	1250	2
10	合计				20

木结构平台柱子构件统计表

柱子代号	长度	数量
Z1、Z4 、Z7	4220	3
Z2、Z5 、Z8	4347	3
Z3	4148	1
Z6	4450	1

设计说明:

1 L4梁与L1、L3之间通过钢钉相连接。
   每端钢钉数不少于3颗,钢钉长度不小于60mm。

2 L5、L6之间及与L1、L2间通过榫卯连接。

业主
CLIENT

蒙古国文物保护技术中心
CENTER OF CULTURAL HERITAGE,
MONGOLIA

中国文化遗产研究院
CHINESE ACADEMY OF CULTURAL HERITAGE

中国 北京 高碑街2号   100029
NO.2 GAOYUAN STREET, BEIJING, P.R.CHINA
POSTCODE : 100029
TEL : 86-10-84642221
FAX : 86-10-84059724
WEBSITE : WWW. CACH.ORG.CN

本图纸的著作权及其他相关权利属属中国
文化遗产研究院(CACH)所有,图中所含
的专有技术信息显示于客户。未经本单位书
面许可,不得复制本图纸或将信息造份或
披露给任何图显三方(本单位与客户另有约
定的,从其约定)。

This drawing is the property of CACH and
is not to be reproduced or copied in whole
or in part.
It is only to be used for the project and unit
specifically identified herein and is not to be
used on any other project.

设计签字 SIGNATURE	
方案设计人 ARCHITECTURAL DESIGNER	
设计总负责人 PROJECT ARCHITECT	
专业负责人 DIVISION CHIEF	
设 计 人 DESIGNED BY	

验证签字 VERIFICATION	
审 定 人 APPROVED BY	
审 核 人 CHECKED BY	

会 签 CONFIRMATION	
建筑专业负责人 ARCH.	
结构专业负责人 STRUCT.	
设备专业负责人 MECH.	

项目名称 PROJECT NAME
蒙古国科布尔古墓保护工程

项目编号 PROJECT NO.
2015001

图名 DRAWING NAME
木结构平台梁柱平面图、构件统计表

图号 SHEET NO.
J-38

设计阶段 PHASE 施工图
版本号 EDITION 2.1

出图日期 DATE
2015年01月08日

扫地起显
ARCHIVES

图6-33 木柱梁结构加固

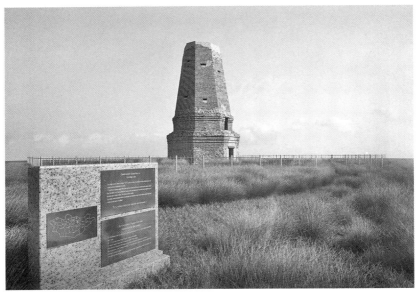

图6-34 维修效果图

六、中蒙双方的技术交流

蒙古国文化遗产中心专家来华期间，双方除了对设计方案进行讨论外，还对古塔维修的保护技术、传统工艺、施工组织等进行了全方位的交流。

2015年3月26日至3月28日，蒙方专家在文研院技术人员陪同下，赴山西运城考察，参观了维修中的运城太平兴国寺塔、运城新绛县龙兴塔等正在施工中的项目，详细了解工程的维修方法、施工组织管理等情况。通过现场考察和交流，对科伦巴尔古塔的维修起到了很好的借鉴作用。观看了砖雕等传统工艺（图6-35、36）。

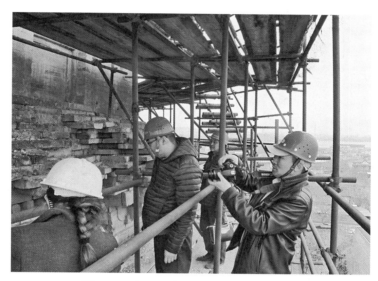

图6-35 参观运城太平兴国寺塔维修项目

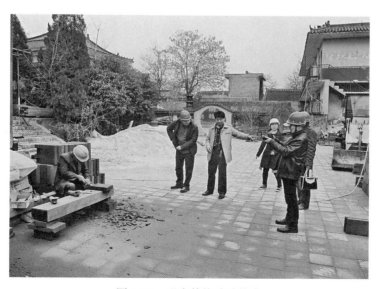

图6-36 观摩传统砖雕技术

　　此行重点考察了不同规模的传统砖窑，测量记录了砖窑的尺寸和构造特点，了解砖窑建造及青砖烧制技术要点（图6-37、38），并参观了传统砖瓦、琉璃及雕刻构件的制作和烧制现场，与当地专家一同商议了砖窑建造等事宜，并绘制了砖窑设计草图。

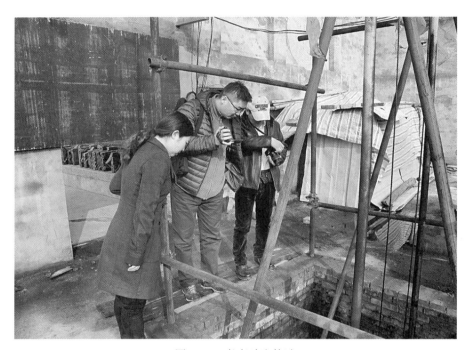

图6-37　考察砖窑构造

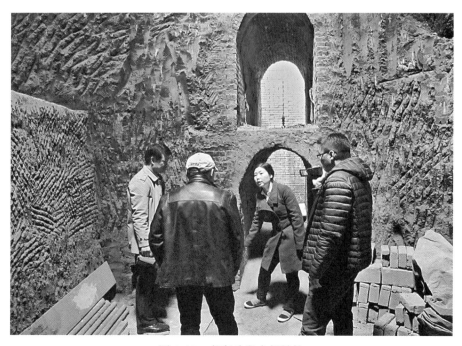

图6-38　考察砖窑内部结构

第五节　保护工程实施

一、砖窑建造和青砖烧制情况

在科伦巴尔古塔周边现场取回的土样带回中国后，对其进行了试验性烧制，成品可以满足维修工程使用要求，使得现场取土烧制青砖成为可能。2015年6月下旬，文研院聘请山西省万荣县北阳琉璃厂技术人员赴现场，指导砖窑建造工作。砖窑建造地点位于科伦巴尔古塔东南约1千米处，靠近项目部人员居住地（图6-39）。砖窑按传统结构建造，分挖制窑坑、修整构造、砌筑砖窑等建造过程，内壁直径约3.5米，地下高3米，地上高2米，可一次性烧制青砖约10000块（图6-40～45）。至7月下旬，砖窑已建造完成，砖坯制作工作同步进行（图6-46）。

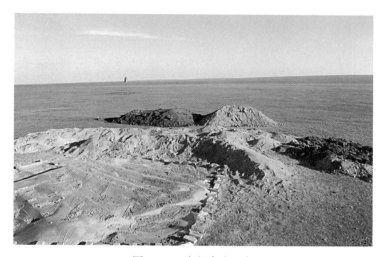

图6-39　砖窑建造地点

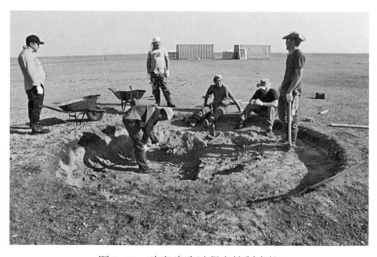

图6-40　砖窑建造过程之挖制窑坑

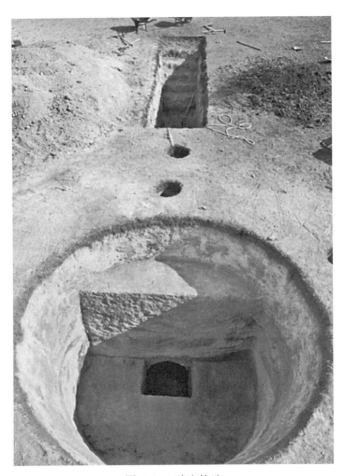

图6-41　砖窑构造

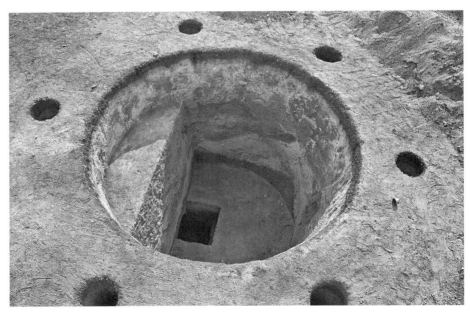

图6-42　砖窑构造局部

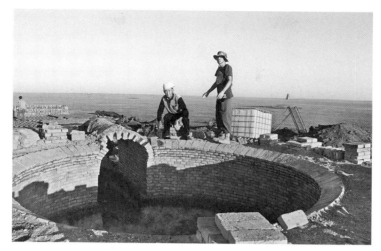

图 6-43　砖窑建造过程之砌筑砖窑

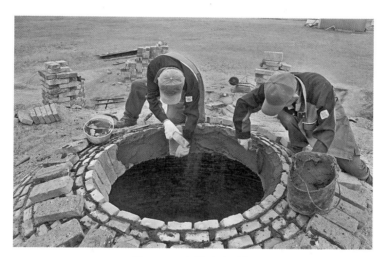

图 6-44　砌筑砖窑顶部

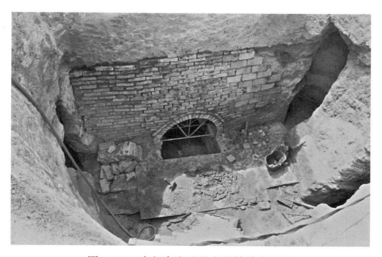

图 6-45　砖窑建造过程之砌筑砖窑照壁

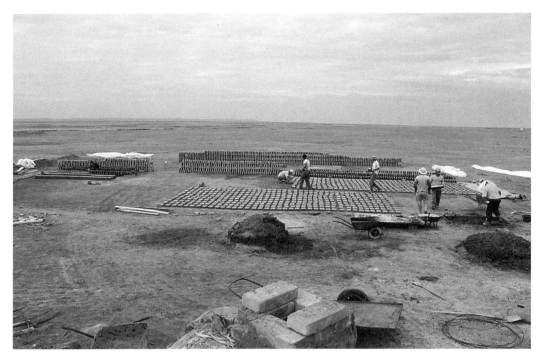

图6-46 制作砖坯

8月初，在完成砖坯装窑后，青砖烧制正式开始。8月下旬青砖烧制完成，历时25天，共烧制青砖8300块，外观质量合格，强度满足要求（图6-47～49）。

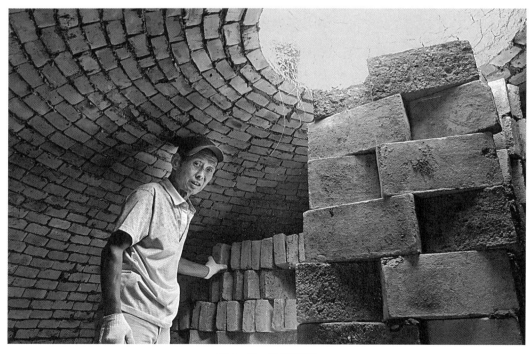

图6-47 砖坯装烧

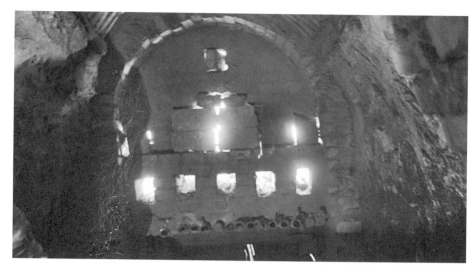

图6-48　青砖烧制

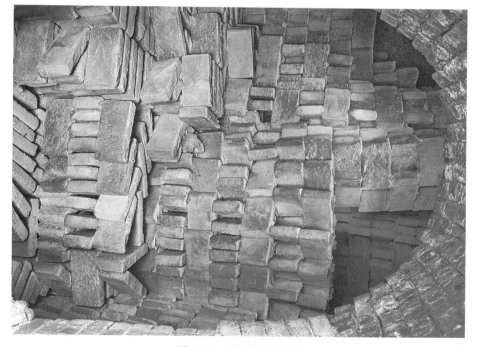

图6-49　青砖烧制完成

二、设计方案调整

通过对现场情况的进一步勘查，结合工程经费预算情况，项目实施前中蒙双方项目组成员根据现场情况对原设计方案进行了局部调整。主要内容包括：1. 取消恢复塔内底层楼地板；2. 取消塔体第四层部位碳纤维加固；3. 增加散水块石垫层，加大面层坡度；4. 将室内木梁加固方式由槽钢承托调整为角钢承托加钢丝绳拉接固定；5. 窗里侧增加钢砂网。

三、2015年古塔本体维修工程

2015年9月初，塔体维修工作开始，考虑到气候条件，当地夜间气温已经低于零度，所剩适宜施工的时间较短，为保证施工质量，当年施工内容以局部墙体砌筑修补为主，选取一层室内和室外檐部两个部位作为试点，待第二年检验维修效果。在砌筑前，对砌筑材料（黄黏土和砂）的挖取地点进行筛选确定，并进行了白灰泥浆材料配比效果对比试验，最终确定砌筑材料配比（图6-50、51）。墙体砌筑首先从一层内壁开始，然后补砌一层外檐砖檐，钢筋锚固和修补工作同步进行（图6-52、53）。至9月下旬，完成了一层内壁除入口部位外坍塌部位的砌筑，以及一层砖檐约60%的修补砌筑工作，2015年现场维修工作结束。

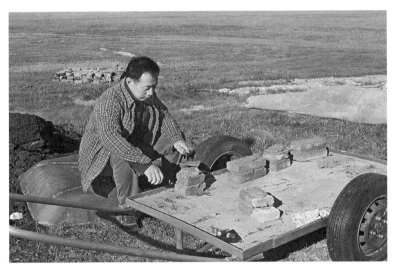

图6-50　砌筑砂浆材料配比效果对比试验

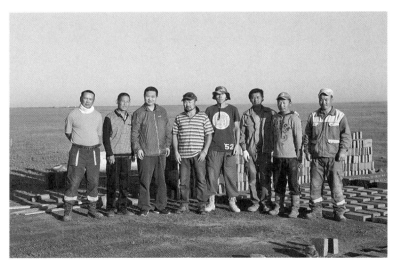

图6-51　中蒙双方负责人现场指导工作

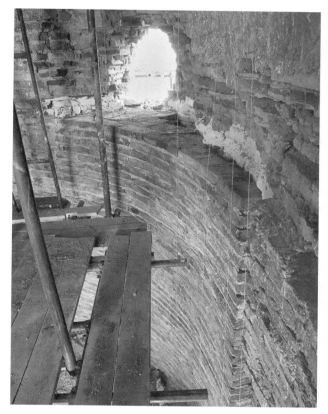

图6-52　一层内壁墙体补砌

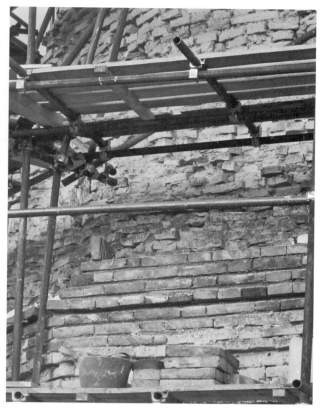

图6-53　一层外檐砖檐补砌

四、2016年古塔维修实施情况

（一）砌筑试验段效果检查

2016年5月底进场继续开始维修工作，经查看一层已完成的墙体补砌部位灰缝饱满坚固，勾缝灰浆强度较高，无酥碱脱落，外观效果良好。

（二）工期计划与工期保证措施

科伦巴尔古塔维修工程资金少、现场自然条件差，在保证工程质量的前提下，科学合理制定施工计划、确保工期是项目顺利完成的关键。本工程中墙体砌筑修补占比较大，根据试验段墙体砌筑的工效，综合考虑气候条件等因素，计划2016年施工周期为40～45天，争取在7月上旬完成全部维修工作。为确保工期，采取了以下保证措施：

1. 组织均衡流水施工

施工流水作业作为一种科学的施工组织方法，可压缩或调整各施工工序在一个流水段上的持续时间，达到工期短、易于控制质量、用工少的综合效益。本项目中主要在墙体砌筑、修补加固和墙面勾缝环节中采取流水施工，合理分配用工，提高效率。

2. 合理安排工序

本项目做法以墙体砌筑修补为主要内容，其余项目基本无交叉作业内容，点位分散，作业面不会产生影响。所以维修工序以墙体砌筑修补为主线，与墙体砌筑修补相关的入口过梁安装、碳纤维加固和型钢埋设等随墙体维修穿插作业，其余内容待墙体维修完成后实施。考虑到6月已经进入雨季，墙面维修待一、二层完成后，先进行顶层墙体的补砌，以便安装顶盖，雨季可以进行室内施工作业。由于需要搭建脚手架，提前插入周圈散水垫层铺装，避免后期地面施工受雨水天气影响。

3. 物质保障措施

物质保障包括材料和机械设备保障。项目现场地处偏僻，购买材料十分不便，工程所需的脚手架、石灰、型钢、阳光板、发电机常用配件、油料等一次性备足，避免影响工程进度。现场配备物料提升机一台负责材料垂直运输，以加快施工进度。

4. 季节性施工保障措施

施工周期正值春夏之际，季节施工主要受降雨、大风、干燥高温因素影响。进入雨季密切关注当地天气预报和局部降雨情况，碳纤维加固、油饰等应提前安排工期，避开降雨。顶盖安装前备好苫布对塔顶部进行遮盖，降雨时调整施工作业面，人员全部进入室内施工，并做好机械设备、电闸箱、建筑材料的防雨措施，遇雷电天气停止施工作业。

大风天气停止室外高空施工，脚手架上的小型机具及时收管，零星材料及时堆放固定，避免高空掉落。干燥高温时段避免室外墙体砌筑，避免灰浆水分挥发过快影响强度，同时注意对墙体砌筑部位的保水养护。

（三）古塔本体维修情况

按照施工计划，首先进行塔散水垫层铺装。清理地面杂土平均深度0.45米，底层填铺0.25～0.4米不规则块石，宽度1.7米，坡度约10%。块石缝隙用干硬性泥浆填实。块石之上夯筑0.1～0.15米厚碎石黄土结合层，坡度约15%（图6-54、55）。

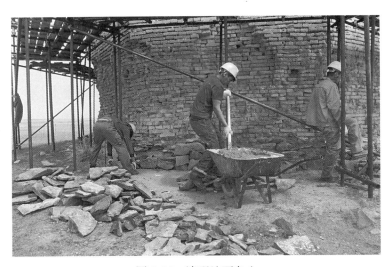

图6-54　清理地面杂土

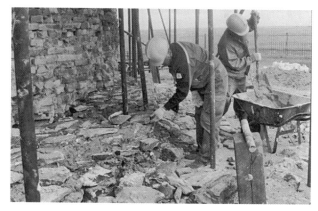

图6-55　铺装散水块石垫层

散水垫层铺装结束后，开始搭建内外脚手架，然后进行一层、二层和顶层墙体补砌修补（图6-56、57）。顶层墙体补砌完成后，开始安装顶盖，顶盖为六边形，角钢对焊组成T形框架，面板为阳光耐力板。安装顶盖的同时砌筑排水槽，埋设排水管接水口，6月20日顶盖安装完成（图6-58～61）。

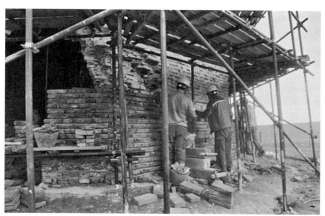

图6-56　补砌入口两侧墙体

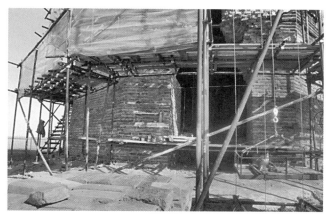

图6-57　补砌一层、二层墙体

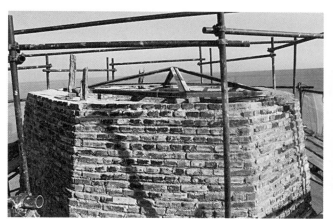

图6-58　补砌顶层墙体

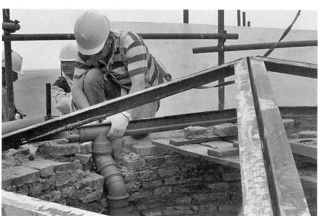

图6-59　安装埋设排水管

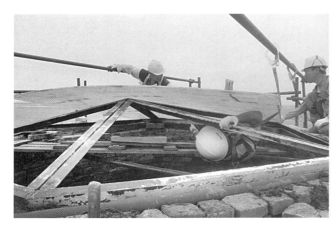

图6-60　安装顶盖盖板

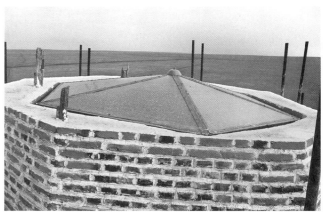

图6-61　顶盖安装完成

　　三层以上墙体维修自上而下分层进行，外檐和内檐根据天气情况穿插作业。碳纤维加固塔身、入口过梁制作安装、二层板门制作安装、室内木梁加固、窗过梁更换、墙体勾缝工作穿插同步进行（图6-62、6-63）。为增强黏结性和防水性，在原砌筑砂浆中加入约3%～5%的水硬性石灰。墙体补砌前，先对修补面进行除尘和预加固，用水硬性石灰浆刷涂一遍。对于塌落面积大于1平方米的部位，补砌部分与墙身用直径10毫米螺纹钢筋拉接，钢筋呈梅花状分布，水平间距0.4米左右，垂直方向5～6皮砖布设一排。钢筋长度根据补砌厚度确定。补砌厚度小于160毫米，钢筋长度为300毫米；补砌厚度大于320毫米，钢筋长度为800毫米；补砌厚度介于二者之间的，钢筋长度为600毫米。补砌面积小于1平方米的部位，视情况局部布设拉结钢筋（图6-64）。

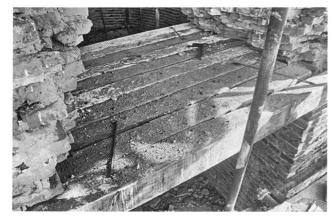

图6-62　制作安装一层入口过梁

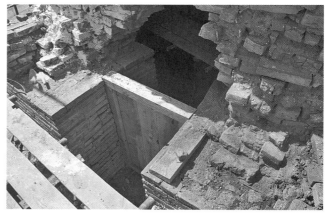

图6-63　制作安装二层板门

　　塔身共设置三道碳纤维加固环箍，分别位于塔的第二层、第三层和第五层。碳纤维型号为SSTC-Sheet240，规格为300g/M^2，宽度200毫米，碳纤维配套胶黏剂采用SSTResin220黏布胶。首先将墙面加固部位补砌平整，剔除磨平酥碱风化的砖面层，清理松散酥碱的旧砖缝，重新勾抹平整。转角部位打磨出大于20毫米的圆角。在基底全部处理完成并干燥后，开始涂刷碳纤维底胶。底胶用滚筒刷均匀涂于砖表面，厚度按400～500g/M²控制，不能有漏涂或气泡。底胶涂完立即粘贴预先剪好的碳纤维布条，搭接长度200～300毫米，粘接中用塑料刮板轻刮布面使得布面平顺。周圈粘接完后，用滚筒沿着碳素纤维布方向来回滚动数次让底胶浸透且挤出气泡。过后约半小时检查底胶是否浸透完全后，再次用滚筒沿着碳纤维布的方向滚动压实。然后涂刷第二层黏布胶，用量控制在300～400g/M²。在碳纤维布表面指触干燥后立即进行第二层碳纤维的粘贴，第三层重复以上做法，第三层碳纤维布粘贴完成后，表面再均匀涂抹一道粘布胶。施工完成后放置保护挡板，防止雨淋、受潮，避免硬物碰伤碳纤维布表面，5天左右基本可以完成固化养护（图6-65）。之后，完成二层墙体基座补砌（图6-66、67）。

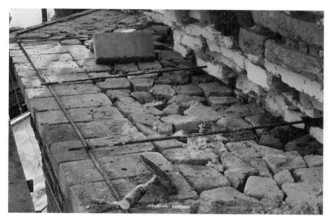

图6-64　布设拉接钢筋

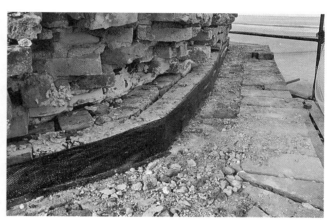

图6-65　碳纤维加固塔身

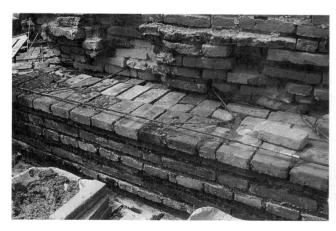

图6-66　补砌二层墙体基座

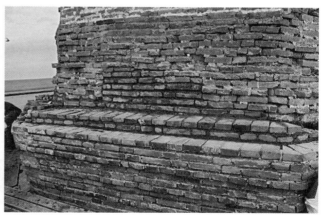

图6-67　二层墙体基座补砌后

对室内残存木梁，使用角钢在底部承托，扁铁环与角钢焊接固定木梁，再用钢丝绳拉结角钢或钢筋环，钢丝绳上端与顶面角钢拉接固定，起到双重加固作用（图6-68、69）。至6月30日，塔本体加固维修已经基本完成（图6-70、71）。

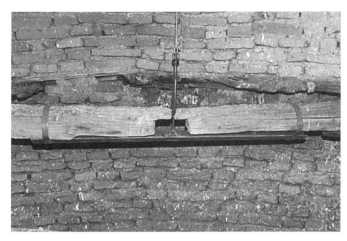

图 6-68　安装角钢承托木梁

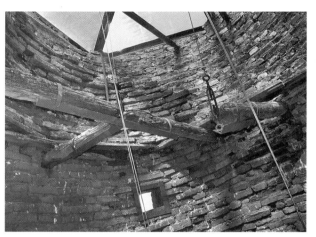

图 6-69　钢丝绳拉接木梁

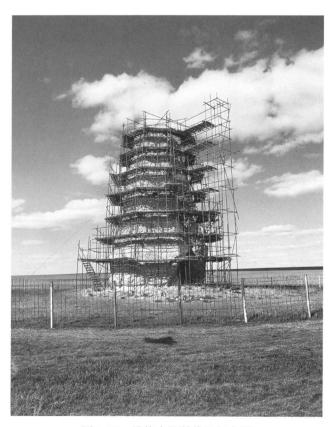

图 6-70　维修中的科伦巴尔古塔

　　2016年7月1日开始一层板门制作、安装和油饰。随室内脚手架拆落，在塔内部安装排水管和窗里侧纱网（图6-72、73），更换窗过梁，修补内壁局部破损墙体（图6-74、75）。最后砌筑室外排水管沟、安装排水管、铺装夯实散水三合土面层、清理周围环境（图6-76、77），至7月4日维修工程全部完成（图6-78 ~ 80）。

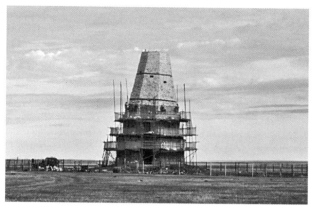

图6-71 塔身外壁补砌完成

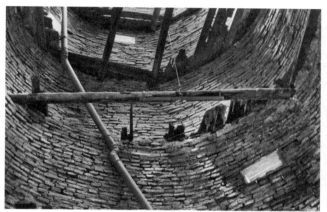

图6-72 安装排水管

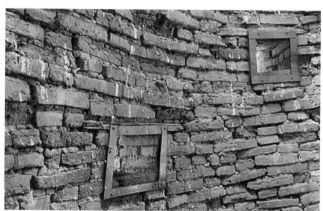

图6-73 安装窗里侧纱网

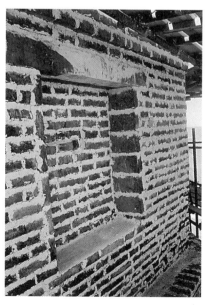

图6-74 更换窗过梁

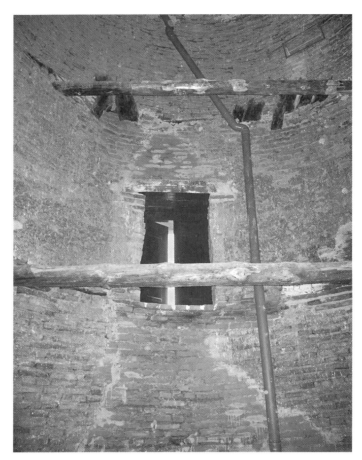

图6-75　塔内二层墙体补砌及安装输水

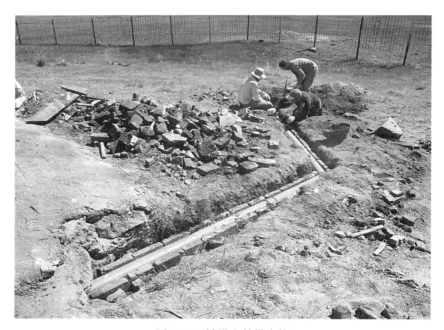

图6-76　铺设室外排水管

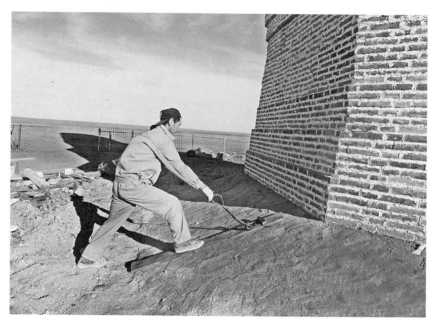

图6-77　夯筑散水黄土面层

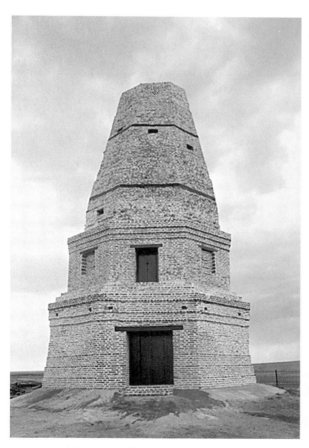

图6-78　维修工程完工（正立面）

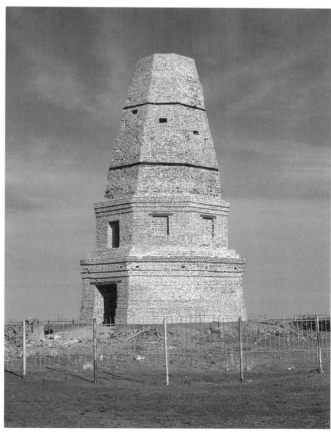

图6-79　维修工程完工（侧面）

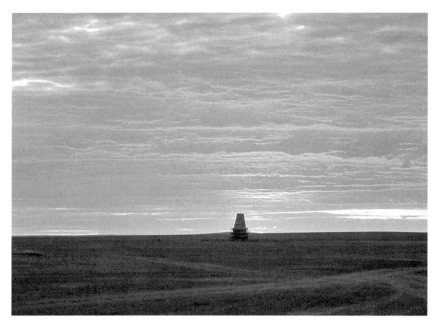

图6-80　傍晚的古塔

科伦巴尔古塔维修工程完成工程量见表6-5。

表6-5　科伦巴尔古塔维修工程量统计表

序号	工程子项做法	工程量	序号	工程子项做法	工程量
1	地面散水夯筑	78.4M²	6	塔体碳纤维加固	63.2M
2	塔体砖补砌	29.5M³	7	木构件拉接加固	31.6M
3	塔体砖表面修补	12.3M²	8	顶盖制作安装	13.9M²
4	塔体裂缝灌浆	13.6M	9	门窗制作安装	6.9M²
5	墙面勾缝	418M²	10	排水管安装	26.7M

五、工程竣工验收

经过2014年7月～2016年7月两个年度的保护修复工程前期研究和技术施工，2016年8月，科伦巴尔古塔保护工程通过了蒙古国文化遗产中心的竣工验收。

2016年11月2日，在项目现场举行了科伦巴尔古塔保护工程竣工典礼暨项目移交仪式。中国文化遗产研究院院长柴晓明受国家文物局委派出席项目移交仪式。项目负责人、中国文化遗产研究院刘江副研究员一同前往并参加活动。参加竣工仪式的来宾有蒙古国教育、文化、科学和体育部文化和艺术司司长N.Bold、东方省省政府办公厅主任P.Bat-Ulzi、蒙古国文化遗产中心主任G.Enkhbat、东方省质量检查局局长D.Munkhtuya、东方省教育和文化局局长T.Oyunbat、东方省Tsagaan镇镇长Bayarmagnal、东方省政府文物古迹顾问CH.Bayarjangal、乌兰巴托和当地媒体及以上部门的相关人员和当地群众代表共计约40人。柴晓明院长与蒙古国教育、文化、科学和体育部文化和艺术司N.Bold司长分别代表科伦巴尔古塔保护工程合作协议的签署方——中国国家文物局和蒙古国教育、文化、科学和体育部（原蒙古国文化体育旅游部）签署项目完工移交文件，刘江和蒙古国文化遗产中心G.Enkhbat主任分别代表项目的实施方——中国文化遗产研究院和蒙古国文化遗产中心在该文件上签字（图6-81～86）。

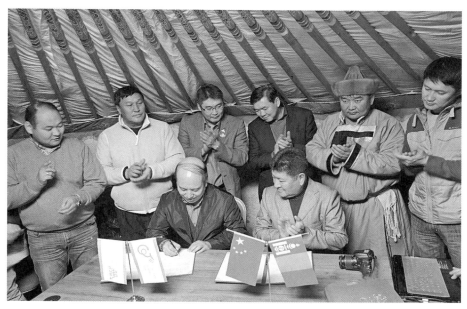

图6-81　签署项目竣工移交文件

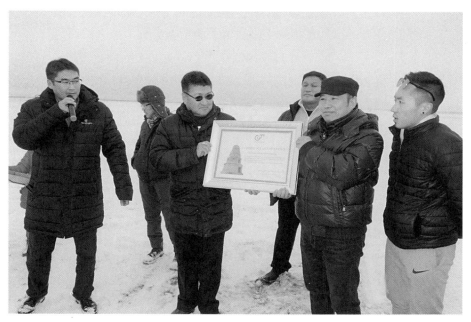

图6-82　颁发工程竣工验收证书

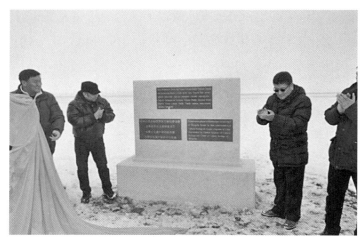

图6-83   工程纪念碑揭幕

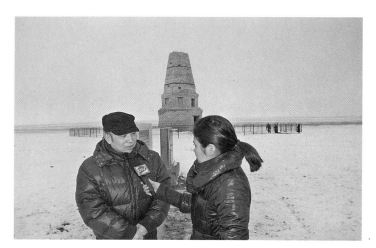

图6-84   柴晓明院长接受采访

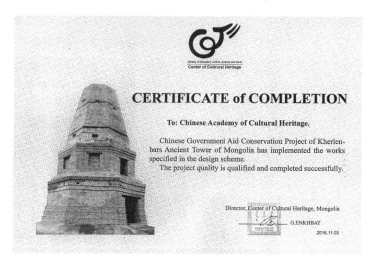

图6-85   科伦巴尔古塔保护工程完工验收证书

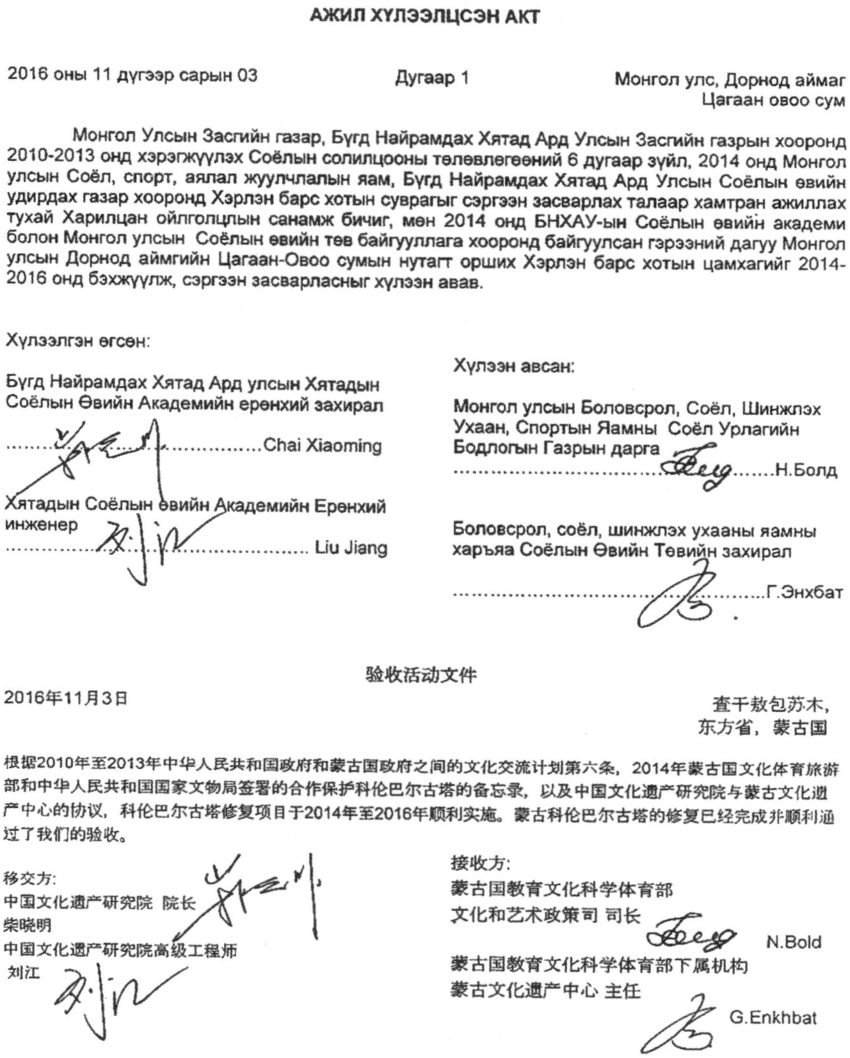

АЖИЛ ХҮЛЭЭЛЦСЭН АКТ

2016 оны 11 дүгээр сарын 03　　　　　　　Дугаар 1　　　　　　Монгол улс, Дорнод аймаг
　　　　　　　　　　　　　　　　　　　　　　　　　　　　　　　　　　　Цагаан овоо сум

　　　　Монгол Улсын Засгийн газар, Бүгд Найрамдах Хятад Ард Улсын Засгийн газрын хооронд 2010-2013 онд хэрэгжүүлэх Соёлын солилцооны төлөвлегөөний 6 дугаар зүйл, 2014 онд Монгол улсын Соёл, спорт, аялал жуулчлалын яам, Бүгд Найрамдах Хятад Ард Улсын Соёлын өвийн удирдах газар хооронд Хэрлэн барс хотын суврагыг сэргээн засварлах талаар хамтран ажиллах тухай Харилцан ойлголцлын санамж бичиг, мөн 2014 онд БНХАУ-ын Соёлын өвийн академи болон Монгол улсын Соёлын өвийн төв байгууллага хооронд байгуулсан гэрээний дагуу Монгол улсын Дорнод аймгийн Цагаан-Овоо сумын нутагт орших Хэрлэн барс хотын цамхагийг 2014-2016 онд бэхжүүлж, сэргээн засварласныг хүлээн авав.

Хүлээлгэн өгсөн:　　　　　　　　　　　　　　　　　Хүлээн авсан:

Бүгд Найрамдах Хятад Ард улсын Хятадын　　　　Монгол улсын Боловсрол, Соёл, Шинжлэх
Соёлын Өвийн Академийн ерөнхий захирал　　　　Ухаан, Спортын Яамны Соёл Урлагийн
..............................Chai Xiaoming　　　　　Бодлогын Газрын дарга ....Н.Болд

Хятадын Соёлын өвийн Академийн Ерөнхий
инженер
.... Liu Jiang　　　　Боловсрол, соёл, шинжлэх ухааны яамны
　　　　　　　　　　　　　　　　　　　　　　　　　　　　харъяа Соёлын Өвийн Төвийн захирал

　　　　　　　　　　　　　　　　　　　　　　　　　　　　.................................Г.Энхбат

验收活动文件

2016年11月3日　　　　　　　　　　　　　　　　　　　查干敖包苏木，
　　　　　　　　　　　　　　　　　　　　　　　　　　　东方省，蒙古国

根据2010年至2013年中华人民共和国政府和蒙古国政府之间的文化交流计划第六条，2014年蒙古国文化体育旅游部和中华人民共和国国家文物局签署的合作保护科伦巴尔古塔的备忘录，以及中国文化遗产研究院与蒙古文化遗产中心的协议，科伦巴尔古塔修复项目于2014年至2016年顺利实施。蒙古科伦巴尔古塔的修复已经完成并顺利通过了我们的验收。

移交方：　　　　　　　　　　　　　　　　　　　接收方：
中国文化遗产研究院 院长　　　　　　　　　　　蒙古国教育文化科学体育部
柴晓明　　　　　　　　　　　　　　　　　　　　文化和艺术政策司 司长
中国文化遗产研究院高级工程师　　　　　　　　　　　　　　　　　　　　N.Bold
刘江
　　　　　　　　　　　　　　　　　　　　　　　蒙古国教育文化科学体育部下属机构
　　　　　　　　　　　　　　　　　　　　　　　蒙古文化遗产中心 主任
　　　　　　　　　　　　　　　　　　　　　　　　　　　　　　　G.Enkhbat

图6-86　科伦巴尔古塔保护工程竣工活动文件

<h1 align="center">第六节　小结</h1>

　　科伦巴尔古塔维修工程是中国国家文物局组织实施的重要对外文物保护援助项目，是继博格达汗宫保护工程之后，中蒙两国在文化遗产保护领域的又一次成功合作。总结科伦巴尔古塔保护修复项目取得的成果和经验，至少有三点值得探讨。

　　一是该项目在前期勘察设计中所做的三维激光扫描、古塔稳定性结构验算、砌筑材料检测分析等工作，为蒙方今后对科伦巴尔古塔的保护提供了重要的科技手段和基础资料。

　　二是传统砖窑建造和青砖烧制技术不仅为该工程解决了建筑修复材料的供给，更为重要的是蒙方技术人员在重拾这一传统工艺后，为蒙古国砖砌体文物的保护修缮提供了技术帮助。

　　三是虽然本项目规模较小，但其在项目勘察设计施工一体化、中外合作交流等方面都进行了有益的尝试，也为今后中蒙两国在文化遗产保护领域继续合作奠定了坚实的基础（图6-87～89）。

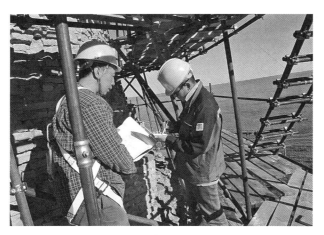

图6-87　施工过程中补充勘测和技术交流

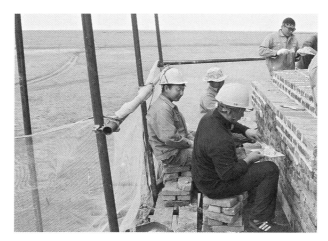

图6-88　中方技术人员现场示范操作

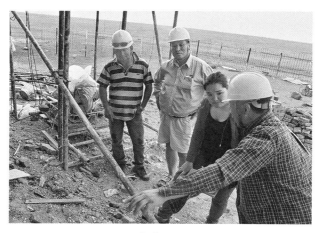

图6-89　中蒙双方技术交流

第七章　中蒙国际合作文物保护的重要成就和历史经验

第一节　重要成就

在新的历史节点，回顾中蒙合作文物保护重要成就、总结丰富经验、提炼有益启示、明确国际合作定位、锚定学术研究和工作努力方向，成为我们从事援外文物保护国际合作工作者重点关注的内容。近70年来的中蒙文物保护合作，取得了重要的历史成就，具有一定的历史启迪意义，值得深入总结和思考。以下主要以余鸣谦、李竹君分别于1957年9月、1961年11月撰写提交的"赴蒙三月工作报告"（手稿）和"协助蒙古人民共和国修庙工作总结"（手稿）为主，结合21世纪初叶对博格达汗宫博物馆门前区建筑和科伦巴尔古塔保护修缮的项目成果[1]，简要梳理总结70余年来中蒙国际合作文物保护的重要成就和历史经验。

一、历史建筑遗产保护成果突出

1957～1961年，根据蒙古国提出的请求，中国援蒙工作者针对兴仁寺和夏宫两处古建筑的实际保存现状实施了勘察设计和修缮施工，并对额尔德尼召、冈登寺、关帝庙、庆宁寺等蒙古国其他几处庙宇建筑进行了不同程度的勘察和维修方案设计工作，有力支持了蒙古国众多文物建筑的保护工作，共同合作为蒙古国文物古迹尤其是历史建筑遗产保护做出了积极成果，而且可以说这是蒙古国文物建筑科学保护修缮的重要开端，具有特殊的历史意义。其中，1959年至1961年，中国方面在这次古建筑保护修缮工程中，选派的余鸣谦、李竹君等专业技术人员在科学测绘设计、规范施工和培养蒙古国文物保护技术人才等多个方面贡献了主要力量，在协助解决技术工人缺乏和修复材料欠缺等方面同样提供了最大支持帮助。虽然余鸣谦、李竹君在工作报告中这样谦逊地记述：

我们工作中也还存在着缺点，表现在有时，我们对具体工作向下交代布置得不够细致和深入，图纸也不十分完善。施工当中个别部分有粗糙和不符修复原则精神的地方，这些，都需要今后工作中，严格掌握和努力改进。

1　《中国与蒙古：在时代气象中变异与发展》，《文明》2021年Z2期。

然而，通观整体工程档案资料，5年多来境外的艰苦生活和工作成就跃然眼前，正如余鸣谦、李竹君在工作报告中总结写道：

为了协助蒙古人民共和国修理古庙，我们带着党和祖国人民给予的重托和信任，于1959年8月下旬出国前往蒙古人民共和国首都——乌兰巴托，由蒙古科学院国家中央博物馆（古庙主管单位）接待，其中图纸设计和施工又分别由蒙古建委属下的设计院和乌市第一建筑公司（承建单位）配合。修理的主要对象是乌市的"兴仁寺"（喇嘛庙）和"夏宫"（前活佛住所）两处古建筑；附带还对另外几处庙宇进行了勘察了解、方案设计或施工修理的原则性指导等。

兴仁寺和夏宫的建筑面积约有3000平方米，经过这次修理，不仅建筑物坚固耐久得到了保证，而且在外观上也是"金碧夺目"，焕然一新。

蒙古部长会议"迈达尔"副主席和科学院"大西江木茨"副院长曾先后到工地来检查，他们认为工程质量良好。乌兰巴托的广大居民在参见后都一致表示赞许[1]。

二、专业技术传授与交流成果显著

从近70年的中国援助蒙古国文物保护工程项目实施来看，其中每个项目基本都有涉及人才交流培训，对受援国专业技术人员和工人开展了不同程度的合作培养，这种结合工程项目实施而开展的技术传授工作是难能可贵的，实践中产生了非常良好的工作效果。

譬如，通过兴仁寺和博格达汗宫修缮工程，中蒙两国的文物保护管理和专业技术人员相互尊重、交流合作，共同推动了文物保护的专业技术进步和发展。从1961年11月的"协助蒙古人民共和国修庙工作总结"（手稿）来看，根据中国驻蒙使馆商参处的指示，我们援蒙工作的任务除了协助蒙方搞好生产外，还要对蒙古国同志进行技术上的传授，以培养蒙古国自己的技术人才，我们在工作中也贯彻和执行了这一指示，在技术传授工作上，根据客观条件和可能，做了不少工作。当时中方技术人员余鸣谦、李竹君采取向蒙方文博管理和专业技术人员专门授课和在额尔德尼召等古建筑设计和工程施工过程中边工作边指导的方式进行技术传授，通过这些实际动手能力的培养和训练，蒙古国技术员对于古代建筑的测量绘图具有了一定程度的工作能力，有较多参加修庙的蒙古国工人基本上掌握了古建筑油作或画作的操作技术，较好地培养了蒙古国自己的技术人才（图7-1）。

具体来说，当时在设计工作中，蒙古建委设计院专门指定了一名技术员随同余鸣谦同志工作。从兴仁寺和夏宫两处工程的订货图纸（瓦件详图）开始，直到额尔德尼召的门楼、城墙修复设计为止，都采取了边工作边指导的方式进行技术传授。考虑到该技术员的业务水平，配合工作的进行，适当予以分工，随时检查，从而使该技术员对于古代建筑的测量绘图——从细部到骨架轮廓都具有了一定程度的工作能力。

在当时的施工现场，因为工作组有25名中方古建筑工人，而蒙方也派来了50多名同志参加油画工

1　余鸣谦、李竹君：《协助蒙古人民共和国修庙工作总结》（手稿），1961年11月。

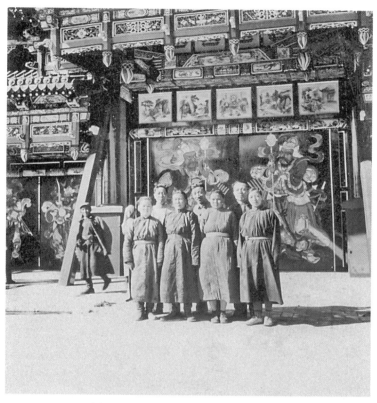

图7-1　　中蒙工人一起留影（夏宫）

作。工作组遵照中国驻蒙古国大使馆商参处的指示，专门制订了对蒙古国工人进行技术传授的计划并付诸实行。蒙古国工人来工地之前，大多数是没有职业的妇女和体弱的老年人，年龄最小的只有14岁，最大的74岁，文化程度参差不齐。针对这种情况，工作组在保证工程进度和质量的前提下，由工作组有经验的油、画工老师傅采用"师傅带徒弟""边干边学"等方法，有重点地由浅入深地进行传授，对其中19名蒙古国同志采取了有重点的培养。由于工作组行政和党支部的领导和老师傅们的辛苦劳动，克服了语言上的困难，在半年多的时间里，使得蒙古国同志掌握了主要的油作或画作的操作技术，他们的技术水平分别达到了3~5级。此外，工作组通过修复工程实施工作还对参加维修古庙的中国援蒙员工系统的新建筑油工有意识地进行了技术传授工作，取得了积极的成果，他们之中有30多人都基本上掌握了古建筑油作的操作技术。

当时，中方技术人员余鸣谦、李竹君在专业技术讲授和咨询支持等其他工作方面向蒙古国提供了较多合作帮助。例如，在1959年冬季，工作组初期在蒙古国设计院工作时，余鸣谦同志曾接受请求为蒙古国同志讲过几次课，听课者大多是蒙古国建筑设计单位的负责人和一些高级技术人员，课程内容是有关中国古代建筑保护方面的基本知识。1960年夏，余鸣谦同志还做过乌兰巴托市的"录湖"公园的规划图，后因其性质已超过古建筑工作范围，所以再未接受具体的设计工作。

另外，通过对额尔德尼召、庆宁寺、关帝庙等多处蒙古国现存历史建筑的实地考察调研、勘察设计和组织施工，从而成为对蒙古国历史文化与文物建筑的较深入学习过程，所形成的近70年前的文物建筑影像等历史档案信息资料自然成为后世参考学习了解蒙古国历史文化遗产的绝佳古籍文献，为新时期深化中蒙文化文物领域国际交流合作铺就了深厚的历史滋养（图7-2、3）。

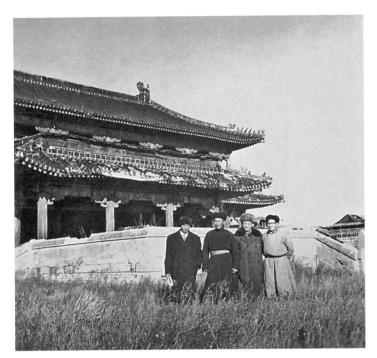

图7-2　庆宁寺勘察留念

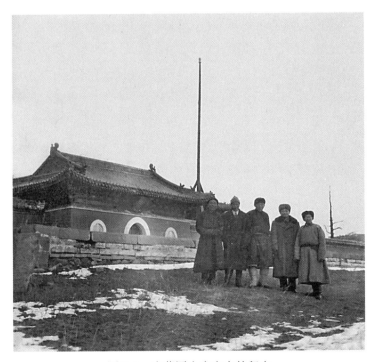

图7-3　中蒙同志庆宁寺外留念

三、深刻塑造了朴素的中蒙传统友好情谊

始于 1957 年的中国援助蒙古国文物古迹保护工作，由于中国驻蒙古国大使馆领导和古代建筑修整所领导的亲切教导关怀和期望，使得中方工作组在五年的国外生活中，思想上一直安全踏实，情绪饱满充沛。大家把"修好两座古庙，加强中蒙友谊，为祖国增光"作为自己一切行动和工作的指导思想。和在祖国时一样，大家经常关心着祖国的各种事务，经常阅读《人民日报》《红旗》等报章杂志，收听祖国电台的广播。按照中国驻蒙使馆党委的布置，大家每周都有政治学习 6~8 小时。通过"战争与和平""调查研究"等文件的学习和讨论，澄清了模糊思想，提高了政治思想水平，特别是"调查研究"的学习，有助于做好工作，也对深刻塑造朴素的中蒙传统友好情谊做出了文物保护工作者的贡献。

在先后五年多的时间里，中方工作组的余鸣谦、李竹君两人乃至和后来施工过程中的 25 名中方工人同志之间的关系是融洽的、团结互助的，从未闹过无原则的纠纷和意见。在生活上能够互相体谅帮助。工作上虽有具体分工，但能够经常彼此取得联系、交换意见，有了问题共同商量解决。有时，当大家之间的意见或看法不相一致时，大家就通过反复商量和讨论，直到最后取得一致意见。

对外团结和关系上也未发生过问题。大家牢记着中国驻蒙使馆商参处的指示，认识到在国外工作与外国同志搞好团结是特别重要的。因此，两年来的施工中，在施工现场大家和蒙方企业干部一起工作，能够团结互助、打成一片，一步步加深了彼此之间的了解和友谊（图 7-4）。在工地克服材料和人工等方面的困难当中，大家主动协助蒙方解决，从而使工程进行得基本正常和顺利，没有发生过大的质量事故。大家和蒙古国文化部建筑局等机构的同志以至苏联、保加利亚等国同志接触时，就格外地注意搞好团结，有助于国际合作交流。根据中方完成了任务准备归国时，蒙古国博物馆领导同志多次的挽留，要大家继续留下来开展别的古庙维修工作来看，大家觉得在对外关系上是正常的友好的。

在多年的援助蒙古国文物保护工作中，中方队员克服了种种业务和生活困难，最终出色完成了援助任务。在古建筑保护修复业务上，当时和中方人员一起工作的蒙古国同志仅有三人，其中二人分别是兴仁寺、夏宫的管理员，一人是博物馆的解说员，可以说在专业技术人员方面存在一定困难。生活上大家感到也很愉快，在饮食问题等方面，由于习惯关系不能完全适应，但这只是受了条件的限制使然，虽有过困难，也都能一一克服，保持了中国人民的艰苦朴素的优良传统。蒙古国方面对大家的起居、饮食、文娱方面都做了相当周到的照顾。1961 年 7 月 11 日蒙古国四十周年国庆当日，余鸣谦、李竹君参加了蒙古国总理尤睦佳·泽登巴尔举行的国庆晚宴，蒙古国方面还向二位先生颁发了奖状。临离蒙古国时，蒙古国文化部副部长鲍尔德同志代表政府向中方人员赠送蒙古国图片等礼品，盛意友情至可感激[1]！

---

[1]　余鸣谦、李竹君：《赴蒙三月工作报告》（手稿），1957 年 9 月 17 日；余鸣谦、李竹君：《协助蒙古人民共和国修庙工作总结》（手稿），1961 年 11 月。

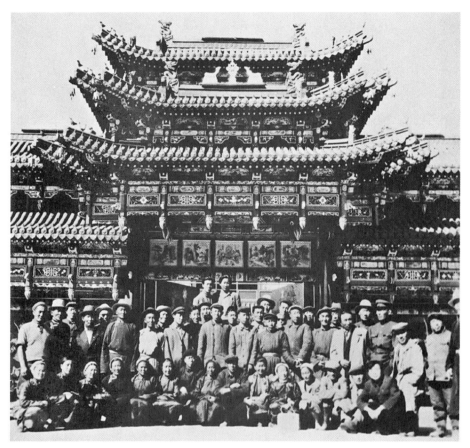

图7-4　20世纪50～60年代博格达汗宫南门修缮工程合影

第二节　历史经验与当代启示

近70年来的中蒙文物保护合作，积累了丰富的历史经验，具有重要的现实意义，对今后的国际合作文物保护事业具有深刻的当代启示，值得思考，进而汲取事业发展进步力量，从而在新时代更好地积极推动亚洲文化遗产保护行动、"一带一路"高质量建设和构建人类命运共同体贡献文化交流与文物领域国际合作的更大作用。

一、历史经验

1957年以来赴蒙古国实施援助文物保护，尤其是1959年至1961年，这两年多来的援助蒙古国修缮古庙工程施工工作，给予我们的启发和收益是很多的，使我们初步找到了怎样通过自己的具体实践活动而做好援外工作的方法。

1. 坚持党的领导和政府主导、政策第一原则，依法依规做好援外工作。

援助蒙古国文物保护工作实践深刻证明，党的领导和大使馆的不断指示是我们做好工作的重要保证。中国驻蒙大使和商参处指示我们："做国外工作首先是政策第一。""政策第一"，我们的体会是，工作中要坚决贯彻和执行我国"帮助和促使蒙古国逐步达到自力更生"的援蒙方针。对外活动中，要坚决维护社会主义阵营、维护中蒙两国的友谊和团结，具体到实践，就是不说不利于中蒙友谊的话，不做不利于中蒙友谊的事。此外，还要严格遵守国外工作的一切纪律和制度，如事先请示事后报告的汇报制度，不单人外出、不外宿，注意保卫保密等。只有认识了"政策第一"的重要性和必要性，并把它贯彻到实际活动中，才有可能做好援外工作。否则，在这方面犯了错误，其后果往往是无法弥补的[1]。另外，文物援外工作是援外工作体系中的特殊一环，具有跨部门、跨体系等特点。在此背景下，探索针对文物行业的援外管理体制机制研究，有助于援外理论制度研究与实践相结合，有助于进一步推动文物援外工作向全方位发展。

2. 善于国际合作交流，善于了解受援方的意图，紧紧掌握工作主动权。

做国外工作要善于了解驻在国的意图和想法，争取和紧紧掌握住主动权，才能把工作做得更好。这一点我们在实际工作中有较深刻的体会。例如，蒙方要求我们两处古庙修缮工程都在1961年6月底以前完成，以便在蒙古革命胜利40周年（7月11日）时，供外宾参观。当时，我们考虑到这种要求是合理的迫切的，但是客观上条件不具备，首先是熟练的油工和画工严重不足，再就是国外材料和当地材料的供应都没有保证。为了避免将来工作中的被动和完不成任务的责任谁来担负，1960年冬季我们就及时地做了一个施工进度计划，并在计划中提出增加70名熟练油画工人和按时供应材料等条件，提请蒙方有关领导考虑，只有材料和人工得到了保证，才可望两处工程均在1961年6月间完竣。后来，蒙方无法解决这些问题，不得不放弃了原来的想法。

但是，当我们意识到蒙方想在国庆前修完古庙以供外宾参观的迫切愿望时，我们就按照已有的和可能争取到的客观条件，制订了一个"集中主要力量，首先突击兴仁寺，适当兼顾夏宫"为方针的施工计划，并付诸实行。结果，兴仁寺在1961年6月中旬竣工了，保证了一处古庙在蒙古国庆节时供外宾参观，部分地满足了蒙方的要求。如果我们当初把力量分散在两个工地使用，那结果就是国庆节前连一处也完不成，使蒙方愿望无法得到实现而留下遗憾。

在文物建筑勘察设计和保护修复的工作计划、业务推动等多个方面，充分与蒙古国文化部建筑局等合作机构协商，交换意见，从而更好更科学地统筹时间、合理安排工期和修缮尺度，最终如期顺利完成保护修缮任务。当时，蒙古国建筑工地里普遍存在着材料供应不上的情况，再加上蒙方偏于只要求我们工作组，而不多给予方便条件。因此，为了掌握主动权，并推动工程尽快地进行，我们在制订施工进度计划时，还采用了"两本账"的方法，即把工地的施工工期定为两个，一个是按正常情况，经过工人的认真努力，能够完成的"积极计划"，另一个则是考虑到工地里的工人时有变动（调走）和材料不能按时供应等不利情况而订的时间上较前一个计划拖后一个月左右。这样做的好处是对工人能激发他们生产积极性，对于蒙方则我们工作组可以有主动权，要求他们为工地创造提前完成任务的条件。

1　余鸣谦、李竹君：《协助蒙古人民共和国修庙工作总结》（手稿），1961年11月。

3. 必须重视受援国本土文化背景和历史文化遗产研究尤其是工程施工条件的调查研究工作。

赴境外开展文物保护工程项目，调查研究非常重要，包括修复对象的科学研究活动和受援国经济社会等调查研究，有利于推进工作。开展援外文物保护工程项目实施，深入开展受援国本土文化背景和历史文化遗产研究，有助于推动文物援外项目落地。

在1959至1961年修缮工程施工的前期，援蒙技术工作组由于对蒙古国情况了解得不多不够，所以在材料工具的估算和准备工作上发生了不少困难和麻烦。当时，余鸣谦、李竹君等组织学习了有关"调查研究"的文件后，深受启发，大家得到的体会是："了解和掌握的情况愈多愈全面，工作中的困难就愈少也愈容易克服。"例如，兴仁寺和夏宫两处古庙工程彩画中所用的"洋兰"颜料是从中国进口的，质量较次，使用后不过一个礼拜就变为"白"色（兑了铅粉）或"黑"色（兑了水胶），按设计要求不能使用。当地建筑彩画中缺少蓝色是一个大问题，不解决就不能保证彩画工作进行。这时，我们就在乌兰巴托进行调查，发现乌兰巴托市许多建筑上的蓝色，色泽好而未变，据此我们认为乌兰巴托市一定有一种好的蓝颜料，于是就从各方面调查了解。起先，从新建筑工地搞到一些，经试验发现和我们现有的一样变色。在继续了解当中，有一位久居乌兰巴托市的中国工人说："我知道蒙古国从苏联进口两种兰。一种是木桶装，另一种是铁桶装，究竟有没有区别不太了解。"我们根据这句话的提示，又跑了几个工地终于找到了铁桶装的兰。经过试验发现，这正是我们需要的那种上好的"洋兰"。再如"章丹""石黄"等颜料，也都是通过调查研究之后才找到的。

4. 坚持既依靠群众又要有分析有领导的推动援外工作。

我们工作组中的18名油画工人多数是技术熟练、经验丰富的老匠人，所以在我们协助修理的两处古庙工程中，依靠他们起骨干和核心作用。工程中的许多工程做法、技术要求等都需要和他们一起研究解决，这些工作是完全必要的。但是，我们过后发现，仅仅是相信、依靠他们还不够，我们必须要有主见有分析地领导他们。因为每一个工人事实上都是凭自己的经验提出自己的想法和意见的。比如在1961年夏季讨论夏宫的工期时，工人们认为1961年内工程完不了，需要拖到1962年才能完成。他们当时只看到了蒙古国的许多不利条件和困难，没有估计到参加夏宫修缮的多数工人已经在兴仁寺工程中得到了锻炼，技术上有极大程度的提高；而材料和工具方面夏宫也远比兴仁寺条件优越得多；此外，他们也未能预料到当乌兰巴托市许多国庆工程竣工后，能够抽出许多油工支援我们工地。我们分析到这些有利因素就向工人讲清了道理，提出了一定要在1961年冷冻季节以前把夏宫修缮完竣的计划，并付诸实行，事实收到了效果。

在材料数量估算问题上，当时在工程开始时期，因为我们未能很好地分析研究，过多地相信了工人群众的意见，致使某些材料估算得偏低，给工地增加了困难。通过这些事例，我们体会到只有工人同志的意见和我们的分析研究工作结合起来，才有可能把工作做得更好。

5. 保护修缮工程施工前期材料工具等准备工作要充分。

通过1959至1961年的两年多古庙修缮施工工作，我们对蒙古国建筑施工方面有关材料工具供应和使用的一些情况有了初步的了解。我们发现乌兰巴托市的各建筑施工现场，普遍存在着材料和工具上的浪费和丢失现象。这非但给预算工作带来了麻烦和困难，而且常常影响着工程的按计划、正常地进行。

1957年我们对兴仁寺和夏宫两处工程估算的材料定额数量绝大部分超过了，有些材料如木材、油漆等超过的数字甚大。

蒙古国自给性材料，无论品种和数量都不敷需求，大部分仰给于从苏联和中国两国进口。当某种进口材料不足需要时，就造成了工程施工现场的停工待料或降低工程质量的不良后果。在工具上除了消耗量过大外，也存在着不全或根本没有的现象。像我们古庙工程中油画活所使用的工具绝非蒙方自己能想到并容易解决的。我们1957年做初步设计时，因不了解情况，未能考虑这方面的问题，给施工造成了不少困难。

通过对兴仁寺和夏宫这两处古庙的修缮，我们得出了结论是："如果将来再协助蒙方修理古庙时，在材料和工具问题上应该而且必须予以足够的重视和充分考虑。在材料工具准备工作上宁肯早些多些，不能拘泥于我国既有的经验。"

二、当代启示

对中国政府援助蒙古国文物保护的工作历史和所取得的保护成果的完整梳理，单从保护工程的历史档案中就能够理解到对当今国际合作文物保护工作的诸多启示。

首先，我们深刻认识到时刻尊重前人工作成果并注重总结文物保护工程工作历史的重要价值和现实意义及其历史启示。只有不断总结积累文物保护工作历史，才能从中凝练经验、发现问题、汲取养分、引领未来，国际合作文物保护史更是如此。与此同时，我们也发现，对于中国援外文物保护的合作历史表述，很多时候大家的表达不尽符合历史事实，不仅中蒙两国在文化遗产保护领域的首次合作要从古代建筑修整所时期余鸣谦和李竹君两位先生在20世纪50年代赴蒙的艰难开端工作谈起[1]，而且中国援外文物保护的国际合作历史也是从此开启，这是何等的重要和珍贵，理应成为行业历史教育的典型案例。

再者，我们深刻明白了文物保护工作尤其是国际合作交流项目要有统筹规划，特别是在文物保护工程项目的前期研究、勘察设计、组织施工和报告整理刊布、信息档案建设保存以及活化利用等系统环节一定要坚持科学原则、坚守行业规范，才能做出不负众望的优秀工程项目成果，进而留存久远，传之历久弥新。我们也深刻地体会到，国际合作文物保护工作是需要一代又一代人不断接续奋斗的崇高事业，如同中蒙合作几代人已经走过70余年的光辉历程一样，这项作为人类进步事业的重要组成部分才能更加长远持久和稳步健康发展。

第三，我们更加坚定的理解到，持续开展文明交流互鉴和人文交往及民心相通是何等的珍贵，不同文化之间要互相尊重，保守自负就会走下坡路。积极开展"引进来"和"走出去"相结合的国际合作交流是文物保护事业发展的重要途径，这业已成为行业共识，在中国文化走出去参与文明互鉴交流中，文物保护和考古研究可以说是最基础、最接地气、最有亲和力的工作，我们必须坚定支持并身体力行而实践之，这样才能更加开阔我们科学保护文物和研究文明历史的宏阔视野。历史上东西方和中外文明交流

1　李竹君：《亲历60年代援助蒙古国维修古建筑》，《中国文化遗产》2010年第5期。

从来都是持久的、深沉的，譬如广袤的欧亚草原地区数千年来人类的文明交流连绵不绝，今天的我们理应接续承担历史传承久远的国际合作交流使命，决不能有任何喘口气、歇歇脚的想法。

三、对援外工作的体会与认识

中国援助蒙古国文物保护工作已有近70年历史，有很多方面需要我们去细致体会和品味，总体来看，我们大致有这样几个方面的初步体会和认识。

首先，援助蒙古国文物建筑保护工程是新中国文物援外事业的艰难发端，老一辈在援外工作中团结友爱、严谨扎实的文物保护工作作风，是值得我们学习领悟的最生动的行业工作历史教材。我们深刻感悟到老一辈文物保护工作者的艰苦朴素、勤劳勇毅、踏实肯干、兢兢业业等优秀的宝贵行业风范与品格，他们在极端艰难的年代不仅抢救修复了国内外的文物古迹，不折不扣地留给后人望尘莫及的珍贵文献档案，这种负责人的行业精神和职业操守值得生活工作在新时代条件下的我们深思，绝没有丝毫理由不为之发扬光大并成为坚定的学习榜样。新中国成立之初，在很多人还为果腹生计为之奔命的艰难岁月，先生们克服多种困难，与蒙方人员友好合作，一笔一画手书成今日堪称天书般的贵重档案，谈何容易。老一辈援外文物保护工作者的功勋已经牢牢铭刻在新中国对外援助事业的史册上。1959年6月，余鸣谦、李竹君赴蒙执行任务前，因国内工作任务繁重，缺乏照相器材，因而由古代建筑修筑所向北京市文化局申请抽调或暂借一台相机以应急需。可见，当初国内文物保护工作条件之艰难[1]。

其次，唤起大家的历史记忆，匡正一些不准确认识，如满天飞的中外合作文物保护项目的"第一次""第一个""首次""首个"等等不符合历史事实的说法，帮助大家树立正确的历史观和行业发展史观，慎重看待历史，了解历史、学习历史、尊重历史、敬畏历史。具体来说，要深入了解和正确认识中国政府第一个文物保护援外项目真正是20世纪50年代援蒙工作，诸如对21世纪初叶所谓"中蒙两国首次合作保护蒙古国博格达汗宫博物馆古建维修工程""中蒙两国首个文物保护合作项目""中蒙两国在文化遗产保护修复领域进行的首次合作"等表述[2]，显然不符合援助蒙古国历史文化遗产保护国际合作的历史事实。当然，中国文物研究所"古建与科技中心实施的我国政府第一个文物保护援外项目——中国政府援助柬埔寨吴哥窟古迹保护项目，正谱写着我国文物保护科技迈出国门的新篇章"[3]，此类表述同样不准确，而且是虽然机构名称先后更迭不同但仍属于一脉延续的同一机构承担实施的援外项目，理应历史脉络传承清晰可辨。针对此类问题，新时代新形势条件下，致力于国际合作文物保护史研究，我们不能一味做回避或者模糊处理，而是有必要细致廓清工作历史，具有非常重大的历史教育意义。

再者，我们深刻意识到珍视珍藏和善待呵护文物保护工程信息档案的极端重要性。一般来说，文物工程档案是大家集体智慧和辛勤劳动的结晶，是供大家共享的，绝不能作为个人私藏品束之高阁甚至流失遗弃，大家也不能抱有漠视甚至无视的事不关己的对待态度，而是要创造条件好好保管保存、传承共

1　手稿（古行39号）：古代建筑修整所于1959年6月23日为赴蒙古国工作组向北京市文化局文物处申请一台相机。

2　庞博：《西安文物保护修复中心圆满完成援蒙古建维修任务》，《中国文物报》2007年11月23日第3版。

3　中国文物研究所：《中国文物研究所七十年（1935-2005）》，文物出版社，2005年，第35页。

享，这就是尊重历史，建立历史自信、养成文化自觉行动。援助蒙古国兴仁寺等文物建筑修缮档案历经近70年的保存传承，今天我们依然能够在大饱眼福中惊叹这批成果的来之不易，因此，必须履行好我们肩负的文物保护工程历史档案信息资料的安全、共享、传承之责[1]。

以上仅为中国对外援助文物保护工作的历史性体会，着实非常浅薄。在这里，借用余鸣谦、李竹君在援蒙工作报告结尾的谦逊之语，与大家共勉：

以上所谈的仅仅是我们援蒙修庙工作期间的一些肤浅的体会，因我们考虑和研究得不够充分，一定有不少谬误之处，希望领导和同志们提出批评和指正。

第三节　发展前景

中外联合考古和文物保护合作工作已经取得一定进步，但还缺乏共同的学术纲领和学术规范。在前辈们多年辛勤耕耘的基础上，需要进一步揭示援外文物保护国际合作交流在中外古代文明比较研究和文物保护事业发展中的重要地位和作用。近20年来，中蒙合作考古新发现不断增多，与中国北方及广大草原地带的考古研究和多种类型的文物保护相比，仍需深入探讨、全面开展中蒙联合考古研究及文物保护发展。我们意识到，新时代条件下，考古学家和文物保护工作者持续开展的中蒙合作交流，并不能仅局限于复原过去、保护文物本体，还必须深挖文物的多重价值，关注和解释历史是如何发展的，文化遗产保护的意义和作用是什么，这种意义能为当今当地的民众提供什么等文化遗产传承共享的大问题。

从中蒙国际合作交流视野出发，我们大致从以下两个方面提出建议，进一步合作保护好蒙古国境内的人类共有的宝贵文化遗产，进一步为中蒙睦邻友好关系发展提供文物领域交流合作的软实力支撑作用[2]。

首先，中蒙联合考古和文物保护方面，应继续坚持落实2007年以来中蒙两国政府之间签署的考古援助项目，建议中国国内主管部门能够抓紧实施这一项目，利用国家援外资金和亚洲文化遗产保护行动基金等进一步推动与蒙古国的文化遗产合作项目。当然，在考古援助项目内容规划中，除了考古发掘研究之外，应当兼顾文物保护人才培养，重要遗址保护展示工程援建，古建筑修缮维护等保护性项目。以考古发现和研究成果来获得学术界支持，以保护展示工程来获得民心，综合实现这两个目标才能保证两国的文化遗产合作项目得到可持续发展。

再者，对于现有在蒙古国境内实施文化遗产合作项目的中国机构力量及时进行科学整合、统一管理，加强合作项目的计划性和连续性，注重合作项目产生的社会影响。针对缺乏文物领域两国交流沟通的平台，应以乌兰巴托中国文化中心为依托，建议设立中国赴蒙古国文化遗产合作项目联络中心，为中国高校和科研院所赴蒙古国的考古与文物保护机构之间提供沟通联络平台，同时及时收集和汇总相关项目进

1　《庆中蒙建交70周年 乔金喇嘛庙历史资料图片展在乌兰巴托举行》，东方网（http：//news.eastday）2019年4月17日。
2　芝春：《中国与蒙古国合作中的软实力问题探析》，陕西师范大学硕士论文，2012年。

展及产生的社会影响，向中国驻蒙使馆和国内主管机构汇报工作，为相关决策提供有效建议。

　　邻居可以选择，而邻国不能搬家。加强人文交流与学术合作是为新时代中蒙全面战略伙伴关系深入发展做出新贡献的基础性工作，应当发扬近年来两国学者和研究人员在考古、物质与非物质文化遗产保护以及合作申遗等方面取得的可喜成绩，从而更加深入坚持文物领域国际交流合作，为中蒙两国传统友好关系奠定更加坚实的基础[1]。

1　CHULUUNBAATAR Sumiya，吴磊：《关于加强蒙中人文交流的思考》，《华东师范大学学报（自然科学版）》2020年第 S1期。

附录一　中国援助蒙古国文物建筑维修工程大事记

1952年

1952年10月4日，中蒙两国签订《中华人民共和国和蒙古人民共和国经济及文化合作协定》，中国中央人民政府政务院总理兼外交部部长周恩来和蒙古人民共和国总理泽登巴尔分别代表中蒙两国签字。

1956年

1956年8月29日，中蒙两国签订《中华人民共和国政府和蒙古人民共和国政府关于中华人民共和国给予蒙古人民共和国经济和技术援助的协定》，中国开始向蒙古国提供经济技术援助。

1957年

1957年4月4日，古代建筑修整所提出《关于协助蒙古人民共和国设计修缮古代建筑事》并报送文化部文物局办公室，拟请蒙古国方面先将有关设计资料寄来中国，以便研究设计。

1957年6月8日，根据中央文化部（现文化和旅游部）指示，古代建筑修整所（现中国文化遗产研究院）余鸣谦、李竹君赴蒙古国首都乌兰巴托，对兴仁寺和博格达汗宫（又称"夏宫"）两处喇嘛庙进行勘察和设计，同时开展额尔德尼昭、庆宁寺、将来斯格庙和关帝庙的勘察设计。

1957年6月17日至7月27日，兴仁寺勘察设计工作完成。

1957年8月6日至8月28日，博格达汗宫（又称"夏宫"）勘察设计工作完成。

1957年9月10日，余鸣谦、李竹君回京。

1957年9月17日，余鸣谦主笔完成并提交《赴蒙三月工作报告》和工程图纸。

1957年9月，兴仁寺和博格达汗宫（又称"夏宫"）维修工程初步设计方案交付蒙古国文化部建筑局。

1958年

1958年3月10日，按照中国对外贸易部（1982年3月8日撤销）意见，余鸣谦、李竹君就兴仁寺、博格达汗宫（又称"夏宫"）维修工程概算和工料数量进行核查，并于3月12日提交补充意见。

1959年

1959年3月10日，蒙古国文化部、蒙古国驻中华人民共和国大使馆、中国外贸部、古代建筑修整所（现中国文化遗产研究院）等相关人员，在蒙古国大使馆就兴仁寺、博格达汗宫（又称"夏宫"）维修工程的工期、人工、材料等问题进行会谈。

1959年4月4日，中央科学技术委员会（现科学技术部）致函中央文化部，提出拟从北京市抽调古代建筑技术人员二人赴蒙古人民共和国帮助工作。

1959年4月23日，北京市文化局函复中央科学技术委员会，同意派古代建筑修整所（现中国文化遗产研究院）工程师余鸣谦、技术员李竹君二人赴蒙工作。

1959年8月下旬，余鸣谦、李竹君前往蒙古国首都乌兰巴托，主持开展兴仁寺、博格达汗宫（又称"夏宫"）维修工程。

1959年11月，兴仁寺维修工程开工。古代建筑修整所（现中国文化遗产研究院）负责项目指导，长春建筑公司承担土木工程，蒙古国派出技术员、材料员和记工员各一名。

1959年冬季，余鸣谦接受蒙古国设计院请求，为蒙古国建筑设计单位的负责人和一些高级技术人员讲授有关中国古代建筑保护方面的基本知识。

1960年

1960年4月，博格达汗宫（又称"夏宫"）维修工程开工。

1960年6月，中央科学技术委员会（现科学技术部）从国内抽调选拔25名古建工人（画工10名、油工8名、瓦工5名、雕刻工2名）赴蒙，开展油饰彩画工作。

1960年冬季，余鸣谦、李竹君前往庆宁寺现场，开展勘测工作。

1961年

1961年4月初，蒙方派出56名蒙古国工人参加油画工程。

1961年6月中旬，兴仁寺维修工程竣工。

1961年7月11日，余鸣谦、李竹君出席蒙古国总理泽登巴尔的国庆招待晚宴。

1961年10月，博格达汗宫（又称"夏宫"）维修工程竣工。

1961年11月下旬，中方27人回京，中国首次援蒙古国建筑维修工作圆满结束。

1990年

1990年9月，李竹君重返蒙古国回访夏宫和兴仁寺。

2004年

2004年4月，文化部部长孙家正、国家文物局局长单霁翔率中国政府文化代表团访问蒙古国。蒙古国总理那木巴尔·恩赫巴亚尔（Nambaryn Enkhbayar）在会见代表团时表示希望中蒙两国在文物保护考古等方面进行合作。

2004年7月，中国国家文物局副局长童明康率文物代表团访问蒙古国。双方就维修博格达汗宫博物馆大门、合作考古及举办文物展等事宜达成共识。

2005年

2005年，中华人民共和国文化部、国家文物局与蒙古国教育文化科学部签署协议，确定无偿援助蒙古国文化遗产保护项目——博格达汗宫博物馆维修工程。

2005年5月27日至6月7日，中国国家文物局组织专家赴蒙古国对博格达汗宫博物馆门前区进行实地勘察。

2005年7月7日，中国国家文物局下发《关于蒙古国博格达汗宫博物馆门前区维修保护初步设计方案的批复》，同意西安文物保护修复中心（现陕西省文物保护研究院）编制的《蒙古国博格达汗宫博物馆古建筑维修设计方案》。

2005年6月10日，中国内蒙古自治区文物考古研究所与蒙古国游牧文化研究国际学院、蒙古国家博物馆等在内蒙古呼和浩特市共同签订合作实施"蒙古国境内古代游牧民族文化遗存考古调查与发掘研究"项目协议，中蒙联合考古研究从此合作开展，直至今日仍在持续，并带动中国人民大学、吉林大学、内蒙古大学、河南省文物考古研究院等机构先后与蒙古国同行一道开展蒙古国考古研究，已取得了多项学术成果。

2006年

2006年4月6日，国家文物局委托西安文物保护修复中心（现陕西省文物保护研究院）实施援蒙古国博格达汗宫博物馆门前区维修保护工程项目。

2006年5月27日，援蒙古国博格达汗宫博物馆门前区维修工程正式开工，蒙古国总理米耶贡布·恩赫包勒德为工程开工剪彩，国家文物局、中国驻蒙大使馆、陕西省文物局等相关领导在乌兰巴托出席开工典礼。

2006年9月13日至18日，国家文物局组织国内相关专家检查援蒙古国博格达汗宫博物馆门前区维修项目工地，通过了第一期工程的阶段性验收。

2007年

2007年4月25日，援蒙古国博格达汗宫门前区博物馆维修工程二期开工。

2007年9月27日至30日，中蒙文物专家组成专家组，对援蒙古国博格达汗宫门前区维修项目进行联合验收，一致通过验收。

2007年10月8日，援蒙古国博格达汗宫门前区维修工程竣工典礼在乌兰巴托博格达汗宫博物馆举行，蒙古国教育文化科技部部长恩赫图布欣、中国驻蒙古国大使余洪耀、国家文物局副局长张柏等出席竣工典礼。

2010年

2010年12月6日至11日，陕西文物保护研究院派工作组赴蒙古国对援蒙古国博格达汗宫博物馆门前区维修项目进行质量回访，现场核查工程质量保持良好。

2013年

2013年11月28日，受中国国家文物局委托，中国文化遗产研究院承担国家文物局援助蒙古国科伦巴尔古塔保护工程项目（一期），项目内容包括砖塔本体破损部位的修补、现存木构件的修补加固、一层平台的搭建等内容。

2014年

2014年1月8日，中国文化遗产研究院与蒙古国文物保护中心在北京就援助蒙古国科伦巴尔古塔保护工程项目合作事宜进行会商。

2014年2月，中国文化遗产研究院与蒙古国文物保护中心签署了《中国文化遗产研究院与蒙古国文物保护中心关于合作抢救科伦巴尔古塔的协议》。

2014年6月10日，中国驻蒙古国大使馆参赞杨庆东与蒙古国文化体育旅游部国务秘书阿拉坦格日勒在乌兰巴托签署了《中华人民共和国国家文物局与蒙古国文化体育旅游部关于合作保护科伦巴尔古塔的备忘录》。按照协议内容，中国政府为科伦巴尔古塔保护修复项目提供费用，协助蒙古国修复辽代古塔历史文化遗迹。

2014年7月~8月，中国文化遗产研究院组织技术人员赴科伦巴尔古塔现场进行勘查，工作的主要内容包括三维激光扫描数据采集、局部手工测绘、古塔残损调查记录、建筑材料取样及施工条件调查等。

2014年12月8日，受中国国家文物局委托，中国文化遗产研究院承担国家文物局援助蒙古国科伦巴尔古塔保护工程项目（二期），项目内容包括古塔周围环境整治、塔顶安装遮盖设施等内容。

2015年

2015年5月，蒙古国教育文化科学体育部（原蒙古国文化体育旅游部）批复中国文化遗产研究院编制的《蒙古国科化巴尔古塔保护工程设计方案》。

2015年8月底，国家文物局援助蒙古国科伦巴尔古塔保护工程项目开工。

2016年

2016年8月26日，国家文物局援助蒙古国科伦巴尔古塔保护工程项目通过了蒙古国文化遗产中心的验收。

2016年11月3日，科伦巴尔古塔保护工程竣工仪式在项目所在地举行，中国文化遗产院院长柴晓明与N.Bold司长分别代表科伦巴尔古塔保护工程合作协议的签署方——中国国家文物局和蒙古国教育文化科学体育部签署项目完工移交文件。

2019年

2019年4月17日，以"七十载友谊"为主题，回顾中蒙两国走过70载不平凡的岁月，由乌兰巴托中国文化中心、蒙古国乔伊金喇嘛庙博物馆等共同在乌兰巴托专门举办《庆中蒙建交70周年蒙古国乔伊金喇嘛庙珍贵历史资料大型图片展》，主要展出20世纪20年代以来有关乔伊金喇嘛庙的珍贵历史资料照片，许多资料照片真实记录了两国文化领域长期合作历史，其中首次公开展示的1957年至1961年中国古建筑专家协助蒙古国修复寺庙建筑的图纸资料和照片等尤其珍贵。

附录二 援蒙工作报告及相关文件（含手稿）

（一）关于协助蒙古人民共和国设计修缮古代建筑所需要的资料

关于协助蒙古人民共和国设计修缮古代建筑事，拟请先将有关设计资料寄来，以便研究设计。需要下面的一些资料：

1. 总平面图

2. 单体建筑物平面图

3. 单体建筑物结构图（纵断面、横断面）

4. 单体建筑物正立面、侧立面图

5. 细部大样图

6. 照片（内景照片、外景照片、早期原始照片和现状纪录照片）

7. 历史情况说明文字

8. 建筑物结构特点

9. 建筑材料一般情况

10. 建筑物残破情况的说明

11. 其他有关的参考资料

1957年4月4日送局办公室

（二）赴蒙古国协助古建筑修理工作报告

根据中蒙文化合作协定，我和李竹君同志于本年六月上旬赴蒙古人民共和国协助拟定兴仁寺和夏宫两处古建筑修理设计并于九月十日回到北京，写出简略的工作报告一份，请鉴核 并转报文物局

余鸣谦

1957.9.17

图附录二-1 关于协助蒙古人民共和国设计修缮古代建筑所需要的资料

附蓝图7张

拟请报局

祁英涛　　9.19

赴蒙古国三月工作报告

（甲）三月来工作经过

6月8日离京，6月10日抵达乌兰巴托，经与蒙古文化部中央博物馆连（联）系，初步了解兴仁寺和夏宫两处的现状，博物馆馆长"雅达姆苏仑"同志提出要进行两处的设计和施工，我们根据实际情况提出意见：两处的修理设计可在8月下旬做完；施工问题最好考虑过年开始，以求周备。这一意见蒙古方面亦表同意。

和我们一起工作的蒙古同志共三人。其中二人分别是兴仁寺、夏宫的管理员，一人是博物馆的解说员。

自6月17日开始兴仁寺的勘查（察）设计工作，于7月27日完了。这一阶段用的时间比较多，因为其中有一周左右是庆祝蒙古国庆节的休假期，加以工作人手生疏，因此较缓慢。

自8月1日至8月4日我们下乡参观了"阿尔杭麦"省的牧场并参观了该省的"额尔德尼召"喇嘛庙——蒙古国最早也是最大的一座庙宇。

自8月6日开始夏宫的勘查（察）设计，于8月28日完了，工作进行得比较紧凑，总计两处共写成初步设计文字说明书各一份；人工、材料、工具数量估算表各一份；实测图、计划图共七张。

（乙）初步设计的程度和蒙古方面的意见

在9月3日、5日、7日三天，我们和蒙古文化部建筑局先后三次交换了有关修理工作上的意见，综述如下：

（一）在9月3日的会上，我们把设计的内容和原则做了说明，指出这一设计的性质和程度。根据估算出的人工、材料、工具可以编制预算，提请审查批准；并且指明两处设计中不包括电灯、暖气等设备费，也不包括一般房屋，墙垣的修缮费，另外，行政管理等间接费用也没有包括进去，这些在编制预算时，都须依适当比例加入之。

（二）据蒙古文化部副部长"鲍尔德"同志谈：建筑局根据我们的初步设计，做出工程预算后，蒙古国政府已初步决定分期修理两处庙宫：1958年修理兴仁寺；1959年修理夏宫。修理工程中一部分人工、材料和监工技术人员拟请中国方面协助解决。

（1）技术人员：为了及时解决施工中发生问题；补充初步设计中的测设不充足部分，绘制施工图；培养蒙古技术力量，需中国技术人员5人~7人。

（2）工人：拟聘请中国架工、木工、瓦工、雕工、油工、画工，共30人左右；施工期限约七个月（4

月～10月），施工当中和蒙古工人一起工作，并起到领导、示范作用。

（3）材料：下列兴仁寺用主要材料拟由中国方面订购，计：

青条砖		148110块	青方砖	2680块
削割瓦	筒瓦	16500块	布瓦、勾滴、吻兽件	10454件
	板瓦	44000块		
颜料（包括红土、洋绿、佛青等）		共1213公斤		
苏大赤金		75.20具	桐油	13490公斤

详细情况可能最近蒙古文化部备公文接洽。

（丙）三月来生活情况

蒙古方面对我们起居、饮食、文娱方面都做了相当周到的照顾。虽然，在饮食方面由于习惯关系不能完全适应，但这是受了条件的限制使然。临离蒙古国时，蒙古文化部副部长"鲍尔德"同志并代表政府向我们赠送蒙古国图片等礼品，盛意友情至可感激！

（丁）关于工人问题

我们建议最好约请北京市建筑公司古建队，因该队人手整齐，技术较强，办料熟悉方便，故担负此任务比较恰当。

报告人　余鸣谦

李竹君

1957.9.17

图附录二-2　赴蒙古协助古建筑修理工作报告

（三）呈送赴蒙古人民共和国协助修缮古建报告及设计图

古代建筑修整所发文稿纸

签发： 王真 代 9.21	核稿：祁英涛 9.19
主办单位和拟稿人：工程组 陈效先	会稿单位：
事由： 呈送赴蒙古人民共和国协助修缮古建报告及设计图由	附件： 附报告2份 兰（蓝）图七张
发送机关 文化部文物管理局	抄送机关

打字：　　　　　　　　　　　　　　　　　　　校对：

发文：古工字第49号　　　　　　　　　　　1957年9月21日封发

　　根据中蒙文化合作协定，经我所余鸣谦工程师和李竹君技术员于本年六月上旬前往蒙古人民共和国协助拟定兴仁寺和夏宫两处古建筑修理设计业已完竣返京。兹将制就图样七张及工作报告2份报请鉴核。　谨呈

文化部文物管理局

　　按："赴蒙三月工作报告"同前，此处省略。

（四）关于蒙古人民共和国乌兰巴托城两处古建筑工程概算及工料数量的检查补充意见

王毅同志：

蒙古工程检查意见已写好送请核阅

外贸部曾向古建所电话连（联）系希望给他们一个有关蒙古工程的文字意见，您看是不是一回事？

敬礼。

余鸣谦

58.3.12

蒙古人民共和国乌兰巴托城两处古建筑工程概算及工料数量的检查补充意见

1958.3.10

（一）关于工程概算

甲.1957年9月初，临回国之前蒙古文化部副部长鲍尔德曾要面谈希望提出工程预算数字，以便向蒙古政府请款，当时因一部分需请中国供应的材料单价不能得到，粗略估计兴仁寺、夏宫两处古建筑修理情况，与北京雍和宫相仿，而雍和宫在1953～1954年修理费用是800000元人民币，当即将这一数字告该部长。

乙.1958年2月中，结合反浪费运动，比较近于正确地估计了全部工程费用，以近期在北京附近地区了解的工人工资、材料单价、一般修缮工程取费率为依据，得出概算金额如下：

建筑名称	人工费	材料费	间接费	总金额
兴仁寺	51000	171000	25%	277500
夏宫	98000	142000	25%	300000
两处共计人民币				577500

不过这个数字，仅依在北京附近施工的条件算出，在乌兰巴托熟练工人少，一般工资标准高（据了解是北京地区的四倍），如果实施，这一概算可能偏低。

（二）关于工料数量

1958年2月中通过反浪费运动，把1957年在蒙古提出的工料数字突击检查一次，发现下列问题：

（甲）兴仁寺工程中所用桐油数量，由于工作中的粗心，一部分单位写错（原系"两"误写"公斤"，发生计算错误，原估桐油13490kg应改成2553kg）。

（乙）原估两处工程缺少稀油，需补加线油617kg。

另有两点意见供参考。

（甲）除在蒙提出的主要材料数量之外，另外还需要补充一些零星材料工具，可能从中国买去较方便，因其价格低（不过数百元）拟俟正式订货时再补充进去。

（乙）有些颜料如洋绿，是从欧洲国家如捷克、德国进口的价格昂贵，如果蒙古能向这些国家直接订购，似较相宜。

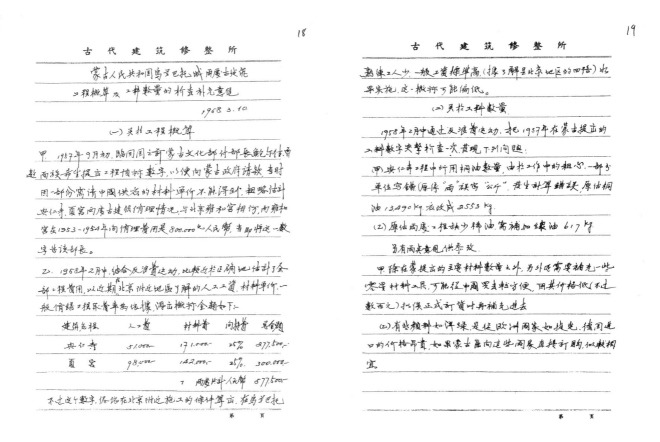

图附录二-3　关于蒙古人民共和国乌兰巴托城两处古建筑工程概算及工料数量的检查补充意见

（五）关于蒙古人民共和国两个喇嘛庙修建问题的会谈情况

关于蒙古人民共和国两个喇嘛庙修建问题的会谈情况

1959.3.10

（一）时间：3月10日上午10时

（二）地点：什刹海西岸蒙古大使馆

（三）与会人员：蒙古文化部同志、蒙古大使馆专员同志、中国外贸部李同志、古建所余鸣谦、翻译同志共5人。

（四）会谈内容

（甲）蒙古人民共和国将于今年八月间在首都乌兰巴托举行蒙古学会议。同时把夏宫、兴仁寺两个喇嘛庙修好，这个修建任务比较紧迫（从3月到8月只有5个月的时间，现在材料还没有开始订烧）希望中国大力支持。

（乙）蒙古根据1957年中国文化部去的两个专家（即余鸣谦、李竹君）计划的修建工料数量，又考虑了他们国内具体条件，提出希望中国协助解决的工料数字，其中：

①技术员工共32人，内包括雕工2人、木工5人、瓦工4~5人、油工6~8人、画工10人，另技术指导人员2人（希望仍是57年去的余、李两人）

②材料（另见详表）

（丙）目前请古建所余鸣谦把材料数字再做一次核查进行必要的修正与补充，核查后连同技术员工数字由蒙古大使馆备文送交中国对外贸易部。

（丁）材料中的条砖，蒙古希望了解其成分做法，如果他们国内能做，即不向中国订货。

（戊）材料中代（带）有花饰的转料瓦件，蒙古均将送来样品，以便中国的工厂照样烧配。

余鸣谦正（整）理

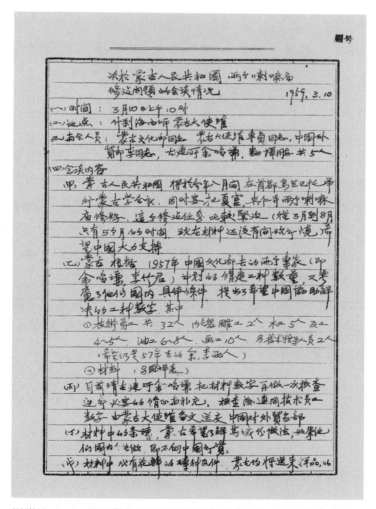

图附录二-4　关于蒙古人民共和国两个喇嘛庙修建问题的会谈情况

（六）为去蒙古申请一架相机（1959年6月）

古行39号

文化局文物处：

　　我所最近接受去蒙古的任务，月底前急于出发，但我所原有照相机少不够用，今又将原有照相机都分带外地去进行工作，去蒙没有照相机不便进行工作，目前又不能新购，请局设法抽调或暂借一架以应急需。

古建所　6.23

　　按：这里的"文化局文物处"是指北京市文化局文物处，"6.23"是1959年6月23日。在1959年7月18日北京市文化局上报中央科学技术委员会的"北京市文化局关于派遣古建技术人员赴蒙古工作事（油印件）"中，都能够清晰了解北京市与古代建筑修整所的隶属关系。可见，这时的古代建筑修整所正是下放北京市管理时期。

（七）北京市文化局关于派遣古建技术人员赴蒙古工作事（油印件）

北京市文化局
关于派遣古建技术人员赴蒙古工作事

（59）文人字第733号

中央科学技术委员会：

　　中央文化部于4月11日以（59）文物字第265号函，转来你委4月4日（59）科合王字第192号面，关于从北京市抽调古代建筑技术人员二人赴蒙古人民共和国帮助工作的问题，我们已于4月23日以（59）文人字第419号号函复你委，表示同意，具体人选系我局所属古代建筑修整所工程师余鸣谦、技术员李竹君二人。此后，我们即开始办理出国审查手续，并于6月底将上述二人出国人员审查表报中央文化部核转你委，请你委办理派遣出国手续和等待你委通知。但是，中央文化部在收到上述二人出国人员审查表以后不久，即将原件退回并电话通知我们，略称：经与你委联系认为，上述二人派赴蒙古工作，应由北京市直接派遣，并具体负责办理各项出国手续（护照、车票等）。我们认为：派遣出国人员，事关重大，由北京市直接派遣出国不妥，应由中央部门派遣；同时，你委与中央文化部来函，仅要我们提出出国人选，并未提及由北京市直接派遣出国人员。因此，我们意见：派遣上述二人赴蒙古工作，派遣部门应属你委，并由你委办理出国手续。上述意见，目前已用电话简告，为郑重计，兹特回复，请予考虑。

1959年7月18日

　　抄送：中央文化部、市委文化部、市外事办公室、古代建筑修整所

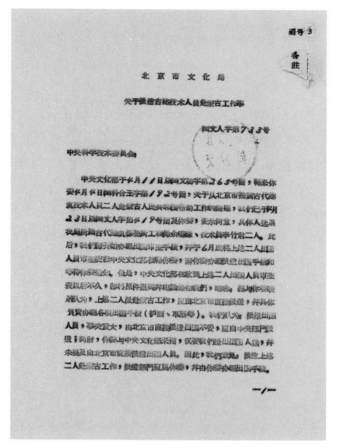

图附录二-5　关于派遣古建技术人员赴蒙工作事

（八）为余鸣谦、李竹君两同志办理出国赴蒙手续的请示等

古代建筑修整所收文处理专用纸

收文　人　字　第111号　　　　　　　　　　　　1959年9月3日

来文机关： 北京市文化局	来文59人字 第959号 1959年9月3日
事由： 请即为余鸣谦、李竹君两同志办理出国赴蒙手续由	文种： 附件：函发关于援蒙技术人员出国开支的几项规定（草案）

拟办和批示：

赵杰阅

北京市文化局
请即为余鸣谦、李竹君两同志办理出国赴蒙手续由

（59）人字第959号

古代建筑修整所：

　　你所余鸣谦、李竹君另通知出国赴蒙古人民共和国帮助工作事，业经上级批准，请即进行准备并办理出国手续（领取援蒙人员证明书，制作服装，预购国际车票等）。各项经费开支，请本节约、朴素原则，按照中央财政部"关于援蒙技术人员出国开支的几项规定（草案）"办理。其他具体事宜，请还与局人事处联系。

　　附件：关于援蒙技术人员出国开支的几项规定（草案）一分。

1959年9月3日

联系人：祖先亭　电话：3.2874

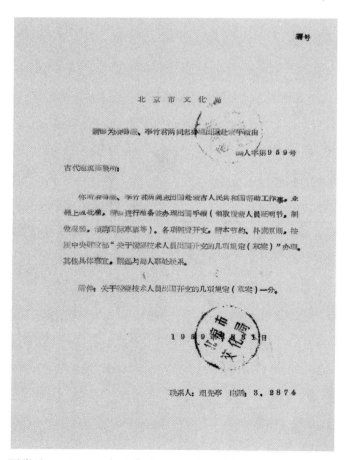

图附录二-6　1959年为余鸣谦、李竹君同志办理出国赴蒙手续

抄　件

○　○

中华人民共和国财政部

函发关于援蒙技术人员出国开支的几项规定

（59）财行字第74号

交通、水利、冶金、化学、建筑材料、石油、煤炭、电力、轻工、食品、纺织、一机、二机、铁道、城市建设、建筑工程、森林、林业、农业、电视制造等部，各省（市）财政厅（局）：

我部与对外贸易部研究拟订"关于援蒙技术人员出国开支的几项规定（草案）"兹随函发，请暂参照试行。试行中如有问题，请直接与我部联系解决。

1956年7月17日

抄送：国务院五办，对外贸易部，中国技术进口公司，各省（市）人民委员会，机关事务管理局

关于援蒙技术人员出国开支的几项规定（草案）

一、凡根据中蒙两国签订的技术合作协定，派赴蒙古人民共和国的我国技术人员的各项费用开支，均按本规定办理。

二、援蒙技术人员的服装，应在节约、朴素并照顾到出国后工作上的实际需要的原则下，不分出国时间长短，由主管单位按下列标准发给服装补助费。

级别	工程师、技师	技术员	技工
金额	216	155	132

注：出国季节在冬季者，另增皮大衣、皮帽、皮手套、棉皮鞋，费计：工程师225元，技术员189元，技工169元。

三、援蒙技术人员在出国期间仍隶属原工作单位的编制。如其家属在生活中发生困难不能自己解决时，由原工作单位给予适当照顾。

四、出国前集中期间所需费用：

（1）旅差费：

1.车船费：搭乘车、船在我国境内，工程师、技师按软席，技术员、技工按硬席票价开支。通宵乘车、船可分别购同等卧铺。

2.路途伙食补助费，每人每天工程师、技师补助二元五角。技术员、技工补助二元。

3.国内集中期间，各级人员一律按每人每天六角发给伙食补助。

4.宿费：集中期间尽可能住在机关招待所，如必须住旅馆时可按当地的普通或二等房价开支。

（2）医药费：按实报销，但不得开支补养性药品费用。

五、关于援蒙技术人员的经费报销，暂按下列开支办法办理。即在蒙古国领取的津贴由蒙方负担，在国内所发的原工资（原工资系指技术人员基本工资或计件、计时工资，按出国前三个月的实得工资平均计算）及赴蒙前在国内开支的旅差费也由蒙方负担。此项费用由各派出部门垫付后，按季向对外贸易部中国技术进口公司领取，从援蒙经费中开支；援蒙技术人员的服装费及家属困难补助费由各派出单位自行解决，即行政单位在行政经费内解决。事业单位在事业经费内解决。企业单位（国企、地方国企、公私合营）在企业"企业外支出"项下开支。合作社企业的上项费用分别向同级财政机关报销（在地方预算内调剂解决）。

		援蒙技术人员服装费标准								单位：元
项目		工程师、技师			技术员			技工（普工）		
		数量	单价	金额	数量	单价	金额	数量	单价	金额	
哔叽制服		1	90	90							注：
咔叽制服					2	20	40	2	15	30	1.本标准系根据出国需要，进行制订，每人只补充一次，时间较长者所需服装应在国外津贴费和国内工资中解决。
棉制服		1	25	25	1	25	25	1	20	20	2.本标准可包干发给出国人员自行制备，回国后各项服装不予收回。
衬衣		2	7	14	2	6	12	2	6	12	3.有关个人的零星装备，清洁用品，由出国人员自行解决。
棉被子		1	16	16	1	16	16	1	14	14	4.皮大衣工程师按呢面羊皮筒，技术员按粗呢面羊皮筒。技工咔叽布面羊皮筒计算。
雨衣		1	34	24	1	20	20	1	18	18	5.行政干部。科长以上人员可比照工程师制备。一般干部按技术员标准制备。
皮鞋		1	25	25	1	20	20	1	16	16	
帆布箱		1	22	22	1	22	22	1	22	22	
小　计				216			155			132	
冬季另加：	皮大衣	1	180	180	1	150	150	1	130	130	
	皮帽	1	15	15	1	12	12	1	12	12	
	皮手套	1	5	5	1	5	5	1	5	5	
	棉皮鞋	1	25	25	1	22	22	1	22	22	
小计				225			189			169	
共计				441			344			301	

（九）"协助蒙古人民共和国修庙工作总结"（手稿）

"协助蒙古人民共和国修庙工作总结"

一、工作基本情况

为了协助蒙古人民共和国修理古庙，我们带着党和祖国人民给予的重托和信任，于1959年8月下旬出国前往蒙古人民共和国首都——乌兰巴托，由蒙古科学院国家中央博物馆（古庙主管单位）接待，其中图纸设计和施工又分别由蒙古建委属下的设计院和乌市第一建筑公司（承建单位）配合。修理的主要对象是乌市的"兴仁寺"（喇嘛庙）和"夏宫"（前活佛住所）两处古建筑；附带还对另外几处庙宇进行了勘察了解、方案设计或施工修理的原则性指导等。

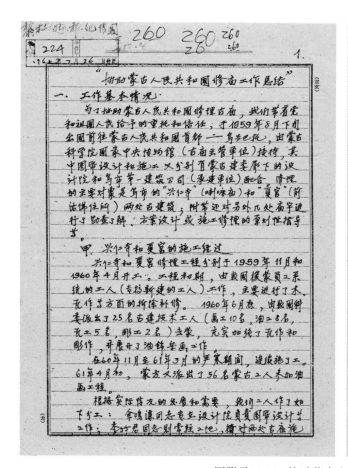
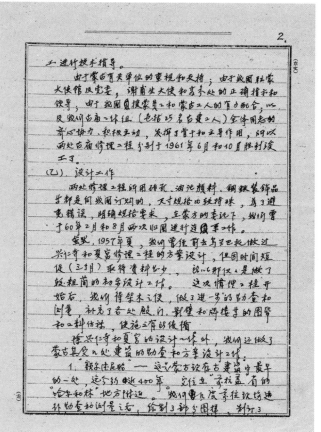

图附录二-7　协助蒙古人民共和国修庙工作总结

甲、兴仁寺和夏宫的施工经过

兴仁寺和夏宫修理工程分别于1959年11月和1960年4月开工。工程初期，由我国援蒙员工系统的工人（专搞新建的工人）工作，主要进行了木、瓦作等方面的拆除补修。1960年6月底，由我国科委派出了25名古建技术工人（画工10名，油工8名，瓦工5名，雕工2名）去蒙，充实加强了瓦作和雕作，并展开了油饰、采（彩）画工作。

在1960年11月至1961年3月的严寒期间，连续施了工。1961年4月初，蒙方又派出了56名蒙古国工人参加油画工程。

根据实际情况的发展和需要，我们二人作了如下分工：余鸣谦同志专在设计院负责图纸设计等工作；李竹君同志则常驻工地，对两处古庙施工进行技术指导。

由于蒙古国有关单位的重视和支持；由于我国驻蒙大使馆及党委，谢甫生大使和商参处的正确指示和领导；由于我国援蒙员工和蒙古国工人的有力配合；以及我们古庙工作组（包括25名古建工人）全体同志的齐心协力、积极主动，发挥了骨干和主导作用，所以两处古庙修理工程分别于1961年6月和10月胜利竣工。

乙、设计工作

两处修理工程所用砖瓦、油漆颜料、铜铁装饰品等都是向我国订购的，尺寸规格比较特殊，为了避免错误，明确规格要求，在蒙方的委托下，我们曾于1960年2月和8月两次归国进行连（联）系工作。

虽然，1957年夏，我们曾经前去乌兰巴托做过兴仁寺和夏宫修理工程的方案设计，但因时间短促（三个月）取得资料甚少，所以那仅仅是做了较粗简的初步设计工作。这次修理工程开始后，我们得架木之便，做了进一步的勘察和测量，补充了各处殿、门、影壁和牌楼等的图纸和工料估算，使施工有所依循。

除兴仁寺和夏宫的设计工作外，我们还做了蒙古其他几处建筑的勘察和方案设计工作：

1. "额尔德尼召"——这是蒙古现存古建筑中最早的一处，迄今约近400年。它位于"前杭盖"省的"哈尔和林"地方附近。我们几度前往现场进行勘察和测量之后，绘制了部分图样，制订了"红院"内部分建筑的保固性修理计划。该计划经蒙古科学院同意后，已于1960年12月委托当地的建筑处施工，至1961年第二季度中工程完竣。

2. "庆宁寺"——位在"色楞格"省的"布隆"县境内。建筑规模宏伟，自创建至今约有200年。我们曾于1960年冬季前往现场，进行了初步的勘测和拍照工作，并写了一个初步维护方案计划，已提交蒙古科学院中央博物馆审查。

3. "将来斯格"庙和关帝庙——"将来斯格"庙俗称"冈登寺"，它和关帝庙都位于乌兰巴托市区的西北隅。1960年曾进行勘察并写出修护方案，交给了蒙古国家建委。其中关帝庙已由建委批交"蒙古喇嘛委员会"自营修理，现已焕然一新。

丙、施工工作

兴仁寺和夏宫两处工程从开始到完竣，我们一直参加施工技术指导工作。除直接领导25名古建工人（和党支部一起）进行工作外，我们专门抓住技术方面等的问题，通过和蒙古企业派去的中国工长共同研究，加以解决。鉴于工程进行中的大部分时间，蒙古企业只委派了一名中国工长，工地领导力量显得十分薄弱，我们为了推动工程的顺利进行，有时就做一些超越职责范围的工作，如组织材料供应，调配工人，补充预算以及制订工地各阶段的施工计划（包括工程进度计划、技术要求、保证实（完）成计划的措施等）等工作。这些工作事先并未与工长共同合作。

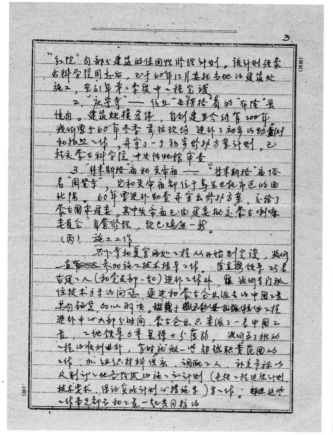
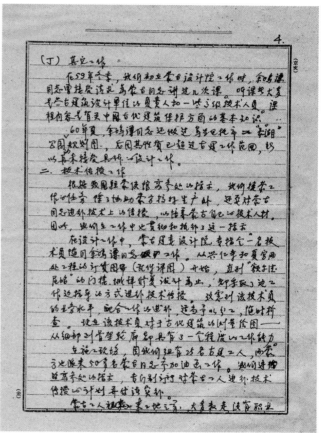

图附录二-8　协助蒙古人民共和国修庙工作总结

丁、其他工作

在1959年冬季，我们初在蒙古设计院工作时，余鸣谦同志曾接受请求为蒙古国同志讲过几次课。听课者大多是蒙古建筑设计单位的负责人和一些高级技术人员。课程内容是有关中国古代建筑保护方面的基本知识。

1960年夏，余鸣谦同志还做过乌兰巴托市的"录湖"公园的规划图，后因其性质已超过古建工作范围，所以再未接受具体的设计工作。

二、技术传授工作

根据我国驻蒙使馆商参处的指示，我们援蒙工作的任务除了协助蒙方搞好生产外，还要对蒙古同志进行技术上的传授，以培养蒙古自己的技术人材（才）。因此，我们在工作中也贯彻和执行了这一指示。

在设计工作中，蒙古建委设计院专指定一名技术员随同余鸣谦同志工作。从兴仁寺和夏宫两处工程的订货图纸（瓦件详图）开始，直到"额尔德尼召"的门楼、城墙修复设计为止，都采取了边工作边指导的方式进行技术传授。考虑到该技术员的业务水平，配合工作的进行，适当予以分工，随时检查。现在该技术员对于古代建筑的测量绘图——从细部到骨架轮廓都具有了一定程度的工作能力。

在施工现场，因我们组有25名古建工人，而蒙方也派来50多名同志参加油画工作。我们遵照商参处的指示，专门制订了对蒙古工人进行技术传授的计划并付诸实行。

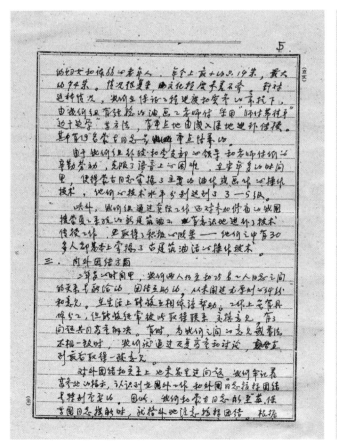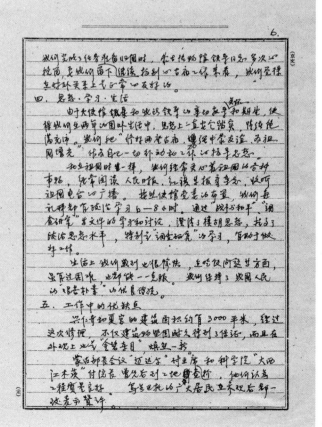

图附录二-9　协助蒙古人民共和国修庙工作总结

蒙古工人来工地之前，大多数是没有职业的妇女和体弱的老年人，年令（龄）上最小的只14岁，最大的74岁。情况很复杂，文化程度参差不齐。针对这种情况，我们在保证工程进度和质量的前提下，由我们组有经验的油、画工老师傅采用"师傅带徒弟""边干边学"等方法，有重点地由浅入深地进行传授。其中有19名蒙古同志是重点培养的。

由于我们组行政和党支部的领导和老师傅们的辛苦劳动，克服了语言上的困难，在半年多的时间里，使得蒙古同志掌握了主要的油作或画作的操作技术，他们的技术水平分别达到了3~5级。

此外，我们组通过实施工作还对参加修庙的我国援蒙员工系统的新建筑油工，有意识地进行了技术传授工作，取得了积极的成果——他们之中有30多人都基本上掌握了古建筑油活的操作技术。

三、内外团结方面

两年多的时间里，我们两人乃至和25名工人同志之间的关系是融洽的，团结互助的，从未闹过无原则的纠纷和意见。在生活上能够互相体谅帮助。工作上虽有具体分工，但能够经常彼此取得联系、交换意见，有了问题共同商量解决。有时，当我们之间的意见或看法不相一致时，我们就通过反复商量和讨论，直到最后取得一致意见。

对外团结和关系上也未发生过问题。我们牢记着商参处的指示，认识到在国外工作和外国同志搞好团结是特别重要的。因此，我们和蒙古同志以至苏、保等国同志接触时，就格外地注意搞好团结。根据我们完成了任务准备归国时，蒙古博物馆领导同志多次的挽留，要我们继续留下搞别的古庙工作来看，我们觉得在对外关系上是正常的友好的。

四、思想·学习·生活

由于大使馆领导和我所领导的亲切教导关怀和期望，使得我们在两年的国外生活中，思想上一直安全踏实，情绪饱满充沛。我们把"修好两座古庙，加强中蒙友谊，为祖国增光"作为自己一切行动和工作的指导思想。

和在祖国时一样，我们经常关心着祖国的各种事务，经常阅读人民日报、红旗等报章杂志，收听国内电台的广播。按照使馆党委的布置，我们每礼拜都有政治学习6~8小时。通过"战争与和平""调查研究"等文件的学习和讨论，澄清了模胡（糊）思想，提高了政治思想水平，特别是"调查研究"的学习，有助于做好工作。

生活上我们感到也很愉快，在吃饭问题等方面，虽有过困难，也都能一一克服。我们保持了我国人民的"艰苦朴素"的优良传统。

五、工作中的优缺点

兴仁寺和夏宫的建筑面积约有3000平方米，经过这次修理，不仅建筑物坚固耐久得到了保证，而且在外观上也是"金碧夺目"，焕然一新。

蒙古部长会议"迈达尔"副主席和科学院"大西江木茨"副院长曾先后到工地来检查，他们认为工程质量良好。乌兰巴托的广大居民在参见后都一致表示赞许。

两年来，在施工现场我们和蒙方企业干部一起工作，能够团结互助、打成一片。在工地克服材料和人工等方面的困难当中，我们主动协助他们解决，从而使工程进行得基本正常和顺利，没有发生过大的质量事故。在技术传授工作上，也根据客观条件和可能，做了不少工作。

我们工作中也还存在着缺点，表现在有时，我们对具体工作向下交代布置得不够细致和深入，图纸也不十分完善。施工当中个别部分有粗糙和不符修复原则精神的地方，这些，都需要今后工作中，严格掌握和努力改进。

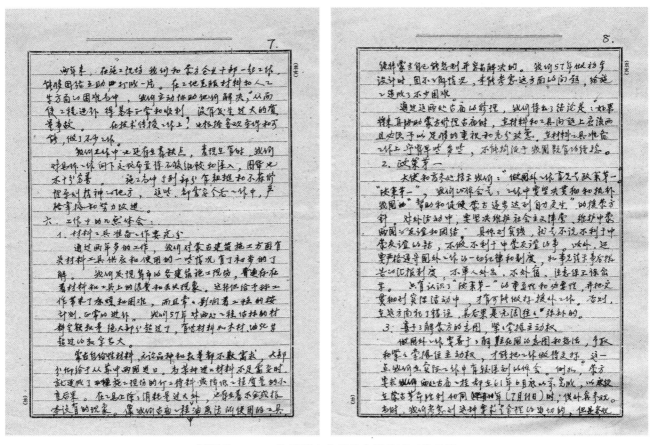

图附录二-10　协助蒙古人民共和国修庙工作总结

六、工作中的几点体会

1. 材料工具准备工作要充分

通过两年多的工作，我们对蒙古国建筑施工方面有关材料工具供应和使用的一些情况有了初步的了解。我们发现乌市的各建筑施工现场，普遍存在着材料和工具上的浪费和丢失现象。这非但给预算工作带来了麻烦和困难，而且常常影响着工程的按计划、正常地进行。1957年我们对两处工程估算的材料定额数量绝大部分超过了，有些材料如木材、油漆等超过的数字甚大。

蒙古自给性材料，无论品种和数量都不敷需求，大部分仰给于从苏中两国进口。当某种进口材料不足需要时，就造成了工程施工现场的停工待料或降低工程质量的不良后果。在工具上除了消耗量过大外，也存在着不全或根本没有的现象。像我们古庙工程中油画活所使用的工具绝非蒙方自己能想到并容易解决的。我们做初步设计时，因不了解情况，未能考虑这方面的问题，给施工造成了不少困难。

通过这两处古庙的修理，我们得出了结论是："如果将来再协助蒙方修理古庙时，在材料和工具问题上应该而且必须予以足够的重视和充分考虑。在材料工具准备工作上宁肯早些多些，不能拘泥于我国既有的经验。"

2. 政策第一

大使和商参处指示我们："做国外工作首先是政策第一。""政策第一"，我们的体会是：工作中要坚决贯彻和执行我国"帮助和促使蒙古逐步达到自力更生"的援蒙方针。对外活动中，要坚决维护社会主义阵营、维护中蒙两国的友谊和团结，具体到实践，就是不说不利于中蒙友谊的话，不做不利于中蒙友谊的事。此外，还要严格遵守国外工作的一切纪律和制度，如事先请示事后报告的汇报制度，不单人外出、不外宿，注意保卫保密等。只有认识了"政策第一"的重要性和必要性，并把它贯彻到实际活动中，才有可能做好援外工作。否则，在这方面犯了错误，其后果往往是无法弥补的。

3. 善于了解蒙方的意图，紧紧掌握主动权

做国外工作要善于了解驻在国的意图和想法，争取和紧紧掌握住主动权，才能把工作做得更好。这一点我们在实际工作中有较深刻的体会。例如，蒙方要求我们两处古庙工程都在1961年6月底以前完成，以便在蒙古革命胜利40周年（7月11日）时，供外宾参观。当时，我们考虑到这种要求是合理的迫切的，但是客观上条件不具备，首先是熟练的油工和画工严重不足，再就是国外材料和当地材料的供应都没有保证。为了避免将来工作中的被动和完不成任务的责任谁来担负，我们就及时地（60年冬季）做了一个施工进度计划，并在计划中提出增加70名熟练油画工人和按时供应材料等条件，提请蒙方有关领导考虑，只有材料和人工得到了保证，才可望两处工程均在6月间完竣。后来，蒙方无法解决这些问题，不得不放弃了原来的想法。

但是，当我们意识到蒙方想在国庆前修完古庙以供外宾参观的迫切愿望时，我们就按照已有的和可能争取到的客观条件，制订了一个"集中主要力量，首先突击兴仁寺，适当兼顾夏宫"为方针的施工计划，并付诸实行。结果兴仁寺在6月中旬竣工了，保证了一处古庙在蒙古国庆节时供外宾参观，部分地满足了蒙方的要求。如果我们当初把力量分散在两个工地使用，那结果就是国庆节前连一处也完不成，蒙方将会因此产生"抱怨情绪"或别的想法。

前边已介绍过：蒙古建筑工地里普遍存在着材料供应不上的情况，再加上蒙方偏于只要求我们工作组，而不多给予方便条件。因此，为了掌握主动权，并推动工程尽快地进行，我们在制订施工进度计划时，还采用了"两本账"的方法。即把工地的施工工期定为两个，一个是按正常情况，经过工人的认真努力，能够完成的"积极计划"，另一个则是考虑到工地里的工人时有变动（调走）和材料不能按时供应

等不利情况而订的时间上较前一个计划拖后一个月左右。这两个计划只是工地里的几个干部知道，对工人同志仅下达"积极计划"；对蒙方各级领导同志则只让他们了解后一个计划。这样做的好处是对工人能激发他们生产积极性，对于蒙方则我们组可以有主动权，要求他们为工地创造提前完成任务的条件。

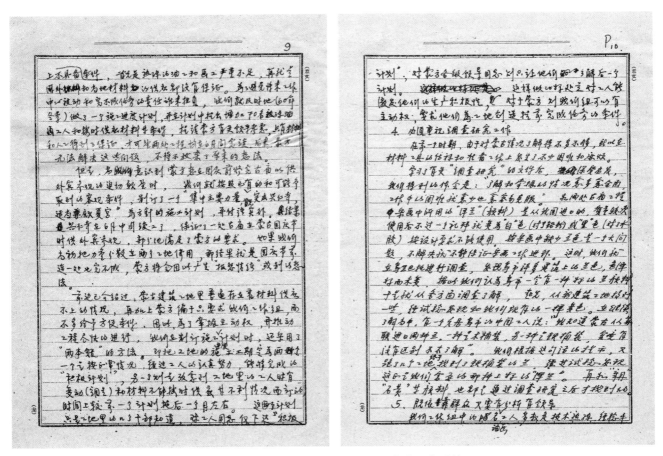

图附录二-11　协助蒙古人民共和国修庙工作总结

4. 必须重视调查研究工作

在前一个时期，由于对蒙古情况了解得不多不够，所以在材料工具的估算和准备工作上发生了不少困难和麻烦。

学习了有关"调查研究"的文件后，深受启发，我们得到的体会是："了解和掌握的情况愈多愈全面，工作中的困难就愈少也愈容易克服。"如两处古庙工程采（彩）画中所用的"洋兰"（颜料）是从我国进口的，质量较次，使用后不过一个礼拜就变为"白"色〔对（兑）了铅粉〕或"黑"色〔对（兑）了水胶〕，按设计要求不能使用。按采（彩）画中缺少蓝色是一个大问题，不解决就不能保证采（彩）画工作进行。这时，我们就在乌兰巴托进行调查，发现乌市许多建筑上的蓝色，色泽好而未变，据此我们认为乌市一定有一种好的蓝颜料，于是就从各方面调查了解，起先，从新建筑工地搞到一些，经试验发现和我们现有的一样变色。在继续了解当中，有一个久居乌市的中国工人说："我知道蒙古从苏联进口两种兰。一种是木桶装，另一种是铁桶装，究竟有没有区别不太了解。"我们根据这句话的提示，又跑了几个工地终于找到了铁桶装的兰。经过试验发现，这正是我们需要的那种上好的"洋兰"。再如"章丹""石黄"等颜料，也都是通过调查研究之后才找到的。

5. 既依靠群众又要有分析有领导

我们工作组中的18名油画工人多数是技术熟练、经验丰富的老匠人，所以在我们协助修理的两处古庙工程中，依靠他们起骨干和核心作用。工程中的许多工程做法、技术要求等都需要和他们一起研究解决，这些工作是完全必要的。但是我们过后发现，仅仅是相信他们依靠他们还不够，我们必须要有主见有分析地领导他们。因为每一个工人事实上都是凭自己的经验提出自己的想法和意见的。比如在1961年夏季讨论夏宫的工期时，工人们认为当年内工程完不了，需要拖到1962年才能完成。他们当时只看到了蒙古的许多不利条件和困难，没有估计到参加夏宫修理的多数工人已经在兴仁寺工程中得到了锻炼，技术上有极大程度的提高；而材料和工具方面夏宫也远比兴仁寺条件优越得多；此外，他们也未能予（预）料到当乌市许多国庆工程竣工后，能够抽出许多油工支援我们工地。我们分析到这些有利因素就向工人讲清了道理，提出了一定要在1961年冷冻以前把夏宫修理完竣的计划，付诸实行，收到了效果。

在材料数量估算问题上，当工程开始时期，因为我们未能很好地分析研究，过多地相信了工人群众的意见，致使某些材料估算得偏低，给工地增加了困难。通过这些事例，我们体会到只有工人同志的意见和我们的分析研究工作结合起来，才有可能把工作做得更好。

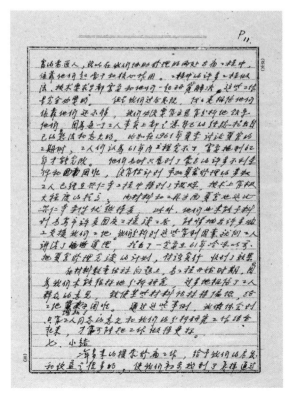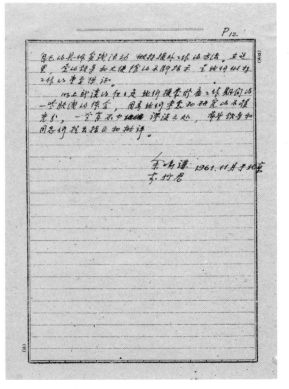

图附录二-12　协助蒙古人民共和国修庙工作总结

七、小结

两年多来的援蒙修庙工作，给予我们的启发和收益是很多的，使我们初步找到了怎样通过自己的具体实践活动，做好援外工作的方法。在这里，党的领导和大使馆的不断指示是我们做好工作的重要保证。

以上所谈的仅仅是我们援蒙修庙工作期间的一些肤浅的体会，因为我们考虑和研究得不够充分，一定有不少谬误之处，希望领导和同志们提出指正和批评。

余鸣谦

李竹君

1961.11月于北京

附录三 历史照片整理统计列表

1. 兴仁寺

序号	1	原照片号	A11	序号	2	原照片号	B01
建筑名称	兴仁寺	对应部位	兴仁寺外景	建筑名称	兴仁寺	对应部位	兴仁寺远眺
拍摄者	余、李	拍摄年份	1957	拍摄者	余、李	拍摄年份	1960？
备注	自东南向西北			备注			

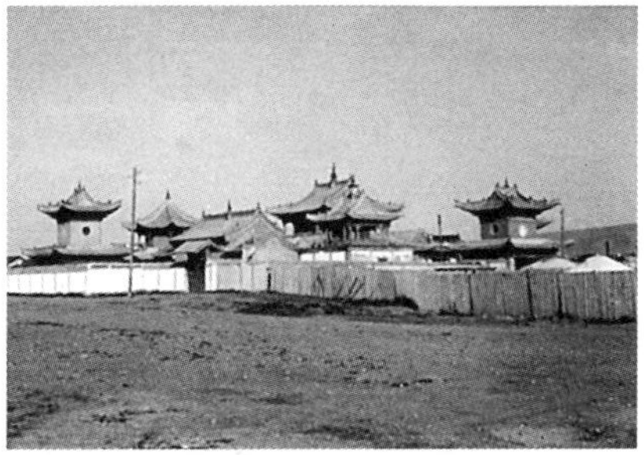

序号	3	原照片号	D134	序号	4	原照片号	A19
建筑名称	兴仁寺	对应部位	兴仁寺远视	建筑名称	兴仁寺	对应部位	兴仁寺的西南角
拍摄者	余鸣谦	拍摄年份	1961	拍摄者	余、李	拍摄年份	1957
备注	自东南向西北			备注			

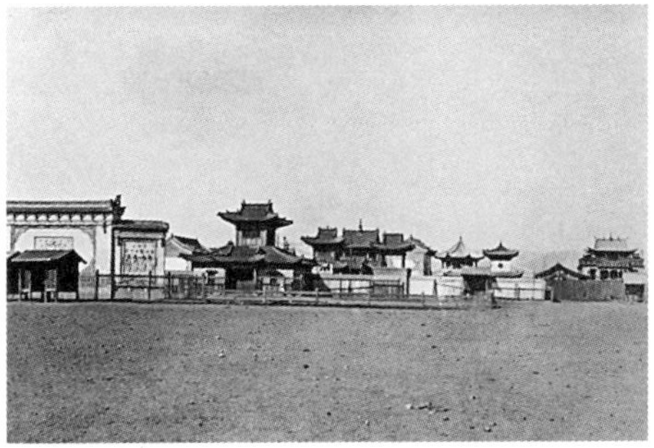

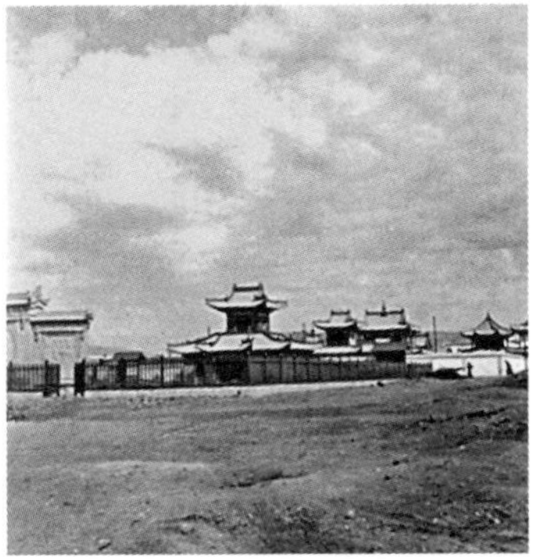

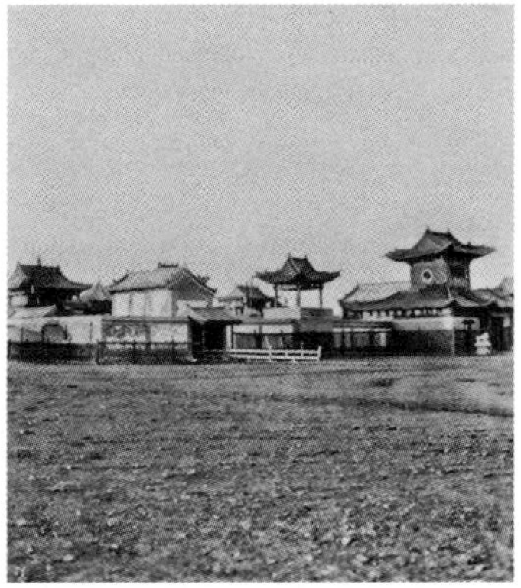

序号	5	原照片号	B02	序号	6	原照片号	B03
建筑名称	兴仁寺	对应部位	兴仁寺一角	建筑名称	兴仁寺	对应部位	兴仁寺一角
拍摄者	余、李	拍摄年份	1960？	拍摄者	余、李	拍摄年份	1960？
备注	自南向北			备注			

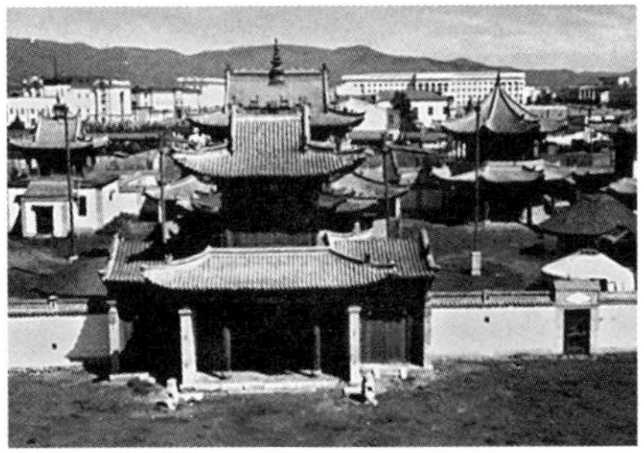

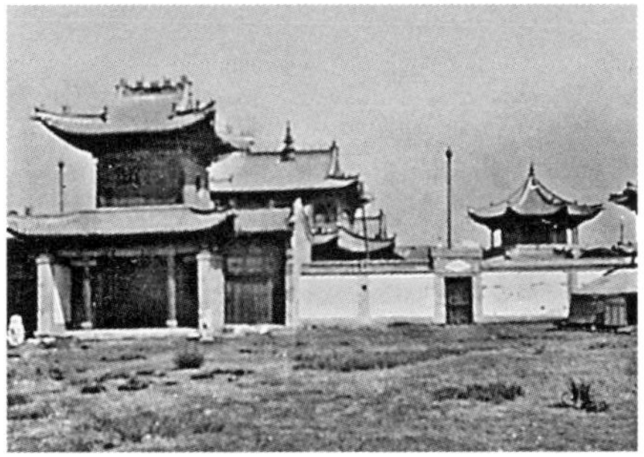

续表

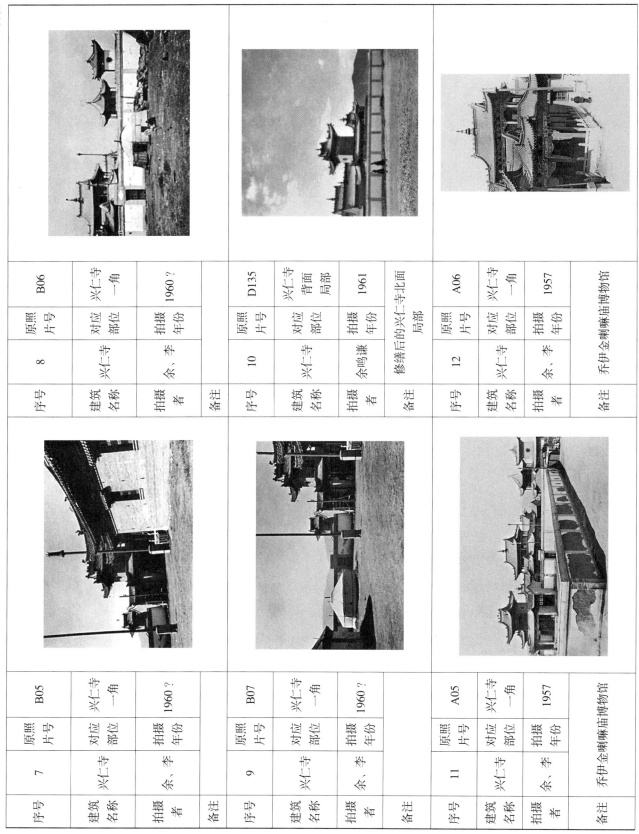

序号	7	原照片号	B05	对应部位	兴仁寺一角	拍摄年份	1960？		序号	8	原照片号	B06	对应部位	兴仁寺一角	拍摄年份	1960？
建筑名称	兴仁寺								建筑名称	兴仁寺						
拍摄者	余、李								拍摄者	余、李						
备注									备注							

序号	9	原照片号	B07	对应部位	兴仁寺一角	拍摄年份	1960？		序号	10	原照片号	D135	对应部位	兴仁寺背面局部	拍摄年份	1961
建筑名称	兴仁寺								建筑名称	兴仁寺						
拍摄者	余、李								拍摄者	余鸣谦						
备注									备注	修缮后的兴仁寺北面局部						

序号	11	原照片号	A05	对应部位	兴仁寺一角	拍摄年份	1957		序号	12	原照片号	A06	对应部位	兴仁寺一角	拍摄年份	1957
建筑名称	兴仁寺								建筑名称	兴仁寺						
拍摄者	余、李								拍摄者	余、李						
备注	乔伊金喇嘛庙博物馆								备注	乔伊金喇嘛庙博物馆						

续表

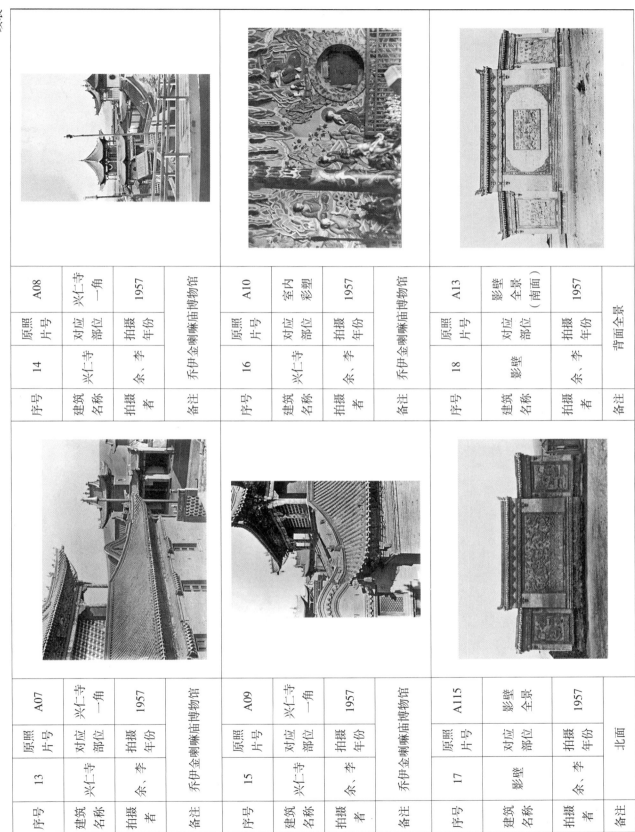

序号	13	原照片号	A07	对应部位	兴仁寺一角		序号	14	原照片号	A08	对应部位	兴仁寺一角
建筑名称	兴仁寺			拍摄年份	1957		建筑名称	兴仁寺			拍摄年份	1957
拍摄者	余、李						拍摄者	余、李				
备注	乔伊金喇嘛庙博物馆						备注	乔伊金喇嘛庙博物馆				
序号	15	原照片号	A09	对应部位	兴仁寺一角		序号	16	原照片号	A10	对应部位	室内彩塑
建筑名称	兴仁寺			拍摄年份	1957		建筑名称	兴仁寺			拍摄年份	1957
拍摄者	余、李						拍摄者	余、李				
备注	乔伊金喇嘛庙博物馆						备注	乔伊金喇嘛庙博物馆				
序号	17	原照片号	A115	对应部位	影壁全景		序号	18	原照片号	A13	对应部位	影壁全景（南面）
建筑名称	影壁			拍摄年份	1957		建筑名称	影壁			拍摄年份	1957
拍摄者	余、李						拍摄者	余、李				
备注	北面						备注	背面全景				

续表

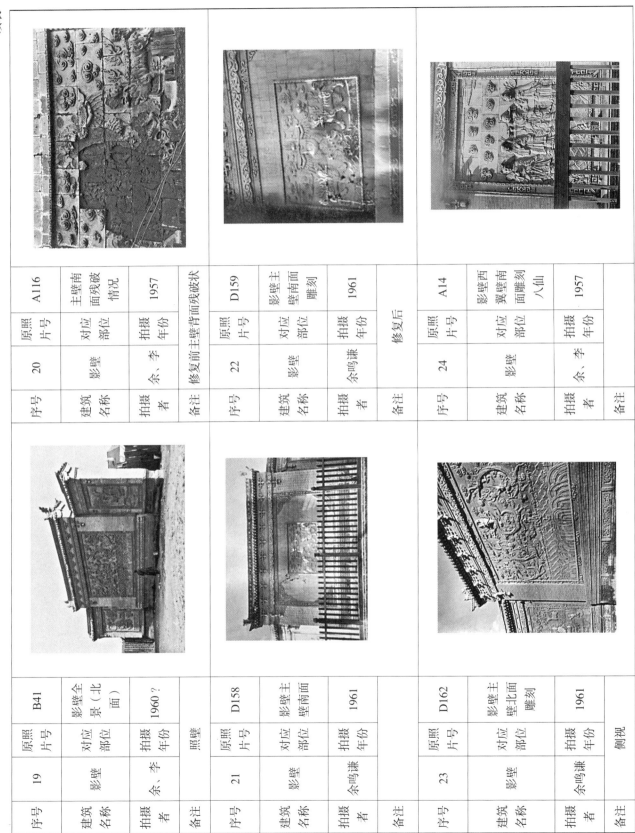

序号	原照片号	建筑名称	对应部位	拍摄者	拍摄年份	备注
20	A116	影壁	主壁南面残破情况	余、李	1957	修复前主壁背面残破状
22	D159	影壁	影壁主壁南面雕刻	余鸣谦	1961	修复后
24	A14	影壁	影壁西翼壁南面雕刻 八仙	余、李	1957	
19	B41	影壁	影壁全景（北面）	余、李	1960？	照壁
21	D158	影壁	影壁主壁南面	余鸣谦	1961	
23	D162	影壁	影壁主壁北面雕刻	余鸣谦	1961	侧视

续表

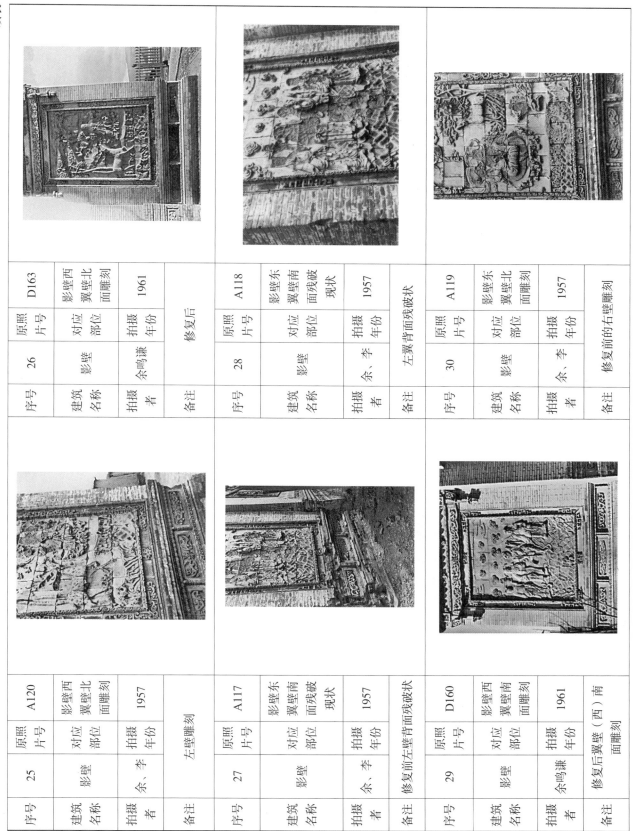

序号	26	原照片号	D163
建筑名称	影壁	对应部位	影壁西翼壁北面雕刻
拍摄者	余鸣谦	拍摄年份	1961
备注			修复后

序号	28	原照片号	A118
建筑名称	影壁	对应部位	影壁东翼壁南面残破现状
拍摄者	余、李	拍摄年份	1957
备注			左翼背面残破状

序号	30	原照片号	A119
建筑名称	影壁	对应部位	影壁东翼壁北面雕刻
拍摄者	余、李	拍摄年份	1957
备注			修复前的右壁雕刻

序号	25	原照片号	A120
建筑名称	影壁	对应部位	影壁西翼壁北面雕刻
拍摄者	余、李	拍摄年份	1957
备注			左壁雕刻

序号	27	原照片号	A117
建筑名称	影壁	对应部位	影壁东翼壁南面残破现状
拍摄者	余、李	拍摄年份	1957
备注			修复前左壁背面残破状

序号	29	原照片号	D160
建筑名称	影壁	对应部位	影壁西翼壁南面雕刻
拍摄者	余鸣谦	拍摄年份	1961
备注			修复后翼壁（西）南面雕刻

续表

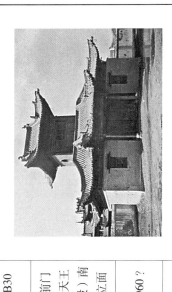 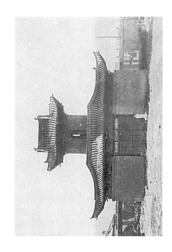 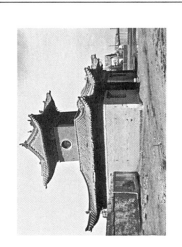

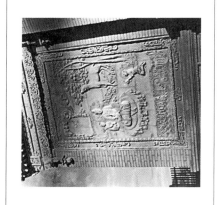 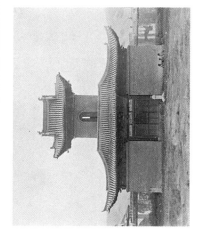 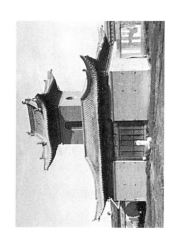

序号	建筑名称	原照片号	对应部位	拍摄者	拍摄年份	备注
31	影壁	D161	影壁东翼壁北面雕刻	余鸣谦	1961	修复后
32	前门	B30	前门（天王殿）南立面	余、李	1960？	前门正面
33	前门	A121	前门（天王殿）北立面	余、李	1957	前门背立面
34	前门	A122	前门（天王殿）北立面	余、李	1957	前门背立面
35	前门	B31	前门（天王殿）北立面	余、李	1960？	前门背（北）面
36	前门	B32	前门门西侧视	余、李	1960？	天王殿

续表

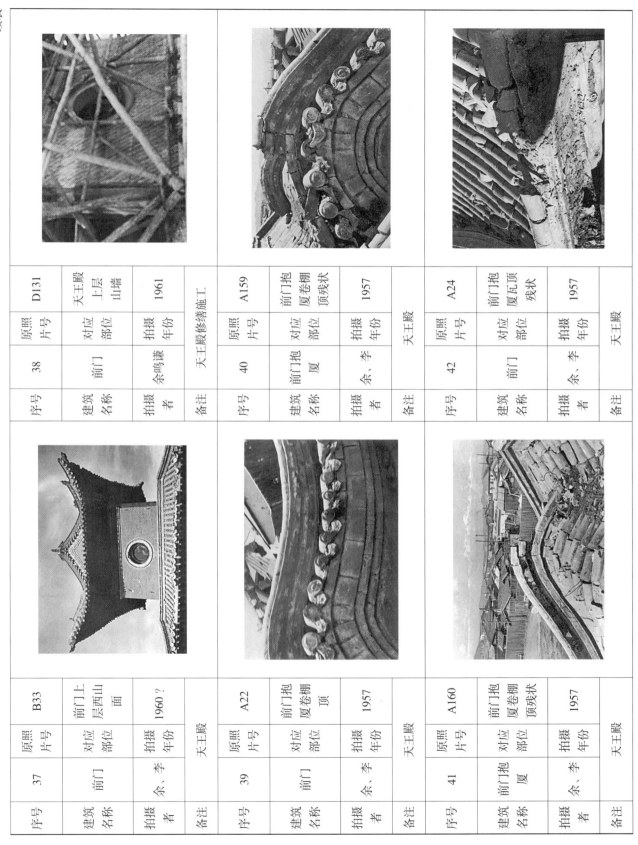

序号	37	原照片号	B33	序号	38	原照片号	D131
建筑名称	前门	对应部位	前门上层西山面	建筑名称	前门	对应部位	天王殿上层山墙
拍摄者	余、李	拍摄年份	1960？	拍摄者	余鸣谦	拍摄年份	1961
备注	天王殿			备注	天王殿修缮施工		

序号	39	原照片号	A22	序号	40	原照片号	A159
建筑名称	前门	对应部位	前门抱厦卷棚顶	建筑名称	前门	对应部位	前门抱厦卷棚顶残状
拍摄者	余、李	拍摄年份	1957	拍摄者	余、李	拍摄年份	1957
备注	天王殿			备注	天王殿		

序号	41	原照片号	A160	序号	42	原照片号	A24
建筑名称	前门抱厦	对应部位	前门抱厦卷棚顶残状	建筑名称	前门	对应部位	前门抱厦瓦顶残状
拍摄者	余、李	拍摄年份	1957	拍摄者	余、李	拍摄年份	1957
备注	天王殿			备注	天王殿		

续表

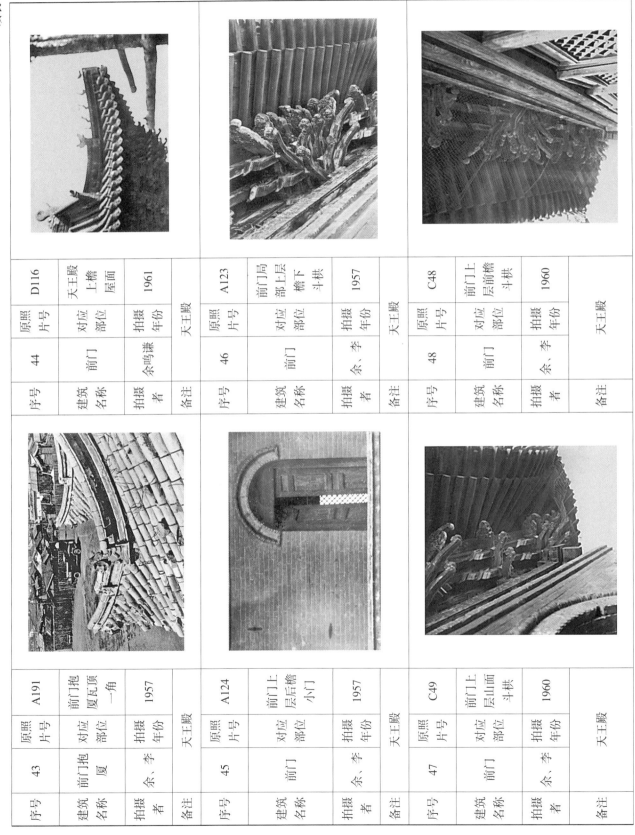

序号	建筑名称	拍摄者	备注	原照片号	对应部位	拍摄年份
43	前门抱厦	余、李	天王殿	A191	前门抱厦顶一角	1957
44	前门	余鸣谦	天王殿	D116	天王殿上檐屋面	1961
45	前门	余、李	天王殿	A124	前门上层前檐小门	1957
46	前门	余、李	天王殿	A123	前门局部上层檐下斗栱	1957
47	前门	余、李	天王殿	C49	前门上层山面斗栱	1960
48	前门	余、李	天王殿	C48	前门上层前檐斗栱	1960

续表

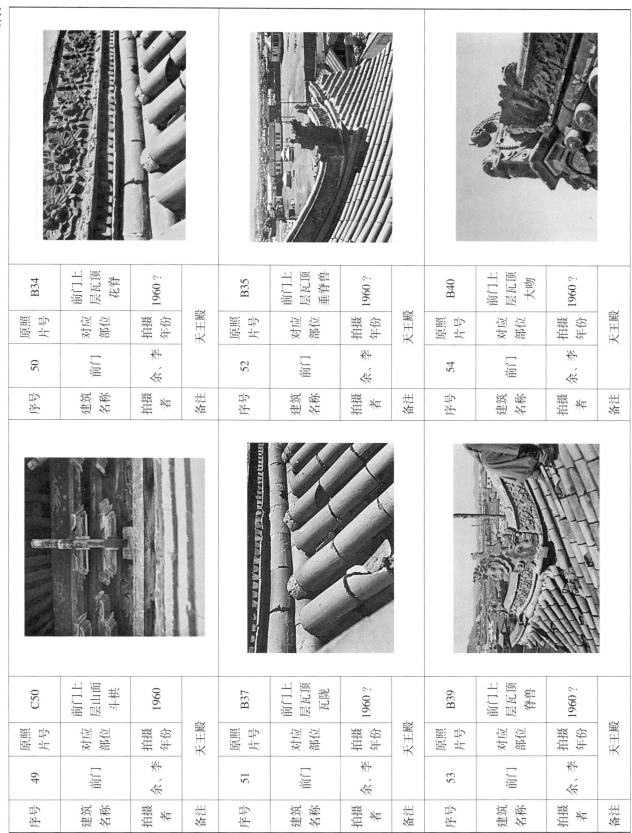

序号	原照片号	建筑名称	对应部位	拍摄者	拍摄年份	备注
49	C50	前门	前门上层山面斗栱	余、李	1960	天王殿
50	B34	前门	前门上层瓦顶花脊	余、李	1960？	天王殿
51	B37	前门	前门上层瓦顶瓦陇	余、李	1960？	天王殿
52	B35	前门	前门上层瓦顶垂脊兽	余、李	1960？	天王殿
53	B39	前门	前门上层瓦顶脊兽	余、李	1960？	天王殿
54	B40	前门	前门上层瓦顶大吻	余、李	1960？	天王殿

续表

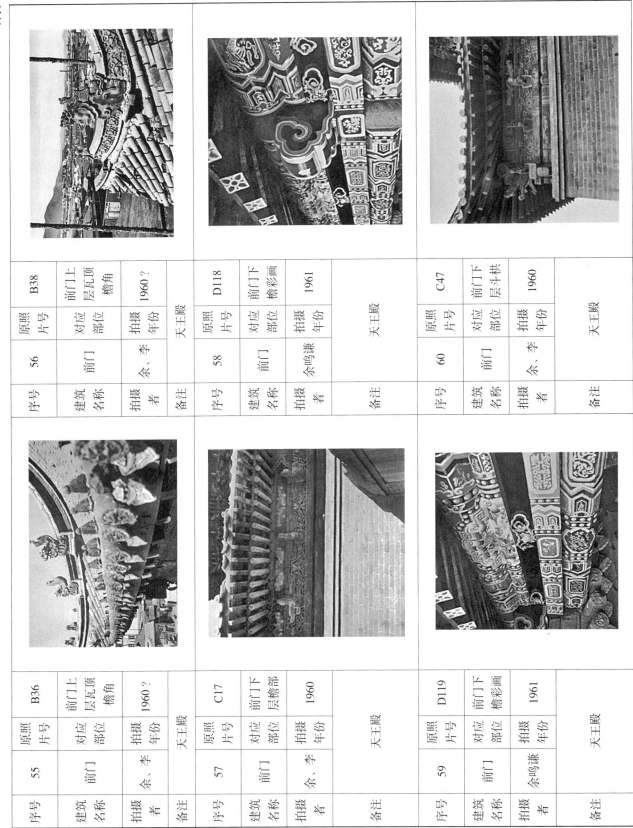

序号	55	原照片号	B36	对应部位	前门上层瓦顶檐角	拍摄年份	1960？		序号	56	原照片号	B38	对应部位	前门上层瓦顶檐角	拍摄年份	1960？
建筑名称	前门			拍摄者	余、李				建筑名称	前门			拍摄者	余、李		
备注	天王殿								备注	天王殿						

序号	57	原照片号	C17	对应部位	前门下层檐部	拍摄年份	1960		序号	58	原照片号	D118	对应部位	前门下层檐彩画	拍摄年份	1961
建筑名称	前门			拍摄者	余、李				建筑名称	前门			拍摄者	余鸣谦		
备注	天王殿								备注	天王殿						

序号	59	原照片号	D119	对应部位	前门下层檐彩画	拍摄年份	1961		序号	60	原照片号	C47	对应部位	前门下层斗拱	拍摄年份	1960
建筑名称	前门			拍摄者	余鸣谦				建筑名称	前门			拍摄者	余、李		
备注	天王殿								备注	天王殿						

续表

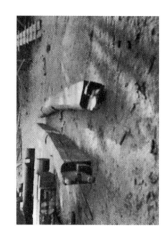 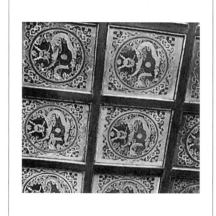 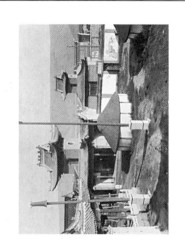

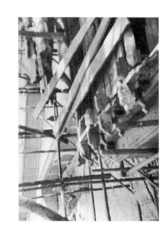 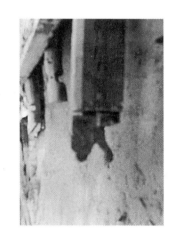 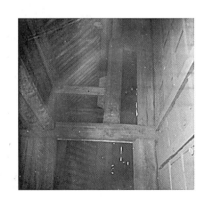

序号	原照片号	建筑名称	对应部位	拍摄者	拍摄年份	备注
62	D128	前门	天王殿换下的弯曲的大梁	余鸣谦	1961	天王殿修缮拆解
64	C51	前门	前门丁下层天花	余、李	1960	天王殿
66	B08	前门及中门	中门（山门）、前门（天王殿）	余、李	1960？	自西北向东南
61	D129	前门	天王殿拆至下檐斗栱处	余鸣谦	1961	天王殿修缮拆解
63	D130	前门	天王殿新大梁与其鉚蚱头	余鸣谦	1961	天王殿修缮拆解
65	C52	前门	前门暗层内梁架一角	余、李	1960	天王殿

续表

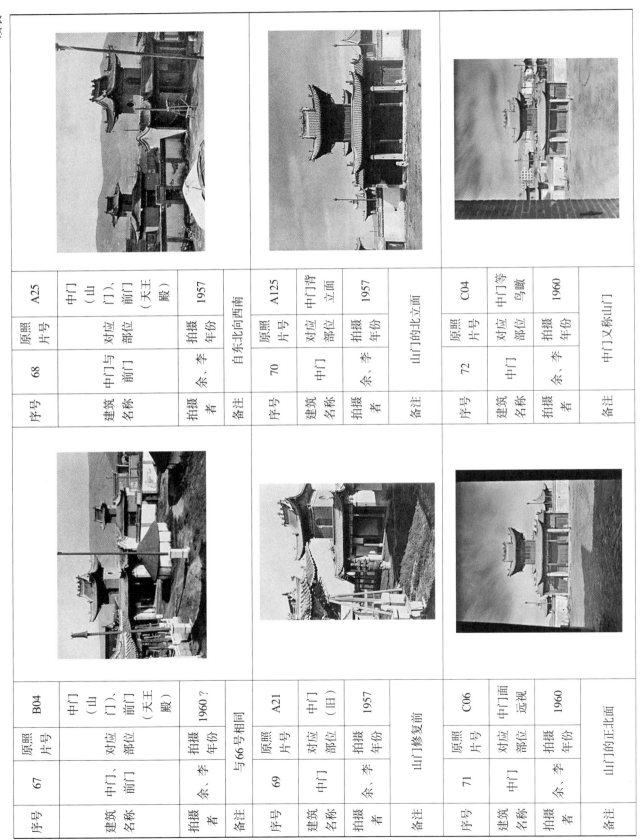

序号	68	原照片号	A25	序号	70	原照片号	A125	序号	72	原照片号	C04
建筑名称	中门与前门	对应部位	中门（山门）、前门（天王殿）	建筑名称	中门	对应部位	中门背立面	建筑名称	中门	对应部位	中门等鸟瞰
拍摄者	余、李	拍摄年份	1957	拍摄者	余、李	拍摄年份	1957	拍摄者	余、李	拍摄年份	1960
备注	自东北向西南			备注	山门的北立面			备注	中门又称山门		

序号	67	原照片号	B04	序号	69	原照片号	A21	序号	71	原照片号	C06
建筑名称	中门、前门	对应部位	中门（山门）、前门（天王殿）	建筑名称	中门	对应部位	中门（旧）	建筑名称	中门	对应部位	中门面远视
拍摄者	余、李	拍摄年份	1960？	拍摄者	余、李	拍摄年份	1957	拍摄者	余、李	拍摄年份	1960
备注	与66号相同			备注	山门修复前			备注	山门的正北面		

续表

序号	74	原照片号	D133
建筑名称	中门	对应部位	中门在修缮中
拍摄者	余鸣谦	拍摄年份	1961
备注	山门		

序号	76	原照片号	C05
建筑名称	中门	对应部位	中门侧视
拍摄者	余、李	拍摄年份	1960
备注	山门		

序号	78	原照片号	C02
建筑名称	中门和正殿	对应部位	中门（山门）和正殿远景
拍摄者	余、李	拍摄年份	1960
备注			

序号	73	原照片号	B25
建筑名称	中门	对应部位	中门北面
拍摄者	余、李	拍摄年份	1960？
备注	山门		

序号	75	原照片号	C03
建筑名称	中门	对应部位	中门北面远景之二
拍摄者	余、李	拍摄年份	1960
备注	山门		

序号	77	原照片号	C01
建筑名称	中门	对应部位	中门（山门）远景之一
拍摄者	余、李	拍摄年份	1960
备注	北面		

续表

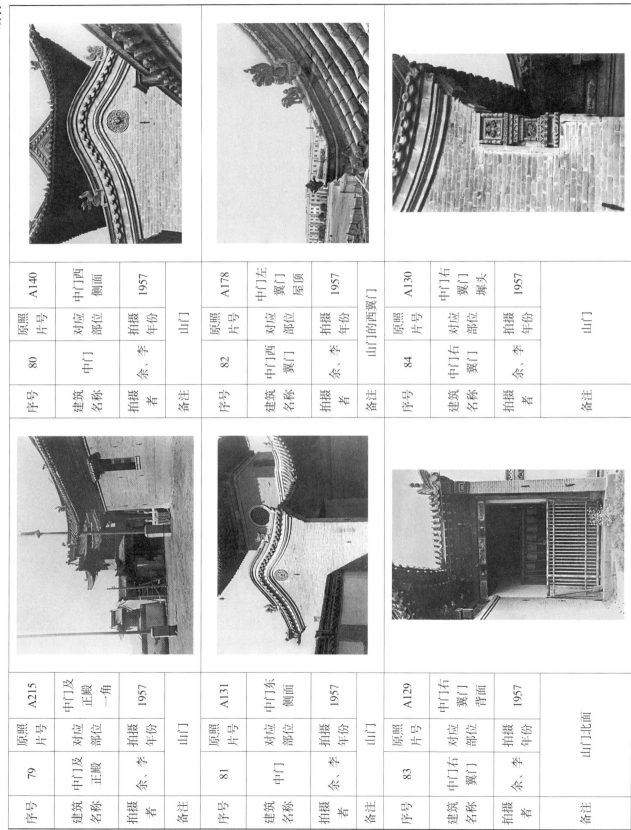

序号	79	原照片号	A215
建筑名称	中门及正殿	对应部位	中门及正殿一角
拍摄者	余、李	拍摄年份	1957
备注			山门

序号	80	原照片号	A140
建筑名称	中门	对应部位	中门西侧面
拍摄者	余、李	拍摄年份	1957
备注			山门

序号	81	原照片号	A131
建筑名称	中门	对应部位	中门东侧面
拍摄者	余、李	拍摄年份	1957
备注			山门

序号	82	原照片号	A178
建筑名称	中门西翼门	对应部位	中门左翼门屋顶
拍摄者	余、李	拍摄年份	1957
备注			山门的西翼门

序号	83	原照片号	A129
建筑名称	中门右翼门	对应部位	中门右翼门背面
拍摄者	余、李	拍摄年份	1957
备注			山门北面

序号	84	原照片号	A130
建筑名称	中门右翼门	对应部位	中门右翼门槢头
拍摄者	余、李	拍摄年份	1957
备注			山门

续表

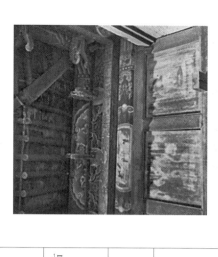 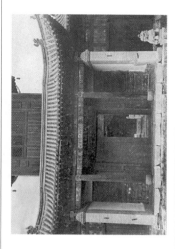 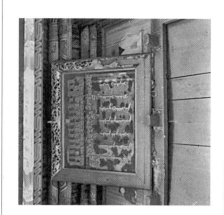

序号	原照片号	建筑名称	对应部位	拍摄者	拍摄年份	备注
86	C13	山门	中门右翼门檐部	余、李	1960	
88	A128	山门	中门前檐下层	余、李	1957	
90	C11	山门	中门正门前檐（下层）匾额	余、李	1960	

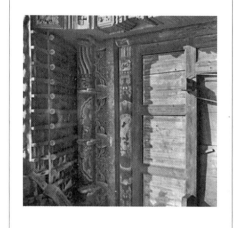 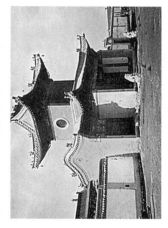 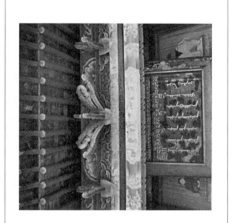

序号	原照片号	建筑名称	对应部位	拍摄者	拍摄年份	备注
85	C12	山门	中门右翼门檐部	余、李	1960	
87	B26	山门	中门前檐侧视	余、李	1960？	
89	C10	山门	中门正门前檐部分（下层）	余、李	1960	

续表

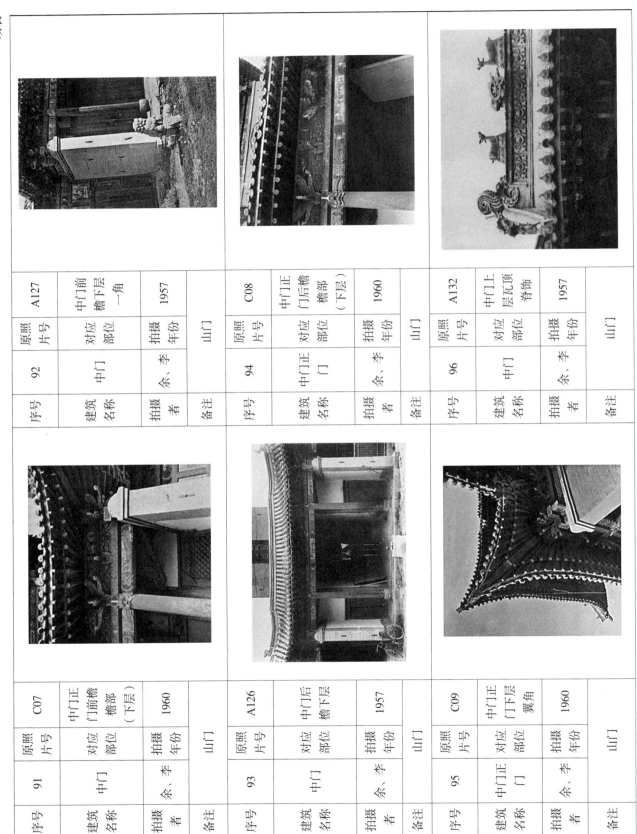

序号	91	原照片号	C07
建筑名称	中门	对应部位	中门正门前檐檐部（下层）
拍摄者	余、李	拍摄年份	1960
备注			山门

序号	92	原照片号	A127
建筑名称	中门	对应部位	中门前檐下层一角
拍摄者	余、李	拍摄年份	1957
备注			山门

序号	93	原照片号	A126
建筑名称	中门	对应部位	中门后檐下层
拍摄者	余、李	拍摄年份	1957
备注			山门

序号	94	原照片号	C08
建筑名称	中门正门	对应部位	中门正门后檐檐部（下层）
拍摄者	余、李	拍摄年份	1960
备注			山门

序号	95	原照片号	C09
建筑名称	中门正门	对应部位	中门正门下层翼角
拍摄者	余、李	拍摄年份	1960
备注			山门

序号	96	原照片号	A132
建筑名称	中门	对应部位	中门上层瓦顶脊饰
拍摄者	余、李	拍摄年份	1957
备注			山门

续表

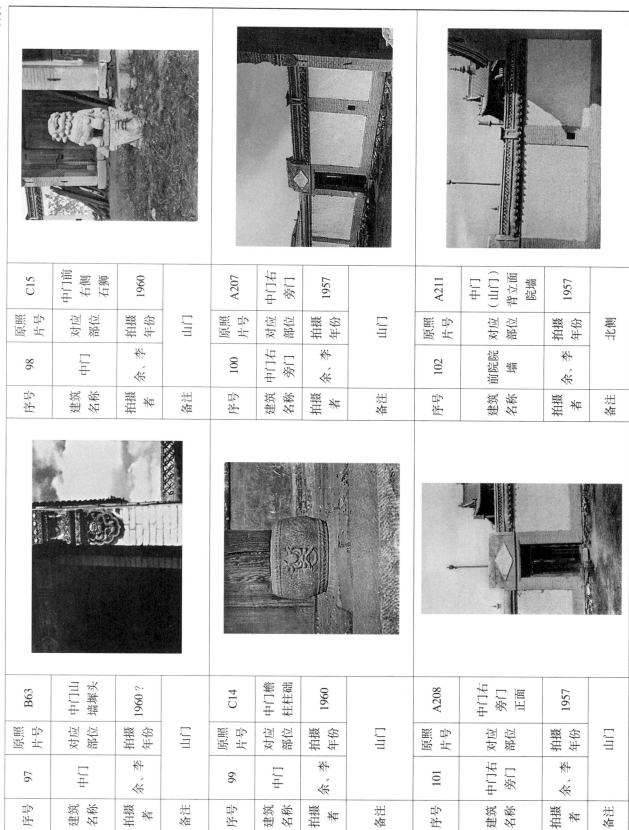

序号	原照片号	对应部位	拍摄年份	建筑名称	拍摄者	备注
97	B63	中门山墙墀头	1960？	中门	余、李	山门
98	C15	中门前右侧石狮	1960	中门	余、李	山门
99	C14	中门檐柱柱础	1960	中门	余、李	山门
100	A207	中门右旁门	1957	中门右旁门	余、李	山门
101	A208	中门右旁门正面	1957	中门右旁门	余、李	山门
102	A211	中门（山门）背立面院墙	1957	前院院墙	余、李	北侧

续表

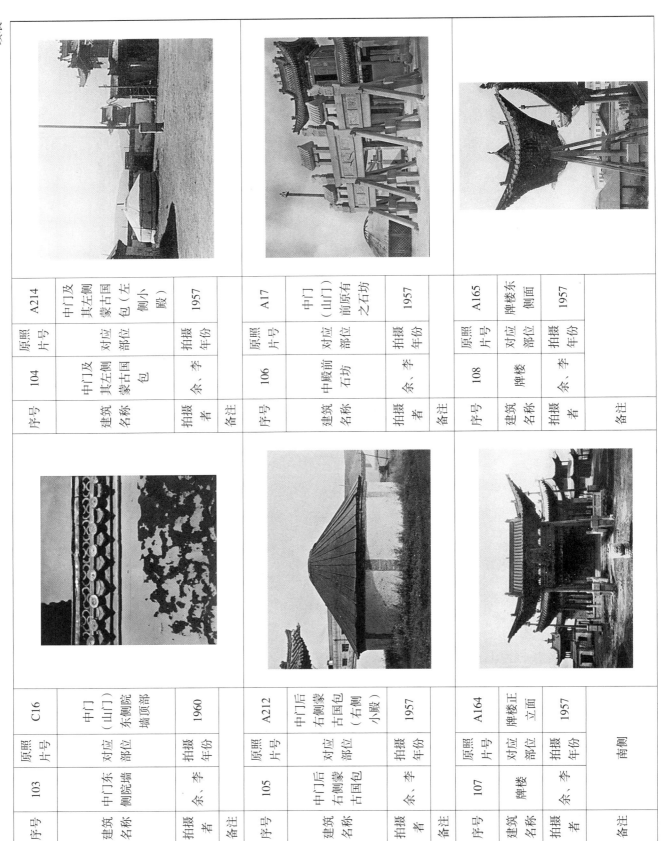

序号	104	原照片号	A214	序号	106	原照片号	A17	序号	108	原照片号	A165
建筑名称	中门及其左侧蒙古国包	对应部位	中门及其左侧蒙古国包（左侧小殿）	建筑名称	中殿前石坊	对应部位	中门（山门）前原有之右坊	建筑名称	牌楼	对应部位	牌楼东侧面
拍摄者	余、李	拍摄年份	1957	拍摄者	余、李	拍摄年份	1957	拍摄者	余、李	拍摄年份	1957
备注				备注				备注			

序号	103	原照片号	C16	序号	105	原照片号	A212	序号	107	原照片号	A164
建筑名称	中门东侧院墙	对应部位	中门（山门）东侧院墙顶部	建筑名称	中门后右侧蒙古国包	对应部位	中门后右侧蒙古国包（右侧小殿）	建筑名称	牌楼	对应部位	牌楼正立面
拍摄者	余、李	拍摄年份	1960	拍摄者	余、李	拍摄年份	1957	拍摄者	余、李	拍摄年份	1957
备注				备注				备注	南侧		

续表

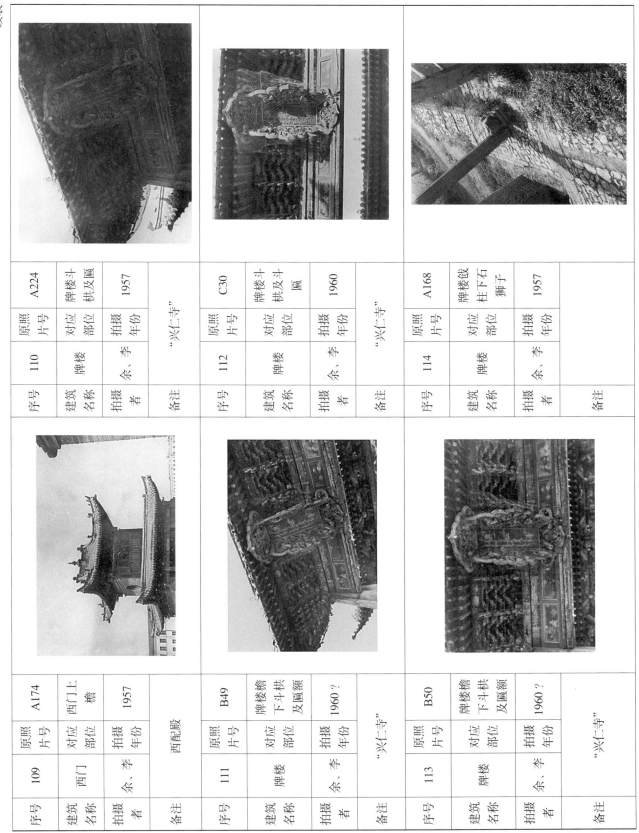

序号	109	原照片号	A174	序号	110	原照片号	A224
建筑名称	西门	对应部位	西门上檐	建筑名称	牌楼	对应部位	牌楼斗栱及匾
拍摄者	余、李	拍摄年份	1957	拍摄者	余、李	拍摄年份	1957
备注	西配殿			备注	"兴仁寺"		

序号	111	原照片号	B49	序号	112	原照片号	C30
建筑名称	牌楼	对应部位	牌楼檐下斗栱及匾额	建筑名称	牌楼	对应部位	牌楼斗栱及匾
拍摄者	余、李	拍摄年份	1960？	拍摄者	余、李	拍摄年份	1960
备注	"兴仁寺"			备注	"兴仁寺"		

序号	113	原照片号	B50	序号	114	原照片号	A168
建筑名称	牌楼	对应部位	牌楼檐下斗栱及匾额	建筑名称	牌楼	对应部位	牌楼钬柱下石狮子
拍摄者	余、李	拍摄年份	1960？	拍摄者	余、李	拍摄年份	1957
备注	"兴仁寺"			备注	"兴仁寺"		

续表

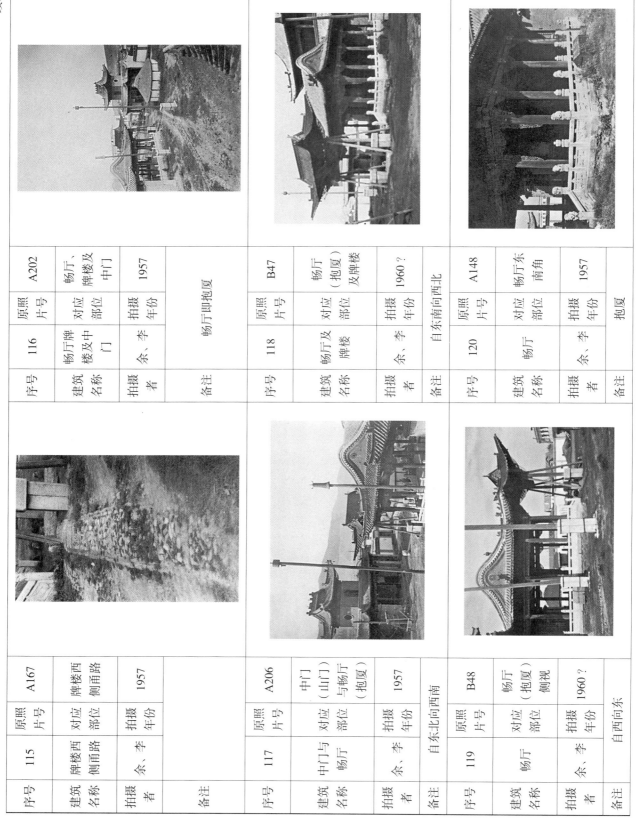

序号	原照片号	建筑名称	对应部位	拍摄者	拍摄年份	备注
115	A167	牌楼西侧甬路	牌楼西侧甬路	余、李	1957	
116	A202	畅厅牌楼及中门	畅厅、牌楼及中门	余、李	1957	畅厅即抱夏
117	A206	中门与畅厅	中门（山门）与畅厅（抱夏）	余、李	1957	自东北向西南
118	B47	畅厅及牌楼	畅厅（抱夏）及牌楼	余、李	1960？	自东南向西北
119	B48	畅厅	畅厅（抱夏）侧视	余、李	1960？	自西向东
120	A148	畅厅	畅厅东南角	余、李	1957	抱夏

续表

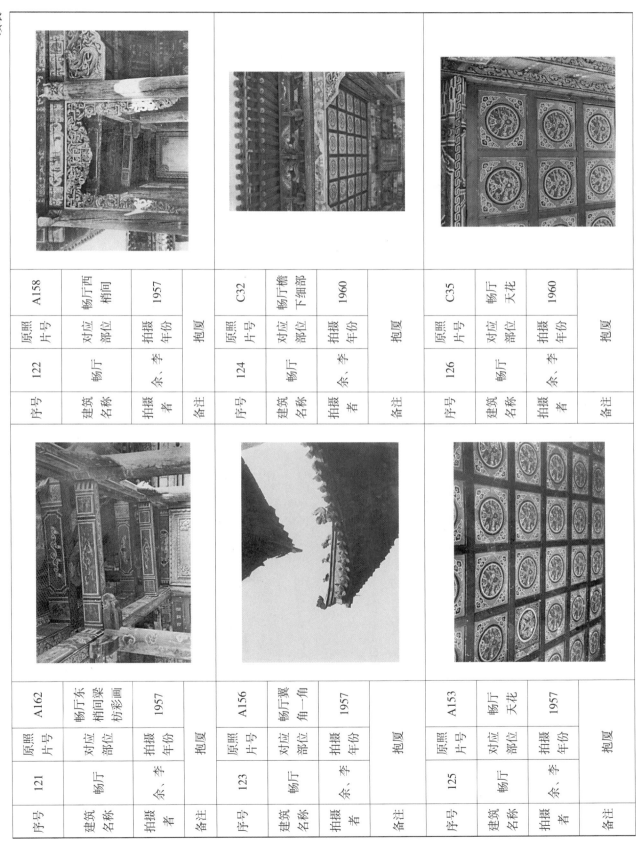

序号	原照片号	建筑名称	对应部位	拍摄者	拍摄年份	备注
122	A158	畅厅	畅厅西梢间	余、李	1957	抱厦
124	C32	畅厅	畅厅檐下细部	余、李	1960	抱厦
126	C35	畅厅	畅厅天花	余、李	1960	抱厦
121	A162	畅厅	畅厅东梢间梁枋彩画	余、李	1957	抱厦
123	A156	畅厅	畅厅翼角一角	余、李	1957	抱厦
125	A153	畅厅	畅厅天花	余、李	1957	抱厦

续表

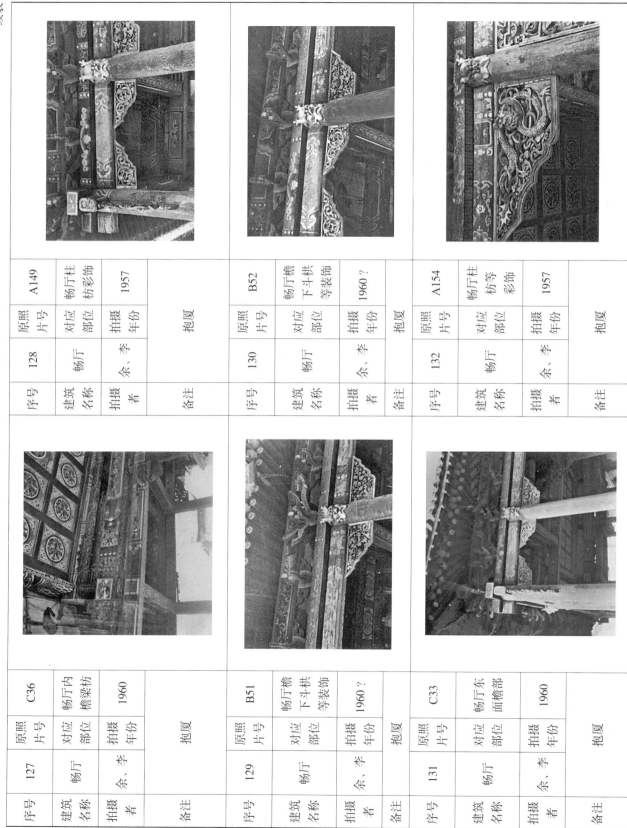

序号	128	原照片号	A149
建筑名称	畅厅	对应部位	畅厅柱枋彩饰
拍摄者	余、李	拍摄年份	1957
备注		抱厦	

序号	130	原照片号	B52
建筑名称	畅厅	对应部位	畅厅檐下斗栱等装饰
拍摄者	余、李	拍摄年份	1960？
备注		抱厦	

序号	132	原照片号	A154
建筑名称	畅厅	对应部位	畅厅柱枋等彩饰
拍摄者	余、李	拍摄年份	1957
备注		抱厦	

序号	127	原照片号	C36
建筑名称	畅厅	对应部位	畅厅内檐梁枋
拍摄者	余、李	拍摄年份	1960
备注		抱厦	

序号	129	原照片号	B51
建筑名称	畅厅	对应部位	畅厅檐下斗栱等装饰
拍摄者	余、李	拍摄年份	1960？
备注		抱厦	

序号	131	原照片号	C33
建筑名称	畅厅	对应部位	畅厅东面檐部
拍摄者	余、李	拍摄年份	1960
备注		抱厦	

续表

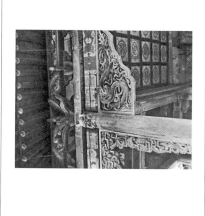

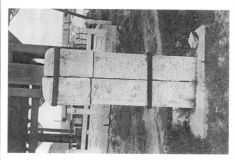

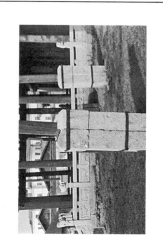

序号	133	原照片号	A163
建筑名称	畅厅	对应部位	畅厅柱头及雀替
拍摄者	余、李	拍摄年份	1957
备注		抱厦	

序号	134	原照片号	C34
建筑名称	畅厅	对应部位	畅厅正面雀替
拍摄者	余、李	拍摄年份	1960
备注		抱厦	

序号	135	原照片号	A166
建筑名称	牌楼	对应部位	牌楼下部
拍摄者	余、李	拍摄年份	1957
备注			

序号	136	原照片号	A161
建筑名称	畅厅	对应部位	畅厅西面旗杆夹杆石
拍摄者	余、李	拍摄年份	1957
备注		抱厦西面	

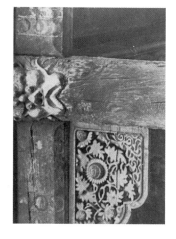

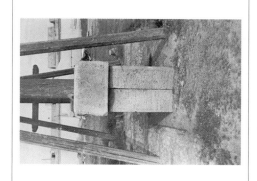

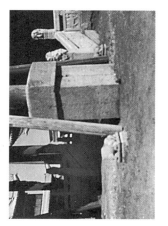

序号	137	原照片号	B53
建筑名称	畅厅	对应部位	畅厅前旗杆夹杆石
拍摄者	余、李	拍摄年份	1960？
备注		抱厦	

序号	138	原照片号	D132
建筑名称	畅厅	对应部位	畅厅石栏及旗杆
拍摄者	余鸣谦	拍摄年份	1961
备注		抱厦	

续表

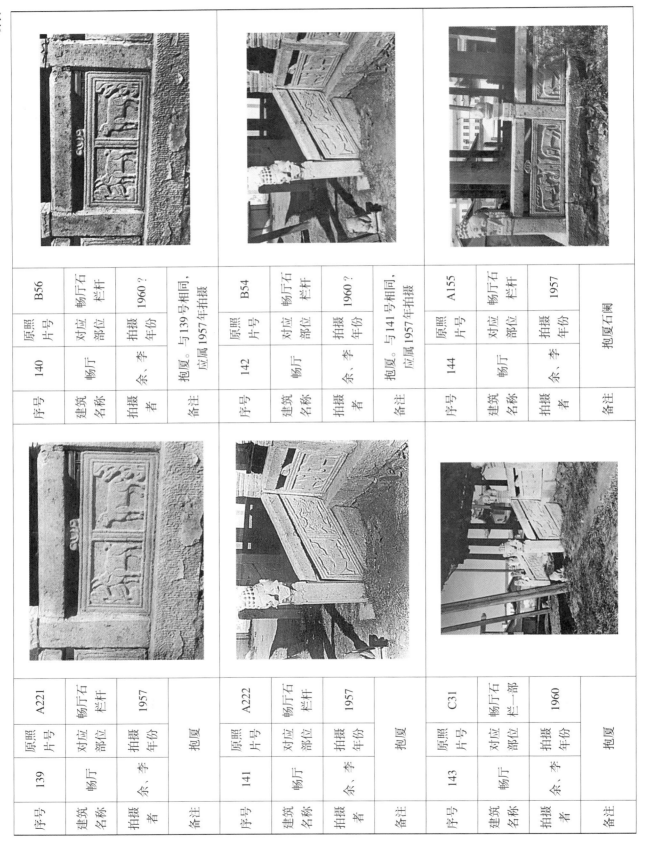

序号	140		原照片号	B56	序号	142		原照片号	B54	序号	144		原照片号	A155
建筑名称	畅厅		对应部位	畅厅石栏杆	建筑名称	畅厅		对应部位	畅厅石栏杆	建筑名称	畅厅		对应部位	畅厅石栏杆
拍摄者	余、李		拍摄年份	1960？	拍摄者	余、李		拍摄年份	1960？	拍摄者	余、李		拍摄年份	1957
备注	抱厦。与139号相同，应属1957年拍摄				备注	抱厦。与141号相同，应属1957年拍摄				备注	抱厦石阑			

序号	139		原照片号	A221	序号	141		原照片号	A222	序号	143		原照片号	C31
建筑名称	畅厅		对应部位	畅厅石栏杆	建筑名称	畅厅		对应部位	畅厅石栏杆	建筑名称	畅厅		对应部位	畅厅石栏一部
拍摄者	余、李		拍摄年份	1957	拍摄者	余、李		拍摄年份	1957	拍摄者	余、李		拍摄年份	1960
备注	抱厦				备注	抱厦				备注	抱厦			

续表

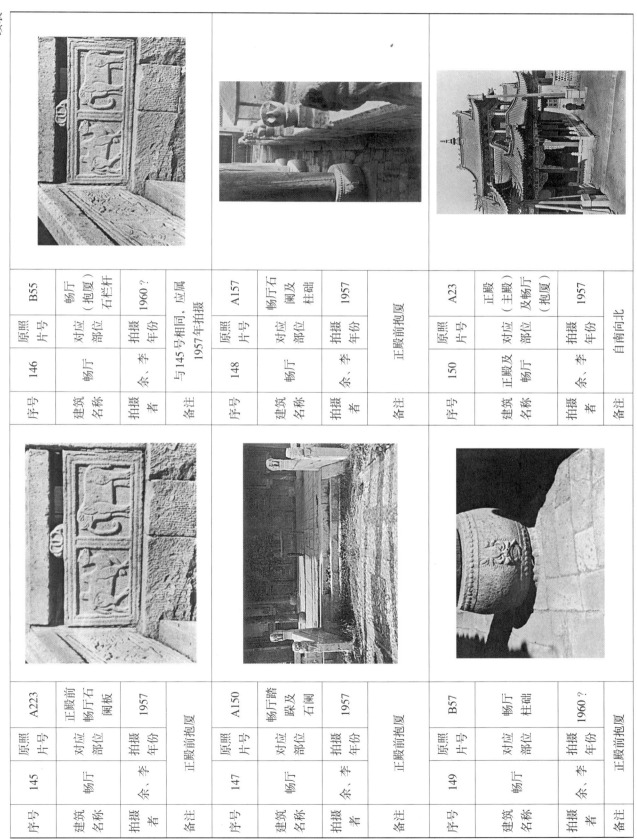

序号	建筑名称	拍摄者	原照片号	对应部位	拍摄年份	备注
145	畅厅	余、李	A223	正殿前畅厅石阑板	1957	正殿前抱夏
146	畅厅	余、李	B55	畅厅（抱夏）石栏杆	1960？	与145号相同，应属1957年拍摄
147	畅厅	余、李	A150	畅厅踏跺及石阑	1957	正殿前抱夏
148	畅厅	余、李	A157	畅厅石阑及柱础	1957	正殿前抱夏
149	畅厅	余、李	B57	畅厅柱础	1960？	正殿前抱夏
150	正殿及畅厅	余、李	A23	正殿（主殿）及畅厅（抱夏）	1957	自南向北

续表

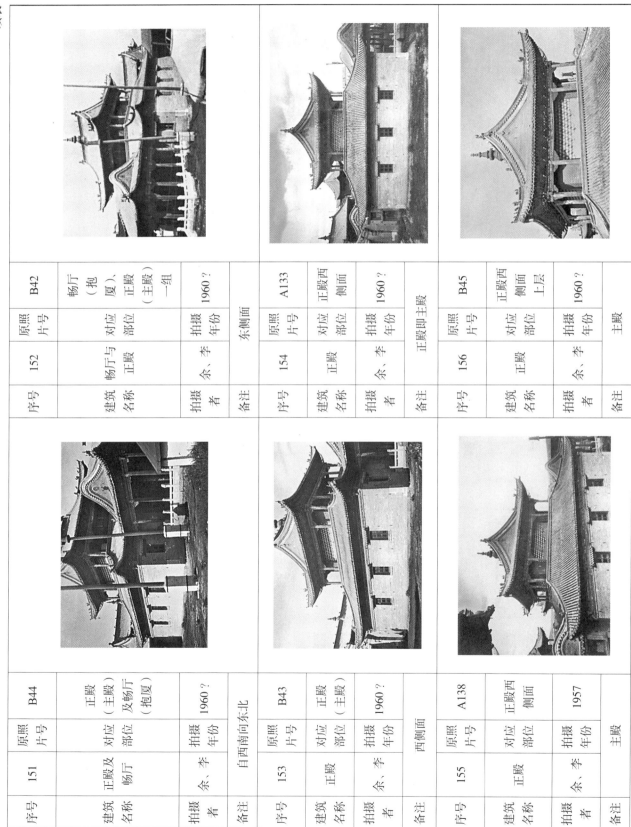

序号	151		序号	152
原照片号	B44		原照片号	B42
建筑名称	正殿及畅厅		建筑名称	畅厅与正殿
对应部位	正殿（主殿）及畅厅（抱厦）		对应部位	畅厅（抱厦）、正殿（主殿）一组
拍摄者	余、李		拍摄者	余、李
拍摄年份	1960？		拍摄年份	1960？
备注	自西南向东北		备注	东侧面

序号	153		序号	154
原照片号	B43		原照片号	A133
建筑名称	正殿		建筑名称	正殿
对应部位	正殿（主殿）		对应部位	正殿西侧面
拍摄者	余、李		拍摄者	余、李
拍摄年份	1960？		拍摄年份	1960？
备注	西侧面		备注	正殿即主殿

序号	155		序号	156
原照片号	A138		原照片号	B45
建筑名称	正殿		建筑名称	正殿
对应部位	正殿西侧面		对应部位	正殿西侧面上层
拍摄者	余、李		拍摄者	余、李
拍摄年份	1957		拍摄年份	1960？
备注	主殿		备注	主殿

续表

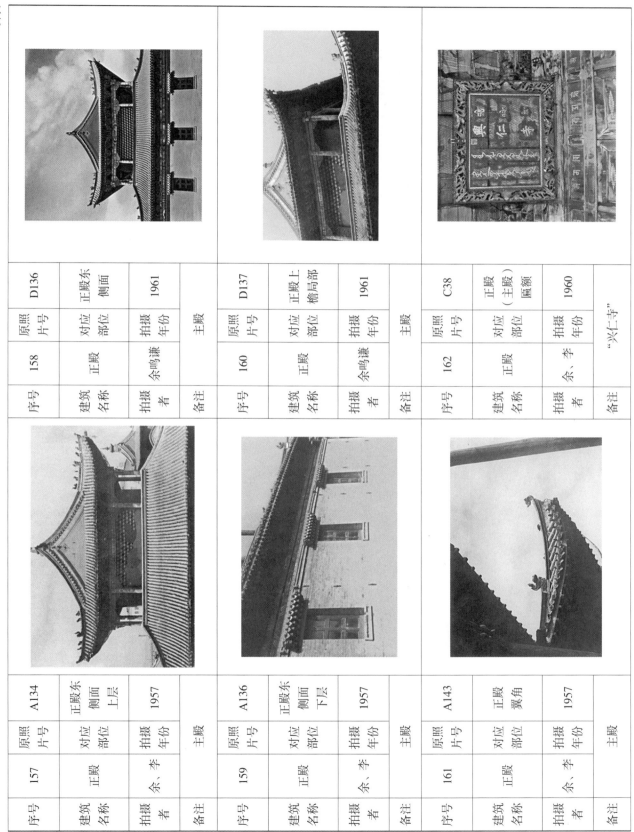

序号	158	建筑名称	正殿	拍摄者	余鸣谦	备注	主殿
原照片号	D136	对应部位	正殿东侧面	拍摄年份	1961		

序号	160	建筑名称	正殿	拍摄者	余鸣谦	备注	主殿
原照片号	D137	对应部位	正殿上檐局部	拍摄年份	1961		

序号	162	建筑名称	正殿	拍摄者	余、李	备注	"兴仁寺"
原照片号	C38	对应部位	正殿（主殿）匾额	拍摄年份	1960		

序号	157	建筑名称	正殿	拍摄者	余、李	备注	主殿
原照片号	A134	对应部位	正殿东侧面上层	拍摄年份	1957		

序号	159	建筑名称	正殿	拍摄者	余、李	备注	主殿
原照片号	A136	对应部位	正殿东侧面下层	拍摄年份	1957		

序号	161	建筑名称	正殿	拍摄者	余、李	备注	主殿
原照片号	A143	对应部位	正殿翼角	拍摄年份	1957		

续表

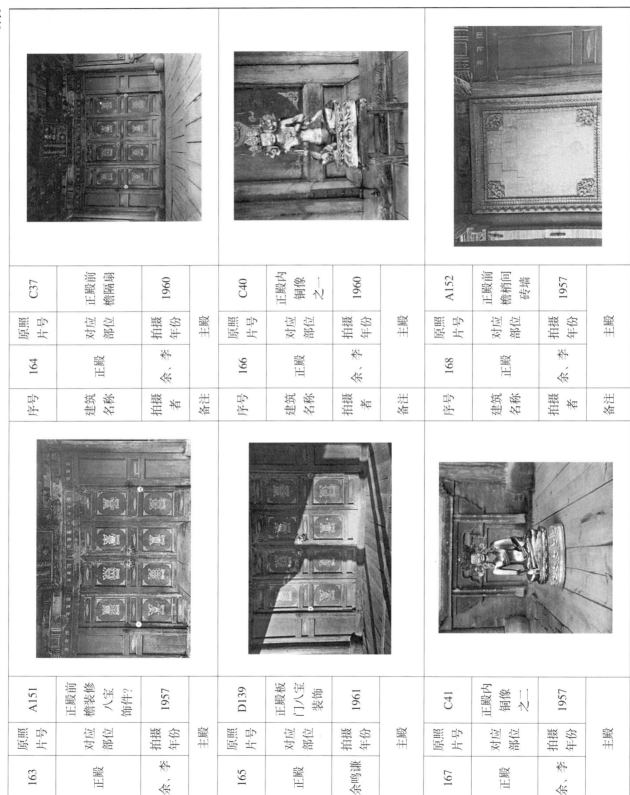

序号	164	原照片号	C37
建筑名称	正殿	对应部位	正殿前檐隔扇
拍摄者	余、李	拍摄年份	1960
备注			主殿

序号	166	原照片号	C40
建筑名称	正殿	对应部位	正殿内铜像之一
拍摄者	余、李	拍摄年份	1960
备注			主殿

序号	168	原照片号	A152
建筑名称	正殿	对应部位	正殿前檐梢间砖墙
拍摄者	余、李	拍摄年份	1957
备注			主殿

序号	163	原照片号	A151
建筑名称	正殿	对应部位	正殿前檐装修八宝饰件?
拍摄者	余、李	拍摄年份	1957
备注			主殿

序号	165	原照片号	D139
建筑名称	正殿	对应部位	正殿板门八宝装饰
拍摄者	余鸣谦	拍摄年份	1961
备注			主殿

序号	167	原照片号	C41
建筑名称	正殿	对应部位	正殿内铜像之二
拍摄者	余、李	拍摄年份	1957
备注			主殿

续表

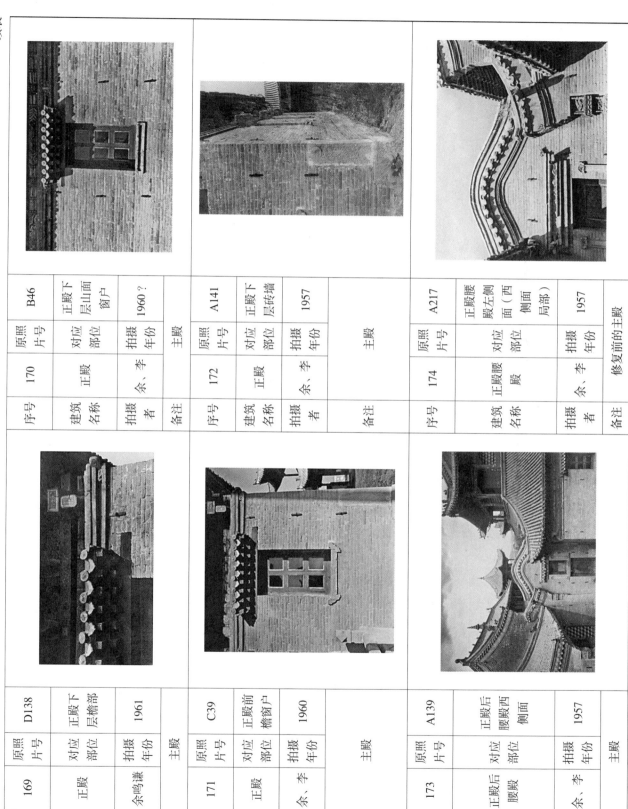

序号	原照片号	建筑名称	对应部位	拍摄者	拍摄年份	备注
170	B46	正殿	正殿下层山面窗户	余、李	1960？	主殿
172	A141	正殿	正殿下层砖墙	余、李	1957	主殿
174	A217	正殿腰殿	正殿腰殿左侧面（西侧面局部）	余、李	1957	修复前的主殿
169	D138	正殿	正殿下层檐部	余鸣谦	1961	主殿
171	C39	正殿	正殿前檐窗户	余、李	1960	主殿
173	A139	正殿后腰殿	正殿后腰殿西侧面	余、李	1957	主殿

续表

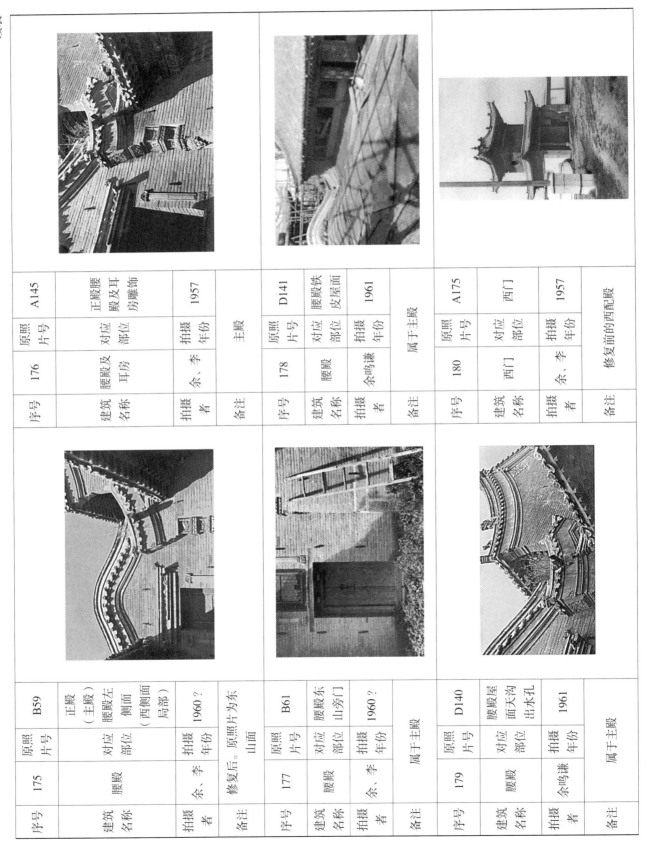

序号	建筑名称	原照片号	对应部位	拍摄者	拍摄年份	备注
175	腰殿	B59	正殿（主殿）腰殿左侧面（西侧面局部）山面	余、李	1960？	修复后。原片为东山面
176	腰殿及耳房	A145	正殿腰殿及耳房雕饰	余、李	1957	主殿
177	腰殿	B61	腰殿东山旁门	余、李	1960？	属于主殿
178	腰殿	D141	腰殿铁皮屋面	余鸣谦	1961	属于主殿
179	腰殿	D140	腰殿屋面天沟出水孔	余鸣谦	1961	属于主殿
180	西门	A175	西门	余、李	1957	修复前的西配殿

续表

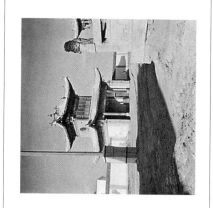 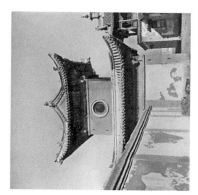 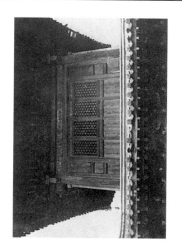

序号	182	原照片号	C18
建筑名称	西门	对应部位	西门远景（内侧）
拍摄者	余、李?	拍摄年份	1960
备注	西配殿		

序号	184	原照片号	C20
建筑名称	西门	对应部位	西门侧面
拍摄者	余、李	拍摄年份	1960
备注	西配殿		

序号	186	原照片号	A176
建筑名称	西门	对应部位	西门上层前檐
拍摄者	余、李	拍摄年份	1957
备注	西配殿		

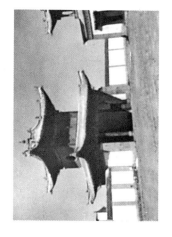 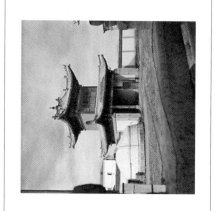 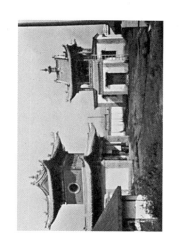

序号	181	原照片号	B22
建筑名称	西门	对应部位	西门内侧
拍摄者	余、李	拍摄年份	1960?
备注	修复后的西配殿		

序号	183	原照片号	C19
建筑名称	西门	对应部位	西门中景
拍摄者	余、李	拍摄年份	1960
备注	西配殿		

序号	185	原照片号	B09
建筑名称	西门及西阁	对应部位	西门（西配殿）及西阁
拍摄者	余、李	拍摄年份	1960?
备注			

续表

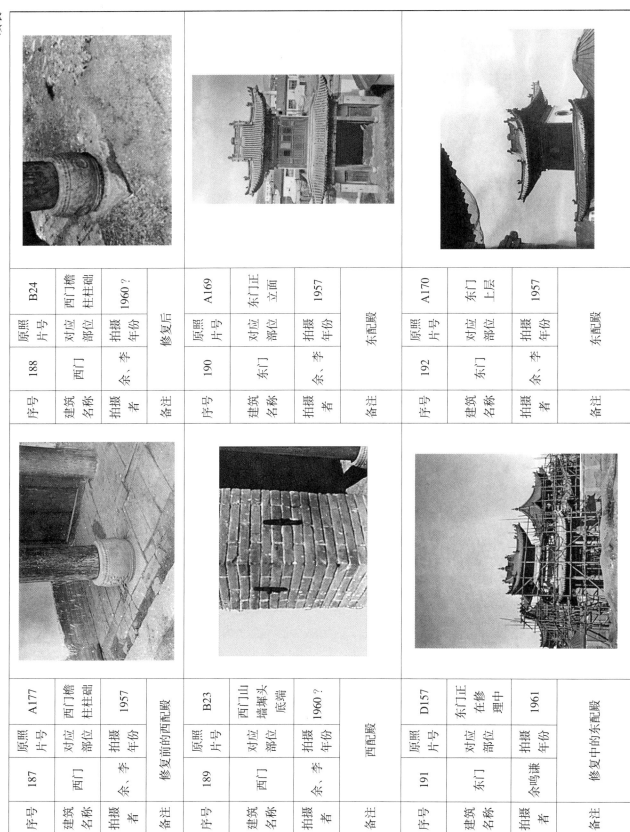

序号	187	原照片号	A177	原照片号	B24	188	序号
建筑名称	西门	对应部位	西门檐柱柱础	对应部位	西门檐柱柱础	西门	建筑名称
拍摄者	余、李	拍摄年份	1957	拍摄年份	1960？	余、李	拍摄者
备注	修复前的西配殿			修复后			备注
序号	189	原照片号	B23	原照片号	A169	190	序号
建筑名称	西门	对应部位	西门山墙墀头底端	对应部位	东门正立面	东门	建筑名称
拍摄者	余、李	拍摄年份	1960？	拍摄年份	1957	余、李	拍摄者
备注	西配殿			东配殿			备注
序号	191	原照片号	D157	原照片号	A170	192	序号
建筑名称	东门	对应部位	东门正在修理中	对应部位	东门上层	东门	建筑名称
拍摄者	余鸣谦	拍摄年份	1961	拍摄年份	1957	余、李	拍摄者
备注	修复中的东配殿			东配殿			备注

续表

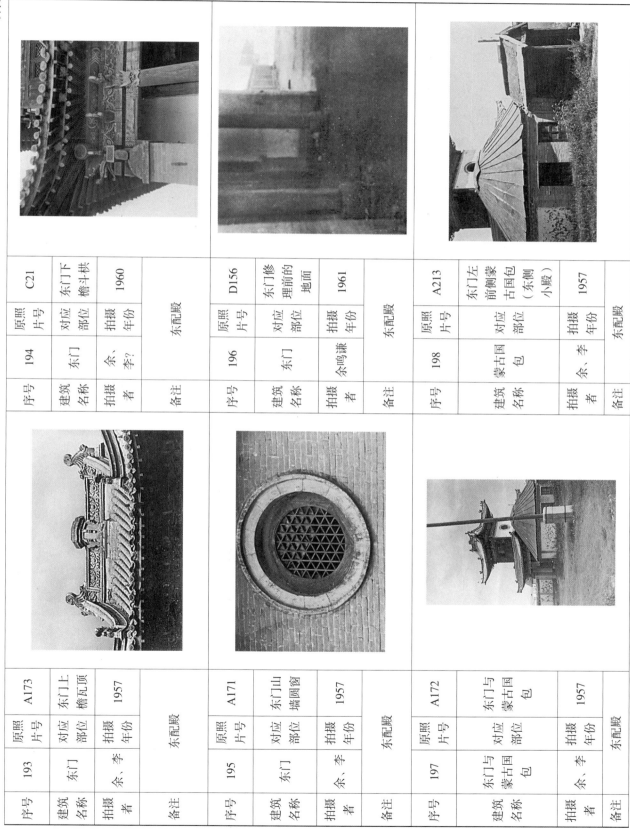

序号	194	原照片号	C21
建筑名称	东门	对应部位	东门下檐斗栱
拍摄者	余、李?	拍摄年份	1960
备注			东配殿

序号	196	原照片号	D156
建筑名称	东门	对应部位	东门修理前的地面
拍摄者	余鸣谦	拍摄年份	1961
备注			东配殿

序号	198	原照片号	A213
建筑名称	蒙古国包	对应部位	东门左前侧蒙古国包（东侧小殿）
拍摄者	余、李	拍摄年份	1957
备注			东配殿

序号	193	原照片号	A173
建筑名称	东门	对应部位	东门上檐瓦顶
拍摄者	余、李	拍摄年份	1957
备注			东配殿

序号	195	原照片号	A171
建筑名称	东门	对应部位	东门山墙圆窗
拍摄者	余、李	拍摄年份	1957
备注			东配殿

序号	197	原照片号	A172
建筑名称	东门与蒙古国包	对应部位	东门与蒙古国包
拍摄者	余、李	拍摄年份	1957
备注			东配殿

续表

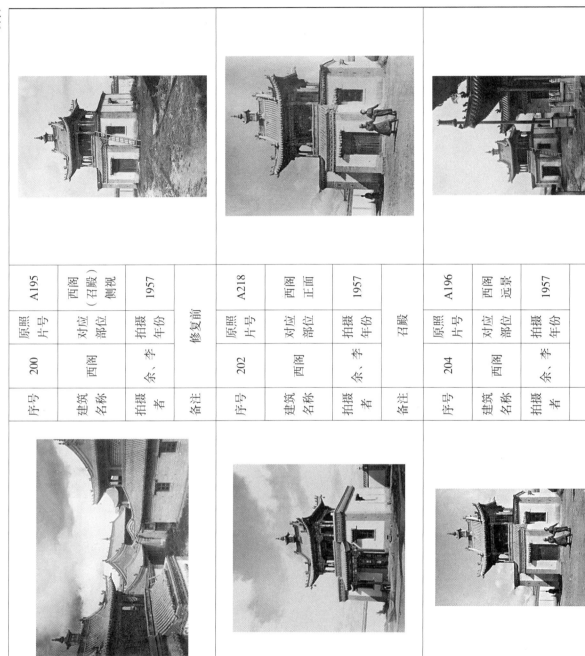

序号	原照片号	建筑名称	对应部位	拍摄者	拍摄年份	备注
200	A195	西阁	西阁（召殿）侧视	余、李	1957	修复前
202	A218	西阁	西阁正面	余、李	1957	召殿
204	A196	西阁	西阁远景	余、李	1957	召殿
199	A204	西阁与正殿	西阁与正殿之间	余、李	1957	西阁又称召殿
201	D152	西阁	西阁修缮后新貌	余鸣谦	1961	修复后的召殿
203	B14	西阁	西阁正面	余、李	1960？	召殿。与202号相同，应为1957年拍摄

续表

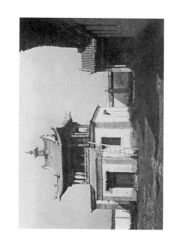

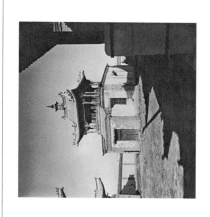

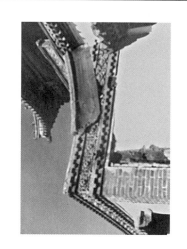

序号	205	原照片号	B12
建筑名称	西阁	对应部位	西阁
拍摄者	余、李	拍摄年份	1960？
备注			召殿

序号	206	原照片号	B13
建筑名称	西阁	对应部位	西阁
拍摄者	余、李	拍摄年份	1960？
备注			召殿

序号	207	原照片号	C26
建筑名称	西阁	对应部位	西阁远景
拍摄者	余、李	拍摄年份	1960
备注			召殿

序号	208	原照片号	C27
建筑名称	西阁	对应部位	西阁中景
拍摄者	余、李	拍摄年份	1960
备注			召殿

序号	209	原照片号	C28
建筑名称	西阁	对应部位	西阁正面
拍摄者	余、李	拍摄年份	1960
备注			召殿

序号	210	原照片号	B19
建筑名称	西阁	对应部位	西阁东山面一部
拍摄者	余、李	拍摄年份	1960？
备注			召殿

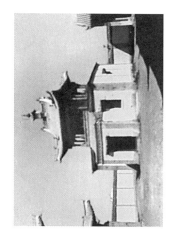

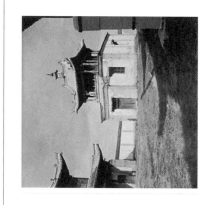

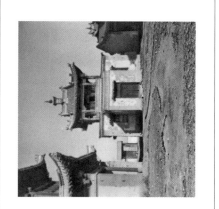

续表

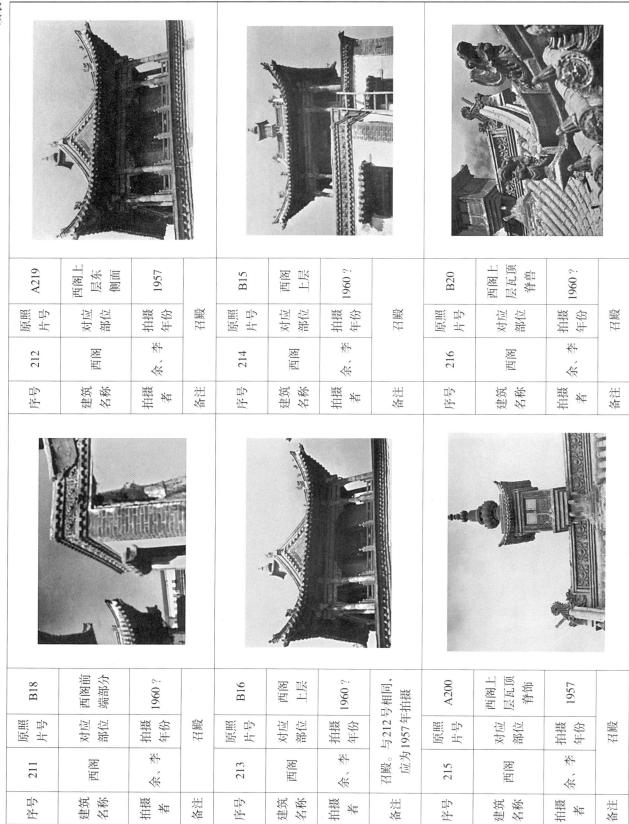

序号	211	原照片号	B18	对应部位	西阁前端部分	拍摄年份	1960？
建筑名称	西阁						
拍摄者	余、李						
备注	召殿						

序号	212	原照片号	A219	对应部位	西阁上层东侧面	拍摄年份	1957
建筑名称	西阁						
拍摄者	余、李						
备注	召殿						

序号	213	原照片号	B16	对应部位	西阁上层	拍摄年份	1960？
建筑名称	西阁						
拍摄者	余、李						
备注	召殿。与212号相同，应为1957年拍摄						

序号	214	原照片号	B15	对应部位	西阁上层	拍摄年份	1960？
建筑名称	西阁						
拍摄者	余、李						
备注	召殿						

序号	215	原照片号	A200	对应部位	西阁上层瓦顶脊饰	拍摄年份	1957
建筑名称	西阁						
拍摄者	余、李						
备注	召殿						

序号	216	原照片号	B20	对应部位	西阁上层瓦顶脊兽	拍摄年份	1960？
建筑名称	西阁						
拍摄者	余、李						
备注	召殿						

续表

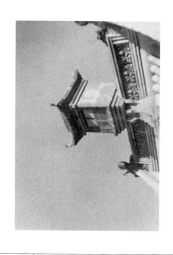 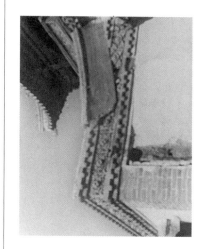 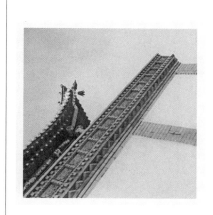

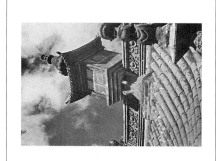 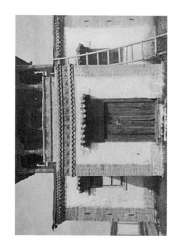 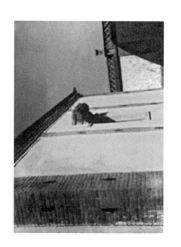

序号	218	原照片号	D147
建筑名称	西阁	对应部位	西阁上檐瓦顶装饰
拍摄者	余鸣谦	拍摄年份	1961
备注		召殿	

序号	220	原照片号	A220
建筑名称	西阁	对应部位	西阁下层东侧面
拍摄者	余、李	拍摄年份	1957
备注		召殿	

序号	222	原照片号	D150
建筑名称	西阁	对应部位	西阁下层檐部一角
拍摄者	余鸣谦	拍摄年份	1961
备注		召殿	

序号	217	原照片号	B21
建筑名称	西阁	对应部位	西阁上层瓦顶脊兽
拍摄者	余、李	拍摄年份	1960?
备注		召殿	

序号	219	原照片号	A197
建筑名称	西阁	对应部位	西阁下层正面
拍摄者	余、李	拍摄年份	1957
备注		召殿	

序号	221	原照片号	B17
建筑名称	西阁	对应部位	西阁下层东山墙
拍摄者	余、李	拍摄年份	1960?
备注		召殿	

续表

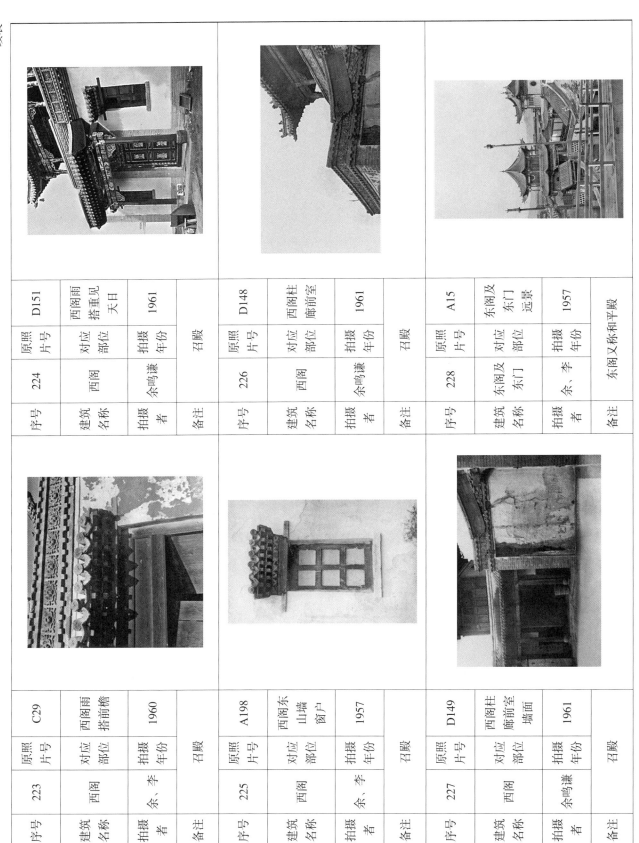

序号	原照片号	建筑名称	对应部位	拍摄者	拍摄年份	备注
223	C29	西阁	西阁雨搭前檐	余、李	1960	召殿
224	D151	西阁	西阁雨搭重见天日	余鸣谦	1961	召殿
225	A198	西阁	西阁东山墙窗户	余、李	1957	召殿
226	D148	西阁	西阁柱廊前室	余鸣谦	1961	召殿
227	D149	西阁	西阁柱廊前室墙面	余鸣谦	1961	召殿
228	A15	东阁及东门	东阁及东门远景	余、李	1957	东阁又称和平殿

续表

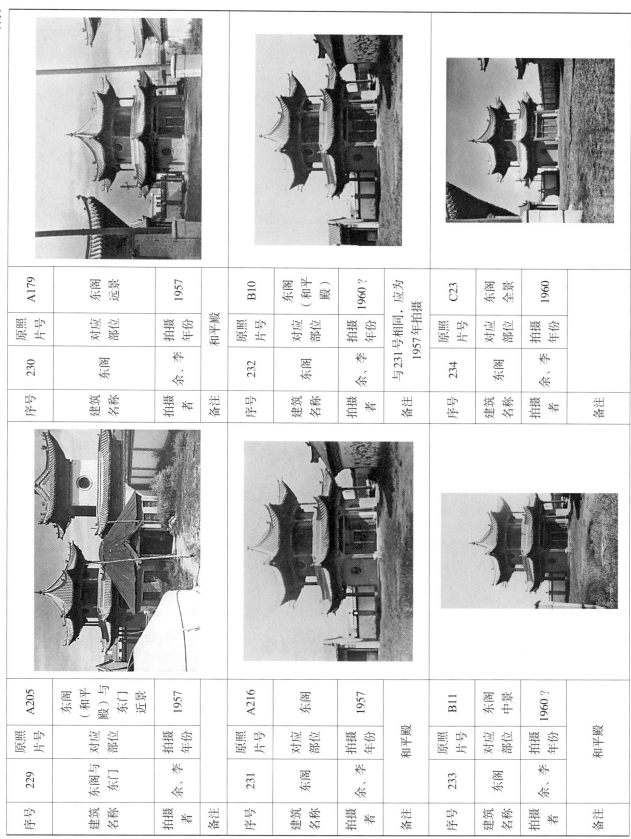

序号	229	原照片号	A205
建筑名称	东阁与东门	对应部位	东阁（和平殿）与东门近景
拍摄者	余、李	拍摄年份	1957
备注			

序号	230	原照片号	A179
建筑名称	东阁	对应部位	东阁远景
拍摄者	余、李	拍摄年份	1957
备注	和平殿		

序号	231	原照片号	A216
建筑名称	东阁	对应部位	东阁
拍摄者	余、李	拍摄年份	1957
备注	和平殿		

序号	232	原照片号	B10
建筑名称	东阁	对应部位	东阁（和平殿）
拍摄者	余、李	拍摄年份	1960？
备注	与231号相同，应为1957年拍摄		

序号	233	原照片号	B11
建筑名称	东阁	对应部位	东阁中景
拍摄者	余、李	拍摄年份	1960？
备注	和平殿		

序号	234	原照片号	C23
建筑名称	东阁	对应部位	东阁全景
拍摄者	余、李	拍摄年份	1960
备注			

续表

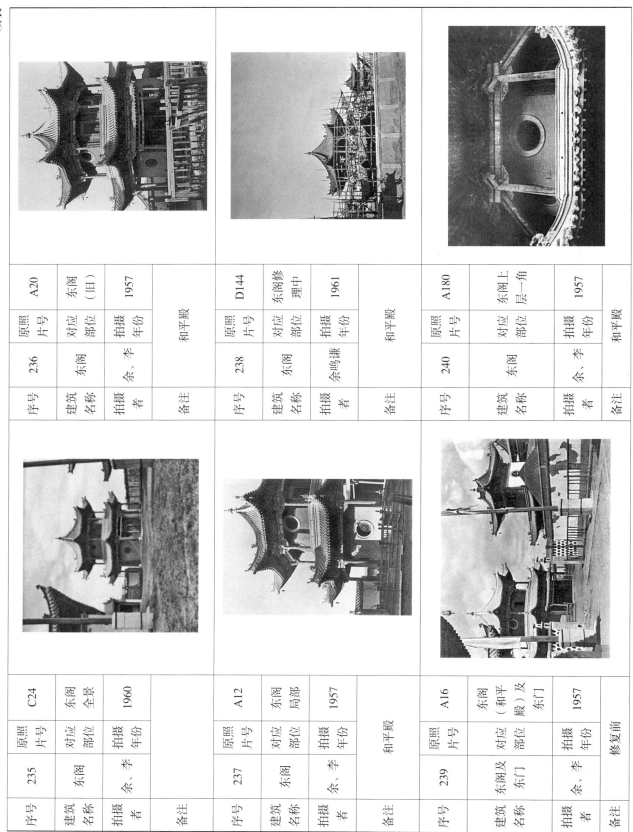

序号	原照片号	对应部位	拍摄年份	建筑名称	拍摄者	备注
235	C24	东阁全景	1960	东阁	余、李	
236	A20	东阁（旧）	1957	东阁	余、李	和平殿
237	A12	东阁局部	1957	东阁	余、李	和平殿
238	D144	东阁修理中	1961	东阁	余鸣谦	和平殿
239	A16	东阁（和平殿）及东门	1957	东阁及东门	余、李	修复前
240	A180	东阁上层一角	1957	东阁	余、李	和平殿

续表

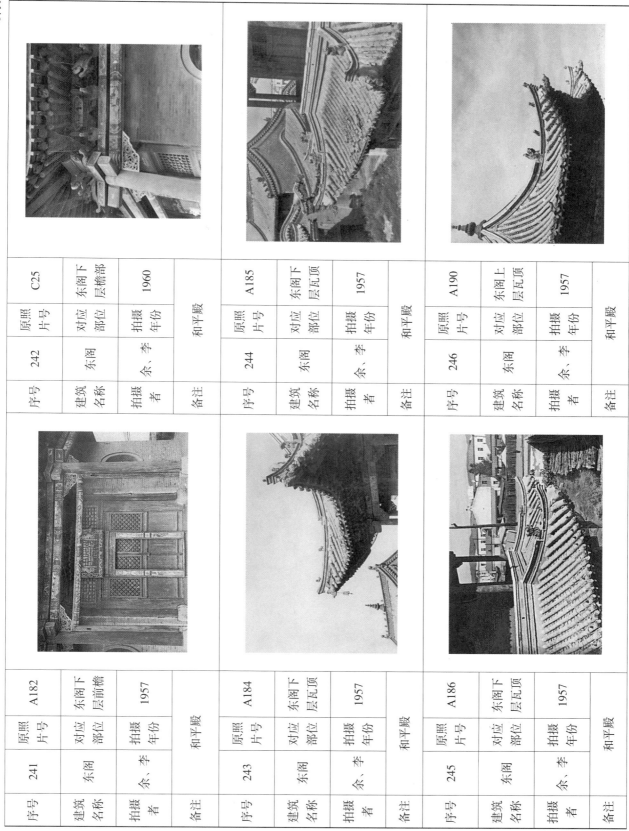

序号	241	原照片号	A182
建筑名称	东阁	对应部位	东阁下层前檐
拍摄者	余、李	拍摄年份	1957
备注		和平殿	

序号	242	原照片号	C25
建筑名称	东阁	对应部位	东阁下层檐部
拍摄者	余、李	拍摄年份	1960
备注		和平殿	

序号	243	原照片号	A184
建筑名称	东阁	对应部位	东阁下层瓦顶
拍摄者	余、李	拍摄年份	1957
备注		和平殿	

序号	244	原照片号	A185
建筑名称	东阁	对应部位	东阁下层瓦顶
拍摄者	余、李	拍摄年份	1957
备注		和平殿	

序号	245	原照片号	A186
建筑名称	东阁	对应部位	东阁下层瓦顶
拍摄者	余、李	拍摄年份	1957
备注		和平殿	

序号	246	原照片号	A190
建筑名称	东阁	对应部位	东阁上层瓦顶
拍摄者	余、李	拍摄年份	1957
备注		和平殿	

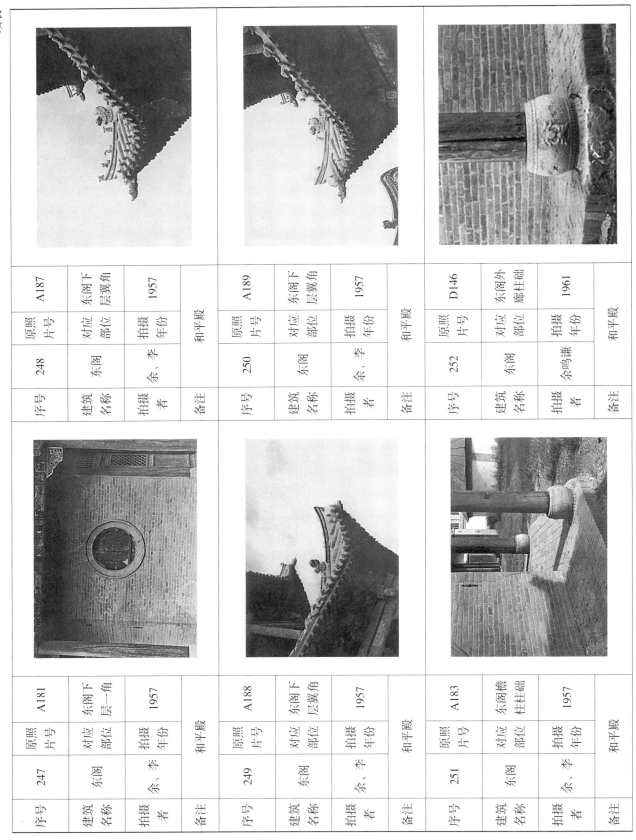

续表

序号	247	原照片号	A181		序号	249	原照片号	A188		序号	251	原照片号	A183
建筑名称	东阁	对应部位	东阁下层一角		建筑名称	东阁	对应部位	东阁下层翼角		建筑名称	东阁	对应部位	东阁檐柱柱础
拍摄者	余、李	拍摄年份	1957		拍摄者	余、李	拍摄年份	1957		拍摄者	余、李	拍摄年份	1957
备注			和平殿		备注			和平殿		备注			和平殿

序号	248	原照片号	A187		序号	250	原照片号	A189		序号	252	原照片号	D146
建筑名称	东阁	对应部位	东阁下层翼角		建筑名称	东阁	对应部位	东阁下层翼角		建筑名称	东阁	对应部位	东阁外廊柱础
拍摄者	余、李	拍摄年份	1957		拍摄者	余、李	拍摄年份	1957		拍摄者	余鸣谦	拍摄年份	1961
备注			和平殿		备注			和平殿		备注			和平殿

续表

序号	253	原照片号	D145	序号	254	原照片号	A203
建筑名称	东阁	对应部位	东阁雨搭重建	建筑名称	东阁及东耳房	对应部位	东阁及东耳房远景
拍摄者	余鸣谦	拍摄年份	1961	拍摄者	余、李	拍摄年份	1957
备注	和平殿			备注	和平殿		

序号	255	原照片号	C42	序号	256	原照片号	A146
建筑名称	西耳房	对应部位	西耳房远景	建筑名称	西耳房	对应部位	西耳房廊墙
拍摄者	余、李	拍摄年份	1960	拍摄者	余、李	拍摄年份	1957
备注				备注			

序号	257	原照片号	C44	序号	258	原照片号	A201
建筑名称	东耳房	对应部位	东耳房侧面	建筑名称	东耳房	对应部位	东耳房犀头
拍摄者	余、李	拍摄年份	1960	拍摄者	余、李	拍摄年份	1957
备注				备注			

续表

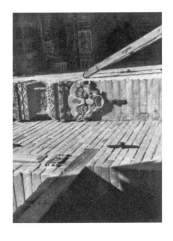

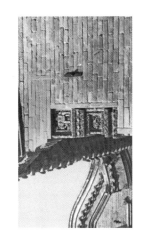

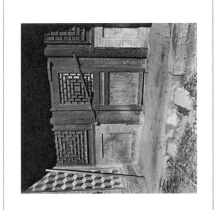

序号	建筑名称	拍摄者	备注	原照片号	对应部位	拍摄年份
260	东耳房	余、李		B62	东耳房山墙墀头	1960？
262	东耳房	余鸣谦		D142	东耳房东山墀头	1961
264	东耳房	余、李		C45	东耳房门窗	1960

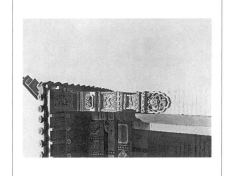

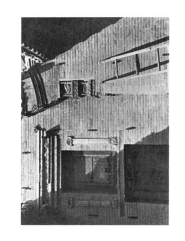

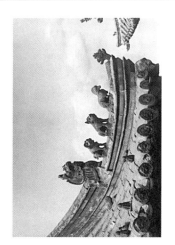

序号	建筑名称	拍摄者	备注	原照片号	对应部位	拍摄年份
259	东耳房	余、李		A18	东耳房墀头砖雕	1957
261	耳房及腰殿	余、李		B60耳	耳房墀头及腰歇山面	1960？
263	东耳房	余、李		A147	东耳房垂脊	1957

续表

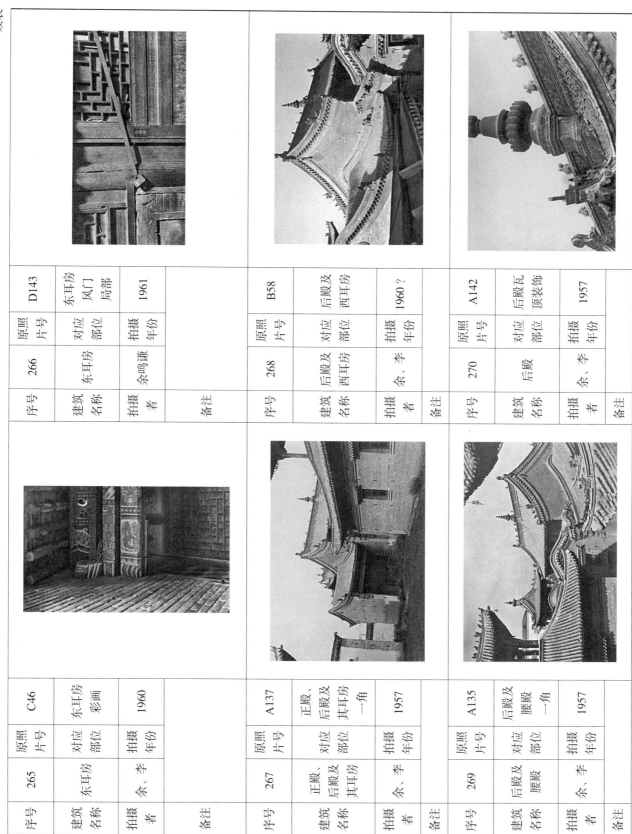

序号	原照片号	建筑名称	对应部位	拍摄者	拍摄年份	备注
265	C46	东耳房	东耳房彩画	余、李	1960	
266	D143	东耳房	东耳房凤门局部	余鸣谦	1961	
267	A137	正殿、后殿及其耳房	正殿、后殿及其耳房一角	余、李	1957	
268	B58	后殿及西耳房	后殿及西耳房	余、李	1960？	
269	A135	后殿及腰殿	后殿及腰殿一角	余、李	1957	
270	A142	后殿	后殿瓦顶装饰	余、李	1957	

续表

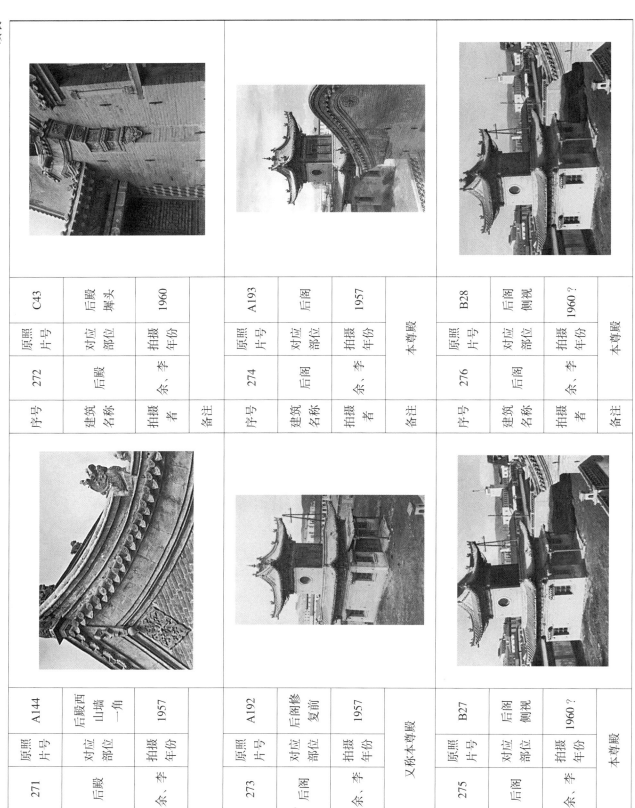

序号	271	原照片号	A144
建筑名称	后殿	对应部位	后殿西山墙一角
拍摄者	余、李	拍摄年份	1957
备注			

序号	272	原照片号	C43
建筑名称	后殿	对应部位	后殿檐头
拍摄者	余、李	拍摄年份	1960
备注			

序号	273	原照片号	A192
建筑名称	后阁	对应部位	后阁修复前
拍摄者	余、李	拍摄年份	1957
备注	又称本尊殿		

序号	274	原照片号	A193
建筑名称	后阁	对应部位	后阁
拍摄者	余、李	拍摄年份	1957
备注	本尊殿		

序号	275	原照片号	B27
建筑名称	后阁	对应部位	后阁侧视
拍摄者	余、李	拍摄年份	1960？
备注	本尊殿		

序号	276	原照片号	B28
建筑名称	后阁	对应部位	后阁侧视
拍摄者	余、李	拍摄年份	1960？
备注	本尊殿		

续表

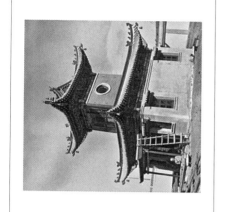 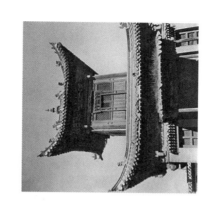 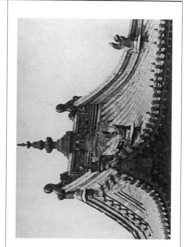

序号	原照片号	建筑名称	对应部位	拍摄者	拍摄年份	备注
278	D154	后阁	后阁修缮后新貌	余鸣谦	1961	修复后的本尊殿
280	C22	后阁	后阁正面	余、李	1960	本尊殿
282	A199	后阁	后阁上层瓦顶	余、李	1957	本尊殿

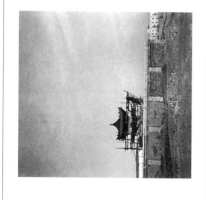 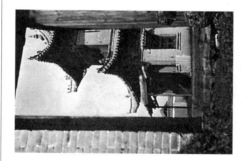 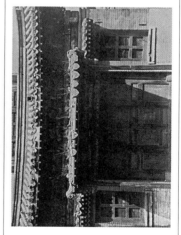

序号	原照片号	建筑名称	对应部位	拍摄者	拍摄年份	备注
277	D153	后阁	后阁在修缮中	余鸣谦	1961	修复中，院墙外拍摄
279	B29	后阁	后阁局部	余、李	1960？	本尊殿
281	A194	后阁	后阁前檐	余、李	1957	本尊殿

续表

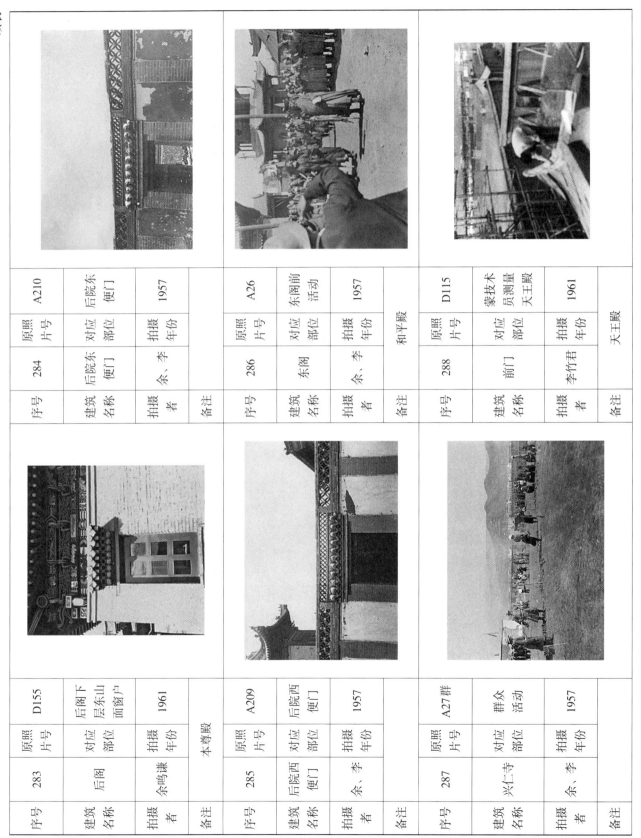

序号	283	原照片号	D155
建筑名称	后阁	对应部位	后阁下层东山面窗户
拍摄者	余鸣谦	拍摄年份	1961
备注	本尊殿		

序号	284	原照片号	A210
建筑名称	后院东便门	对应部位	后院东便门
拍摄者	余、李	拍摄年份	1957
备注			

序号	285	原照片号	A209
建筑名称	后院西便门	对应部位	后院西便门
拍摄者	余、李	拍摄年份	1957
备注			

序号	286	原照片号	A26
建筑名称	东阁	对应部位	东阁前活动
拍摄者	余、李	拍摄年份	1957
备注	和平殿		

序号	287	原照片号	A27群
建筑名称	兴仁寺	对应部位	群众活动
拍摄者	余、李	拍摄年份	1957
备注			

序号	288	原照片号	D115
建筑名称	前门	对应部位	蒙技术员测量天王殿
拍摄者	李竹君	拍摄年份	1961
备注	天王殿		

续表

序号	289	原照片号	D108	序号	290	原照片号	D109
建筑名称	后殿	对应部位	后殿顶楼拆除后的屋面	建筑名称	后殿	对应部位	后殿顶楼拆除后的屋面
拍摄者	余鸣谦	拍摄年份	1961	拍摄者	余鸣谦	拍摄年份	1961
备注	可能属于夏宫窗的后殿			备注	可能属于夏宫窗的后殿		

序号	291	原照片号	D110	序号		原照片号	
建筑名称	后殿	对应部位	后殿拆下的楼梯	建筑名称		对应部位	
拍摄者	余鸣谦	拍摄年份	1961	拍摄者		拍摄年份	
备注	可能属于夏宫窗的后殿			备注			

说明：1. 本项目实施时兴仁寺各建筑单体自南向北依次命名为前门、中门、戏厅或畅厅、主殿、西阁、东阁、后殿、后阁，后尊殿以各名称天王殿、山门、抱厦、主殿、召殿、和平殿、后殿、本尊殿，本次核对后在相应位置的备注中补充说明现名称，本次核对后在相应位置的备注中补充说明现名称天王殿、山门、抱厦、主殿、召殿、和平殿、后殿，本尊殿以拍摄方向等。

2. 此次援蒙工作照片存档时分为四个文件夹，本次整理时按A~D的顺序加在原照片号前作为区分。

3. 1960年3月22日相册扉页标注，120#李竹君摄，135#余鸣谦摄。部分照片已无法知晓具体拍摄者，以"余、李"（余鸣谦、李竹君两位先生）代称。

4. 上述照片均存档于中国文化遗产研究院图书馆。

2. 夏宫

序号	1	原照片号	A03
建筑名称	夏宫	对应部位	夏宫外景
拍摄者	余、李	拍摄年份	1957
备注	又称皇宫		

序号	3	原照片号	A29
建筑名称	影壁	对应部位	主壁侧面
拍摄者	余、李	拍摄年份	1957
备注	修复前的主壁部分		

序号	5	原照片号	A28
建筑名称	影壁	对应部位	影壁正立面（北面）
拍摄者	余、李	拍摄年份	1957
备注	夏宫影壁主壁背面		

序号	2	原照片号	A01
建筑名称	夏宫	对应部位	后殿
拍摄者	余、李	拍摄年份	1957
备注	后殿		

序号	4	原照片号	A30
建筑名称	影壁	对应部位	影壁正立面（南面）
拍摄者	余、李	拍摄年份	1957
备注	修复前		

序号	6	原照片号	D86
建筑名称	影壁	对应部位	主壁北面
拍摄者	余鸣谦	拍摄年份	1961
备注	修复后		

续表

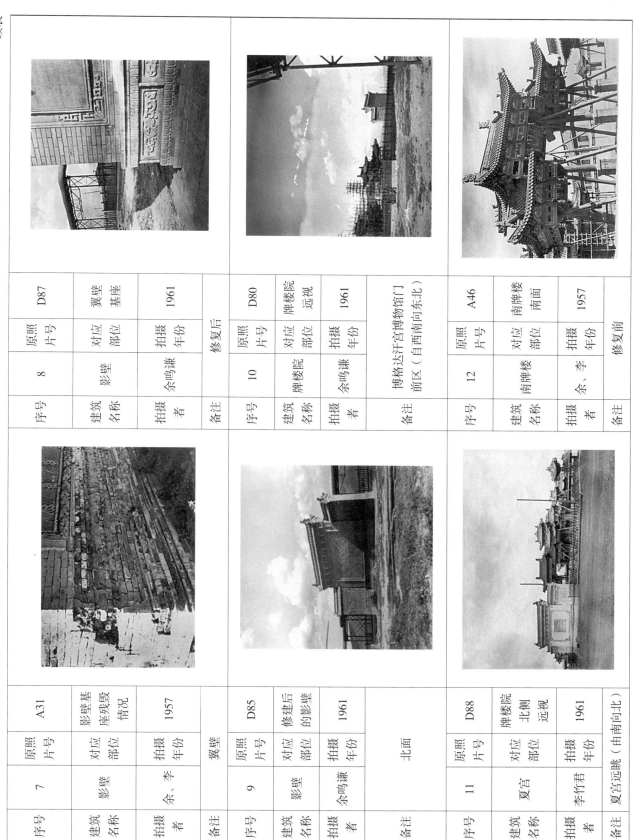

序号	建筑名称	拍摄者	原照片号	对应部位	拍摄年份	备注
7	影壁	余、李	A31	影壁基座残毁情况	1957	翼壁
8	影壁	余鸣谦	D87	翼壁基座	1961	修复后
9	影壁	余鸣谦	D85	修建后的影壁	1961	北面
10	牌楼院	余鸣谦	D80	牌楼院远视	1961	博格达汗宫博物馆宫门前区（自西南向东北）
11	夏宫	李竹君	D88	牌楼院北侧远视	1961	夏宫远眺（由南向北）
12	南牌楼	余、李	A46	南牌楼南面	1957	修复前

续表

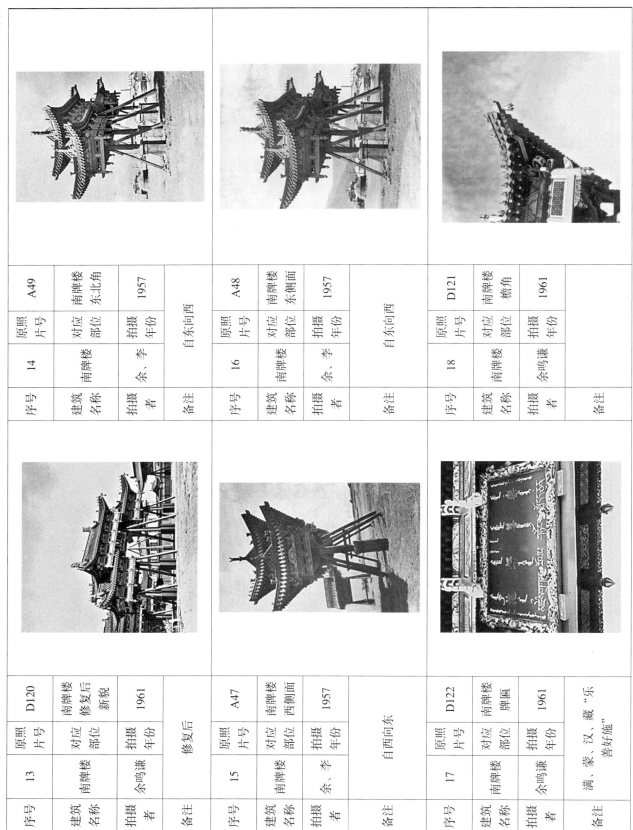

序号	建筑名称	拍摄者	备注	原照片号	对应部位	拍摄年份
13	南牌楼	余鸣谦	修复后	D120	南牌楼修复后新貌	1961
14	南牌楼	余、李	自东向西	A49	南牌楼东北角	1957
15	南牌楼	余、李	自西向东	A47	南牌楼西侧面	1957
16	南牌楼	余、李	自东向西	A48	南牌楼东侧面	1957
17	南牌楼	余鸣谦	满、蒙、汉、藏"乐善好施"	D122	南牌楼牌匾	1961
18	南牌楼	余鸣谦		D121	南牌楼檐角	1961

续表

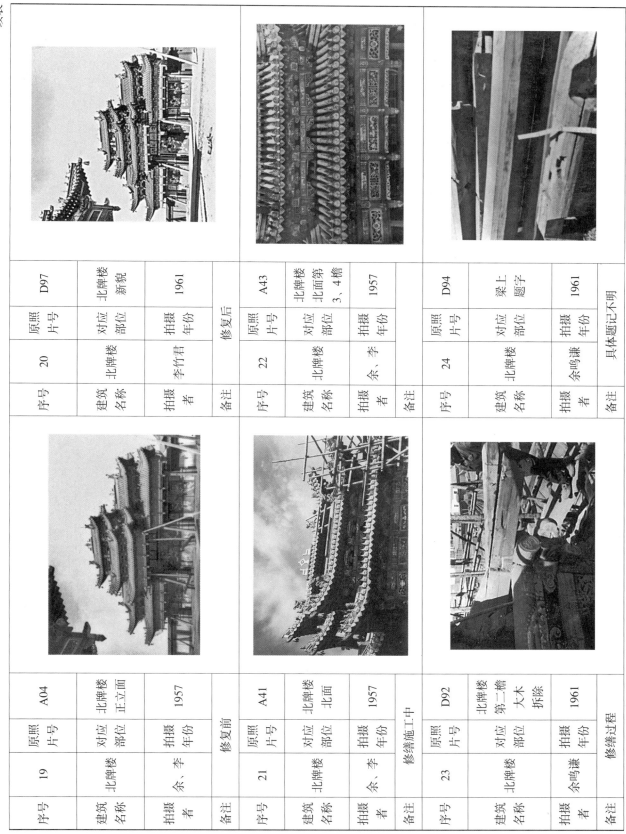

序号	建筑名称	原照片号	对应部位	拍摄者	拍摄年份	备注
19	北牌楼	A04	北牌楼正立面	余、李	1957	修复前
20	北牌楼	D97	北牌楼新貌	李竹君	1961	修复后
21	北牌楼	A41	北牌楼北面	余、李	1957	修缮施工中
22	北牌楼	A43	北牌楼北面第3、4檐	余、李	1957	修复后
23	北牌楼	D92	北牌楼第二檐大木拆除	余鸣谦	1961	修缮过程
24	北牌楼	D94	梁上题字	余鸣谦	1961	具体题记不明

续表

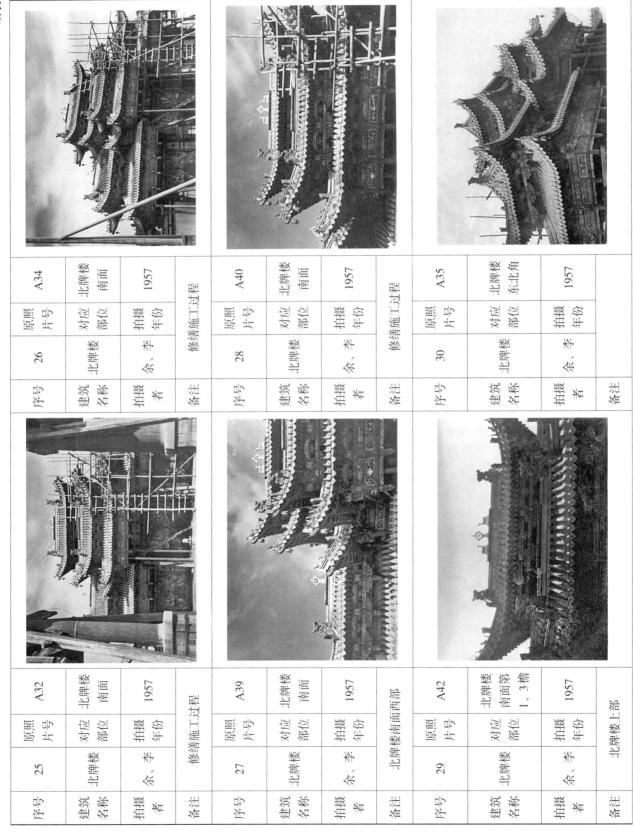

序号	原照片号	建筑名称	对应部位	拍摄者	拍摄年份	备注
26	A34	北牌楼	北牌楼南面	余、李	1957	修缮施工过程
28	A40	北牌楼	北牌楼南面	余、李	1957	修缮施工过程
30	A35	北牌楼	北牌楼东北角	余、李	1957	
25	A32	北牌楼	北牌楼南面	余、李	1957	修缮施工过程
27	A39	北牌楼	北牌楼南面	余、李	1957	北牌楼南面西部
29	A42	北牌楼	北牌楼南面第1、3檐	余、李	1957	北牌楼上部

续表

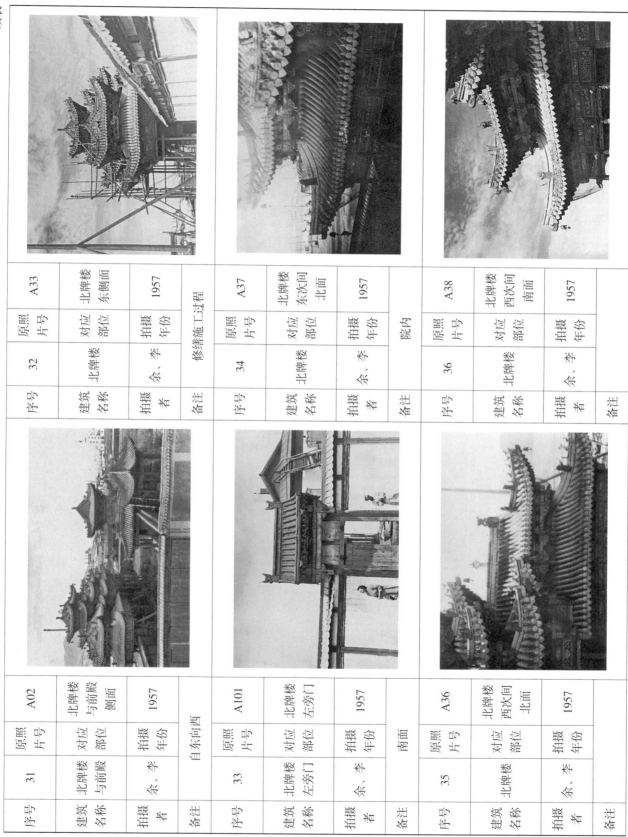

序号	原照片号	建筑名称	对应部位	拍摄者	拍摄年份	备注
31	A02	北牌楼	北牌楼与前殿侧面	余、李	1957	自东向西
32	A33	北牌楼	北牌楼东侧面	余、李	1957	修缮施工过程
33	A101	北牌楼	北牌楼左旁门	余、李	1957	南面
34	A37	北牌楼	北牌楼东次间北面	余、李	1957	院内
35	A36	北牌楼	北牌楼西次间北面	余、李	1957	南面
36	A38	北牌楼	北牌楼西次间南面	余、李	1957	

续表

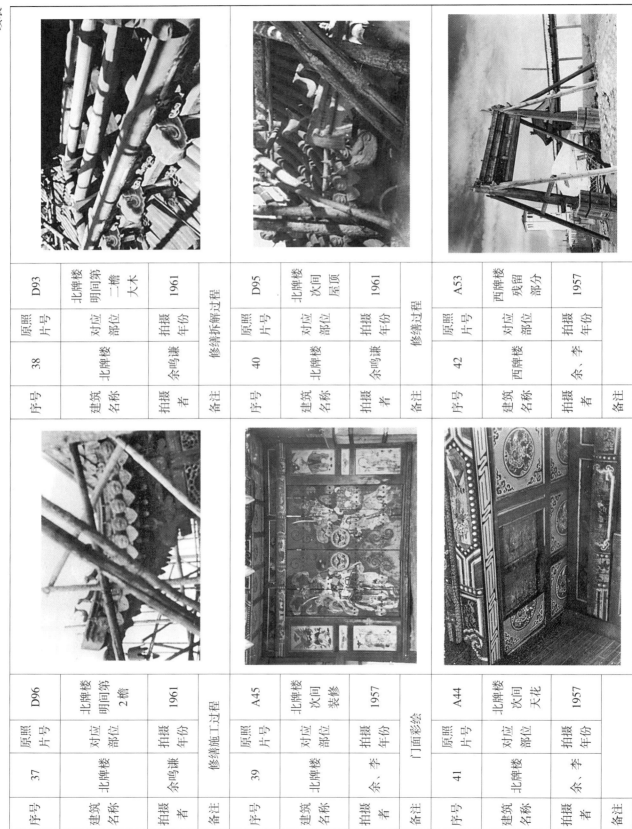

序号	37	原照片号	D96		序号	38	原照片号	D93
建筑名称	北牌楼	对应部位	北牌楼明间第2檐		建筑名称	北牌楼	对应部位	北牌楼明间第二檐大木
拍摄者	余鸣谦	拍摄年份	1961		拍摄者	余鸣谦	拍摄年份	1961
备注		修缮施工过程			备注		修缮拆解过程	

序号	39	原照片号	A45		序号	40	原照片号	D95
建筑名称	北牌楼	对应部位	北牌楼次间装修		建筑名称	北牌楼	对应部位	北牌楼次间屋顶
拍摄者	余、李	拍摄年份	1957		拍摄者	余鸣谦	拍摄年份	1961
备注		门面彩绘			备注		修缮过程	

序号	41	原照片号	A44		序号	42	原照片号	A53
建筑名称	北牌楼	对应部位	北牌楼次间天花		建筑名称	西牌楼	对应部位	西牌楼残留部分
拍摄者	余、李	拍摄年份	1957		拍摄者	余、李	拍摄年份	1957
备注					备注			

续表

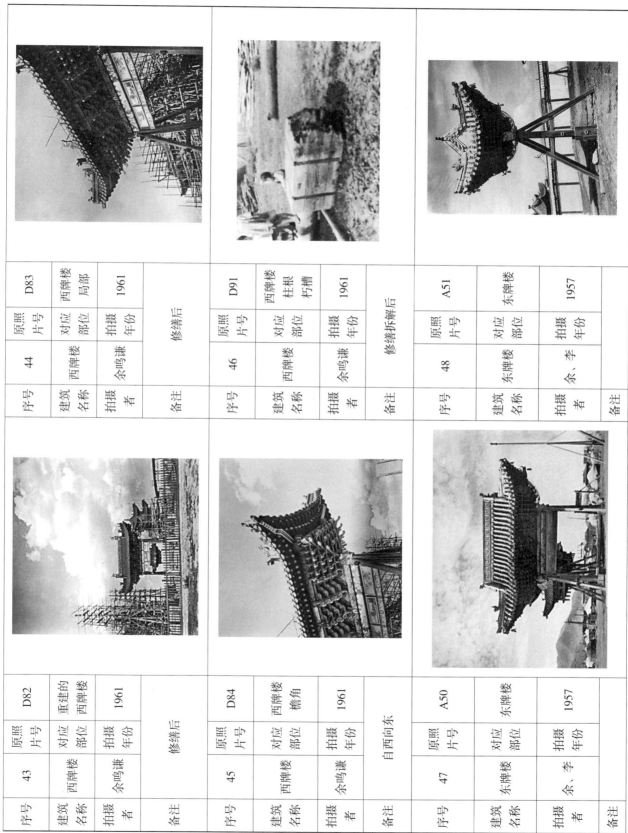

序号	43	原照片号	D82	对应部位	重建的西陴楼	拍摄年份	1961	序号	44	原照片号	D83	对应部位	西陴楼局部	拍摄年份	1961
建筑名称	西陴楼	拍摄者	余鸣谦	备注	修缮后			建筑名称	西陴楼	拍摄者	余鸣谦	备注	修缮后		

序号	45	原照片号	D84	对应部位	西陴楼檐角	拍摄年份	1961	序号	46	原照片号	D91	对应部位	西陴楼柱根朽槽	拍摄年份	1961
建筑名称	西陴楼	拍摄者	余鸣谦	备注	自西向东			建筑名称	西陴楼	拍摄者	余鸣谦	备注	修缮拆解后		

序号	47	原照片号	A50	对应部位	东陴楼	拍摄年份	1957	序号	48	原照片号	A51	对应部位	东陴楼	拍摄年份	1957
建筑名称	东陴楼	拍摄者	余、李	备注				建筑名称	东陴楼	拍摄者	余、李	备注			

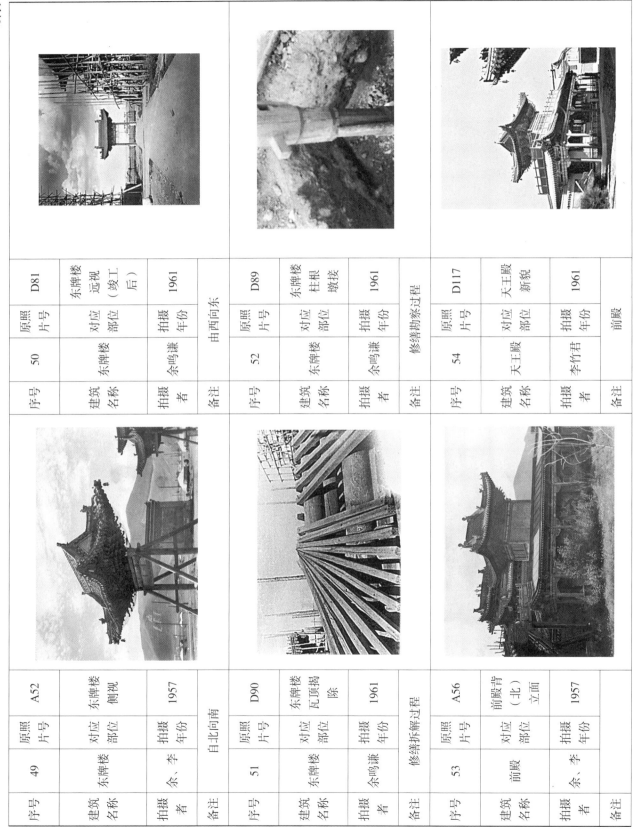

序号	原照片号	建筑名称	对应部位	拍摄者	拍摄年份	备注
49	A52	东牌楼	东牌楼侧视	余、李	1957	自北向南
50	D81	东牌楼	东牌楼远视（竣工后）	余鸣谦	1961	由西向东
51	D90	东牌楼	东牌楼瓦顶揭除	余鸣谦	1961	修缮拆解过程
52	D89	东牌楼	东牌楼柱根墩接	余鸣谦	1961	修缮勘察过程
53	A56	前殿	前殿背（北）立面	余、李	1957	
54	D117	天王殿	天王殿新貌	李竹君	1961	前殿

续表

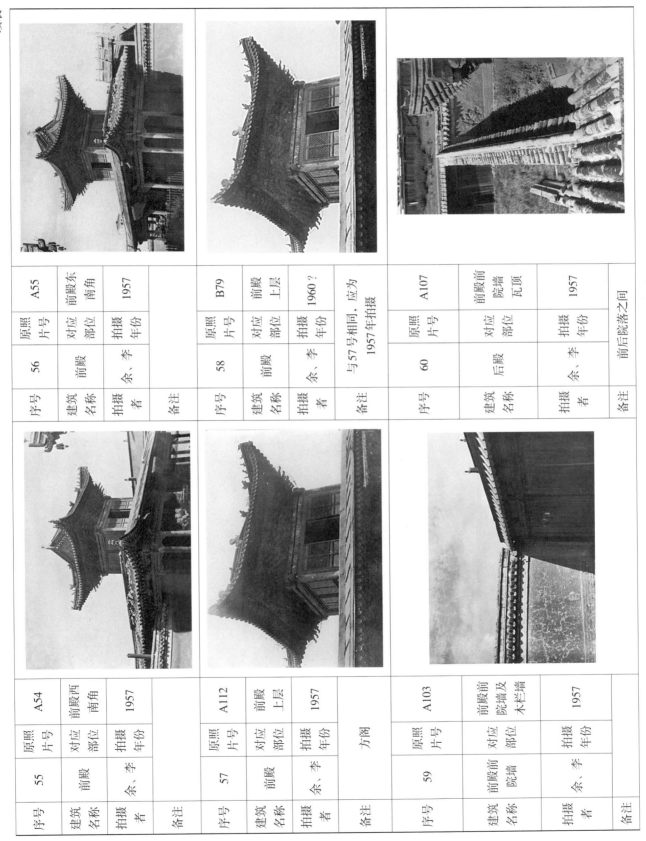

序号	56	原照片号	A55	对应部位	前殿东南角	拍摄年份	1957	备注	
序号	56	建筑名称	前殿	拍摄者	余、李				

序号	58	原照片号	B79	对应部位	前殿上层	拍摄年份	1960？	备注	与57号相同，应为1957年拍摄
序号	58	建筑名称	前殿	拍摄者	余、李				

序号	60	原照片号	A107	对应部位	前殿前院墙瓦顶	拍摄年份	1957	备注	前后院落之间
序号	60	建筑名称	后殿	拍摄者	余、李				

序号	55	原照片号	A54	对应部位	前殿西南角	拍摄年份	1957	备注	
序号	55	建筑名称	前殿	拍摄者	余、李				

序号	57	原照片号	A112	对应部位	前殿上层	拍摄年份	1957	备注	方阁
序号	57	建筑名称	前殿	拍摄者	余、李				

序号	59	原照片号	A103	对应部位	前殿前院墙及木栏墙	拍摄年份	1957	备注	
序号	59	建筑名称	前殿前院墙	拍摄者	余、李				

续表

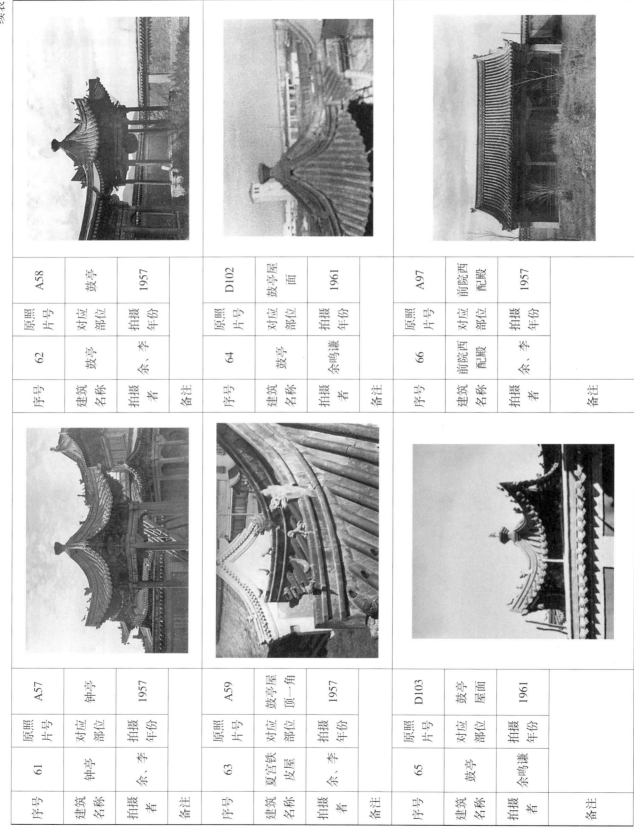

序号	62	原照片号	A58
建筑名称	鼓亭	对应部位	鼓亭
拍摄者	余、李	拍摄年份	1957
备注			

序号	64	原照片号	D102
建筑名称	鼓亭	对应部位	鼓亭屋面
拍摄者	余鸣谦	拍摄年份	1961
备注			

序号	66	原照片号	A97
建筑名称	前院西配殿	对应部位	前院西配殿
拍摄者	余、李	拍摄年份	1957
备注			

序号	61	原照片号	A57
建筑名称	钟亭	对应部位	钟亭
拍摄者	余、李	拍摄年份	1957
备注			

序号	63	原照片号	A59
建筑名称	夏宫铁皮屋	对应部位	鼓亭屋顶一角
拍摄者	余、李	拍摄年份	1957
备注			

序号	65	原照片号	D103
建筑名称	鼓亭	对应部位	鼓亭屋面
拍摄者	余鸣谦	拍摄年份	1961
备注			

续表

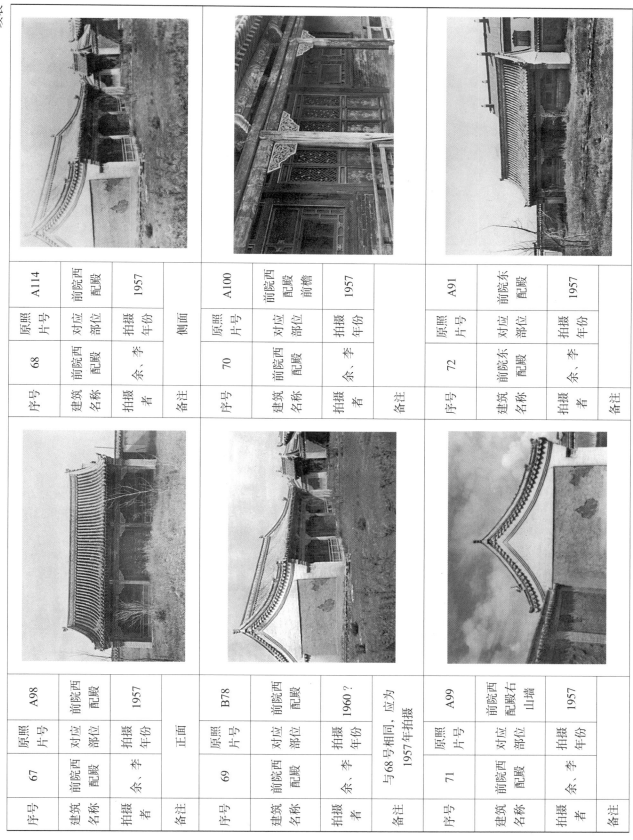

序号	原照片号	建筑名称	对应部位	拍摄者	拍摄年份	备注
67	A98	前院西配殿	前院西配殿	余、李	1957	正面
68	A114	前院西配殿	前院西配殿	余、李	1957	侧面
69	B78	前院西配殿	前院西配殿	余、李	1960？	与68号相同，应为1957年拍摄
70	A100	前院西配殿	前院西配殿前檐	余、李	1957	
71	A99	前院西配殿	前院西配殿右山墙	余、李	1957	
72	A91	前院东配殿	前院东配殿	余、李	1957	

续表

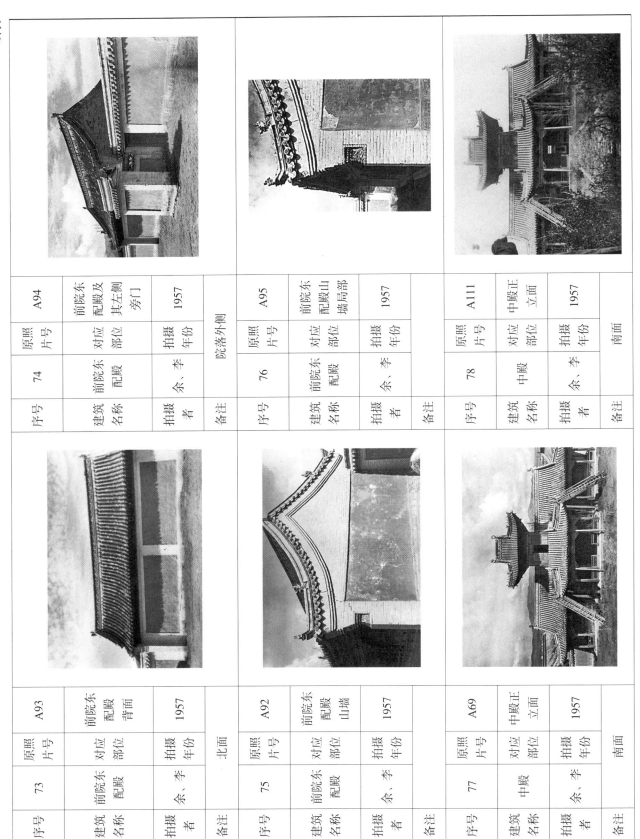

序号	73	原照片号	A93
建筑名称	前院东配殿	对应部位	前院东配殿背面
拍摄者	余、李	拍摄年份	1957
备注			北面

序号	74	原照片号	A94
建筑名称	前院东配殿	对应部位	前院东配殿及其左侧旁门
拍摄者	余、李	拍摄年份	1957
备注			院落外侧

序号	75	原照片号	A92
建筑名称	前院东配殿	对应部位	前院东配殿山墙
拍摄者	余、李	拍摄年份	1957
备注			

序号	76	原照片号	A95
建筑名称	前院东配殿	对应部位	前院东配殿山墙局部
拍摄者	余、李	拍摄年份	1957
备注			

序号	77	原照片号	A69
建筑名称	中殿	对应部位	中殿正立面
拍摄者	余、李	拍摄年份	1957
备注			南面

序号	78	原照片号	A111
建筑名称	中殿	对应部位	中殿正立面
拍摄者	余、李	拍摄年份	1957
备注			南面

续表

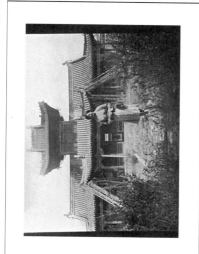
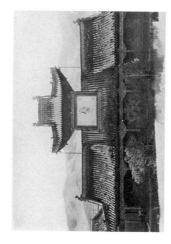
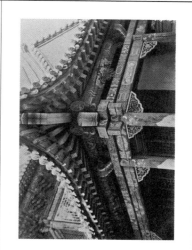

序号	80	原照片号	B76	序号	82	原照片号	A70	序号	84	原照片号	A75
建筑名称	中殿	对应部位	中殿	建筑名称	中殿	对应部位	中殿背面	建筑名称	中殿	对应部位	中殿下层东南角翼角
拍摄者	余、李	拍摄年份	1960？	拍摄者	余、李	拍摄年份	1957	拍摄者	余、李	拍摄年份	1957
备注				备注	北面			备注			

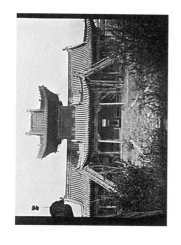
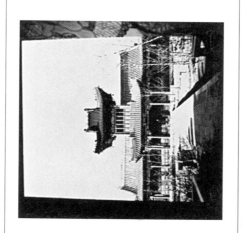
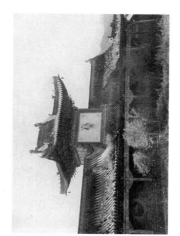

序号	79	原照片号	B75	序号	81	原照片号	D123	序号	83	原照片号	A71
建筑名称	中殿	对应部位	中殿正立面	建筑名称	中殿	对应部位	中殿正立面全景	建筑名称	中殿	对应部位	中殿背面
拍摄者	余、李	拍摄年份	1960？	拍摄者	余鸣谦	拍摄年份	1961	拍摄者	余、李	拍摄年份	1957
备注	与78号相同，应为1957年拍摄			备注	修缮后			备注	北面侧视		

续表

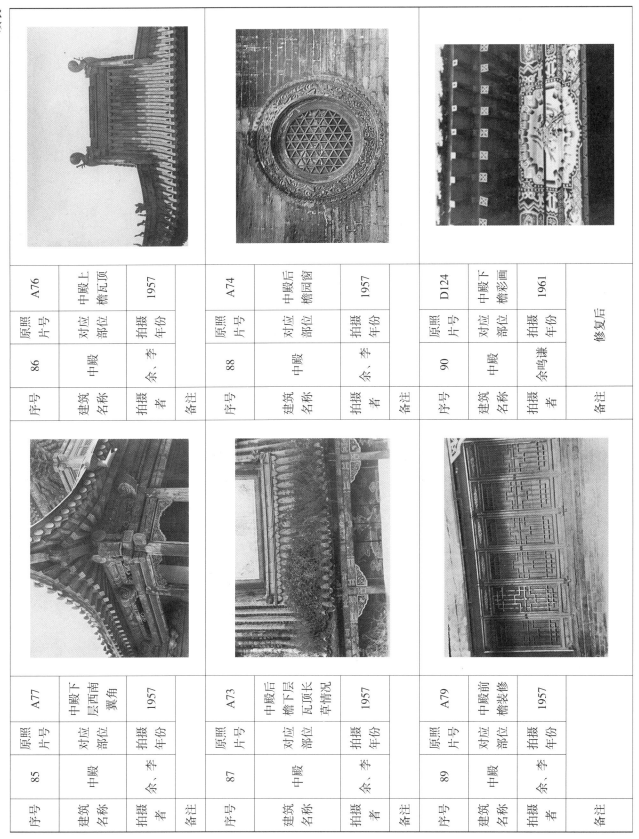

序号	原照片号	建筑名称	对应部位	拍摄者	拍摄年份	备注
86	A76	中殿	中殿上檐瓦顶	余、李	1957	
88	A74	中殿	中殿后檐园窗	余、李	1957	
90	D124	中殿	中殿下檐彩画	余鸣谦	1961	修复后
85	A77	中殿	中殿下层西南翼角	余、李	1957	
87	A73	中殿	中殿后檐下层瓦顶长草情况	余、李	1957	
89	A79	中殿	中殿前檐装修	余、李	1957	

续表

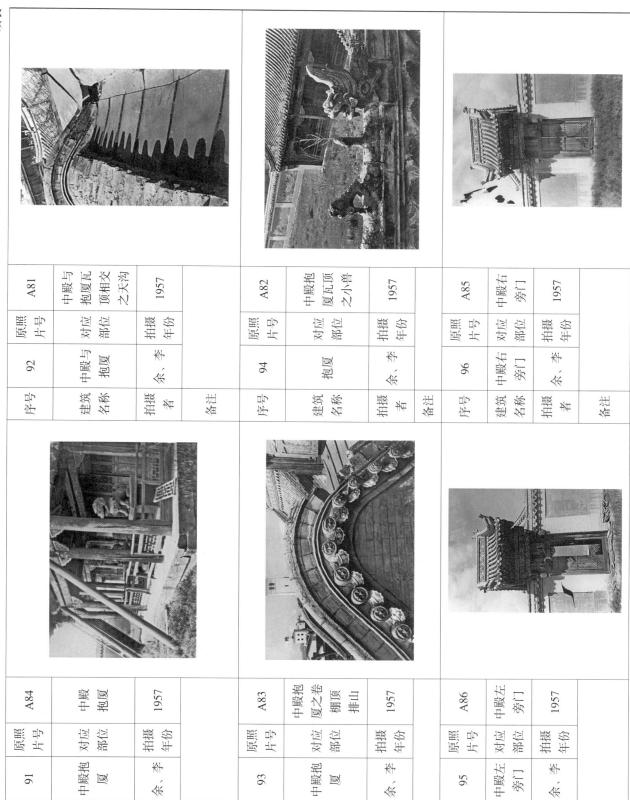

序号	91	原照片号	A84
建筑名称	中殿抱厦	对应部位	中殿抱厦
拍摄者	余、李	拍摄年份	1957
备注			

序号	92	原照片号	A81
建筑名称	中殿与抱厦	对应部位	中殿与抱厦瓦顶相交之天沟
拍摄者	余、李	拍摄年份	1957
备注			

序号	93	原照片号	A83
建筑名称	中殿抱厦	对应部位	中殿抱厦之卷棚顶排山
拍摄者	余、李	拍摄年份	1957
备注			

序号	94	原照片号	A82
建筑名称	抱厦	对应部位	中殿抱厦瓦顶之小兽
拍摄者	余、李	拍摄年份	1957
备注			

序号	95	原照片号	A86
建筑名称	中殿左旁门	对应部位	中殿左旁门
拍摄者	余、李	拍摄年份	1957
备注			

序号	96	原照片号	A85
建筑名称	中殿右旁门	对应部位	中殿右旁门
拍摄者	余、李	拍摄年份	1957
备注			

续表

序号	原照片号	建筑名称	对应部位	拍摄者	拍摄年份	备注
97	A72	中殿	中殿、后殿之间的甬路	余、李	1957	中殿背立面
98	A105	甬路	中殿、后殿之间的甬路	余、李	1957	
99	A106	甬路	中殿、后殿之间的甬路长草情况	余、李	1957	
100	A87	后殿西配殿	后院西配殿	余、李	1957	
101	A113	后院西配殿	后院西配殿	余、李	1957	南面侧视
102	B77	后院西配殿	后院西配殿	余、李	1960？	与101号相同，应属1957年拍摄

续表

序号	104	原照片号	A90
建筑名称	后院东配殿	对应部位	后院东配殿瓦顶长草状况
拍摄者	余、李	拍摄年份	1957
备注			南面侧视

序号	106	原照片号	A88
建筑名称	后院配殿	对应部位	后院配殿之阑干
拍摄者	余、李	拍摄年份	1957
备注			

序号	108	原照片号	A60
建筑名称	后殿	对应部位	后殿正立面
拍摄者	余、李	拍摄年份	1957
备注			

序号	103	原照片号	A89
建筑名称	后院东配殿	对应部位	后院东配殿
拍摄者	余、李	拍摄年份	1957
备注			

序号	105	原照片号	A96
建筑名称	后院东配殿	对应部位	后院东配殿瓦顶长草情况
拍摄者	余、李	拍摄年份	1957
备注			

序号	107	原照片号	A80
建筑名称	阑干及台明	对应部位	阑干及台明一角
拍摄者	余、李	拍摄年份	1957
备注			

续表

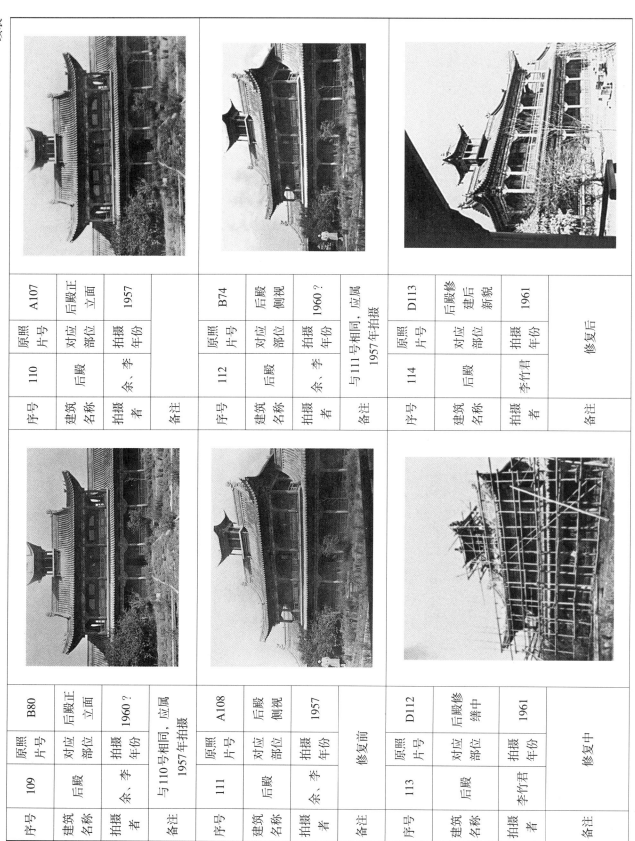

序号	110				序号	109			
原照片号	A107	对应部位	后殿正立面	拍摄年份	1957		原照片号	B80	对应部位	后殿正立面	拍摄年份	1960？
建筑名称	后殿				建筑名称	后殿			
拍摄者	余、李				拍摄者	余、李			
备注					备注	与110号相同，应属1957年拍摄			

序号	112				序号	111			
原照片号	B74	对应部位	后殿侧视	拍摄年份	1960？		原照片号	A108	对应部位	后殿侧视	拍摄年份	1957
建筑名称	后殿				建筑名称	后殿			
拍摄者	余、李				拍摄者	余、李			
备注	与111号相同，应属1957年拍摄				备注	修复前			

序号	114				序号	113			
原照片号	D113	对应部位	后殿修建后新貌	拍摄年份	1961		原照片号	D112	对应部位	后殿修缮中	拍摄年份	1961
建筑名称	后殿				建筑名称	后殿			
拍摄者	李竹君				拍摄者	李竹君			
备注	修复后				备注	修复中			

续表

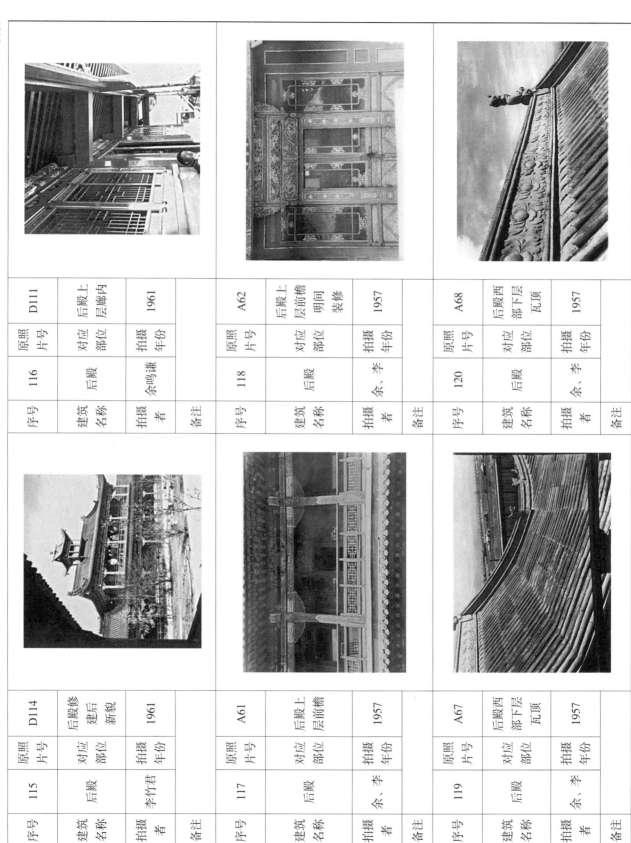

序号	115	原照片号	D114	序号	116	原照片号	D111
建筑名称	后殿	对应部位	后殿修建后新貌	建筑名称	后殿	对应部位	后殿上层廊内
拍摄者	李竹君	拍摄年份	1961	拍摄者	余鸣谦	拍摄年份	1961
备注				备注			

序号	117	原照片号	A61	序号	118	原照片号	A62
建筑名称	后殿	对应部位	后殿上层前檐	建筑名称	后殿	对应部位	后殿上层前檐明间装修
拍摄者	余、李	拍摄年份	1957	拍摄者	余、李	拍摄年份	1957
备注				备注			

序号	119	原照片号	A67	序号	120	原照片号	A68
建筑名称	后殿	对应部位	后殿西部下层瓦顶	建筑名称	后殿	对应部位	后殿西部下层瓦顶
拍摄者	余、李	拍摄年份	1957	拍摄者	余、李	拍摄年份	1957
备注				备注			

续表

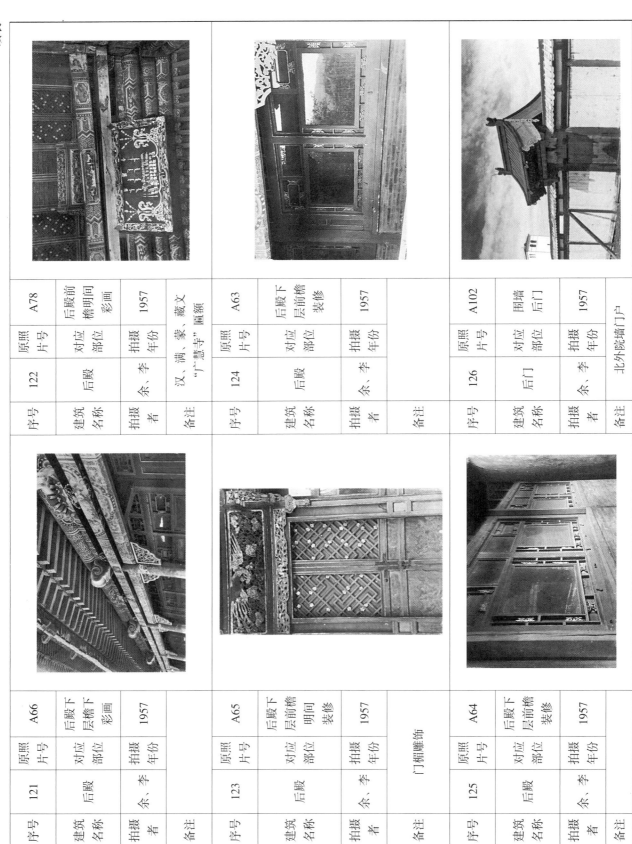

序号	原照片号	建筑名称	对应部位	拍摄者	拍摄年份	备注
121	A66	后殿	后殿下层檐下彩画	余、李	1957	
122	A78	后殿	后殿前檐明间彩画	余、李	1957	汉、满、蒙、藏文"广慧寺"匾额
123	A65	后殿	后殿下层前檐明间装修	余、李	1957	门楣雕饰
124	A63	后殿	后殿下层前檐装修	余、李	1957	
125	A64	后殿	后殿下层前檐装修	余、李	1957	
126	A102	后门	围墙后门	余、李	1957	北外院墙门户

续表

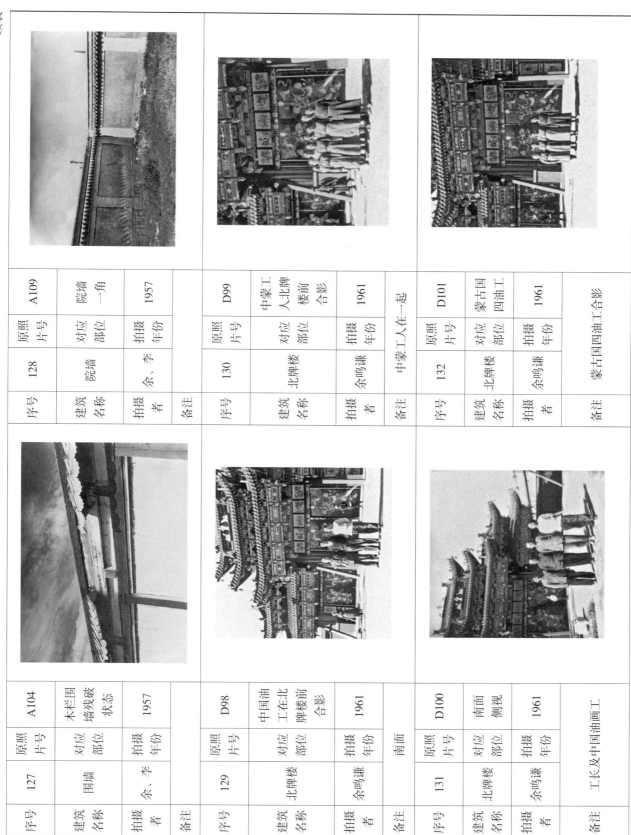

序号	127		序号		原照片号	A104
建筑名称	围墙				对应部位	木栏围墙残破状态
拍摄者	余、李				拍摄年份	1957
备注						

序号	128		序号		原照片号	A109
建筑名称	院墙				对应部位	院墙一角
拍摄者	余、李				拍摄年份	1957
备注						

序号	129		序号		原照片号	D98
建筑名称	北碑楼				对应部位	中国油工在北碑楼前合影
拍摄者	余鸣谦				拍摄年份	1961
备注	南面					

序号	130		序号		原照片号	D99
建筑名称	北碑楼				对应部位	中蒙工人北碑楼前合影
拍摄者	余鸣谦				拍摄年份	1961
备注	中蒙工人在一起					

序号	131		序号		原照片号	D100
建筑名称	北碑楼				对应部位	南面侧视
拍摄者	余鸣谦				拍摄年份	1961
备注	工长及中国油画工					

序号	132		序号		原照片号	D101
建筑名称	北碑楼				对应部位	蒙古国四油工
拍摄者	余鸣谦				拍摄年份	1961
备注	蒙古国四油工合影					

续表

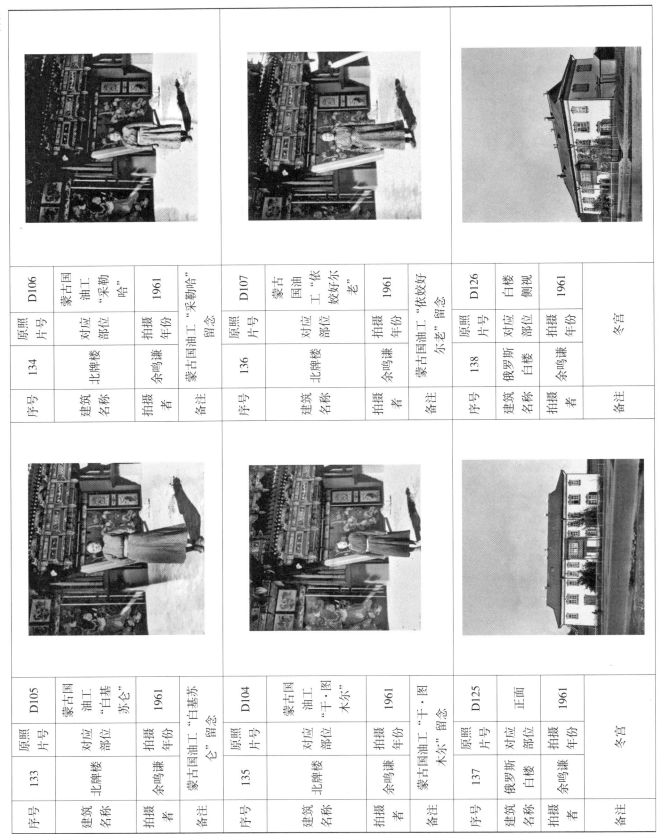

序号	133	原照片号	D105	序号	134	原照片号	D106
建筑名称	北牌楼	对应部位	蒙古国油工"白基苏仑"	建筑名称	北牌楼	对应部位	蒙古国油工"采勒哈"
拍摄者	余鸣谦	拍摄年份	1961	拍摄者	余鸣谦	拍摄年份	1961
备注	蒙古国油工"白基苏仑"留念			备注	蒙古国油工"采勒哈"留念		
序号	135	原照片号	D104	序号	136	原照片号	D107
建筑名称	北牌楼	对应部位	蒙古国油工"干·图木尔"	建筑名称	北牌楼	对应部位	蒙古国油工"依姣好尔·老"
拍摄者	余鸣谦	拍摄年份	1961	拍摄者	余鸣谦	拍摄年份	1961
备注	蒙古国油工"干·图木尔"留念			备注	蒙古国油工"依姣好尔·老"留念		
序号	137	原照片号	D125	序号	138	原照片号	D126
建筑名称	俄罗斯白楼	对应部位	正面	建筑名称	俄罗斯白楼	对应部位	白楼侧视
拍摄者	余鸣谦	拍摄年份	1961	拍摄者	余鸣谦	拍摄年份	1961
备注	冬宫			备注	冬宫		

续表

序号	139	原照片号	D127
建筑名称	俄罗斯白楼	对应部位	白楼窗户及檐部
拍摄者	余鸣谦	拍摄年份	1961
备注	冬宫		

序号		原照片号	
建筑名称		对应部位	
拍摄者		拍摄年份	
备注			

说明：1. 此次摄蒙工作照片存档时分为四个文件夹，本次整理时按A~D的顺序加在原序照片号前作为区分。
2. 部分照片已无法知晓具体拍摄者，以"余、李"（余鸣谦、李竹君两位先生）代称。
3. 上述照片均存档于中国文化遗产研究院图书馆。

3. 额尔德尼召

序号	1	原照片号	B81
建筑名称	额尔德尼召	对应部位	额尔德尼召的远景
拍摄者	余、李	拍摄年份	1960 ？
备注			1957年考察过一次，下同

序号	3	原照片号	B83
建筑名称	额尔德尼召	对应部位	额尔德尼召的远景
拍摄者	余、李	拍摄年份	1960 ？
备注			

序号	5	原照片号	B94
建筑名称	额尔德尼召	对应部位	额尔德尼召的一角
拍摄者	余、李	拍摄年份	1960 ？
备注			

序号	2	原照片号	B82
建筑名称	额尔德尼召	对应部位	额尔德尼召的远景
拍摄者	余、李	拍摄年份	1960 ？
备注			

序号	4	原照片号	B84
建筑名称	额尔德尼召	对应部位	额尔德尼召的远景
拍摄者	余、李	拍摄年份	1960 ？
备注			

序号	6	原照片号	B95
建筑名称	额尔德尼召	对应部位	额尔德尼召的一角
拍摄者	余、李	拍摄年份	1960 ？
备注			

续表

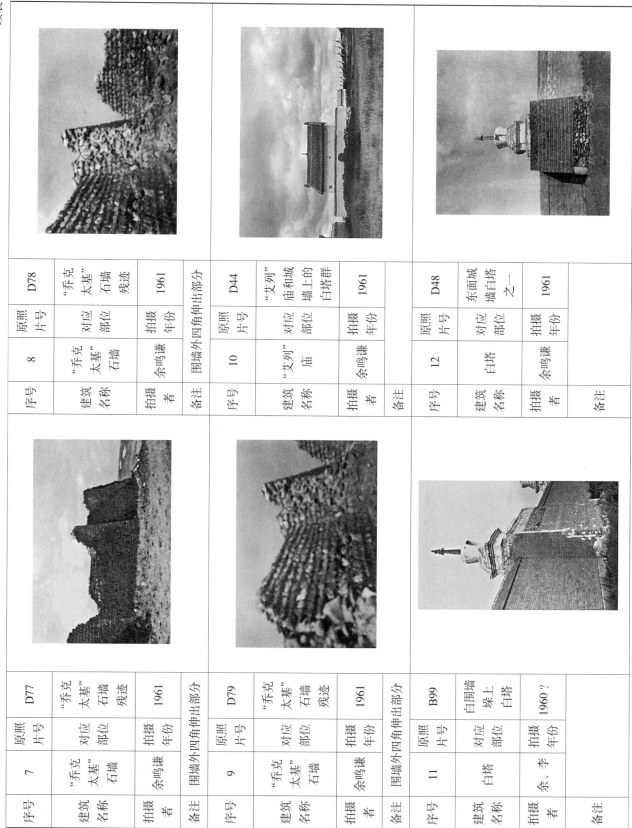

序号	7	原照片号	D77
建筑名称	"乔克大基"石墙	对应部位	"乔克大基"石墙残迹
拍摄者	余鸣谦	拍摄年份	1961
备注	围墙外四角伸出部分		

序号	8	原照片号	D78
建筑名称	"乔克大基"石墙	对应部位	"乔克大基"石墙残迹
拍摄者	余鸣谦	拍摄年份	1961
备注	围墙外四角伸出部分		

序号	9	原照片号	D79
建筑名称	"乔克大基"石墙	对应部位	"乔克大基"石墙残迹
拍摄者	余鸣谦	拍摄年份	1961
备注	围墙外四角伸出部分		

序号	10	原照片号	D44
建筑名称	"艾列"庙	对应部位	"艾列"庙和城墙上的白塔群
拍摄者	余鸣谦	拍摄年份	1961
备注			

序号	11	原照片号	B99
建筑名称	白塔	对应部位	白围墙墩上白塔
拍摄者	余、李	拍摄年份	1960？
备注			

序号	12	原照片号	D48
建筑名称	白塔	对应部位	东面城墙白塔之一
拍摄者	余鸣谦	拍摄年份	1961
备注			

续表

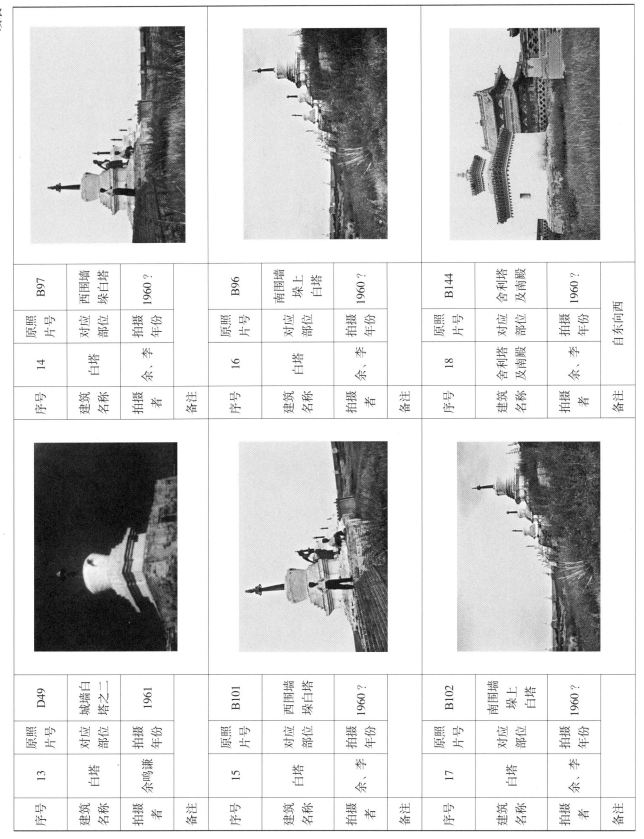

序号	原照片号	建筑名称	对应部位	拍摄者	拍摄年份	备注
14	B97	白塔	西围墙堆白塔	余、李	1960？	
16	B96	白塔	南围墙堆上白塔	余、李	1960？	
18	B144	舍利塔及南殿	舍利塔及南殿	余、李	1960？	自东向西
13	D49	白塔	城墙白塔之二	余鸣谦	1961	
15	B101	白塔	西围墙堆白塔	余、李	1960？	
17	B102	白塔	南围墙堆上白塔	余、李	1960？	

续表

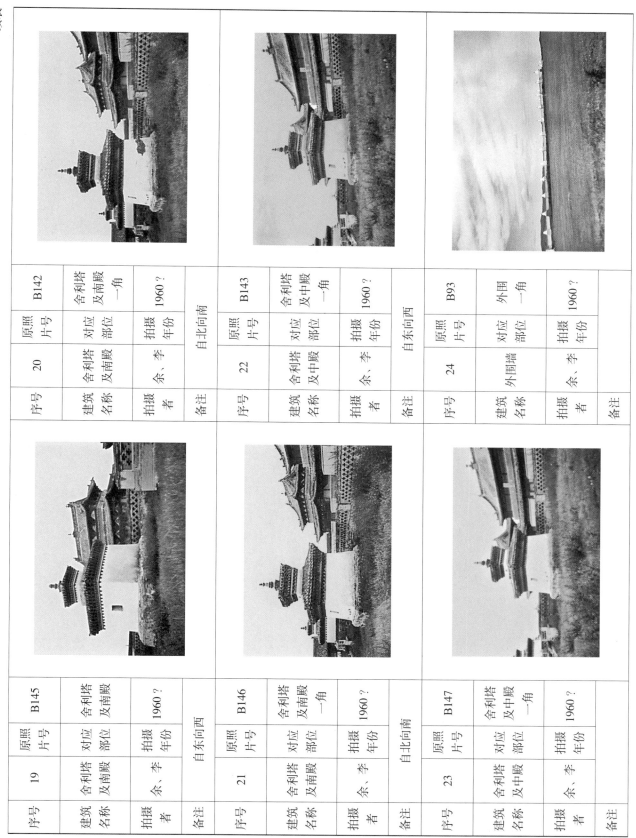

序号	原照片号	建筑名称	对应部位	拍摄者	拍摄年份	备注
19	B145	舍利塔及南殿	舍利塔及南殿	余、李	1960？	自东向西
20	B142	舍利塔及南殿	舍利塔及南殿一角	余、李	1960？	自北向南
21	B146	舍利塔及南殿	舍利塔及南殿一角	余、李	1960？	自北向南
22	B143	舍利塔及中殿	舍利塔及中殿一角	余、李	1960？	自东向西
23	B147	舍利塔及中殿	舍利塔及中殿一角	余、李	1960？	
24	B93	外围墙	外围一角	余、李	1960？	

续表

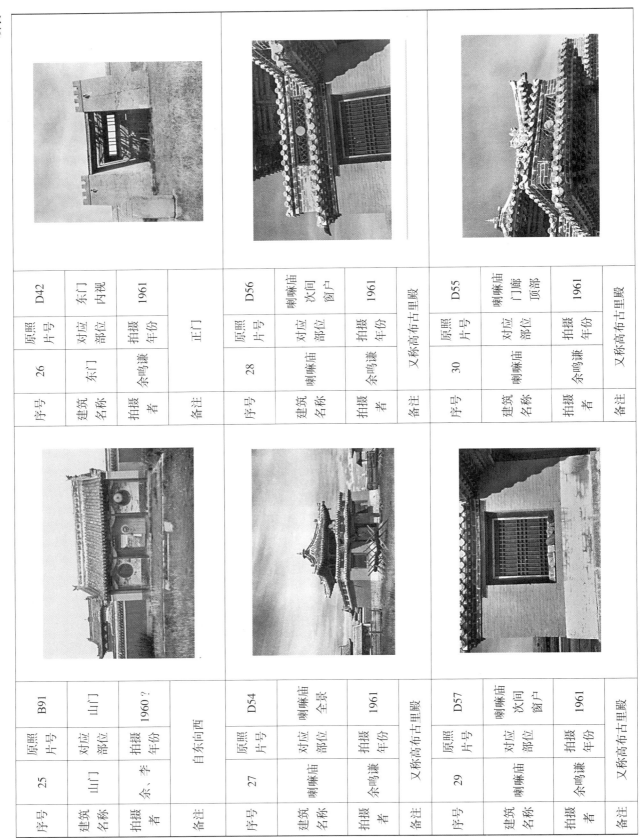

序号	建筑名称	拍摄者	备注	原照片号	对应部位	拍摄年份
25	山门	余、李	自东向西	B91	山门	1960？
26	东门	余鸣谦	正门	D42	东门内视	1961
27	喇嘛庙	余鸣谦	又称高布古里殿	D54	喇嘛庙全景	1961
28	喇嘛庙	余鸣谦	又称高布古里殿	D56	喇嘛庙次间窗户	1961
29	喇嘛庙	余鸣谦	又称高布古里殿	D57	喇嘛庙次间窗户	1961
30	喇嘛庙	余鸣谦	又称高布古里殿	D55	喇嘛庙门廊顶部	1961

续表

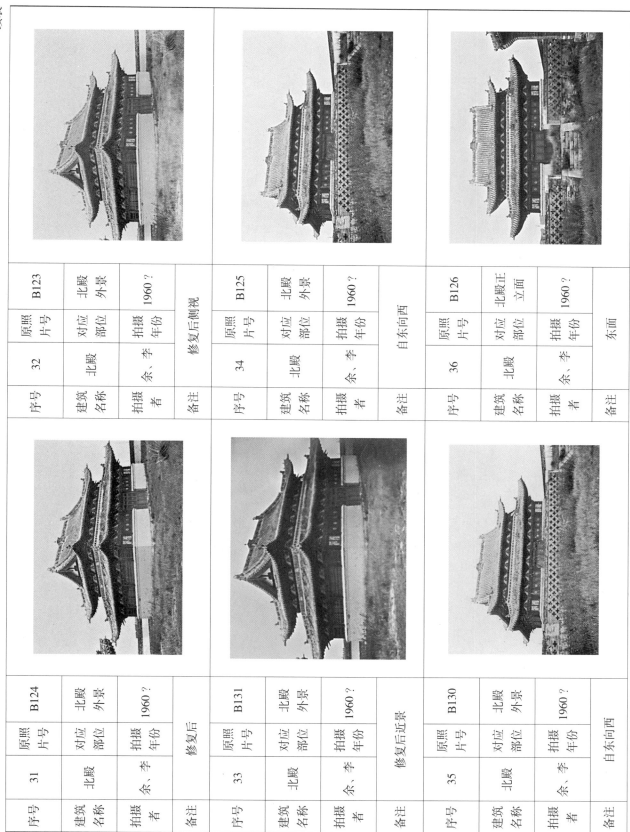

序号	32	原照片号	B123	对应部位	北殿外景	拍摄年份	1960？	备注	修复后侧视
		建筑名称			北殿				
		拍摄者			余、李				

序号	34	原照片号	B125	对应部位	北殿外景	拍摄年份	1960？	备注	自东向西
		建筑名称			北殿				
		拍摄者			余、李				

序号	36	原照片号	B126	对应部位	北殿正立面	拍摄年份	1960？	备注	东面
		建筑名称			北殿				
		拍摄者			余、李				

序号	31	原照片号	B124	对应部位	北殿外景	拍摄年份	1960？	备注	修复后
		建筑名称			北殿				
		拍摄者			余、李				

序号	33	原照片号	B131	对应部位	北殿外景	拍摄年份	1960？	备注	修复后近景
		建筑名称			北殿				
		拍摄者			余、李				

序号	35	原照片号	B130	对应部位	北殿外景	拍摄年份	1960？	备注	自东向西
		建筑名称			北殿				
		拍摄者			余、李				

续表

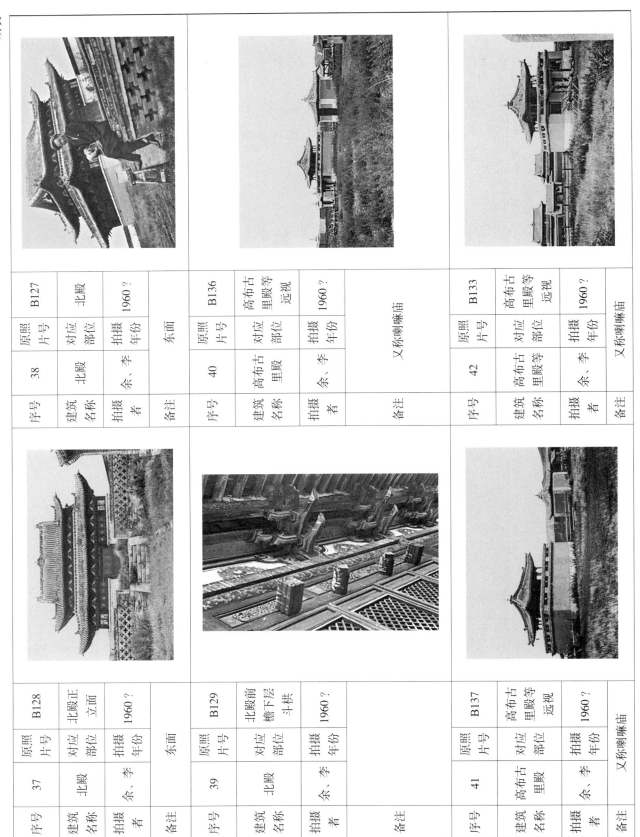

序号	37	原照片号	B128
建筑名称	北殿	对应部位	北殿正立面
拍摄者	余、李	拍摄年份	1960？
备注			东面

序号	38	原照片号	B127
建筑名称	北殿	对应部位	北殿
拍摄者	余、李	拍摄年份	1960？
备注			东面

序号	39	原照片号	B129
建筑名称	北殿	对应部位	北殿前檐下层斗栱
拍摄者	余、李	拍摄年份	1960？
备注			

序号	40	原照片号	B136
建筑名称	高布古里殿	对应部位	高布古里殿等远视
拍摄者	余、李	拍摄年份	1960？
备注			又称喇嘛庙

序号	41	原照片号	B137
建筑名称	高布古里殿	对应部位	高布古里殿等远视
拍摄者	余、李	拍摄年份	1960？
备注			又称喇嘛庙

序号	42	原照片号	B133
建筑名称	高布古里殿	对应部位	高布古里殿等远视
拍摄者	余、李	拍摄年份	1960？
备注			又称喇嘛庙

续表

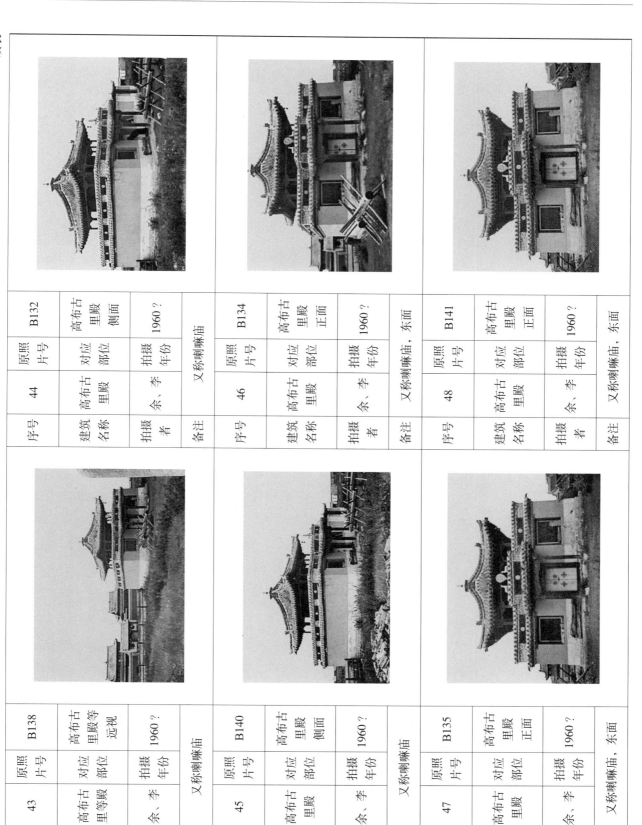

序号	43	原照片号	B138
建筑名称	高布古里等殿	对应部位	高布古里殿等远视
拍摄者	余、李	拍摄年份	1960？
备注			又称喇嘛庙

序号	44	原照片号	B132
建筑名称	高布古里殿	对应部位	高布古里殿侧面
拍摄者	余、李	拍摄年份	1960？
备注			又称喇嘛庙

序号	45	原照片号	B140
建筑名称	高布古里殿	对应部位	高布古里殿侧面
拍摄者	余、李	拍摄年份	1960？
备注			又称喇嘛庙

序号	46	原照片号	B134
建筑名称	高布古里殿	对应部位	高布古里殿正面
拍摄者	余、李	拍摄年份	1960？
备注			又称喇嘛庙，东面

序号	47	原照片号	B135
建筑名称	高布古里殿	对应部位	高布古里殿正面
拍摄者	余、李	拍摄年份	1960？
备注			又称喇嘛庙，东面

序号	48	原照片号	B141
建筑名称	高布古里殿	对应部位	高布古里殿正面
拍摄者	余、李	拍摄年份	1960？
备注			又称喇嘛庙，东面

续表

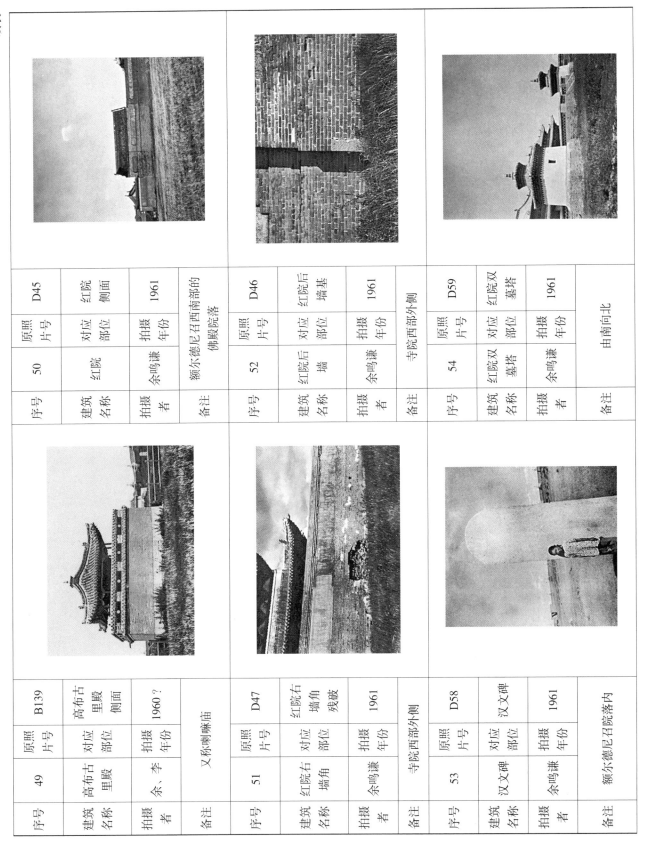

序号	49	原照片号	B139	序号	50	原照片号	D45
建筑名称	高布古里殿	对应部位	高布古里殿侧面	建筑名称	红院	对应部位	红院侧面
拍摄者	余、李	拍摄年份	1960？	拍摄者	余鸣谦	拍摄年份	1961
备注	又称喇嘛庙			备注	额尔德尼召西南部的佛殿院落		

序号	51	原照片号	D47	序号	52	原照片号	D46
建筑名称	红院右墙角	对应部位	红院右墙角残破	建筑名称	红院后墙	对应部位	红院后墙基
拍摄者	余鸣谦	拍摄年份	1961	拍摄者	余鸣谦	拍摄年份	1961
备注	寺院西部外侧			备注	寺院西部外侧		

序号	53	原照片号	D58	序号	54	原照片号	D59
建筑名称	汉文碑	对应部位	汉文碑	建筑名称	红院双墓塔	对应部位	红院双墓塔
拍摄者	余鸣谦	拍摄年份	1961	拍摄者	余鸣谦	拍摄年份	1961
备注	额尔德尼召院落内			备注	由南向北		

续表

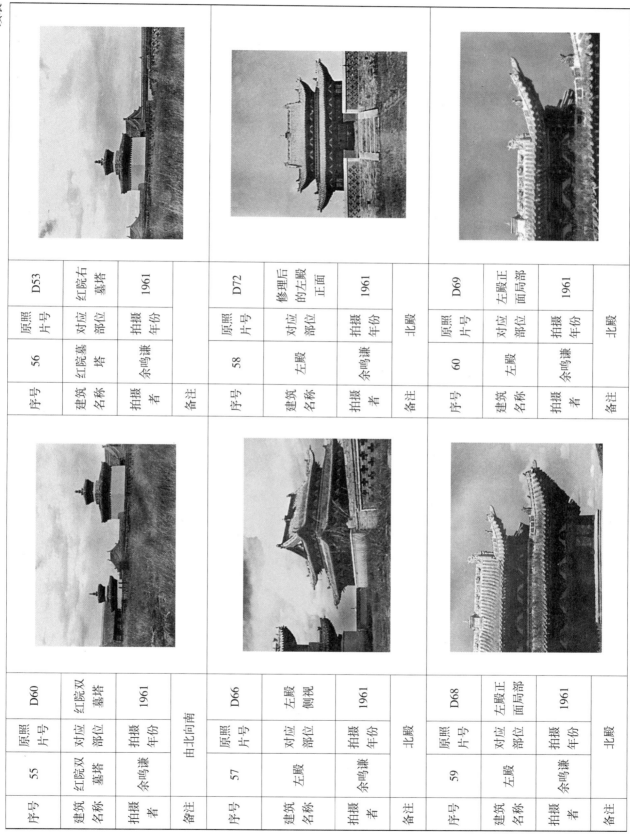

序号	55	原照片号	D60
建筑名称	红院双墓塔	对应部位	红院双墓塔
拍摄者	余鸣谦	拍摄年份	1961
备注		由北向南	

序号	56	原照片号	D53
建筑名称	红院墓塔	对应部位	红院右墓塔
拍摄者	余鸣谦	拍摄年份	1961
备注			

序号	57	原照片号	D66
建筑名称	左殿	对应部位	左殿侧视
拍摄者	余鸣谦	拍摄年份	1961
备注		北殿	

序号	58	原照片号	D72
建筑名称	左殿	对应部位	修理后的左殿正面
拍摄者	余鸣谦	拍摄年份	1961
备注		北殿	

序号	59	原照片号	D68
建筑名称	左殿	对应部位	左殿正面局部
拍摄者	余鸣谦	拍摄年份	1961
备注		北殿	

序号	60	原照片号	D69
建筑名称	左殿	对应部位	左殿正面局部
拍摄者	余鸣谦	拍摄年份	1961
备注		北殿	

续表

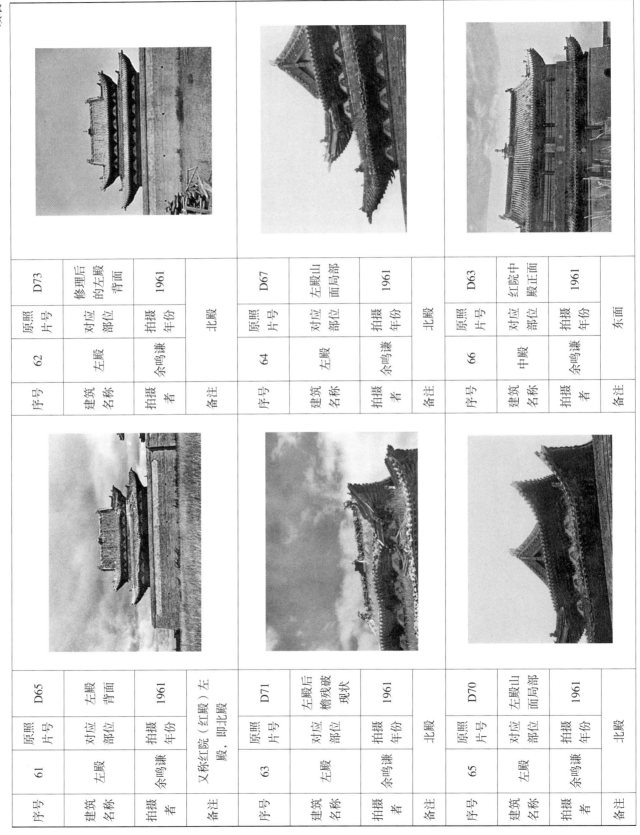

序号	建筑名称	原照片号	对应部位	拍摄年份	拍摄者	备注
61	左殿	D65	左殿背面	1961	余鸣谦	又称红院（红殿）左殿，即北殿
62	左殿	D73	修理后的左殿背面	1961	余鸣谦	北殿
63	左殿	D71	左殿后檐残破现状	1961	余鸣谦	北殿
64	左殿	D67	左殿山面局部	1961	余鸣谦	北殿
65	左殿	D70	左殿山面局部	1961	余鸣谦	北殿
66	中殿	D63	红院中殿正面	1961	余鸣谦	东面

续表

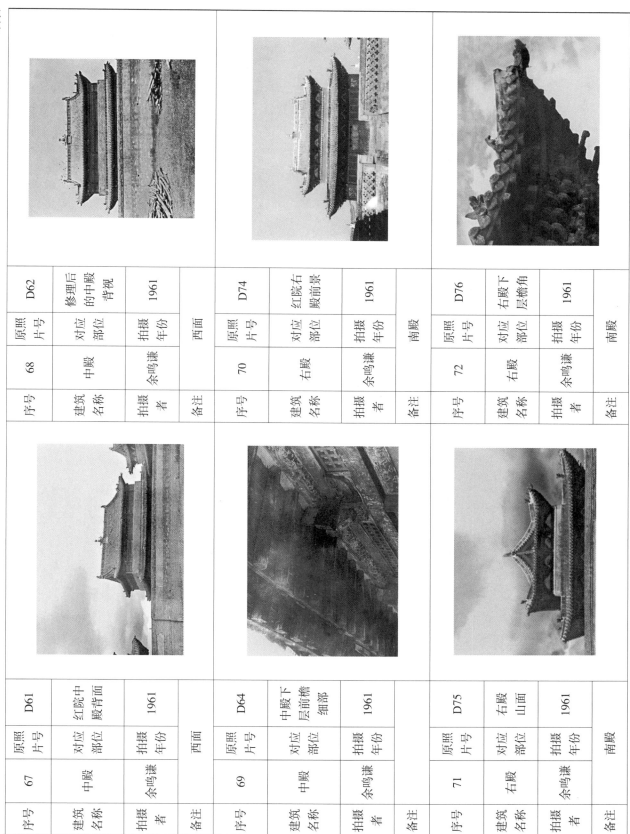

序号	67	原照片号	D61
建筑名称	中殿	对应部位	红院中殿背面
拍摄者	余鸣谦	拍摄年份	1961
备注			西面

序号	68	原照片号	D62
建筑名称	中殿	对应部位	修理后的中殿背视
拍摄者	余鸣谦	拍摄年份	1961
备注			西面

序号	69	原照片号	D64
建筑名称	中殿	对应部位	中殿下层前檐细部
拍摄者	余鸣谦	拍摄年份	1961
备注			

序号	70	原照片号	D74
建筑名称	右殿	对应部位	红院右殿前景
拍摄者	余鸣谦	拍摄年份	1961
备注			南殿

序号	71	原照片号	D75
建筑名称	右殿	对应部位	右殿山面
拍摄者	余鸣谦	拍摄年份	1961
备注			南殿

序号	72	原照片号	D76
建筑名称	右殿	对应部位	右殿下层檐角
拍摄者	余鸣谦	拍摄年份	1961
备注			南殿

续表

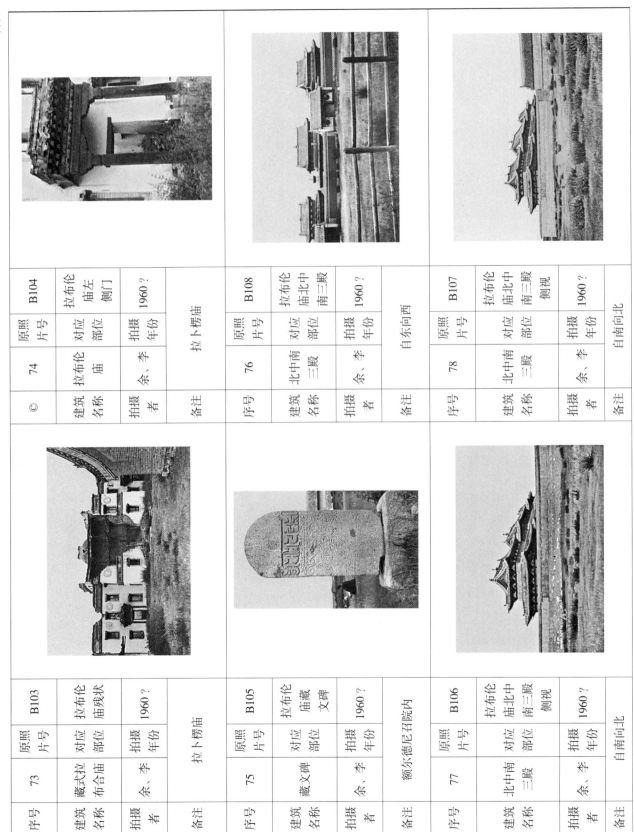

序号	原照片号	建筑名称	对应部位	拍摄者	拍摄年份	备注
73	B103	藏式拉布合庙	拉布伦庙残状	余、李	1960？	拉卜楞庙
© 74	B104	拉布伦庙	拉布伦庙左侧门	余、李	1960？	拉卜楞庙
75	B105	藏文碑	拉布伦庙藏文碑	余、李	1960？	额尔德尼召院内
76	B108	北中南三殿	拉布伦庙北中南三殿	余、李	1960？	自东向西
77	B106	北中南三殿	拉布伦庙北中南三殿侧视	余、李	1960？	自南向北
78	B107	北中南三殿	拉布伦庙北中南三殿侧视	余、李	1960？	自南向北

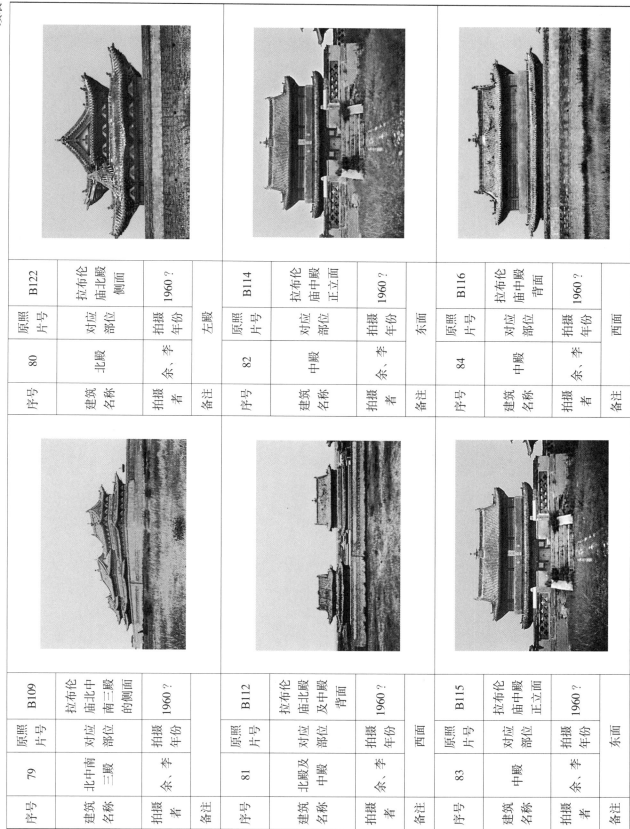

续表

序号	原照片号	B122	80	建筑名称	北殿
	对应部位	拉布伦庙北殿侧面			
	拍摄年份	1960？		拍摄者	余、李
	备注	左殿			

序号	原照片号	B114	82	建筑名称	中殿
	对应部位	拉布伦庙中殿正立面			
	拍摄年份	1960？		拍摄者	余、李
	备注	东面			

序号	原照片号	B116	84	建筑名称	中殿
	对应部位	拉布伦庙中殿背面			
	拍摄年份	1960？		拍摄者	余、李
	备注	西面			

序号	原照片号	B109	79	建筑名称	北中南三殿
	对应部位	拉布伦庙北中南三殿的侧面			
	拍摄年份	1960？		拍摄者	余、李
	备注				

序号	原照片号	B112	81	建筑名称	北殿及中殿
	对应部位	拉布伦庙北殿及中殿背面			
	拍摄年份	1960？		拍摄者	余、李
	备注	西面			

序号	原照片号	B115	83	建筑名称	中殿
	对应部位	拉布伦庙中殿正立面			
	拍摄年份	1960？		拍摄者	余、李
	备注	东面			

续表

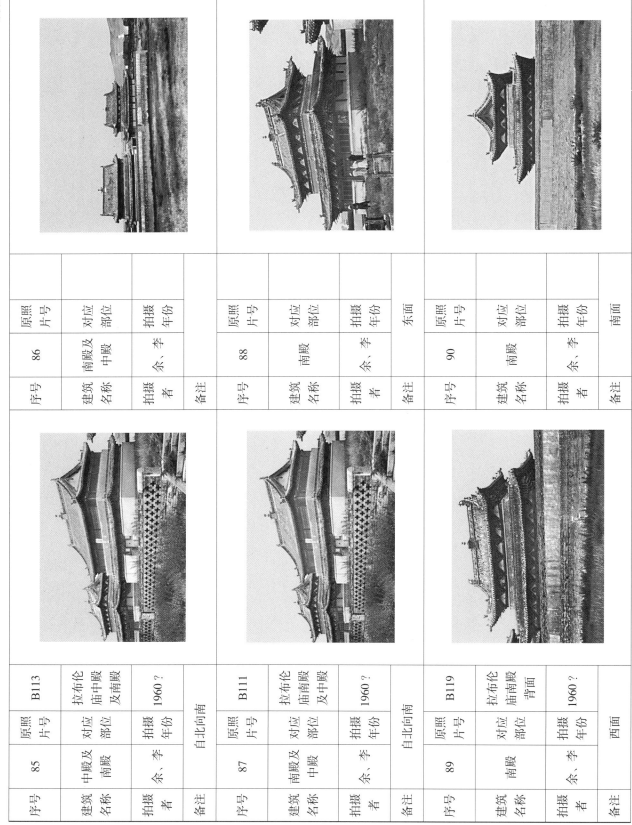

序号	原照片号	建筑名称	对应部位	拍摄者	拍摄年份	备注
86		南殿及中殿		余、李		东面
88		南殿		余、李		东面
90		南殿		余、李		南面
85	B113	中殿及南殿	拉布伦庙中殿及南殿	余、李	1960？	自北向南
87	B111	南殿及中殿	拉布伦庙南殿及中殿	余、李	1960？	自北向南
89	B119	南殿	拉布伦庙南殿背面	余、李	1960？	西面

续表

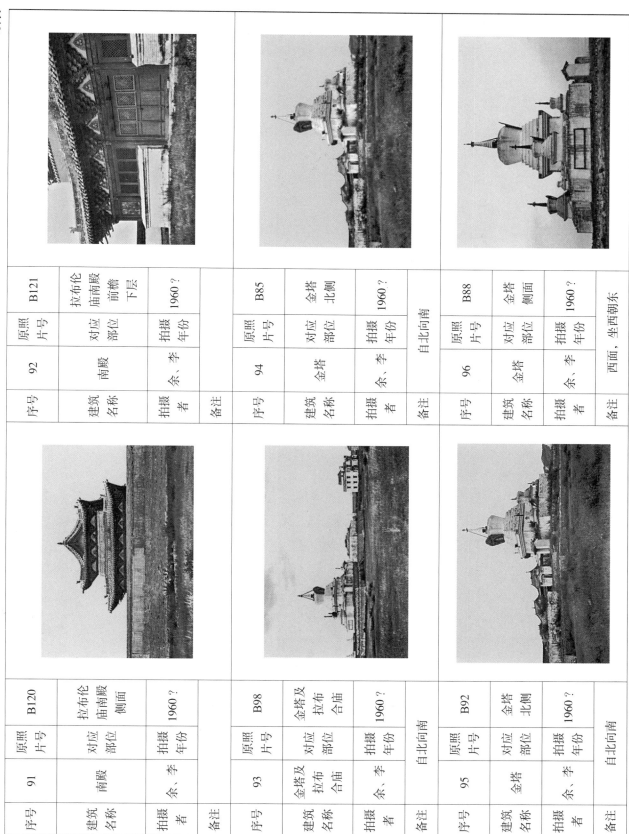

序号	91	原照片号	B120
建筑名称	南殿	对应部位	拉布伦庙南殿侧面
拍摄者	余、李	拍摄年份	1960？
备注			

序号	93	原照片号	B98
建筑名称	金塔及拉布合庙	对应部位	金塔及拉布合庙
拍摄者	余、李	拍摄年份	1960？
备注	自北向南		

序号	95	原照片号	B92
建筑名称	金塔	对应部位	金塔北侧
拍摄者	余、李	拍摄年份	1960？
备注	自北向南		

序号	92	原照片号	B121
建筑名称	南殿	对应部位	拉布伦庙南殿前檐下层
拍摄者	余、李	拍摄年份	1960？
备注			

序号	94	原照片号	B85
建筑名称	金塔	对应部位	金塔北侧
拍摄者	余、李	拍摄年份	1960？
备注	自北向南		

序号	96	原照片号	B88
建筑名称	金塔	对应部位	金塔侧面
拍摄者	余、李	拍摄年份	1960？
备注	西面，坐西朝东		

续表

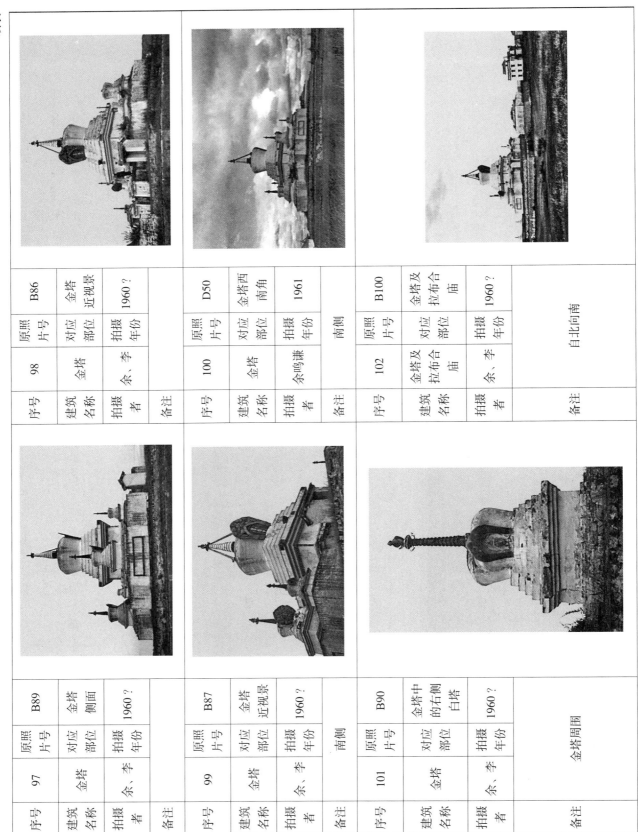

原照片号	B86	建筑名称	金塔
对应部位	金塔近视景	拍摄者	余、李
拍摄年份	1960？	序号	98
备注			

原照片号	D50	建筑名称	金塔
对应部位	金塔西南角	拍摄者	余鸣谦
拍摄年份	1961	序号	100
备注	南侧		

原照片号	B100	建筑名称	金塔及拉布合庙
对应部位	金塔及拉布合庙	拍摄者	余、李
拍摄年份	1960？	序号	102
备注	自北向南		

原照片号	B89	建筑名称	金塔
对应部位	金塔侧面	拍摄者	余、李
拍摄年份	1960？	序号	97
备注			

原照片号	B87	建筑名称	金塔
对应部位	金塔近视景	拍摄者	余、李
拍摄年份	1960？	序号	99
备注	南侧		

原照片号	B90	建筑名称	金塔
对应部位	金塔中的右侧白塔	拍摄者	余、李
拍摄年份	1960？	序号	101
备注	金塔周围		

续表

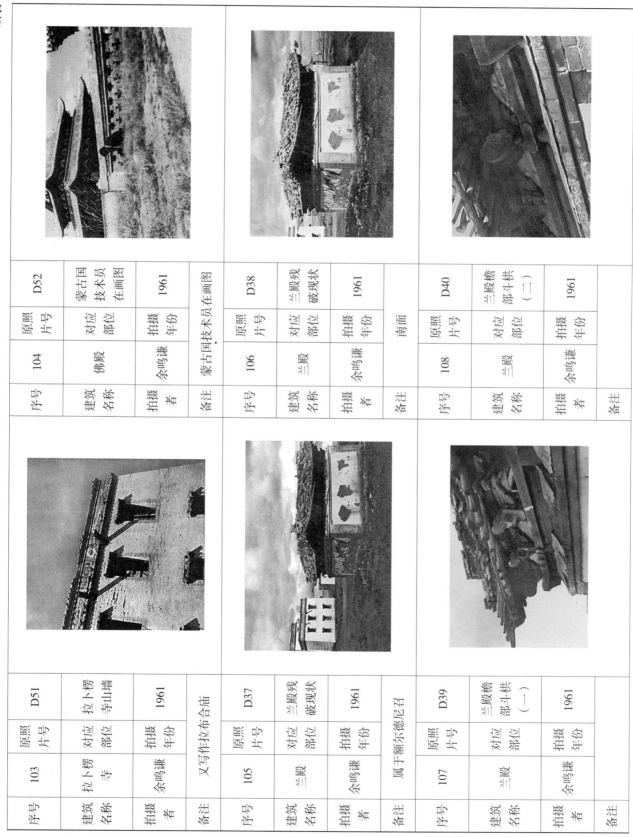

序号	原照片号	建筑名称	对应部位	拍摄者	拍摄年份	备注
103	D51	拉卜楞寺	拉卜楞寺山墙	余鸣谦	1961	又写作拉布合庙
104	D52	佛殿	蒙古国技术员在画图	余鸣谦	1961	蒙古国技术员在画图
105	D37	兰殿	兰殿残破现状	余鸣谦	1961	属于额尔德尼召
106	D38	兰殿	兰殿残破现状	余鸣谦	1961	南面
107	D39	兰殿	兰殿檐部斗栱（一）	余鸣谦	1961	
108	D40	兰殿	兰殿檐部斗栱（二）	余鸣谦	1961	

续表

序号	109	原照片号	D41
建筑名称	兰殿	对应部位	兰殿檐角现状
拍摄者	余鸣谦	拍摄年份	1961
备注			

序号	110	原照片号	D42
建筑名称	"艾列"庙和红院	对应部位	"艾列"庙和红院围墙
拍摄者	余鸣谦	拍摄年份	1961
备注			

说明：1. 此次援蒙工作照片存档时分为四个文件夹，本次整理时按A～D的顺序加在原照片号前作为区分。

2. 部分照片已无法知晓具体拍摄者，以"余、李"（余鸣谦、李竹君两位先生）代称。拍摄时间不详者，应在1957年和1959至1961年。

3. 上述照片均存档于中国文化遗产研究院图书馆。

4.庆宁寺

序号	原照片号	建筑名称	对应部位	拍摄者	拍摄年份	备注
1	D01	庆宁寺	庆宁寺远景	李竹君	1961	由2张照片合成
2	D04	寺外建筑	寺外杂建筑	李竹君	1961	寺外其他建筑
3	D03	影壁等建筑	影壁等建筑远景	李竹君	1961	自西南至东北
4	D05	影壁、碑楼	影壁、碑楼	李竹君	1961	
5	D06	庆宁寺	寺的一角	李竹君	1961	由南向北，寺院南部
6	D07	山门	山门远景	李竹君	1961	南侧

续表

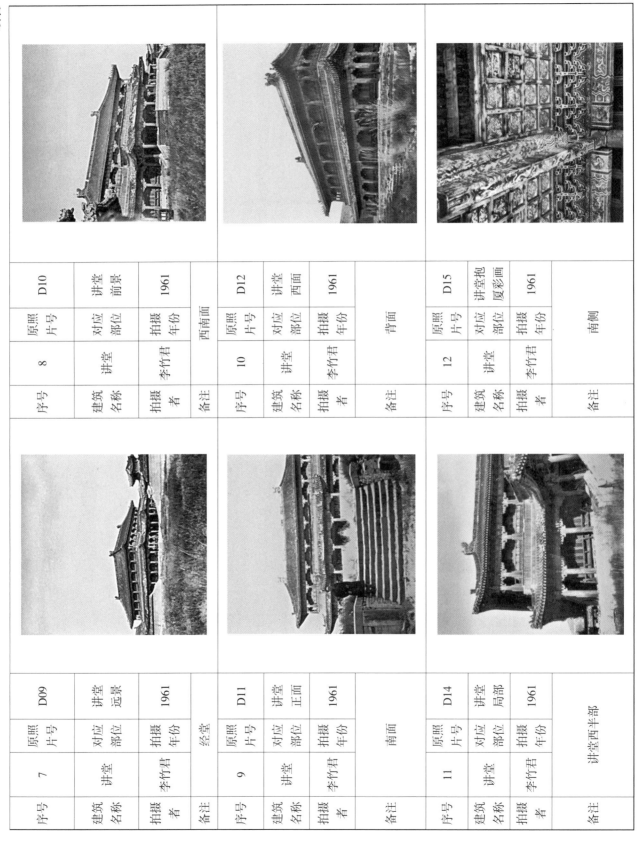

序号	7	原照片号	D09
建筑名称	讲堂	对应部位	讲堂远景
拍摄者	李竹君	拍摄年份	1961
备注		经堂	

序号	8	原照片号	D10
建筑名称	讲堂	对应部位	讲堂前景
拍摄者	李竹君	拍摄年份	1961
备注		西南面	

序号	9	原照片号	D11
建筑名称	讲堂	对应部位	讲堂正面
拍摄者	李竹君	拍摄年份	1961
备注		南面	

序号	10	原照片号	D12
建筑名称	讲堂	对应部位	讲堂西面
拍摄者	李竹君	拍摄年份	1961
备注		背面	

序号	11	原照片号	D14
建筑名称	讲堂	对应部位	讲堂局部
拍摄者	李竹君	拍摄年份	1961
备注		讲堂西半部	

序号	12	原照片号	D15
建筑名称	讲堂	对应部位	讲堂抱厦彩画
拍摄者	李竹君	拍摄年份	1961
备注		南侧	

续表

序号	14	原照片号	D17
建筑名称	三圣殿	对应部位	三圣殿内天花
拍摄者	李竹君	拍摄年份	1961
备注			

序号	16	原照片号	D20
建筑名称	前院东耳殿	对应部位	前院东耳殿
拍摄者	李竹君	拍摄年份	1961
备注			

序号	18	原照片号	D22
建筑名称	前院东配殿	对应部位	前院东配殿
拍摄者	李竹君	拍摄年份	1961
备注			

序号	13	原照片号	D16
建筑名称	三圣殿	对应部位	三圣殿
拍摄者	李竹君	拍摄年份	1961
备注			

序号	15	原照片号	D18
建筑名称	前院西耳殿	对应部位	前院西耳殿
拍摄者	李竹君	拍摄年份	1961
备注			

序号	17	原照片号	D21
建筑名称	前院东配殿	对应部位	前院东配殿
拍摄者	李竹君	拍摄年份	1961
备注			

续表

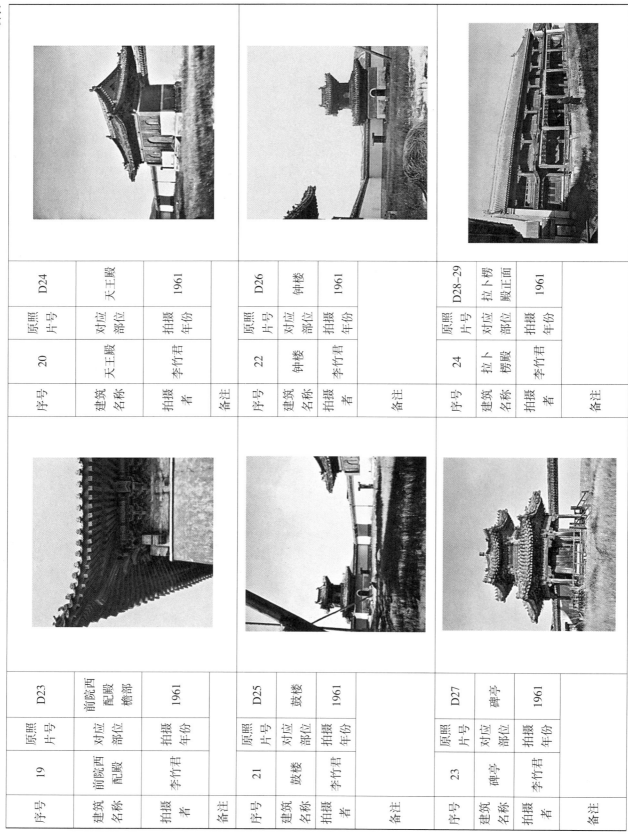

序号	原照片号	建筑名称	对应部位	拍摄者	拍摄年份	备注
19	D23	前院西配殿	前院西配殿檐部	李竹君	1961	
20	D24	天王殿	天王殿	李竹君	1961	
21	D25	鼓楼	鼓楼	李竹君	1961	
22	D26	钟楼	钟楼	李竹君	1961	
23	D27	碑亭	碑亭	李竹君	1961	
24	D28-29	拉卜楞殿	拉卜楞殿正面	李竹君	1961	

续表

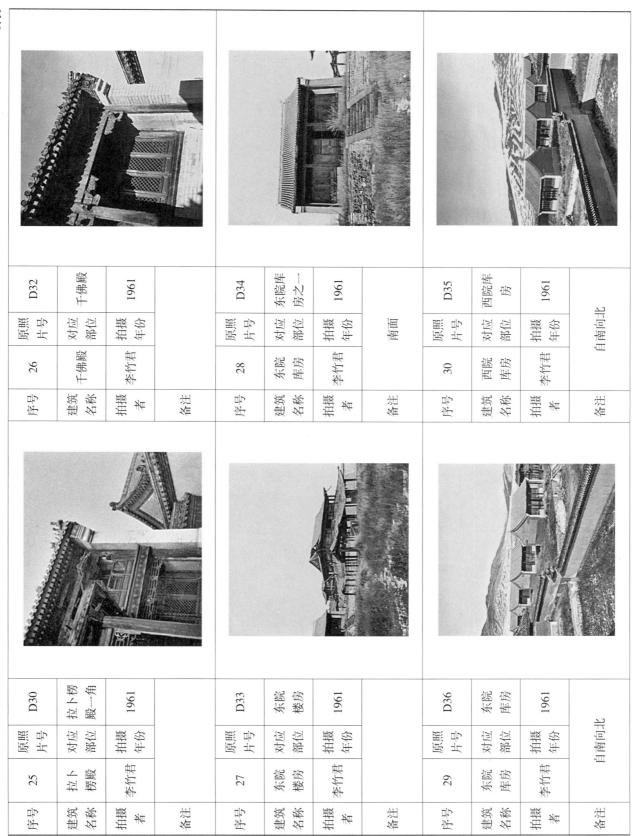

序号	25	原照片号	D30
建筑名称	拉卜楞殿	对应部位	拉卜楞殿一角
拍摄者	李竹君	拍摄年份	1961
备注			

序号	26	原照片号	D32
建筑名称	千佛殿	对应部位	千佛殿
拍摄者	李竹君	拍摄年份	1961
备注			

序号	27	原照片号	D33
建筑名称	东院楼房	对应部位	东院楼房
拍摄者	李竹君	拍摄年份	1961
备注			

序号	28	原照片号	D34
建筑名称	东院库房	对应部位	东院库房之一
拍摄者	李竹君	拍摄年份	1961
备注	南面		

序号	29	原照片号	D36
建筑名称	东院库房	对应部位	东院库房
拍摄者	李竹君	拍摄年份	1961
备注	自南向北		

序号	30	原照片号	D35
建筑名称	西院库房	对应部位	西院库房
拍摄者	李竹君	拍摄年份	1961
备注	自南向北		

续表

序号	31	原照片号	D19
建筑名称	后院西角门	对应部位	后院西角门
拍摄者	李竹君	拍摄年份	1961
备注	山门外西南侧		

序号	32	原照片号	D31
建筑名称	后院配殿	对应部位	后院配殿
拍摄者	李竹君	拍摄年份	1961
备注			

序号	33	原照片号	D08
建筑名称	山门外	对应部位	中蒙同志寺外留念
拍摄者	李竹君	拍摄年份	1961
备注			

序号	34	原照片号	D13
建筑名称	讲堂	对应部位	勘察留念
拍摄者	李竹君	拍摄年份	1961
备注	讲堂（经堂）西南侧		

说明：1. 此次援蒙工作照片存档时分为四个文件夹，本次整理时按A~D的顺序加在原照片号前作为区分。

2. 部分照片已无法知晓具体拍摄者，以"余、李"（余鸣谦、李竹君两位先生）代称。

3. 上述照片均存档于中国文化遗产研究院图书馆。

5. 其他历史照片

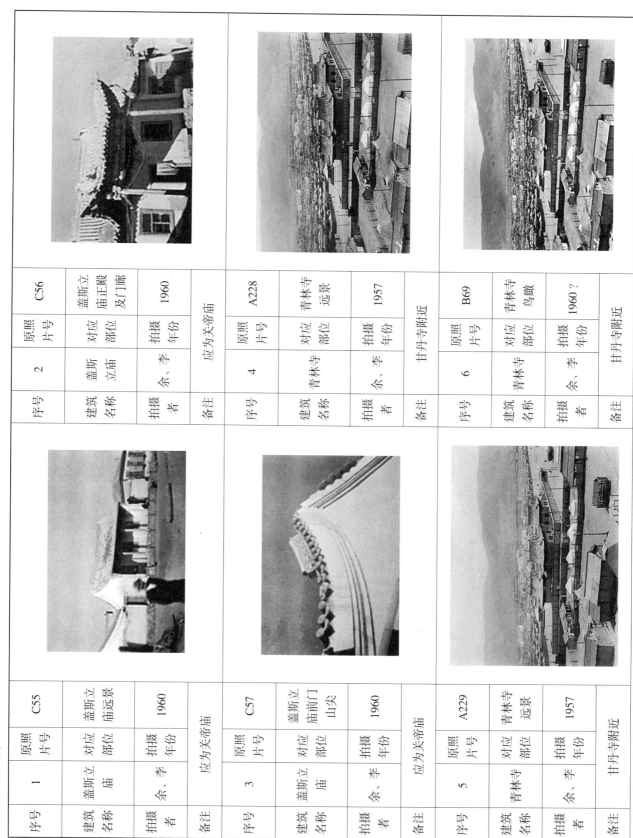

序号	1	原照片号	C55	对应部位	盖斯立庙远景	拍摄年份	1960	备注	应为关帝庙
建筑名称	盖斯立庙			拍摄者	余、李				

序号	2	原照片号	C56	对应部位	盖斯立庙正殿及门廊	拍摄年份	1960	备注	应为关帝庙
建筑名称	盖斯立庙			拍摄者	余、李				

序号	3	原照片号	C57	对应部位	盖斯立庙前门山头	拍摄年份	1960	备注	应为关帝庙
建筑名称	盖斯立庙			拍摄者	余、李				

序号	4	原照片号	A228	对应部位	青林寺远景	拍摄年份	1957	备注	甘丹寺附近
建筑名称	青林寺			拍摄者	余、李				

序号	5	原照片号	A229	对应部位	青林寺远景	拍摄年份	1957	备注	甘丹寺附近
建筑名称	青林寺			拍摄者	余、李				

序号	6	原照片号	B69	对应部位	青林寺鸟瞰	拍摄年份	1960?	备注	甘丹寺附近
建筑名称	青林寺			拍摄者	余、李				

续表

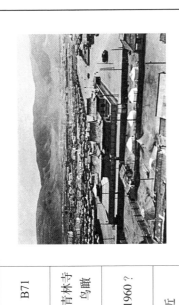

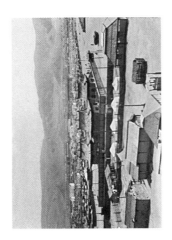

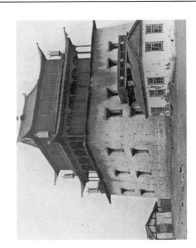

序号	7	原照片号	B70
建筑名称	青林寺	对应部位	青林寺鸟瞰
拍摄者	余、李	拍摄年份	1960？
备注	甘丹寺附近		

序号	9	原照片号	B72
建筑名称	青林寺	对应部位	青林寺鸟瞰
拍摄者	余、李	拍摄年份	1960？
备注	甘丹寺附近		

序号	11	原照片号	A225
建筑名称	眼光菩提庙大阁	对应部位	眼光菩提庙大阁正面
拍摄者	余、李	拍摄年份	1957
备注	甘丹寺观音阁		

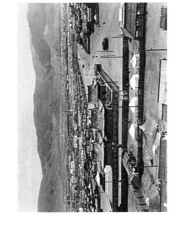

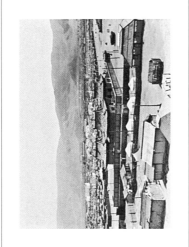

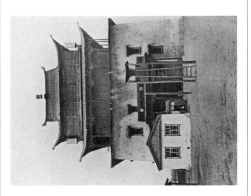

序号	8	原照片号	B71
建筑名称	青林寺	对应部位	青林寺鸟瞰
拍摄者	余、李	拍摄年份	1960？
备注	甘丹寺附近		

序号	10	原照片号	B73
建筑名称	青林寺	对应部位	青林寺鸟瞰
拍摄者	余、李	拍摄年份	1960？
备注	甘丹寺附近		

序号	12	原照片号	A226
建筑名称	眼光菩提庙大阁	对应部位	眼光菩提庙大阁侧视
拍摄者	余、李	拍摄年份	1957
备注	甘丹寺观音阁		

续表

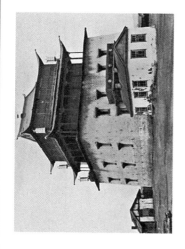

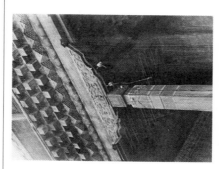

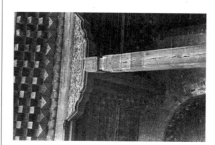

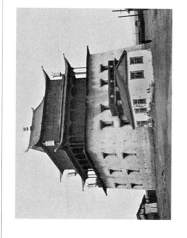

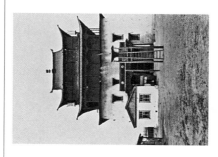

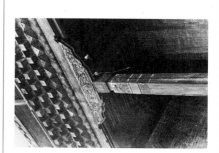

序号	13	原照片号	B64
建筑名称	眼光菩萨阁	对应部位	眼光菩提庙大阁侧视
拍摄者	余、李	拍摄年份	1960？
备注	甘丹寺观音阁		

序号	14	原照片号	B65
建筑名称	眼光菩萨阁	对应部位	眼光菩提庙大阁
拍摄者	余、李	拍摄年份	1960？
备注	甘丹寺观音阁		

序号	15	原照片号	B66
建筑名称	眼光菩萨阁	对应部位	眼光菩提庙大阁远景
拍摄者	余、李	拍摄年份	1960？
备注	甘丹寺观音阁		

序号	16	原照片号	A227
建筑名称	眼光菩提庙大阁	对应部位	眼光菩提庙大阁前檐下柱饰
拍摄者	余、李	拍摄年份	1957
备注	甘丹寺观音阁		

序号	17	原照片号	B67
建筑名称	眼光菩萨阁	对应部位	眼光菩提庙大阁下层柱饰
拍摄者	余、李	拍摄年份	1960？
备注	甘丹寺观音阁		

序号	18	原照片号	B68
建筑名称	眼光菩萨阁	对应部位	眼光菩提庙大阁下层柱饰
拍摄者	余、李	拍摄年份	1960？
备注	甘丹寺观音阁		

续表

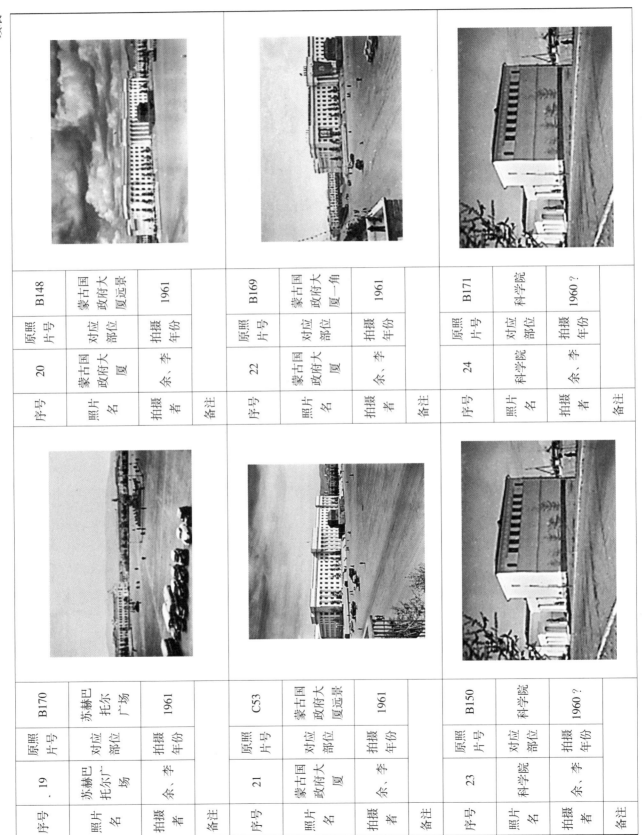

序号	20	原照片号	B148
照片名	蒙古国政府大厦	对应部位	蒙古国政府大厦远景
拍摄者	余、李	拍摄年份	1961
备注			

序号	22	原照片号	B169
照片名	蒙古国政府大厦	对应部位	蒙古国政府大厦一角
拍摄者	余、李	拍摄年份	1961
备注			

序号	24	原照片号	B171
照片名	科学院	对应部位	科学院
拍摄者	余、李	拍摄年份	1960？
备注			

序号	19	原照片号	B170
照片名	苏赫巴托尔广场	对应部位	苏赫巴托尔广场
拍摄者	余、李	拍摄年份	1961
备注			

序号	21	原照片号	C53
照片名	蒙古国政府大厦	对应部位	蒙古国政府大厦远景
拍摄者	余、李	拍摄年份	1961
备注			

序号	23	原照片号	B150
照片名	科学院	对应部位	科学院
拍摄者	余、李	拍摄年份	1960？
备注			

续表

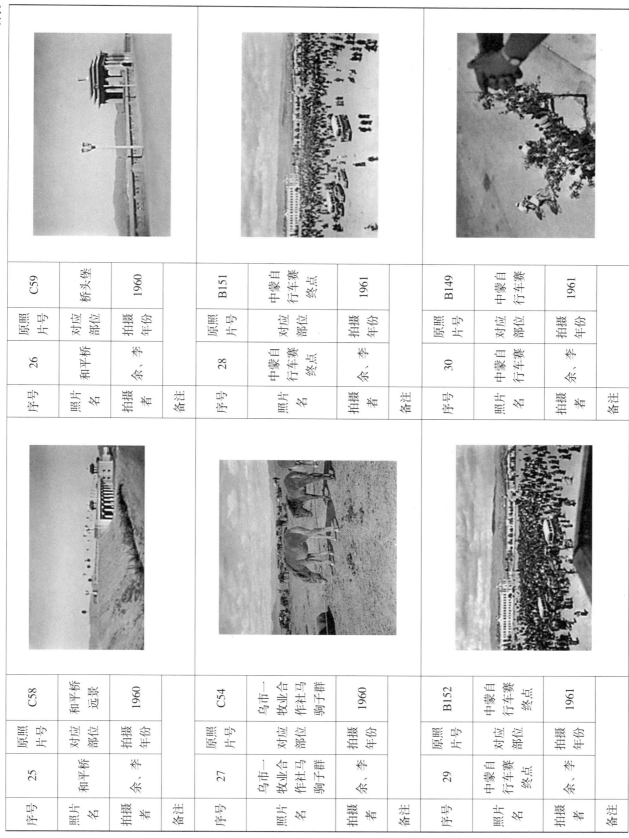

序号	照片名	拍摄者	备注	原照片号	对应部位	拍摄年份
25	和平桥	余、李		C58	和平桥远景	1960
26	和平桥	余、李		C59	桥头堡	1960
27	乌市一牧业合作社马驹子群	余、李		C54	乌市一牧业合作社马驹子群	1960
28	中蒙自行车赛终点	余、李		B151	中蒙自行车赛终点	1961
29	中蒙自行车赛终点	余、李		B152	中蒙自行车赛终点	1961
30	中蒙自行车赛	余、李		B149	中蒙自行车赛	1961

续表

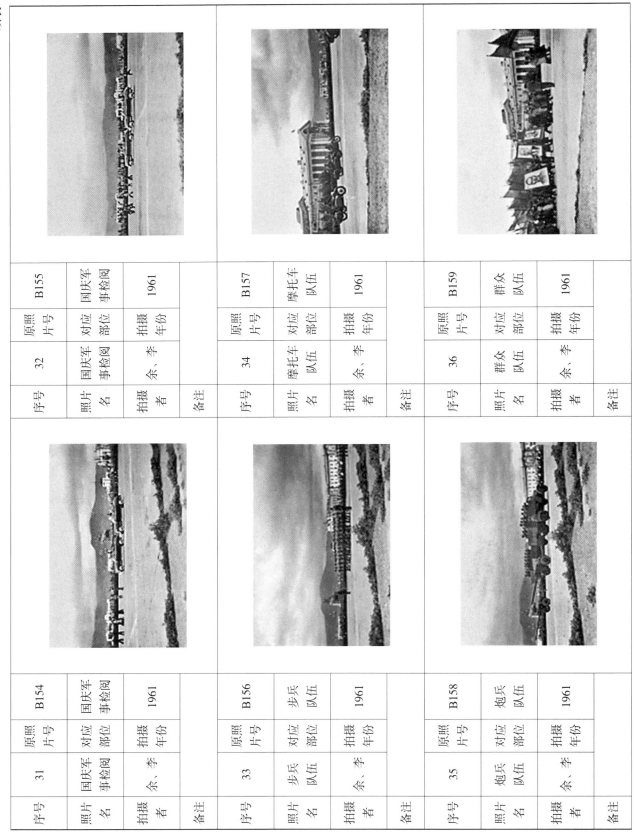

序号	31	原照片号	B154		序号	33	原照片号	B156		序号	35	原照片号	B158
照片名	国庆军事检阅	对应部位	国庆军事检阅		照片名	步兵队伍	对应部位	步兵队伍		照片名	炮兵队伍	对应部位	炮兵队伍
拍摄者	余、李	拍摄年份	1961		拍摄者	余、李	拍摄年份	1961		拍摄者	余、李	拍摄年份	1961
备注					备注					备注			

序号	32	原照片号	B155		序号	34	原照片号	B157		序号	36	原照片号	B159
照片名	国庆军事检阅	对应部位	国庆军事检阅		照片名	摩托车队伍	对应部位	摩托车队伍		照片名	群众队伍	对应部位	群众队伍
拍摄者	余、李	拍摄年份	1961		拍摄者	余、李	拍摄年份	1961		拍摄者	余、李	拍摄年份	1961
备注					备注					备注			

续表

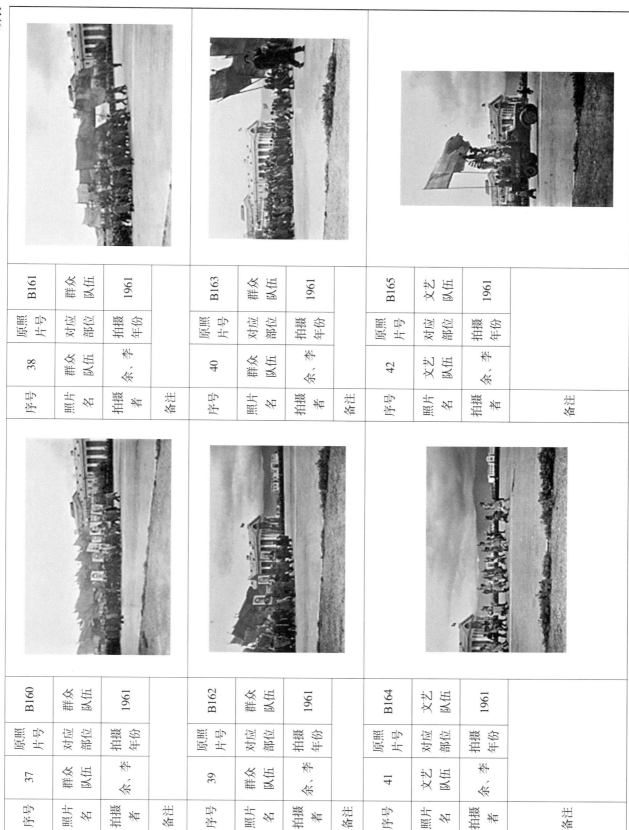

原照片号	B160	序号	37
对应部位	群众队伍	照片名	群众队伍
拍摄年份	1961	拍摄者	余、李
		备注	

原照片号	B161	序号	38
对应部位	群众队伍	照片名	群众队伍
拍摄年份	1961	拍摄者	余、李
		备注	

原照片号	B162	序号	39
对应部位	群众队伍	照片名	群众队伍
拍摄年份	1961	拍摄者	余、李
		备注	

原照片号	B163	序号	40
对应部位	群众队伍	照片名	群众队伍
拍摄年份	1961	拍摄者	余、李
		备注	

原照片号	B164	序号	41
对应部位	文艺队伍	照片名	文艺队伍
拍摄年份	1961	拍摄者	余、李
		备注	

原照片号	B165	序号	42
对应部位	文艺队伍	照片名	文艺队伍
拍摄年份	1961	拍摄者	余、李
		备注	

续表

序号	43	原照片号	B166
照片名	文艺队伍	对应部位	文艺队伍
拍摄者	余、李	拍摄年份	1961
备注			

序号	44	原照片号	B167
照片名	中国工人队伍	对应部位	中国工人队伍
拍摄者	余、李	拍摄年份	1961
备注			

序号	45	原照片号	B168
照片名	观礼台外宾	对应部位	观礼台外宾
拍摄者	余、李	拍摄年份	1961
备注			

序号	46	原照片号	B153
照片名	苏赫巴托尔广场	对应部位	苏赫巴托尔广场
拍摄者	余、李	拍摄年份	1961
备注			

说明：1. 此次援蒙工作照片存档时分为四个文件夹，本次整理时按 A~D 的顺序加在原照片号前作为区分。
2. 部分照片已无法知晓具体拍摄者，以 "余、李"（余鸣谦、李竹君两位先生）代称。乌兰巴托市区的照片应拍摄于 1961 年蒙古国庆期间。
3. 上述照片均存档于中国文化遗产研究院图书馆。

附录四　相关机构和人物简介

援助蒙古国历史建筑修缮工程档案信息资料当中，涉及机构有中国方面的中央科学技术委员会、中央文化部、文化部文物局、北京市委文化部、北京市外事办公室、北京市文化局、古代建筑修整所和中国驻蒙古国大使馆等，蒙古国方面的有蒙古国驻中国大使馆、蒙古国家科学院（图8-13）、文化部、国家中央博物馆、蒙古国建委设计院、乌兰巴托市第一建筑公司等，涉及人物有余鸣谦、李竹君、祁英涛、杜仙洲、姜佩文、纪思、张思信、黎辉（女）、陈效先、王毅、赵杰、王真（女）、王丽英（女）等，这里仅对古代建筑修整所和余鸣谦、李竹君等相关机构和人物择要简介[1]。

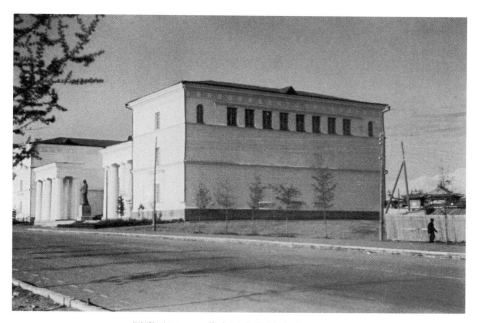

图附录四-1　蒙古国家科学院（1960年）

1　主要参考资料：中国文物研究所：《中国文物研究所七十年（1935-2005）》，文物出版社，2005年；王金华，郭桂香：《守护石窟：石窟人诉说石窟保护的奉献与情怀》，上海古籍出版社，2019年；国家文物局：《中华人民共和国文物博物馆事业纪事1949-1999》（上册1949-1985、下册1986-1999），北京：文物出版社，2002年；国家文物局：《国家文物局暨直属单位组织机构沿革及领导人名录》，文物出版社，2002年；李竹君：《亲历60年代援助蒙古国维修古建筑》，《中国文化遗产》2010年第5期；吕舟主编：《中国文物古迹保护思想史研究文集》，清华大学出版社，2021年。

（一）古代建筑修整所（1956年~1973年）

古代建筑修整所与今天的中国文化遗产研究院发展历程紧密关联，一脉相承。中国文化遗产研究院大致经历初立、新生、发展、停滞、复兴、创新的近90年的发展历史，其中作为前身之一的古代建筑修整所自1956年1月成立至1973年6月一直存续，共经历了十八年半的时光。古代建筑修整所从最初一个独立的专业技术机构发展成为后来接续四个机构更迭至今的核心专业部门，在中外古代建筑保护研究事业上始终发挥了举足轻重的历史作用，在中国文物古迹保护的历史发展与理论丰富方面具有重要的历史启示意义。如果想要了解古代建筑修整所的来龙去脉，还得从旧都文物整理委员会和北平文物整理委员会的前世今生说起。

1. 1935年至1949年的旧都文物整理委员会（1935年1月~1945年9月）与北平文物整理委员会（1945年9月~1949年11月）时期被视为中国文化遗产研究院的初立阶段。

20世纪二三十年代，随着中国近代民族工商业蓬勃兴起，中国社会进入相对快速发展的黄金时期，学习接纳西方现代文化的同时在认识、继承中国的传统文化，与之相应的中国现代考古学及文物博物馆事业也大都发轫于此。另外，20世纪30年代中期日本侵略者觊觎华北而呈现纷繁复杂的政治时局。在此背景下，民国政府中的一些较为务实的官员，因受到欧美先进国家在城市规划与文物古迹保护方面取得成效之影响，亦开始关注文物古迹的保护管理工作，从事文物保护管理与研究的专门机构也相继创建并逐步发展起来，并尝试开展了一系列的文物古迹整理保护与调查研究活动。随着对文物古迹的调查研究日益得到各级政府及学术界的关注，1935年1月，稍晚于中央古物保管委员会和中国营造学社而创立的旧都文物整理委员会（简称"文整会"）及其执行机构北平文物整理实施事务处（后改称旧都文物整理实施事务处），就是专门从事古代建筑修缮保护工程及调查研究的政府机构。无论从其机构规模、资金及设备的支持，还是从其技术人员、工程项目以及管理程序等诸多方面而言，旧都文物整理委员会及其北平文物整理实施事务处在当时都达到了相当的水准，成为中国现代文物保护事业滥觞期的重要机构[1]。

1945年9月抗日战争胜利，同年10月10日北平市政府接收日伪工务总署，重新组建北平市工务局，时任北平市长的何思源下令将原由伪建设总署管理的北平文物整理工程移交由北平市工务局属下设立的文物整理工程处暂时维继。1946年10月，随着抗战前"文整会"的部分委员及技术人员逐渐归来而依行政院令恢复组建北平文物整理委员会（1945年9月~1949年11月）。1947年1月1日，行政院北平文物整理委员会正式恢复成立，于同年5月公布组织条例，设置工程处为其执行机构，北平市工务局文物整理工程处相应调整，行政院北平文物整理委员会工程处聘用的员工中就包括我们熟悉的杜仙洲、陈效先、祁英涛、余鸣谦等工程技术人员。北平文物整理委员会在文物保护方面具有较大社会影响。

1935年1月以来，至1949年，旧都文物整理委员会及文物整理实施事务处对于北平文物古迹的系统整理修缮始终未尝间断，总计完成大小文物修缮保养工程近百项，范围基本涵盖了北平市内的主要宫殿、城墙、城楼、牌楼、坛庙、寺观、苑囿等重要文物建筑，从而形成了中国文物古迹系统整理保护的滥觞。在当时复杂多变的时局及随时发生的各种特殊情况下，这些文物修缮或保养工程的效率很

---

1 崔勇：《1935年天坛修缮纪闻》，《建筑创作》2006年第4期。

高，其设计、施工、监理质量均数上乘，并在修缮工程实践中培养了一批古建筑工程技术人员，正是这些在实践中成长起来的古建筑技术人员，成为新中国文物保护科学技术以及文物保护工程事业的中坚力量[1]。

2. 北京文物整理委员会时期（1949年11月~1956年1月）被称为中国文化遗产研究院发展历史上的新生阶段。

1949年1月31日，北平和平解放。在中国人民解放军北平市军事管制委员会所属的文化接管委员会下设文物部，于1948年12月在河北良乡成立，由尹达任部长，王冶秋为副部长，王毅、李枫、于坚、罗歌为联络员，负责接管北平市内的文物、博物馆、图书馆等事业单位事宜。1949年2月19日，文化接管委员会接管北平文物整理委员会及其文物整理工程处，原有职员继续正常工作。

1949年10月1日，中华人民共和国成立，北平文物整理委员会及其工程处正式更名北京文物整理委员会。至1949年底，北京文物整理委员会工程处主持完成了孔庙大成殿、正觉寺金刚宝座塔、西郊大慧寺大悲阁、护国寺金刚殿等北京古建筑修缮整理工程项目，还协助故宫博物院进行多处古建筑的修缮设计，也曾协助北京市建设局对雍和宫等喇嘛庙、清真寺进行勘察设计指导施工。另外，北平研究院历史语言研究所1929~1932年北平城区庙宇实地调查资料三百余份也拨交北京文物整理委员会收藏。

1949年11月1日，中央人民政府文化部成立，下设文物局负责指导管理全国文物、博物馆、图书馆事业。同月9日，中央人民政府教育部致函中央人民政府文化部，将前华北人民政府高等教育委员会所属故宫博物院、中国历史博物馆和北京文物整理委员会等单位划归文化部领导。从此，北京文物整理委员会隶属于文化部社会文化事业管理局，成为国家从事古建筑修缮保护和调查研究工作的专门机构。由马衡任主任委员，梁思成任委员，俞同奎任秘书；机构设置有工程组、文献组、总务组，后于1953年增设人事组，纪思任组长。1953年成立中国共产党中国革命博物馆、自然博物馆和北京文物整理委员会联合支部，纪思为支部委员，中国革命博物馆的沈庆林为支部书记。

自1950年起，北京文物整理委员会密切配合国家经济建设，对全国范围内的重点文物古迹进行系统调研，并先后主持完成北京及全国各地重要古建筑的修缮保护工程数十项，委派工程技术人员负责全国古建筑修缮工程勘测设计、施工管理、技术咨询等工作，并与工程所在地的古建筑匠师通力合作而完成，业绩卓著，影响深远。自1952年起，北京文物整理委员会在实施修缮保护工程的同时，还在全国范围内进行大规模古建筑的系统勘查调研活动，其涉及范围之广、规模之大、内容之丰富均使之构成了新中国古建筑调查研究和文物保护事业的主导力量。例如，在中国古建筑模型与古建筑彩画范本的制作保存工作，刘醒民、王仲杰主编的《中国建筑彩画图案·清代彩画》（人民美术出版社，1955年）、《中国建筑彩

1　参考以下论文：王其亨《历史的启示——中国文物古迹保护的历史与理论》，《中国文物科学研究》2008年第1期，原载《中国古迹遗址保护协会通讯》2007年第2期；陈天成《文整会修缮个案研究——以天坛修缮和永乐宫迁建为例》，天津大学硕士论文，2007年；常清华《清代官式建筑研究史初探》，天津大学博士论文，2012年；温玉清《二十世纪中国建筑史学研究的历史、观念与方法——中国建筑史学史初探（上）》，天津大学博士论文，2006年；邓宇宁：《当前中国建筑遗产记录工作中的问题与对策》，天津大学硕士论文，2007年；梁哲《中国建筑遗产信息管理相关问题初探》，天津大学硕士论文，2007年；李婧《中国建筑遗产测绘史研究》，天津大学博士论文，2015年。

画图案·明代彩画》（中国古典艺术出版社，1958年），成为中国古代建筑彩画研究重要的奠基性著作。

1952年10月，文化部社会文化事业管理局委托北京文物整理委员会举办第一期全国古建筑培训班，学员来自五个省市，共计11人。其后于1954年2月、1964年4月又举办了二、三期[1]，1980年9月举办了第四期。这四期参加培训学员共计127人，结业学员大部分回至原部门从事文物保护研究工作，成为新中国文物及古建筑保护工作的骨干力量。

综上所述，从1950年至1955年间，是新中国文物事业及其文物保护体系逐步完善的关键时期。在此期间，北京文物整理委员会顺利完成了自旧中国至新中国的改造。作为全国古建筑修缮工程勘测设计的主要单位，在全国范围内承担主持大量重要古建筑的修缮工程，逐步建立起较为完整规范的古建筑修缮工程勘测设计、工程管理、学术研究体系，并在工程实践中培养了专门人才，构筑成为新中国文物保护事业的中坚力量，取得了令人瞩目的成就。

3. 1956～1973年是古代建筑修整所及后来成立的文物博物馆研究所共存时期，而1956～1965年被确定为中国文化遗产研究院的发展时期，1966～1973年因集体"下放"湖北咸宁文化部五七干校参加劳动使业务发展受到严重影响而被认为属于业务停滞时期。

1956年1月～1962年期间的古代建筑修整所：

1956年1月，文化部决定北京文物整理委员会更名为古代建筑修整所（1956年1月～1962年），机构设置有办公室、工程组、勘察研究组、资料室、人事组，共有员工73人。由俞同奎任所长，姜佩文任副所长；黎辉、何良弼先后担任办公室主任，祁英涛任工程组组长，杜仙洲、纪思先后任勘察研究正、副组长；俞同奎兼任资料室主任，张思信任人事组长；1955年成立古代建筑修整所中共党支部，张思信担任书记。

古代建筑修整所成立后，除担负着北京古建筑修缮保护工作外，对全国各地的文物勘察与保护的力度更为加强。1956年4月，杜仙洲、李竹君、朱希元、崔淑贞等赴山西进行文物普查；余鸣谦、杨烈、姜怀英则赶赴甘肃永靖县对炳灵寺石窟进行勘察。此后，全国范围内的古建筑调查继续深入进行。同时，古代建筑修整所的学术研究也有新的进展，1956年9月，古代建筑修整所杜仙洲、纪思主编的《古建通讯》作为内部学术刊物创刊，1958年8月更名为《历史建筑》继续发行，其间虽然由于各种原因存在时间较短，但却是新中国创刊较早的古代建筑研究专业学术期刊。与此同时，对友好邻邦的文物援助工作也逐渐增多，1958年余鸣谦和国家文物局的陈滋德应邀赴越南讲学，1959年，余鸣谦、李竹君进行技术指导的蒙古人民共和国乌兰巴托兴仁寺及夏宫修缮工程相继开工。由此，古代建筑修整所的各项工作出现了全面蓬勃发展的可喜局面。

1958年1月，古代建筑修整所朱希元、梁超、贾瑞广等12名干部下放到河北省丰润县参加劳动锻炼。所长俞同奎于1959年病逝，所内以祁英涛、杜仙洲、余鸣谦为代表的一批技术人员已经开始在全面开展的文物保护工程中担当大任。古代建筑修整所承担1958年开始的山西永乐宫古建筑整体搬迁复建和元代壁画揭取复位工程项目，由祁英涛、陈继宗主持，集中了全所的主要技术力量进入工程现场，所领导黎

1　张家泰等《从北大红楼到曲阜孔庙 1964年第三届古代建筑测绘训练班记忆》，《中国文化遗产》2010年第2期。

辉、张思信等则亲自负责工程后勤保障工作，杜先洲、王真、姜怀英等技术人员参加，出现了领导干部、技术人员和工匠密切配合"三结合"的动人场面。在全无先例的情况下，全所上下坚持工程实践与科学研究相结合，走出了一条富于创见、科学实用的中国古建筑保护工程实践与研究道路。永乐宫整体迁建工程前后历时七年，于1965年春胜利告竣，这是中国首次完成的大规模古代建筑群的整体搬迁复建，该成果获得全社会的高度赞誉，经受住了时间的考验，于1978年荣获国家科学大会奖。古代建筑修整所在这项重要工程中得到了全面的锻炼与升华，同时也充分展现了其中国古建筑保护工程国家队的优秀素质与高超水平。

1957～1961年中国政府援助蒙古国历史建筑保护工程，形成了珍贵的历史档案，从其中的古代建筑修整所于1959年6月23日为赴蒙古国工作组向北京市文化局文物处申请一台相机的手稿（古行39号）和1959年7月18日北京市文化局上报中央科学技术委员会的"北京市文化局关于派遣古建技术人员赴蒙古国工作事（油印件）"、1959年9月3日北京市文化局下发古代建筑修整所的"请即为余鸣谦、李竹君两同志办理出国赴蒙手续由"〔（59）人字第959号〕等文件中，都能够清晰了解北京市与古代建筑修整所的隶属关系。由此可知，这时的古代建筑修整所正是下放北京市管理时期。

1962～1965年的古代建筑修整所与文物博物馆研究所：

1962年，文化部决定在古代建筑修整所和成立于1956年12月的文化部博物馆科学工作研究所筹备处的基础上，合并组建文化部文物博物馆研究所，保留古代建筑修整所机构名称，实行"一个单位、两块牌子"，并将其业务范围扩大，除古建筑修缮工程设计、调查研究之外，新增馆藏文物化学保护、石窟寺与木构建筑的化学加固，以及文物与博物馆研究等，意味着中国文物保护事业在新形势下新学科的引入与新工作领域的拓展。由国家文物事业管理局副局长王书庄兼任所长，副所长为姜佩文、王振铎、王辉、南峰；业务秘书纪思负责工程技术与科学研究、罗歌负责文物博物馆研究与文献资料。机构设置有建筑、石窟、化学、资料、博物馆工作等五个业务组：办公室主任张思信；建筑组组长祁英涛；石窟组组长余鸣谦；化学组组长纪思（兼任）；资料组组长王辉（兼任）；博物馆工作组组长王振铎（兼任）；人事组长李永奎；1962年成立文物博物馆研究所中共党支部，姜佩文担任书记。

早在20世纪50年代末期古代建筑修整所下放北京市期间，文化部文物局局长王冶秋十分关心古代建筑修整所的工作，经多年工作经历与深入思考，决定开展应用现代科学技术更为妥善、有效地保护馆藏与出土的各种器物、古建筑与石窟寺等珍稀历史文物与革命文物的科学研究工作，并拟由古代建筑修整所承担这项新任务。古代建筑修整所即将这项艰巨、重大的文物工作新任务列入首要日程。文物局副局长王书庄、文物处处长陈滋德经常亲临古代建筑修整所检查指导工作，率领古代建筑修整所有关人员寻求、商洽协作进行文物保护技术科学研究。援助蒙古国文物建筑修缮工程正是在古代建筑修整所下放至北京市管理的这个时期开展的重要涉外任务。

20世纪60年代以来，古代建筑修整所根据文物保存现状及其存在的问题，开始注重文物科技保护。1960年初，王书庄、姜佩文、纪思等负责与中国科学院化学研究所洽谈协作保护文物的化学材料和应用技术研究及科研工作，此后由纪思负责随即开展科研工作。1961年初，古代建筑修整所姜佩文、纪思负责与北京地质学院协作开展石窟寺科学保护研究。1962年春至1964年夏，纪思负责合作开展勘查研究大同云冈石窟、敦煌莫高窟、天水麦积山石窟、洛阳龙门石窟与巩县净土寺石窟等，提出了地质勘查报告与防止渗水、风化的初步措施设想。1964年，文物博物馆研究所派出科研人员协助指导龙门石窟保管所对奉先寺卢舍那大佛头部进行高分子化学材料粘接修补与表面封护加固。1962年秋，文物局陈滋德处长、文物博物馆研究所姜佩文副所长与纪思业务秘书负责与北京师范大学化学系协作进行有关壁画和出土金属文物保护的各项研究，并有二人大学毕业后分配到文物博物馆研究所工作。

1962年，文化部、文物局与文物博物馆研究所决定将文物保护科学技术研究争取列入国家科学技术委员会主持的"十年科学研究规划"，纪思负责起草《文物保护技术十年科学研究规划》，1962年秋上报国家科委列入全国十年科学研究规划。至此，古代建筑修整所与文物博物馆研究所应用现代科学技术保护文物的科学研究进入了一个全面发展的新阶段。同时，1956年9月，古代建筑整修所的内部学术刊物《古建通讯》编印创刊，后于1958年8月更名为《历史建筑》继续发行。该刊物是新中国创刊较早的古建筑研究专业学术期刊，杜仙洲先生与纪思先生先后担任该刊物的主编。刊物中收录了古代建筑整修所工作人员在调研、修缮工作中的总结、体会和思考。

1966～1973年6月集体"下放"湖北咸宁文化部五七干校时期的文物博物馆研究所及古代建筑修整所：

1966年5月，"文化大革命"开始，文化部文物博物馆研究所及古代建筑修整所除在1966年5月至1967年7月期间参加北京人民大会堂维修工程，完成了高分子化学材料灌浆修复加固混凝土大梁裂缝的政治任务之外，其他业务工作全部中止，全国范围内的文物保护工作从此进入停滞阶段。1969年9月，古代建筑修整所与文物博物馆研究所全体工作人员集体"下放"湖北咸宁文化部五七干校参加劳动，1971年和1972年抽到部分人员分别参加河南龙门石窟和湖南长沙马王堆西汉墓出土文物保护修复工作等，逐渐显露出事业恢复的生机。

4. 1973～1990年的文物保护科学技术研究所与古文献研究室时期和1990年以后的中国文物研究所与更名后的中国文化遗产研究院分别被称为该院发展历史上的复兴和创新阶段。

直至1973年6月，在古代建筑修整所和文物博物馆研究所的基础上，组建成立了文物保护科学技术研究所（简称"文保所"），曾先后隶属于文化部和国家文物事业管理局，承担全国各地大量的古建筑修缮保护、石窟保护及出土、馆藏文物的抢救、修复任务，各项事业得到了迅速的恢复和发展，确立了文物保护科学技术研究所国家级文物保护工程与研究的权威地位。1978年2月成立文化部古文献研究室，从此步入文物保护科学技术研究所与古文献研究室时期。1990年8月，在文物保护科学技术研究所与文化部古文献研究室的基础上，合并成立中国文物研究所（1990～2007年）[1]。2007年8月，根据中央编制委员会办公室和国家文物局的批复，中国文物研究所更名为中国文化遗产研究院（2007年至今），是国家文物局直属的文化遗产保护科学技术研究机构。

---

1 《中国文物研究所七十年历史沿革（1935年-2005年）》，《中国文物报》2005年12月9日第6版。

（二）相关人物简介

在援助蒙古国历史建筑修缮工程档案中，涉及人物有余鸣谦、李竹君（图8-14）、杜仙洲、祁英涛、姜佩文、纪思、张思信、陈效先、王毅、王真（女）、黎辉（女）、王丽英（女）等，都是当时古代建筑修整所的管理者和专业技术人员[1]。

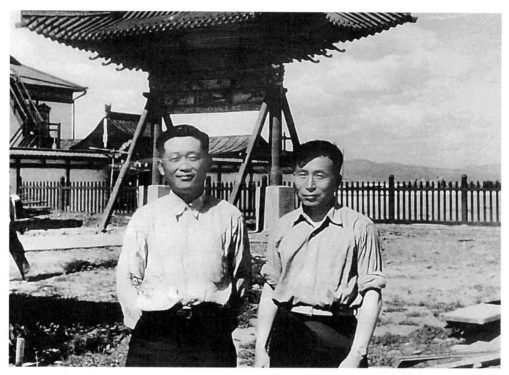

图附录四-2　蒙古国博格达汗宫牌坊前合影（左：余鸣谦；右：李竹君。2021年8月24日乔炳武、余和研提供）

1. 余鸣谦（1922年1月24日~2021年8月23日）。

余鸣谦先生出生于北京，祖籍江苏镇江，1943年7月毕业于北京大学工学院建筑工程系。1943年8月至1945年10月，北京大学工学院建筑工程系助教；1945年11月起，任北平市政府工务局文物整理工程处、北平文物整理委员会技士（图8-15）；新中国成立后，先后在北京文物整理委员会、原文化部古代建筑修整所和文物保护科学技术研究所（现中国文化遗产研究院）工作，历任技术员、工程师、高级工程师、教授级高级工程师，原文化部科技委员会委员、中国文物保护科学技术协会副理事长；1988年1月退休。1956年被评为全国文化先进工作者，受到毛泽东主席等中央领导的接见；享受国务院政府特殊津贴；2009年获得国家文物局"参加文物博物馆工作60年荣誉表彰"，是我国著名古建筑和石窟寺保护研究专家[2]。

1　参考：张家泰等《从北大红楼到曲阜孔庙 1964年第三届古代建筑测绘训练班记忆》，《中国文化遗产》2010年第2期。
2　《中国文物、博物馆事业杰出人物》，《中国文物报》2009年6月12日第17版。

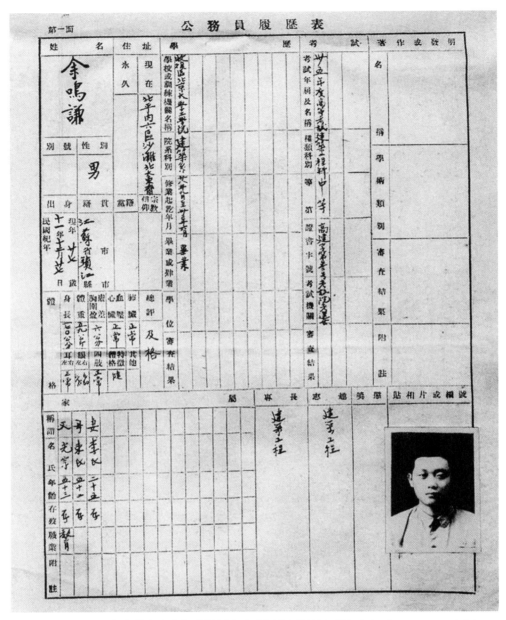

图附录四-3　余鸣谦先生公务员履历表（《中国文物研究所七十年（1935～2005）》）

　　从1951年参加敦煌莫高窟状况调查开始，多次前往敦煌莫高窟进行调查、勘测、设计，1956年至1958年文化部文物局委派古代建筑修整所专家余鸣谦、杨烈、律鸿年等开展了敦煌莫高窟第248～260窟约60米长的岩体建造木栈道和石柱支顶加固保护试验，这是20世纪50年代敦煌最大规模的加固工程，也是我国石窟寺首次大规模的保护试验项目和加固保护工程。古代建筑修整所与文物博物馆研究所时期（1962年～1973年6月），余鸣谦作为石窟保护组组长带队前往各地石窟调研，并联合组建石窟寺加固保护项目组，选择以云冈石窟第1窟、第2窟为加固保护对象，经过潜心研究试验，石窟寺岩体裂隙加固材料等关键技术取得了突破，并在石窟保护中得到广泛应用，这不仅是新中国石窟寺科技保护的发端，工程中采用的围岩裂隙灌浆加固技术荣获1978年全国科学技术奖，研究确立的保护材料要进行适用性试验、不能改变文物本体原状和颜色等许多原则，也为我国"不改变文物原状"保护原则的形成提供了理论和实践支持。"文化大革命"结束后，于1973年6月已经成立三年的文物保护科学技术研究所各项事业得到了迅速的恢复和发展，以祁英涛为组长的古建筑保护研究室，以余鸣谦为组长（1973年11月至1985年1月）的石窟保护研究室，以王丹华为组长的化学研究组，承担全国各地大量的古建筑修缮保护、石窟保护及出土、馆藏文物的抢救、修复任务，确立了文物保护科学技术研究所国家级文物保护工程与研究的权威地位。

余鸣谦先生长期从事古建筑和石窟寺保护与维修，参加并主持实施了北京雍和宫瓦木油饰彩画工程、河北正定隆兴寺转轮藏殿修缮工程（1953年至1955年）、赵县安济桥修复工程、山西大同云冈石窟中央区窟群加固保护工程（1974年至1998年），以及天津蓟县独乐寺修缮工程（1997年至1998年）等，在各地进行石窟调研和实施修缮的基础上，多方寻求科技协作，走出了一条独特的石窟寺科技保护之路[1]。在援外文物保护工程和技术咨询交流方面，1957年至1961年，根据文化部和蒙古国有关方面签署的中蒙文化合作协定，文化部文物事业管理局派遣余鸣谦先生和李竹君先生赴乌兰巴托参与兴仁寺和博克多汗宫（即"夏宫"）的修缮工程，余鸣谦先生主持了这项涉外修缮工程，该项目是我国首次援助蒙古国古建筑维修工作，也是我国以政府名义完成的首个援外文物保护项目，迈出了我国援外文物保护项目的第一步。1958年9至11月与国家文物局陈滋德应邀赴越南民主共和国参加文物保存保藏干部训练班的讲学工作，讲授古建筑修缮方面的课程，为越南文物保护提供了重要技术指导，加强了历史文明交流，加深了中越友好合作情谊。同时，他们广泛考察了越南古代建筑，拍摄的珍贵照片现藏中国文化遗产研究院。

余鸣谦等前辈在北平文物整理委员会时代就从事古建筑保护维修工作，是我国古建筑保护方面的开拓者和奠基人，不仅在古建筑保护实践上积累了丰富经验，也培养了一大批后继人才。余鸣谦先生善于在文物保护实践中守正出新、总结经验，注重现代工程技术手段在古建筑保护工程中的运用，在完成文物保护工程项目的同时，翻译了多篇国外文物古迹保护技术资料，撰写出版了《石窟保护三十年》《中国古建筑构造》等多部专著。

2. 李竹君（1930年12月3日～2014年4月8日）

李竹君先生在古建筑和石窟寺保护方面做出过巨大贡献，也曾经担任过重要的中层管理岗位职责，与一批老同志先后在古代建筑修整所工作，共同创造了中国文物研究所乃至今天中国文化遗产研究院的辉煌。北京文物整理委员会时期（1949～1955年）任工程技术助理员。1985年以来，文物保护科学技术研究所根据中层各组组长大多为北平文物整理工程处及北京文物整理委员会时期年事已高的老一辈专家，决定让一批中年业务骨干接班走上中层领导岗位，其中崔兆忠升任古建筑保护研究室主任、李竹君任副主任（1985年1月至1988年4月），中层领导班子的年轻化给文物保护科学技术研究所的工作增添了活力，使之更为适应新时期文物保护事业迅猛发展的需要。

1　王金华、郭桂香：《石窟寺保护 壮丽七十年》，《中国文物报》2019年10月22日；王金华、郭桂香：《余鸣谦：为石窟寺保护事业贡献智慧和力量》，《人民日报》2020年5月22日第20版。

李竹君主持实施山西善化寺大殿、山门维修工程（1993年至1998年）、湖南岳阳楼基础滑坡治理（1992年至1995年）等项目，参加余鸣谦主持的河北正定隆兴寺转轮藏殿修缮工程（1953年至1955年）、祁英涛主持的河北正定隆兴寺摩尼殿大修工程（1977年至1980年）、姜怀英主持的云南大理崇圣寺三塔勘测维修工程（1978年至1981年）、张之平和张同生主持的香港志莲净苑仿唐木构寺庙建筑群复建设计（1994年至1996年）等项目。1957年至1961年与余鸣谦共同完成了援助蒙古国乌兰巴托市兴仁寺和夏宫修缮工程。

3. 祁英涛（1923年12月14日～1988年4月9日）

祁英涛先生出生于河北保定市（原属直隶易县），1947年毕业于北洋大学工学院建筑工程系，1947年～1949年任职于行政院北平文物整理委员会工程处工程技术人员，1949年～1955年任职于北京文物整理委员会工程组组长，1956年～1962年任职于文化部古代建筑修整所工程组组长，1962～1966年任建筑组组长，1973年～1985年任职于文物保护科学技术研究所（今中国文化遗产研究院）古建保护研究室组长。1980年任中国文物保护技术协会常务理事，并先后任国家城建总局、城乡建设环境保护部和建设部城市规划局/司的顾问等职。1963年文化部授予先进工作者称号，1973年获中国科技二大壁画保护奖，1985年获得"全国文博系统先进工作者"称号。祁英涛先生是我国著名的古建筑保护专家，在中国建筑史和文物保护研究方面造诣尤深，在古建筑保护的原则制定、保护勘测设计技术路线、工程施工技术指导以及专业技术人才培养等方面都做出了卓越的贡献，尤其在古建筑保护工程实践上享有盛誉。

新中国成立后，祁英涛先生多次参加文物整理委员会组织的古代建筑勘察工作，并主持实施山西永乐宫建筑群搬迁保护工程（1957年至1964年），杜仙洲、王真、黎辉、张思信等参加；主持实施河北正定隆兴寺慈氏阁复原性修缮（1957年至1958年）、河北承德普宁寺大乘阁落架大修工程（1963年至1999年）、河北正定隆兴寺摩尼殿大修工程（1977年至1978年）、北京十三陵昭陵保护维修、复建工程（1985年至1992年）、山西南禅寺大殿修缮工程（1973年至1975年）、北京十三陵昭陵保护维修、复建工程（未完成）等大量代表性保护修缮工程，善于总结工程经验，探讨文物修复原则，重视阐发文物建筑的史证价值、"恢复原状或保存现状"及"不改变文物现状"、重视传统工艺、技术与材料以及古代建筑"整旧如旧""古为今用"等文物古迹保护原则和保护思想，发表了《中国古代建筑的保护与维修》等大量学术文章及著作，为我国古代建筑保护修缮留下了宝贵的经验。

4. 杜仙洲（1915年11月16日～2011年5月24日）

杜仙洲先生出生于河北省迁安市，1942年毕业于北京大学工学院建筑工程系，民国时期曾任职于华北建设总署都市局营造科技士，1945年～1946年任北平市工务局文物整理工程处技士，1947年～1949年任行政院北平文物整理委员会工程处荐任技士；1949年～1955年任职于北京文物整理委员会，任文献组编审员；1952年、1954年、1964年、1980年主持全国古建筑培训班教学工作，担任教务长；1956年～1973年任文化部古代建筑修整所工程师，同纪思先后任勘察研究组正、副组长；1956年《古建通讯》创刊，杜仙洲与纪思担任主编；1973年～1988年任职于文化部文物保护科学技术研究所高级工程师、中国文物研究所（现中国文化遗产研究院）教授级高级工程师；20世纪80年代后兼任中国建筑学会理事、中国长城学会理事、中国紫禁城学会理事、中国建筑史学分会委员和顾问、国家文物局古建筑专家组成员等重要社会职务；1988年10月退休。杜仙洲先生对中国文物建筑保护做出的突出贡献，2007年国家民委授予杜仙洲先生中国民族建筑事业终身成就奖，2009年文化部、国家文物局授予杜仙洲先生"中国文物、博物馆事业杰出人物"荣誉称号。

杜仙洲先生是我国著名古建筑专家，是我国古代建筑调查研究与保护修缮的重要参与者，是文物建筑保护技术总结与研究人才培养的引领者，是我国文物保护事业卓越的践行者与忠诚的守护者，一生致力于中国古代建筑的保护与研究工作。他曾亲身经历晋、冀、豫、辽、黔、闽、陕、甘、青等地大量古代建筑及遗迹的发现过程，深入考察山西五台山南禅寺、平顺天台庵、高平开化寺和青海乐都瞿昙寺等，并对相关史料进行了发掘整理，丰富了中国建筑史料。他曾主持山西五台山碧山寺、朔县崇福寺观音殿、大同善化寺普贤阁、太原晋祠鱼沼飞梁、北京故宫武英殿等多处重要文物建筑的修缮工程；担任了泉州开元寺正殿大修工程、天津天后宫等修缮工程的技术指导。

杜仙洲先生在中国古代建筑的特点及工艺做法与古建筑文献研究、保护技术总结和保护人才培养方面的贡献，在中国文物保护界得到了广泛的赞誉。受到梁思成先生文物保护思想的影响，对恢复原状或者保存现状、可识别和历史可读性、可逆性等文物建筑保护原则，"整旧如旧""华而不俗、简而不陋"及与周围环境相协调的古建筑修缮的效果，利用古代建筑进行史学研究或者对群众进行教育以达到"古为今用"的古代建筑利用问题等，针对实践过程中的实际问题提出了系列具有针对性而又辩证的文物古迹保护原则和思想理念，尤其对我国由古建筑保护实践引出的不改变文物原状保护理念的阐释做出了重要贡献。

杜仙洲先生是一位博闻强识的学者，文献研究功底深厚。新中国成立后，在北京文物整理委员会担任文献组编审员时期，参与了大量古代建筑相关的文献整理与研究工作。1950年，杜仙洲先生和北京市建委主任赵迅、北平研究院巴德夫、许道令等先生一同对北平研究院遗留的北平城内寺庙的调查资料进行整理。在大量的田野考察、文献整理、修缮实践的基础上，主持或参与《中国古建筑修缮技术》《中国古建筑技术史》《中国古代建筑》《中国建筑清式彩画图集》《泉州古建筑》《杜先洲谈中国古代建筑》等多部学术著作，至今仍是文物建筑保护专业人员的基本教材，同时也是建筑历史研究者重要的参考文献[1]。

5. 姜佩文

20世纪50年代援助蒙古国文物建筑修缮过程中，在古代建筑修整所的姜姓工程技术人员中，我们能够查阅到资料的就有姜佩文、姜怀英，其时姜佩文为古代建筑修整所副所长，签批援蒙的有关文件者应为姜佩文，而非同事姜怀英。

1960年初，国家文物局副局长兼古代建筑修整所所长王书庄、副所长姜佩文（1959~1962年在任）、纪思等负责，与中国科学院化学研究所合作开展石窟寺文物保护材料的应用技术研究，双方以云冈石窟第1窟、第2窟为加固保护对象联合组建石窟寺加固保护项目组，古代建筑修整所由纪思负责，中国科

---

1 《中国文物、博物馆事业杰出人物》，《中国文物报》2009年6月12日第17版；单霁翔等：《缅怀杜仙洲先生》，《中国文物报》2011年5月27日；杜仙洲：《杜仙洲谈中国古代建筑》，湖南少年儿童出版社，2010年。

学院化学研究所林一研究员指导，中国科学院中南化学所高分子化学专家叶作舟为项目负责人，项目研究的内容是甲基丙烯酸甲酯用于石窟寺裂隙灌浆加表面封护加固的应用研究，由此开启了我国石窟寺科技保护的先河。古代建筑修整所与文物博物馆研究所时期（1962年～1973年6月），姜佩文任副所长（1962～1966年）。1962年成立文物博物馆研究所中共党支部，姜佩文担任支部书记。

6. 纪思

1925年3月出生，辽宁省海城市人。1948年东北中正大学工学院电机系毕业。在北京文物整理委员会（1949年11月～1956年1月）时期，纪思于1953年至1956年任职人事组组长，在1953年成立中国共产党中国革命博物馆等联合支部担任支部委员，1954年任书记；古代建筑修整所（1956年1月～1962年）时期担任勘察研究组组长（1956～1959年）和资料室主任（1959～1962年）；古代建筑修整所与文物博物馆研究所时期（1962年～1973年6月）任工程技术与科学研究业务秘书（1962～1966年），兼任化学组组长（1962～1966年）。纪思、姜佩文等献身我国石窟寺保护实践，开创了我国石窟寺保护的壮丽事业，在守护石窟、守护历史、守护文明中做出了卓越贡献，在1952-1964年全国古建筑培训班中共同培训了中国文物及古建筑保护工作的骨干力量。

7. 张思信

张思信是古代建筑修整所的管理及专业技术人员。在古代建筑修整所（1956年1月～1962年）时期担任人事组组长（1956～1962年），同时担任1955年成立的古代建筑修整所中共党支部书记；古代建筑修整所与文物博物馆研究所时期（1962年～1973年6月）任办公室主任（1962～1966年）。张思信等参加了罗哲文主持实施的《北京大学红楼维修加固工程》（1977～1979年）等多项文物保护修缮工程。

8. 黎辉、陈效先、王毅、王真、王丽英等

在余鸣谦和李竹君先生撰写并上报的《协助蒙古人民共和国修庙工作总结》（1961年）和系列报批及档案接受管理资料中，有陈效先、王毅、王真（女）、黎辉（女）、王丽英（女）等人名，负责当时不同的业务管理工作。查阅相关文献档案，信息都相对简略，我们也尽可能做如下简要介绍。

黎辉，女，是一位延安培养出来的领导干部。古代建筑修整所（1956年1月～1962年）时期担任办公室主任（1958～1959年）。山西永乐宫整体迁建工程过程中，黎辉、张思信等古代建筑修整所领导亲自负责工程后勤保障工作。

陈效先，据"陈效先公务员任用审查表"（《中国文物研究所七十年》第215页），祖籍浙江省杭县，曾任职隶属于国民政府行政院的北平文物整理委员会（1945年9月～1949年11月）的实施部门北平文物整理工程处科员，担任"办理出纳助理会计"职务，时年49岁。后来在古代建筑修整所工作。

王毅，自北平文物整理委员会时期（1949～1955年）就参与文物保护工作，当时北平市军事管制委员会所属的文化接管委员会下设文物部，成立于1948年12月，其时王毅为联络员之一。

王真（1926年4月3日～2014年3月13日），女，原名王淑文，中国文化遗产研究院离休干部。生于北京，1945年4月北京市立第二女子中学高中肄业。1949年3月至1949年7月，石门市华北军政大学直属大队学习；1949年8月至1950年9月，北京军委第四局从事抄写校对等工作；1950年10月至1952年6月，北京军委军事训练部出版局从事誊写工作；1952年6月至1956年7月，北京文物整理委员会时期任工程技

术助理员；1956年7月至1973年5月，文化部古代建筑修整所工作；1973年5月至1985年9月，文化部文物保护科学技术研究所（现中国文化遗产研究院）工作；1985年9月离休。2011年6月28日，85岁高龄的王真同志终于实现了夙愿，光荣地加入了中国共产党。60多年来，王真同志自觉地以共产党员的标准严格要求自己，工作勤恳，积极参加文化遗产保护工作，特别是在我国古建筑保护项目的经典工程——永乐宫整体搬迁保护工程过程中，王真同志作为项目组主要成员参加了该项目的勘察、设计和施工指导等重要工作；从1958年至1962年夏，王真同志一直坚守在工程第一线，是该工程组现场坚守时间最长的项目组成员之一，为工程的顺利实施作出了很大贡献。

王丽英，女。文化部社会文化事业管理局委托北京文物整理委员会于1952年10月、1954年2月、1964年4月、1980年9月举办的第一、二、三、四期全国古建筑实习班，培训结业学员大部分回到原部门从事文物保护研究工作，构成了中国文物及古建筑保护工作的骨干力量。其中，王丽英参加了余鸣谦、祁英涛、杜仙洲和王真、李竹君、陈效先等参与的第一、二届古建筑实习班。另外，从援助蒙古国文物建筑保护工程档案资料信息来看，当时她还负责文物保护工程档案管理等工作。

附录五　相关参考文献简编

（一）对外援助

石林主编：《当代中国的对外经济合作》，中国社会科学出版社，1989年。

《共产党员》杂志：《新中国为何勒紧裤带搞外援》，《共产党员》2011年第2期。

杨丽琼：《新中国对外援助究竟有多少——我国外交档案解密透露一九六〇年底以前的实情》，《新一代》2007年第3期。

孙露晞：《从国家利益视野下看中国建国以来的对外援助政策》，《时代金融》2007年第11期。

石策：《新中国头十年外援解密》，《大家故事（天下事）》2007年第12期。

舒云：《建国初期中国的对外援助》，《传承》2010年第10期。

舒云：《纠正与国力不符的对外援助——中国外援往事》，《同舟共进》2009年第1期。

赵萌：《"对外援助"的账本》，《世界博览》2011年第24期。

陈曦：《推动文化遗产保护成为对外援助主流：国际经验与启示》，《中外投资》2021年第15期。

孟令珠：《关于中国对外援助的几点思考》，《潍坊学院学报》2015年第3期。

刘方平：《建国70年中国对外援助治理体系现代化：脉络与走向》，《深圳大学学报（人文社会科学版）》2019年第6期。

唐丽霞：《新中国70年对外援助的实践与经验》，《人民论坛·学术前沿》2020年第3期。

周弘：《中国援外60年》，社会科学文献出版社，2013年。

王冲：《中国对外援助60年》，《报刊荟萃》2014年第2期。

王冲：《中国对外援助60年变迁史》，《党政论坛（干部文摘）》2014年第1期。

刘方平：《中国对外援助70年：历史进程与未来展望》，《西南民族大学学报（人文社科版）》2019年第12期。

俞子荣：《中国对外援助70年的探索与成就》，《当代中国史研究》2021年第1期。

刘方平、曹亚雄：《改革开放40年中国对外援助历程与展望》，《改革》，2018年第10期。

姚瑶：《中国对外援助存在的问题及成因分析》，《投资与合作》2021年第1期。

李云龙：《中国对外援助的必要性分析》，《商场现代化》2013年第12期。

邹华：《中国对外援助对中华传统文化传承与转化策略》，《今古文创》2021年第30期。

范红、黄丽丽：《重大公共危机事件中的对外援助与国家形象塑造》，《对外宣传》2021年第6期。

乌兰图雅：《日本对蒙古援助分析》，《当代亚太》2010年第3期。

王永良：《韩国对亚洲援助研究》，青岛大学硕士学位论文，2018年。

张郁慧：《中国对外援助研究》，中共中央党校博士学位论文，2006年。

刘方平：《改革开放以来中国对外援助研究》，武汉大学博士学位论文，2017年。

于涌泉：《中国对外援助状况研究（1949~2010）》，吉林大学硕士学位论文，2016年。

王经芹：《中西义利观及其对外交政策影响的比较分析——以对外援助政策为例》，上海外国语大学硕士学位论文，2010年。

邵艳平：《新中国对外援助研究（1949~1978）》，长春理工大学硕士学位论文，2021年。

梁卫泉：《基于国内外发展实际的我国对外援助研究》，安徽大学硕士学位论文，2017年。

（二）历史文化交流

释妙丹：《蒙藏佛教史》（近代佛学丛刊），广陵书社，2009年。

陈凌：《草原狼纛：突厥汗国的历史与文化》，商务印书馆，2015年。

孟松林：《走进蒙古国》，内蒙古大学出版社，2007年。

闫宏光、李维编著：《走进蒙古国》（上、下），内蒙古人民出版社，2006年。

澳大利亚孤独星球（Lonely Planet）公司编、霍亮子、谢丁、邹云译：《蒙古》，中国地图出版社，2015年。

宿白：《藏传佛教考古》，北京：文物出版社，1996年。

（日）长尾雅人：《蒙古喇嘛庙记》，高桐书院刊，1947年版。

（日）长尾雅人著、高善斌译：《蒙古学问寺》，呼和浩特：内蒙古人民出版社，2004年。

（俄）谢佩蒂尔尼尼科夫（Shchepetil′nikov，N.M.）：《蒙古建筑》（*Архитектура Монголии*），Moskva，1960年。

（蒙）尼日莫所·提桑田（Niamosoryn Tsultem）：《蒙古建筑》（*Mongolian Architecture*），Ulaanbaatar：State Publishing House，1988.

（蒙）D·达尔济（Daajav）：《蒙古建筑历史》（*Монголинуран барилгын Туух*），1988年。

（蒙）苏宁巴雅尔：《蒙古寺庙历史考究》，新蒙文版，乌兰巴托：蒙古国国家博物馆文物出版社，2001年。

（蒙）博·达加布：《蒙古建筑史》（上、下册），新蒙文版，乌兰巴托：ADMON出版社，2006年。

（蒙）策登丹巴：《蒙古寺庙大全》，新蒙文版，乌兰巴托：蒙古国国家博物文物出版社，2011年。

（俄）列夫·马西耶利：《18~20世纪布里亚特佛教寺院的建筑样式——中国内地及西藏地区、蒙古、俄罗斯建筑形式在西伯利亚的传承》，《中国近代建筑研究与保护》（七），清华大学出版社，2010年，146-151页。

（蒙）尊杜恩·敖云毕力格（Зундуйн Оюунбилэг，OIUUNBILEG Zunduin）：《庆宁寺建筑》

（*Амарбаясгалантын Архитэктур*），Ulaanbaatar khot：Admon，2010.

（蒙）宝尔森·乌楞（X·Баасанс уРэн）.Энх тунх эрдэнэзуу.Ulaanbaatar：Mongol national："Pozitiv" Agentlagt Beltgezh Khevlev，2011.

Otgonsuren.D，*CHOIJIN LAMA TEMPLE MUSEUM*，Ulaanbaatar，2011.

（蒙）阿迪亚（Б·Адьяа）.*Монголын Архитектурын чимэг*（《蒙古建筑构件装饰》）.Erdne XoT，2013年。

Charles Bawden（查尔斯·鲍登）. The Jebtsundamba Khutukhtus of Urga. Wiesbaden：O. Harrassowitz，1961.

（匈）克里斯蒂娜·泰莱基（Krisztina Teleki）.*Monasteries and Temples of Bogdiin Khüree*（《博迪汗库伦的寺院》）.Ulaanbaatar：Ulánbátor Mongol Tudományos Akadémia，2012.

（匈）克里斯蒂娜·泰莱基（Krisztina Teleki）.*Building on Ruins，Memories and Persistence：Revival and Survival of Buddhism in the Mongolian Countryside*（《建立在废墟，记忆和毅力之上：佛教在蒙古乡村的复兴与生存》）. Silk road. 2009，7：64-73.

ISABELLE C.History，Architecture And Restoration of Zaya Gegeenii Khüree Monastery In Mongolia. Paris：Musée D' anthropologie Préhistorique De Monaco，2016.

ISABELLE C.Circumambulating the Jowo in Mongolia：Why "Erdeni juu" must be understood as "Jowo Rinpoche," Interaction in the Himalaya and Central Asia：Processes of transfer，translation，and transformation in art，archaeology，religion and polity. Vienna：Austrian Academy of Sciences Press，2017：357-374.

（法）沙怡然（Isabelle Charleux）：*Temples et Monastères de Mongolie Intérieure*（《内蒙古寺院》）. Paris：Éditions Du Comit É Des Travaux Historiques et Scientifiques，2006.

CHARLEUX I，Qing Imperial Mandalic architecture for Gelugpa Pontiffs Between Beijing，Inner Mongolia and Amdo. Along the Great Wall，Vienna：IVA-ICA，2010：107.

CAROLINE H，Ujeed H. Monastery In Time：The Making of Mongolian Buddhism. London：The University of Chicago Press，2013.

BAWDEN C. The Jebtsundamba Khutukhtus of Urga. Wiesbaden：O. Harrassowitz，1961.

TELEKI K. Monasteries and temples of Bogdiin Khüree. Ulaanbaatar：Ulánbátor Mongol Tudományos Akadémia，2012.

TELEKI K. Building on ruins，memories and persistence：revival and survival of Buddhism in the Mongolian countryside. Silk road. 2009，7：64-73.

KOLBAS J. A Uighur Palace Complex of the Seventh Century. Royal Asiatic Society. 2005，15：303-327.

FEIGISTORFER H. On the origin of Early Tibetan Buddhist Architecture. Along the Great Wall，Vienna：IVA-ICA，2010：107.

（俄）奥尔加·特列夫采娃（Olga Truevtseva）：The Cultural Heritage of the Monasteries of Arkhangai Aimag of Mongolia（《蒙古国杭盖省寺院遗产》），Muzeológia a kultúrne dedistvo. 2018，6（1）：1-66.

TSULTEM U. A monastery on the move：art and politics in later Buddhist Mongolia（（蒙）乌兰奇美

格·提桑田（Uranchimeg Tsultem）:《移动寺院：晚期蒙古佛教的政治与艺术》）. Honolulu：University of Hawaií Press，2020.

金竹:《蒙古的甘丹寺》,《蒙古学信息》1989年第4期。

乔吉:《内蒙古寺庙》,呼和浩特：内蒙古人民出版社，1994年。

（德）海希西·瓦尔特（Heissig Walther）.*The Religions of Mongolia*（《蒙古宗教》）.Berkeley：University of California Press.1980：45.

乔吉:《蒙古佛教史·北元时期（1368～1634）》,呼和浩特：内蒙古人民出版社，2008年。

毕奥南:《中蒙国家关系历史编年（1949～2009）》,黑龙江教育出版社，2013年。

刘先鸣、张建:《关于推进中蒙关系发展的几点思考》,《内蒙古农业大学学报（社会科学版）》2006年第2期。

马知遥、刘旭旭:《"一带一路"：认识蒙古国文化的新起点——中国对蒙古国文化研究综述》,《丝绸之路》2016年第10期。

刘红霞:《中蒙文化交流的优势与可拓展性》,《对外传播》2016年第1期。

曲莉春、张莉莉:《中蒙文化交流的意义、现状及路径研究》,《前沿》2019年第1期。

包宝德:《1949～1966年间中蒙文化交流研究》,内蒙古师范大学硕士学位论文，2021年。

包慕萍:《蒙古帝国之后的哈敕和林木构佛寺建筑》,《中国建筑史论汇刊（第捌辑）》2013年第2期。

乌云毕力格:《额尔德尼召建造的年代及其历史背景——围绕额尔德尼召主寺新发现的墨迹》,《文史》2016年第4辑（总第117辑）。

陈未:《蒙古额尔德尼召及其蓝本问题的建筑学思考》,《世界建筑》2019年第3期。

陈未:《蒙古国藏传佛教建筑的分期与特色探析》,《世界建筑》2020年第11期。

陈未:《16世纪以来蒙古地区藏传佛教建筑研究的再思考》,《建筑学报》2020年第7期。

杜娟等:《蒙古地区藏传佛教大召范式的新文化地理学解读》,《建筑学报》2020年第7期。

潘春利:《蒙古地区喇嘛教的建筑与装饰艺术研究》,福建师范大学硕士学位论文，2006年。

龙珠多杰:《藏传佛教寺院建筑文化研究》,北京：中央民族大学博士学位论文，2011年。

吴宏亮:《蒙古建筑发展简史（公元前300年～公元2012年）》,哈尔滨工业大学硕士学位论文，2013年。

琪仁:《蒙古传统文化景观变化研究》,延边大学硕士学位论文，2019年。

海伦:《蒙古国传统文化保护政策研究》,沈阳师范大学硕士学位论文，2020年。

查苏娜:《万里茶道内蒙古——蒙古国重要遗迹初探》,内蒙古师范大学硕士学位论文，2020年。

BRANDTA, GUTSCHOWN. Erdeene Zuu: Bemerkungen zum lageplaan und zu den Bauten der 1586 begrundeten klosteranlage in harhorin［J］. Mongolei,（2001）：167.

（三）历史与考古研究

额尔登泰、乌云达赉编:《蒙古秘史》（上、下）,内蒙古人民出版社，2007年。

（俄）阿·马·波兹德涅耶夫（A·M·Pozdneev）著、刘汉明、张梦玲、卢龙译：《蒙古及蒙古人》（全2卷），内蒙古人民出版社，1989年。

（蒙）那旺（Navaan）：《匈奴的文化遗产》，乌兰巴托出版，1999年。

乌兰：《蒙古源流》，沈阳：辽宁民族出版社，2000年。

陈得芝：《蒙元史研究丛稿》，人民出版社，2005年。

郝时远、杜世伟著：《列国志：蒙古》，社会科学文献出版社，2007年。

蒙古国学百科全书编辑委员会古代史卷编辑委员会：《蒙古学百科全书：古代史卷》，内蒙古人民出版社，2007年。

蒙古国学百科全书编辑委员会文物考古卷编辑委员会：《蒙古学百科全书：文物考古》，内蒙古人民出版社，2004年。

那木斯来、何天明编著：《内蒙古古塔》，内蒙古人民出版社，2003年。

刘兆和主编：《蒙古民族文物图典》（丛书），文物出版社，2008年。

H·赛尔奥德札布著、衣力奇译：《蒙古人民共和国的考古遗存简述》，《考古》1961年第3期。

（蒙）巴图宝勒德著、特尔巴依尔译：《蒙古地区岩画研究的最新成果》，《北方民族考古》（第6辑），2018年。

（蒙）Ц.图尔巴特等编：《蒙古及周边地区鹿石文化》（全三册），蒙古国Munkhiin Useg出版公司，2021年。

马利清：《原匈奴、匈奴历史与文化的考古学探索》（北方民族史博士文库），内蒙古大学出版社，2005年。

陈凌：《突厥汗国与欧亚文化交流的考古学研究》，上海古籍出版社，2013年。

（苏联）鲍·雅·符拉基米尔佐夫等著、陈弘法译：《游牧社会史与蒙古史研究》（北方民族史译丛），内蒙古人民出版社，2020年。

（日）杉山正明著、乌兰译：《蒙古帝国与其漫长的后世》，北京日报出版社，2020年。

（法）雷纳·格鲁塞（Rene Grousset）著、龚钺译：《蒙古帝国史》商务印书馆，1989年。

（俄）C·B·吉谢列夫等著、孙危译：《古代蒙古城市》，北京：商务印书馆，2016年。

Ayuudai Ochir著、宋蓉译：《蒙古历史研究简史（1921～1996年）》，《边疆考古研究》（第5辑），科学出版社，2006年。

（苏联）普·巴·科诺瓦洛夫等著、陈弘法译：《蒙古高原考古研究》，内蒙古出版集团、内蒙古人民出版社，2016年。

德力格尔其其格：《蒙古国的突厥石人研究》，内蒙古大学硕士学位论文，2015年。

韩文彬：《蒙古国境内突厥墓葬初步研究》，内蒙古大学硕士学位论文，2018年。

宋国栋：《回纥城址研究》，山西大学博士学位论文，2018年。

巴图：《蒙古国辽代城址的初步研究》，吉林大学硕士学位论文，2012年。

王大方：《蒙古国哈剌和林访古记》，《内蒙古文物考古》1998年第2期。

白石典之、袁靖：《日蒙合作调查蒙古国哈拉和林都城遗址的收获》，《考古》1999年第8期。

萨仁毕力格：《蒙古帝国首都哈剌和林》，内蒙古师范大学硕士学位论文，2007年。

萨仁毕力格：《蒙古国考古发现与研究述评》，《蒙古学研究年鉴》，2018年。

（蒙）D.策温道尔吉、D.巴雅尔、Ya.策仁达格娃、Ts.敖其尔呼雅格/原著，（蒙）D.莫洛尔/俄译、潘玲、何雨蒙、萨仁毕力格/译，杨建华/校：《蒙古考古》（东北亚与欧亚草原考古学译丛），上海古籍出版社，2019年。

中蒙联合考古队（塔拉、陈永志、张文平）：《千里踏查游牧文化——中国首次蒙古国考古行动》，《中国文化遗产》2006年第4期。

中国内蒙古自治区文物考古研究所、蒙古国游牧文化研究国际学院、蒙古国国家博物馆：《蒙古国古代游牧民族文化遗存考古调查报告（2005~2006）》，文物出版社，2008年。

中国内蒙古自治区文物考古研究所、蒙古国游牧文化研究国际学院、蒙古国国家博物馆：《蒙古国后浩腾特苏木乌布尔哈布其勒三号四方形遗址发掘报告（2006年）》，文物出版社，2008年。

中国内蒙古自治区文物考古研究所、蒙古国游牧文化研究国际学院、蒙古国国家博物馆：《蒙古国后杭爱省浩腾特苏木胡拉哈一号墓园发掘报告（共2册）》，文物出版社，2015年。

陈永志等：《2014年蒙古国后杭爱省乌贵诺尔苏木和日门塔拉城址IA-M1发掘简报》，《草原文物》2015年第2期。

齐木德道尔吉、高建国：《蒙古国<封燕然山铭>摩崖调查记》，《文史知识》2017年第12期。

（英）约书亚·怀特著、张倩译：《蒙古国东南部的综合纪念建筑与考古景观》，《北方民族考古》（第6辑），2018年。

吉林大学考古学院等：《蒙古国后杭爱省乌贵诺尔苏木和日门塔拉城址发掘简报》，《考古》2020年第5期。

中国人民大学北方民族考古研究所、蒙古国国家博物馆：《蒙古国吉尔嘎朗图苏木艾尔根敖包墓地2018-2019年发掘简报》，《考古》2021年第11期。

蒙古国国立民族博物馆、中国人民大学北方民族考古研究所：《鄂尔浑省艾尔根敖包墓地进行的考古发掘与研究》，《北方民族考古》（第7辑），2019年。

罗丰：《蒙古国纪行：从乌兰巴托到阿尔泰山》，生活读书新知三联书店，2018年。

黄海波：《蒙古国高原考古记》，《大众考古》2019年第6期。

（四）文物保护

李竹君：《亲历60年代援助蒙古国维修古建筑》，《中国文化遗产》2010年05期。

（蒙）J.Bayasgalan著、王璐译：《蒙古的建筑遗产与保护》，《建筑与文化》2010年第11期。

白丽燕等：《蒙古族藏传佛教建筑整体性保护的意义探究》，《建筑与文化》2017年第1期。

邬家瑶：《试论草原都城遗址的保护与展示 ——以元上都遗址为例》，南京师范大学硕士学位论文，2018年。

刘江：《援助蒙古国科伦巴尔古塔保护工程纪实》，《中国文化遗产》2020年第5期。

中国文化遗产研究院：《中国援外文物保护国际合作纪实》，《中国文化遗产》2020年第5期。

庞博、王勇：《中蒙两国首个文物保护合作项目启动》，《中国文物报》2006年5月31日第001版。

庞博：《西安文物保护修复中心中外合作项目成效显著》，《中国文物报》2007年2月2日第002版。

庞博：《中国政府无偿援助蒙古国文化遗产保护项目竣工》，《中国文物报》2007年10月10日第001版。

庞博：《西安文物保护修复中心圆满完成援蒙古建维修任务》，《中国文物报》2007年11月23日第003版。

杨博、马途：《中国政府无偿援助蒙古国博格达汗宫博物馆门前区维修工程竣工》，《文博》2007年第6期。

周文晖，王丽琴，樊晓蕾，齐杨，马涛：《博格达汗宫古建柱子油饰制作工艺及材料研究》，《内蒙古大学学报（自然科学版）》2010年第5期。

杨璐，王丽琴，黄建华，马涛，李晓溪：《氨基酸分析法研究蒙古国博格达汗宫建筑彩画的胶料种类》，《分析化学》2010年第7期。

Uuganchimeg Gerelt（古虹）：《古建彩绘修复与保护的研究与实践》，西北农林科技大学硕士论文，2012年。

陕西省文物保护研究院：《博格达汗宫博物馆维修工程》，文物出版社，2014年。

中国文物研究所编：《中国文物研究所七十年（1935～2005）》，文物出版社，2005年。

国家文物局编：《中华人民共和国文物博物馆事业纪事1949～1999》（上册1949～1985），文物出版社，2002年。

祁英涛：《祁英涛古建论文集》，华夏出版社，1992年。

祁英涛：《中国古代建筑的保护与维修》，文物出版社，1986年。

吕舟主编：《中国文物古迹保护思想史研究文集》，清华大学出版社，2021年。

中国文化遗产研究院编：《中国国际合作援外文物保护研究文集》（全四卷），文物出版社，2021年。

English Abstract

Enlightened by the learning and education activities of the 100-year CPC history in 2021, focusing on the heritage sector, we need to exert considerable efforts to summarize the historical achievements, experience, and enlightenment from the foreign aid work in heritage conservation projects, so as to do a better job in international cooperation and exchange today and in the future. Therefore, during the ongoing COVID-19 prevention and control, we have decided to embark on the docuemntation of heritage conservation aid projects, in an aim to realize better scientific preservation, law-based enhancement, and inheritance and sharing of project archives. In this foundamental work that relates to the continuous tracking of the true history and scientific transmision of heritage conservation projects of foreign aid, we chose to begin with the documentation of heritage restoration projects in Mongolia.

Located in eastern Eurasia, Mongolia is an important country to the north of China and bordering the Eurasian Steppe. In history, Mongolia played an important role in the exchanges between Chinese and Western civilizations as a center of nomadic civilization in the core area of the Steppe Silk Road. Historically, the Chinese mainland had thousands of years of cultural exchanges and historical connections with the Mongolian Plateau from the late Neolithic Age at the latest, through the Shang and Zhou dynasties and the Qin and Han dynasties, to the Ming and Qing dynasties. It is known that the transference of ethnic groups in the vast northern steppe was closely related to the ancient Chinese engaging in agriculture in China's Central Plains region and had an important influence on the formation and development of Chinese civilization. Meanwhile the archaeological remains of Xiongnu, Xianbei and Tujue and the architectural styles of Ming and Qing townsites and temples discovered in Mongolia, in turn, suggest a strong influence of Chinese Han culture in the past. Therefore, the so-called frontier and ethnic boundaries had never been as clear as the Great Wall, and the mutual prying and integration and even collision and combat had never ceased. It was the continuous cultural exchanges and civilization interactions among China's Central Plains and the northern steppe and other vast regions that had promoted different civilizations together towards peaceful development and progress amid the long-term mutual learning and exchange. The peoples of China and Mongolia had fascinating episodes of exchanges and interactions in history that were long spread and eulogized, and the traditional friendship forged by the two peoples has been on the path of prosperity and development in the new era.

It is known that China's foreign aid cause is an important manifestation of its international cooperation and exchange work, which began simultaneously with the founding of the People's Republic of China (PRC). In more than a decade that followed, China strongly supported the development of the cause of human progress by providing aid in labor, materials, and technologies to more than 20 countries such as Mongolia, Vietnam, and Cambodia. The friendly international cooperation between China and Mongolia in the field of heritage conservation began with the restoration of ancient temples in Ulaanbaatar shortly after the founding of the PRC.

China's aid to Mongolia in historical site restoration in the 1950s is regarded as a tough but key start in China's foreign aid in heritage sector, with an extremely important historical position in the history of cultural exchange and cooperation between China and Mongolia and even beyond, with groundbreaking and historical landmark significance in the history of cultural heritage exchanges between China and foreign countries. This foreign-related cultural relics conservation work was undertaken from 1957 to 1961 by Institute for Restoration of Historic Architecture (the predecessor of the China Academy of Cultural Heritage, CACH) – prestigious in heritage conservation in China. Engineer Yu Mingqian and Technician Li Zhujun specifically implemented the whole-process project tasks including survey & design and project construction. Back then, Mongolia had almost no experience and poor working conditions in the conservation of historic buildings. Mr. Yu Mingqian and Mr. Li Zhujun developed the preliminary project design scheme after the first trip for surveying and mapping to Mongolia in 1957, and they went to Mongolia again in 1959 to participate in the restoration work. The whole project was mostly implemented by Chinese workers and was completed as scheduled before Mongolia's 40th National Day. On July 11, 1961, Mr. Yu Mingqian and Mr. Li Zhujun were invited to attend the National Day Banquet held by the Prime Minister of Mongolia and were presented with awards by the Mongolian government, which earned them great respect.

At the beginning of the 21st century, with the Chinese government committed to furthering in-depth cultural exchanges between China and Mongolia, former Minister of Culture Sun Jiazheng and former Director of the National Cultural Heritage Administration (NCHA) Shan Jixiang visited Mongolia in 2004, where the tow sides intended to reach a bilateral cultural exchange agreement on three projects, including Bogd Khan Palace Museum Gate Area conservation and maintenance, archaeology cooperation, and cultural relics exchange exhibition. China's Ministry of Culture and NCHA and Mongolia's Ministry of Education, Science and Technology and Culture negotiated and signed an agreement in 2005 to launch the Bogd Khan Palace Museum Restoration Project as a Chinese government free aid project in cultural heritage conservation in Mongolia. NCHA commissioned Xi'an Center for the Conservation and Restoration of Cultural Heritage (the predecessor of the Shaanxi Institute for the Preservation of Cultural Heritage) to undertake the scheme design and implementation of the project of historic building conservation and restoration in the Gate Area of the Bogd Khan Palace Museum from 2005 to

2007.

From 2013 to 2017, CACH undertook the rescue project of conservation and restoration of the Khorumbal Ancient Tower in eastern Mongolia. It was a difficult task as the tower dated back very early in history and located in a relatively remote area.However, CACH and its Mongolian partner overcame many difficulties and successfully completed the project, making it another example of the friendly cooperation between China and Mongolia in cultural heritage conservation. The cooperation in implementing the project not only enriched the topics and details in the exchange between the professional technicians and management personnel in the area of heritage conservation and broaden their horizons in international cooperation, but also strongly supported the cultural exchanges and people-to-people ties between China and Mongolia.

In summery, in terms of the historic architecture under restoration, Erdene Zuu Monastery, Choijin Lama Temple, Gandantegchinlen Monastery, Amarbayasgalant Monastery, Bogd Khan Palace, Guandi Temple (also called Gesar Temple), and Khorumbal Ancient Tower are among the best in Mongolia both in historic significance and architectural representativeness. The Bogd Khan Palace Museum Gate Area Restoration Project implemented from 2005 to 2007, was the second heritage conservation aid project in Mongolia, following the Choijin Lama Temple and Bogd Khan Palace Conservation and Restoration Project in 1957, while the Khorumbal Ancient Tower Conservation and Restoration Project implemented from 2013 to 2017 was another successful cooperative effort between China and Mongolia in the field of cultural heritage conservation following the Bogd Khan Palace conservation project, all of which have laid a solid foundation for continued in-depth exchange and cooperation between China and Mongolia in the said field in the coming years.

Over the past 70 years, Chinese heritage conservation professional have successively conducted research, survey and design, and maintenance and conservation of seven historic monuments and sites in Mongolia, and accumulated excellent information archives and historical experience of cultural relics conservation projects. The overall historical documentation of th projects have been a systematic research process that integrates the compiling and preservation of project information archives, research on the conservation and restoration of heritage buildings, enrichment and improvement of the history of foreign aid work, and learning of Mongolia's history of civilization and cultural relics and historic sites. It has been more than 60 years since the formation of the valuable archives of these cultural relics restoration projects. People in the documentation work,not participants of the survey and construction back then, have been both very excited, careful and feeling extremely honored when doing the work, with a very simple intention to better preserve and inherit the historical archives, disseminate the achievements of foreign-related heritage conservation in recent 70 years, continue to conserve the precious cultural heritage shared by humankind today, and better promote cultural exchanges and people-to-people ties between China and Mongolia, so as to play a bigger role in better promoting the exchanges and mutual learning among human civilizations and become a driving force of the progress of human society and a maintainer of world peace.

Based on the documentation and preservation of archives by the CACH over the years, especially the solid foundation of digitalization work since 2004, the existing archival data are fully respected in our edition. In addition, we decided to appropriately conduct supplementary research and data collection at home and abroad to enrich the historical background and conservation management information on the relevant monuments and sites back then, so as to facilitate the documentation this time. However, there were still some challenges in the actual implementation. The written and drawing archives were relatively few, and the architectural damages, restoration measures, and construction scales were described in a relatively succinct way, which required us to carefully distinguish and describe them against the drawings we have. There was even less information on the Erdene Zuu Monastery and other two temples, such as surveying and mapping drawings and written records, with only part of the photos, while most restoration plans were submitted back then to the Mongolian side as their archives. This has required further cooperation and exchange with the related Mongolian institutions in the future.

At the beginning of the documentation work in 2020, we respectively visited Mr. Yu Mingqian and Ms. Li Ge, daughter of Mr. Li Zhujun, and sought the opinions and suggestions of Senior Researcher Hou Weidong and Senior Engineer Liu Jiang of the CACH, who presided over the the Bogd Khan Palace Museum Gate Area and Khorumbal Ancient Tower rescue restoration projects. They not only provided valuable information on the projects and other historic architectural and archaeological research data in Mongolia, but also put forward very pertinent ideas and important insights into the future work of China–Mongolia international cooperation in cultural heritage conservation. Overall, they expressed active support and great gratification for the collation, preservation and publication of these rare heritage conservation project archives and historical documents. It undoubtedly increased our drive and determination to complete the basic research tasks as soon as possible.

International cooperation and exchange in cultural heritage conservation today develops beyond historical site conservation and restoration: it has become multi–faceted, all–round systematic cooperation and exchange involving the exchange and mutual learning of government administration policies and systems, the conservation management of World Cultural Heritage sites, Sino–foreign joint archaeology, cultural heritage restoration technology and academic research, talent exchange and training, and international law enforcement cooperation. For example, the museums, archaeological and conservation institutions in Chinese universities and research institutes have conducted several cooperative research work in Mongolia. In the recent decade, in particular, Chinese archaeological institutions have cooperated in several archaeological research projects in Mongolia, which have led to fruitful scientific research achievements and an enhancement of the traditional friendship between China and Mongolia. Most of the members of our team have never been to Mongolia. In order to learn more about the cultural heritage and historic sites in Mongolia and their conservation management and utilization, we also paid visit to institutions and individuals at such as the Renmin University of China, Inner Mongolia Museum, Inner Mongolian Institute of Cultural Relics and Archaeology, and Chinese Academy of Cultural Heritage, which offered many useful opinions and suggestions on China–Mongolia cooperation in cultural relics conservation and historical archaeological research and provided abundant data information to add much value to this report.

Furthermore, due to the lack of color photos of the restored historic buildings in Mongolia and information on their current conservation management and utilization, we contacted the Embassy of the People's Republic of China in Mongolia for their assistance in contacting the Choijin Lama Temple, Bogd Khan Palace Museum, etc., which also offered great help. Through communication, the conservation management of these excellent historic buildings restored through China-Mongolia cooperation has been in good condition, and some cultural cooperation and exchange exhibitions in terms of cultural heritage conservation and restoration and archaeological discovery results have been organized in recent years, which has achieved great social publicity effects and enhanced the traditional friendship between the peoples of China and Mongolia. For example, the China Culture Center in Ulaanbaatar and the Choijin Lama Temple Museum, etc. jointly held a special Large-scale *Picture Show of Valuable Historical Data of Choijin Lama Temple in Celebration of the 70th Anniversary of the Establishment of China-Mongolia Diplomatic Relations* themed "70 Years of Friendship" in April 2019, to review the 70 extraordinary years between China and Mongolia. The show mainly displayed valuable historical photos of Choijin Lama Temple since the 1920s, among which the drawings and photos of Chinese ancient architecture experts assisting Mongolia in restoring the temple buildings from 1957 to 1961 are especially valuable: they have witnessed the friendship between China and Mongolia and truthfully recorded the long history of friendly cooperation between the two countries in the field of culture. In the face of such an important exhibition of historical archives, we could feel a sense of pride and responsibility in carefully collating and taking care of the archives of these restoration projects of cultural relics buildings in Mongolia. It is hoped that the related institutions continue to play the intermediary and bridge role and cooperate to hold more similar exhibitions in the future, so as to remember the history of and better promote cultural exchange and cooperation between China and Mongolia and contribute to an everlasting friendship between the two countries.

This report contains the archives of conservation and restoration aid projects of historic buildings in Mongolia successively undertaken by the CACH in the 1950s and at the beginning of this century and is divided into six parts, including seven chapters and five annexes. The main content of each part is briefed below.

Part one, including the Foreword and Chapter I, briefly describes Mongolia's geographical environment, historical development and historical and cultural heritage. Mongolia is the world's second largest landlocked country, located on the Mongolian Plateau in Central Asia. It occupies an important geographic location in the hinterland of Eurasia and in Northeast Asia, with a vast territory and abundant natural and mineral resources. The Mongolian Steppe is one of the cradles of humanity, with a variety of valuable historical and cultural heritage sites such as paleontological relics, Stone Age sites, rock paintings and carvings and sculptures, ancient tombs, sacrificial sites, ancient buildings, and production and living sites. The Mongolian government and people have made efforts and achieved impressive progess in cultural heritage conservation. However, due to limited economic development conditions, Mongolia has much room for improvement. In the area of international cooperation in cultural heritage, the Mongolian government, in order to promote the traditional Mongolian culture to the world, effectively conserve historic monuments and sites, and expand cultural cooperation, not only carries out academic exchanges and research and conservation cooperation with related countries but also actively attracts interested countries, international organizations and other non-government institutions to participate in cultural activities, so as to jointly protect Mongolia's traditional cultural heritage.

Part two, i.e., Chapter II, gives an overview of aid in historic architecture restoration in Mongolia, including the historical background of China's aid to Mongolia and the background of the cultural heritage conservation projects and provides detailed outline of the successively implemented survey and design and restoration projects and historical archives preservation status and collation process. Upon the founding of the PRC, letters requesting assistance came in a continuous stream, among which Mongolia was the first to request labor and technology support. Under the historical background of assistance to Mongolia soon after the founding of the PRC, the exchange and cooperation between China and Mongolia in the area of cultural heritage achieved excellent results with the development of their cultural exchanges. It has been an important consensus between the heads of state of China and Mongolia to strengthen cultural exchanges, and the two countries have profound historical ties, with exchange and cooperation in historical and cultural heritage conservation being part of bilateral relations. During the nearly 70 years from the 1950s to the 2020s, the Chinese government had aided Mongolia in surveying and repairing eight historic architecture in seven places, including the Choijin Lama Temple in downtown Ulaanbaatar, Bogd Khan Palace, Gandantegchinlen Monastery, Guandi Temple, Bogd Khan Palace Museum Gate Area, Erdene Zuu Monastery in Kharkhorin, Uvurkhangai Province, Amarbayasgalant Monastery in Baruunburen, Selenge Province, and Khorumbal Ancient Tower in Choibalsan, Dornod Province. The historical archives of these projects are preserved with the related institutions in China (mainly with the CACH in China) and Mongolia and have been effectively preserved and documented in this report.

Part three, i.e., Chapter III, mainly describes the field survey, survey and design, and conservation and restoration of historic buildings, including the Erdene Zuu Monastery, Amarbayasgalant Monastery, Gandantegchinlen Monastery, Guandi Temple, Qinglin Temple, conducted from the 1950s to 1960s. Among them, the Erdene Zuu Monastery is the earliest and largest surviving monastery of the Gelug sect of Tibetan Buddhism. The Amarbayasgalant Monastery is a magnificent monastery complex in Mongolia with the best preservation and a history of nearly 300 years. The Gandantegchinlen Monastery is the most important Lamaism monastery in Ulaanbaatar and also one of the largest and most important Lamaism monasteries in Mongolia. The Guandi Temple is a very important historic architectural site in the northwest corner of Ulaanbaatar.

Part four, including Chapters IV, V and VI is the main part of this report, covering the whole processes of the conservation and restoration projects of the Choijin Lama Temple, Bogd Khan Palace and Khorumbal Ancient Tower and. The Choijin Lama Temple is located in downtown Ulaanbaatar, the capital of Mongolia, and the Bogd Khan Palace is in the southern suburbs of Ulaanbaatar, both of which are the most important surviving ancient building heritage sites of Mongolia and have been turned into temple museums. Heritage conservation professionals worked with the Mongolian side to conduct conservation and restoration of the two ancient temples from 1957 to 1961 and also conducted conservation and restoration of the historic building in the Gate Area of the Bogd Khan Palace from 2005 to 2007. The Khorumbal Ancient Tower is an important brick tower building of the 10th to 12th centuries in Mongolia, for which the CACH worked with the Mongolian side to conduct rescue consolidation from 2013 to 2017. These three aid projects of cultural heritage conservation in Mongolia have all led to great cooperation results. They have not only protected the cultural heritage sites shared by humankind and promoted professional technical exchange and cooperation in cultural relics conservation but also deepened the traditional friendship between the peoples of China and Mongolia and driven people-to-people ties and cultural exchanges.

Part five, i.e., Chapter VII, attempts to summarize and analyze the important achievements and historical experience of international cooperation in cultural heritage conservation between China and Mongolia. However, the summary is superficial and still immature and needs to be deepened after further expansion of our horizons. The cooperation between China and Mongolia in the recent 70 years has accumulated a wealth of historical experience, contained great practical significance, and provided profound contemporary enlightenment for the cause of international cooperation in cultural heritage conservation in the future, which is worth reflection, so as to take strength for cause progress, better and more actively promote the Asian Collaboration Initiative for Cultural Heritage Conservation in the new era, the high-quality development of the Belt and Road Initiative, and the building of a community with a shared future for mankind with contributions from cultural exchanges and international cooperation in the area of cultural heritage. Looking at the work of foreign aid in cultural heritage conservation and its important achievements from the broad perspective of the development history of China's international cooperation in cultural heritage conservation has enabled us to deeply feel from the older generation of workers engaged in foreign aid cultural relics conservation their excellent and valuable work styles and characters, such as hardworking and plain-living, industriousness and courageousness, down-to-earth spirit, and dedication. We profoundly realize the important value, practical significance and historical enlightenment from the work results of previous generations and focusing on summarizing the work history of cultural heritage conservation projects. We deeply recognize the paramount importance of cherishing and taking good care of information archives of cultural relics conservation projects, and understand the importance of overall planning and systematically managing the cultural heritage conservation work, especially international cooperation and exchange projects. We firmly understand how precious it is to continuously conduct exchanges and mutual learning among civilizations and cultural exchanges and achieve people-to-people ties and understand that different cultures should respect each other, while conservatism and conceit will only result in a decline.

Part six is divided into five related annexes, respectively, Chronicle of China's Aid Restoration Projects of

Cultural Relics Buildings in Mongolia, Report on Aid Work in Mongolia and Related Documents (Manuscripts), Historical Photos, Profiles of Related Institutions and People, and Related References, to cover the historical archives of the foreign aid cultural heritage conservation projects as comprehensively as possible and facilitate academic and related users. Among them, more than 800 valuable historical photos, manuscripts, survey notes, and drawings resulting from the conservation and restoration aid project of cultural relics buildings in Mongolia from the 1950s to 1960s are important technical archives and learning materials worthy of continuous learning and study.

In summery, with the collated and recorded archives and data of the conservation and restoration projects of cultural heritage as the main content and the historical narrative of the more than 70 years of China–Mongolia cooperation in cultural relics conservation as the main line, this report also strives to provide the general aspects of Mongolia's geographical environment, historical development, cultural relics and historic sites, conservation management, and inheritance and utilization, in order to reconstruct the historical and cultural backgrounds of aid to Mongolia in cultural heritage conservation back then in conjunction with a brief interpretation of related people and institutions, and tries to fully present the history of nearly 70 years of aid to Mongolia in cultural heritage conservation, rather than just limited to recording or editing the technical archives of conservation and restoration of cultural relics and historic sites. Aspirationally, in the process of actively adapting to the transformation of China's traditional foreign aid cause to the national and international development cooperation models, in an aim to contribute to the Asian Collaboration Initiative for Cultural Heritage Conservation and, from the perspective of Chinese heritage conservation workers, we hope to further study and work out country–specific research report on international cultural heritage exchange and cooperation (in terms of cultural relics conservation in Mongolia), so as to better promote international cooperation and exchange in cultural relics conservation.

蒙文摘要

1. 传统蒙文摘要

ᠪᠣᠳᠠᠲᠠᠢ ᠂ ᠨᠠᠷᠢᠯᠢᠭ ᠦᠵᠡᠭᠳᠡᠯ ᠤᠨ ᠲᠤᠬᠠᠢ ᠦᠭᠦᠯᠡᠭᠰᠡᠨ ᠠᠭᠤᠯᠭ᠎ᠠ ᠶᠢ ᠪᠠᠭᠲᠠᠭᠠᠭᠰᠠᠨ ᠪᠠᠢᠨ᠎ᠠ ᠃᠃

2021 ᠣᠨ ᠤ ᠰᠡᠭᠦᠯᠴᠢ ᠪᠡᠷ ᠨᠢ ᠳᠠᠭᠤᠰᠬᠠᠭᠰᠠᠨ ᠡᠨᠡᠬᠦ ᠰᠤᠳᠤᠯᠭ᠎ᠠ ᠶᠢᠨ ᠠᠰᠠᠭᠤᠳᠠᠯ ᠢ ᠳᠤᠤᠷᠠᠬᠢ ᠮᠡᠲᠦ ᠪᠡᠷ ᠳ᠋ᠦᠩᠨᠡᠵᠦ ᠪᠣᠯᠤᠨ᠎ᠠ ᠄

ᠵᠢᠯ ᠤᠨ ᠬᠤᠭᠤᠴᠠᠭᠠᠨ ᠳᠤ 40 ᠢᠯᠡ ᠤᠳᠠ ᠪᠠᠷ ᠬᠢᠨᠠᠨ ᠳᠠᠷᠤᠭᠰᠠᠨ᠂᠂ 1959 ᠤᠨ ᠳᠤ᠂ ᠲᠡᠷᠡ ᠪᠡᠷ ᠳᠠᠬᠢᠨ ᠬᠢᠨᠠᠨ 1957 ᠤᠨ ᠤ᠂ 1961 ᠤᠨ ᠤ᠂ ᠰᠡᠬᠦᠯᠡᠷ ᠨᠢ 《 ᠬᠢᠨᠠᠨ ᠤ ᠡᠷᠭᠢᠮᠵᠢᠯᠡᠯ 》 ᠢᠶᠡᠷ ᠲᠡᠮᠳᠡᠭᠯᠡᠭᠰᠡᠨ᠃

ᠬᠠᠷᠢᠭᠤᠴᠠᠵᠤ ᠄᠄

ᠮᠣᠩᠭᠣᠯ ᠤᠯᠤᠰ ᠤᠨ ᠪᠠᠷᠢᠯᠭᠠ ᠶᠢᠨ ᠦᠨᠡᠲᠦ ᠳᠤᠷᠠᠰᠬᠠᠯᠲᠤ ᠵᠦᠢᠯᠡᠰ ᠢ ᠵᠠᠰᠠᠨ ᠵᠠᠰᠠᠪᠤᠷᠢᠯᠠᠬᠤ ᠥᠷᠭᠡᠨ ᠤᠯᠠᠨ
70 ᠤᠨ 7

2013 ᠣᠨ 2017 ᠣᠨ

2005 — 2007 ᠣᠨ 1957

2013 ᠣᠨ 2017 ᠣᠨ

( )

( )

ᠨᠠᠪᠲᠠᠷᠠᠭᠤᠯᠵᠤ᠂ ᠲᠠᠷᠠ ᠬᠤᠶᠠᠷ ᠤᠨ ᠬᠠᠮᠲᠤ ᠶᠢᠨ ᠠᠵᠢᠯᠯᠠᠭ᠎ᠠ ᠶᠢ ᠬᠦᠭᠵᠢᠭᠦᠯᠬᠦ ᠳ᠋ᠤ ᠦᠯᠢᠭᠡᠷ ᠳᠠᠭᠤᠷᠢᠶᠠᠯ ᠪᠤᠯᠤᠨ᠎ᠠ ᠭᠡᠵᠤ᠃᠃

2020 ᠤᠨ ᠤ᠋ ᠨᠠᠢᠮᠠᠳᠤᠭᠠᠷ ᠰᠠᠷ᠎ᠠ ᠳ᠋ᠤ᠂ ᠮᠠᠨ ᠤ᠋ ᠤᠯᠤᠰ ᠤᠨ ᠲᠡᠷᠢᠭᠦᠨ ᠰᠢ ᠵᠢᠨ ᠫᠢᠩ ᠪᠠ ᠮᠤᠩᠭᠤᠯ ᠤᠯᠤᠰ ᠤᠨ ᠶᠡᠷᠦᠩᠬᠡᠶᠢᠯᠡᠭᠴᠢ ᠪᠠᠲᠤᠲᠤᠯᠭ᠎ᠠ ᠨᠠᠷ ᠤᠨ ᠬᠤᠭᠤᠷᠤᠨᠳᠤᠬᠢ

ᠳᠡᠭᠡᠷᠡᠬᠢ ᠨᠢ 《ᠲᠦᠮᠡᠨ ᠵᠢᠯ ᠦᠨ ᠪᠦᠷᠢᠨ ᠴᠢᠷᠮᠠᠢᠯᠭ᠎ᠠ ᠪᠠᠷ ᠪᠠᠶᠢᠭᠤᠯᠤᠭᠰᠠᠨ》 70
ᠵᠢᠯ᠂ ᠲᠦᠮᠡᠨ ᠵᠢᠯ ᠦᠨ ᠬᠤᠭᠤᠴᠠᠭ᠎ᠠ ᠶᠢ ᠪᠠᠷᠢᠮᠲᠠᠯᠠᠨ᠂ ᠲᠦᠮᠡᠨ ᠵᠢᠯ ᠦᠨ ᠶᠡᠬᠡ ᠭᠡᠷᠡᠯ᠂
ᠲᠦᠮᠡᠨ ᠵᠢᠯ ᠦᠨ ᠬᠤᠭᠤᠴᠠᠭᠠᠨ ᠤ ᠲᠤᠯᠭᠠᠮ᠎ᠠ

ᠮᠣᠩᠭᠣᠯ ᠤᠯᠤᠰ ᠤᠨ ᠰᠣᠶᠣᠯ ᠤᠨ ᠦᠪ ᠤᠨ ᠪᠠᠷᠢᠯᠭ᠎ᠠ ᠶᠢᠨ ᠵᠠᠰᠠᠪᠤᠷᠢ ᠶᠢᠨ ᠠᠵᠢᠯ ᠤᠨ ᠲᠡᠮᠳᠡᠭᠯᠡᠯ

ᠮᠣᠩᠭᠣᠯ ᠤᠨ ᠡᠷᠳᠡᠨ ᠦ ᠪᠠᠷᠢᠯᠭ᠎ᠠ ᠶᠢ ᠵᠠᠰᠠᠨ ᠰᠡᠯᠪᠢᠬᠦ ᠠᠵᠢᠯ ᠤᠨ ᠲᠡᠮᠳᠡᠭᠯᠡᠯ

ᠮᠣᠩᠭᠣᠯ ᠤᠨ ᠡᠷᠳᠡᠨ ᠦ ᠪᠠᠷᠢᠯᠭ᠎ᠠ ᠶᠢ ᠵᠠᠰᠠᠨ ᠰᠡᠯᠪᠢᠬᠦ ᠠᠵᠢᠯ ᠤᠨ ᠲᠡᠮᠳᠡᠭᠯᠡᠯ

ᠮᠣᠩᠭᠣᠯ ᠬᠡᠯᠡ ᠪᠢᠴᠢᠭ᠌ ᠤᠨ ᠲᠡᠦᠬᠡ

2. 新蒙古国文摘要

Монгол хураангуй

2021 онд Хятадын Коммунист Намын 100 жилийн түүхийг судлах, хүмүүжүүлэх үйл ажиллагаанаас урам зориг авч, түүх соёлын дурсгалт үйлст анхаарлаа хандуулж, олон улсын хамтын ажиллагаагаар түүх соёлын дурсгалт зүйлсийг хамгаалахад гадаадад тусламж үзүүлэх ажилд соён гэгээрүүлэх түүхэн ололт, туршлагыг нэгтгэн дүгнэж, түүх соёлын дурсгалт зүйлсийг хамгаалахад ихээхэн хүчин чармайлт гаргаж, өнөөдөр болон ирээдүйд олон улсын хамтын ажиллагаа, солилцооны талаар илүү сайн ажиллах хэрэгтэй байна. Үүний тулд бид цар тахлын халдварт өвчнөөс урьдчилан сэргийлэх, тэмцэх ажлыг хэвийн болгохын зэрэгцээ гадаадын тусламжаар түүх соёлын дурсгалт зүйлсийг хамгаалах төслийн мэдээллийн архивын бүтээн байгуулалтыг урагшлуулж, төслийн архивыг шинжлэх ухааны үндэслэлтэй хадгалалт, хууль ёсны ашиглалт, өв уламжлал, түгээн дэлгэрүүлэх ажлыг илүү сайн хэрэгжүүлэхээр зорьж байна. Энэ нь гадаадын тусламжаар түүх соёлын дурсгалт зүйлсийг хамгаалах төслийн бодит түүхийг шинэчлэх, түүхийг шинжлэх ухаанаар өвлүүлэхтэй холбоотой суурь ажил юм. Бид юуны өмнө Монголын түүх соёлын дурсгалт газруудын барилгын засварын төслийн түүхийн архивын эмхэтгэлийг бүрдүүлж эмхэтгэх туслалцаа үзүүлэхээс эхлэл болгохыг зорьжээ.

Монгол Улс нь Европ-Азийн тивийн зүүн хэсэгт оршдог. Хятадын умард хэсэг болон Европ-Азийг холбосон чухал улс, Торгоны замын цөм болох орон, нүүдэлчдийн соёл иргэншлийн төв бөгөөд Хятад, барууны соёлын солилцооны түүхийг ахиулахад чухал үүрэг гүйцэтгэжээ. Түүхийг эргэн харахад, сүүлийн үеийн шинэ чулуун зэвсгийн үеэс эхлээд Шан, Жөү, Чинь, Хан, Мин, Чин гүрэн хүртэл Хятадын эх газар, Монголын өндөрлөгтэй хоёр мянган жилийн соёлын солилцоо болон түүхэн холбоотой. Умардын өргөн уудам тал нутаг нь газарзүйн нэгж бөгөөд угсаатан аймгийн бүлгүүдийн урсгал болон Жүнюань орны эх газрын тариалан эрхэлж байсан эртний хятадын иргэдтэй нягт холбоотой бөгөөд Хятадын соёл иргэншлийн бүрэлдэл, хөгжилд чухал нөлөө үзүүлсэн гэдгийг бид мэдэж байна. Монгол Улсын нутаг дэвсгэрээс олдворлосон Хүннү, Шяньби, Түрэгийн үеийн археологийн олдворууд болон Мин, Чин гүрний үеийн сүм хийдийн барилгын хэв маягаас Хятадын Хан үндэстний соёлын үр нөлөөг харж болно. Иймээс хилийн бүс нутаг болон үндэстэн ястны хоорондын зааг хязгаар нь цагаан хэрэм шиг тодорхой байгаагүй бөгөөд бие биенээ мөшгөх, нэгтгэх, тэр ч бүү хэл мөргөлдөөн, тэмцэл хэзээ ч тасарч байгаагүй. Энэ нь Хятадын Жүнюань орон болон умардын тал нутаг зэрэг өргөн уудам орнуудын хооронд харилцан туршлага солилцох, соёл иргэншлээр харилцах зэрэг үйл ажиллагааг хөгжүүлсэн бөгөөд, адилгүй соёл иргэншлийн урт хугацааны харилцан суралцах, солилцооны дунд хамтдаа энх тайван хөгжил дэвшил рүү тэмүүлнэ. Хятад, Монголын ард түмэн олон жилийн турш үргэлжилсэн солилцоо, интеграцчилалд олон түүхэн сонгодог түүхийг бүтээж уламжилсаар бөгөөд хоёр орны ард түмний бүтээсэн уламжлалт найрсаг харилцаа шинэ эриний хөгжил цэцэглэлтийн замд орлоо.

Хятадын гадаад тусламж нь олон улсын хамтын ажиллагаа, солилцооны чухал илрэл гэдгийг бид бүгд мэднэ. Шинэ Хятад улс байгуулагдсанаас эхлэн энэхүү тусламжийг хэрэгжүүлсэн бөгөөд үүнээс дараах арван хэдэн жилийн хугацаанд Монгол Улс, Вьетнам, Камбож зэрэг 20 гаруй улс оронд Хөдөлмөр хүч, эд материал, технологийн тусламж үзүүлж, хүн төрөлхтний хөгжил дэвшлийн үйлсийг эрчимтэй дэмжсэн юм. Хятад, Монгол хоёр улсын түүх соёлын дурсгалт зүйлсийг хамгаалах олон улсын найрсаг хамтын ажиллагаа нь БНХАУ байгуулагдсаны дараахан Улаанбаатар хотын эртний сүм хийдүүдийг сэргээн засварлах ажлаас эхэлжээ.

XX зууны 50-иад онд Монгол Улсад түүхэн дурсгалт газруудыг сэргээн засварлахад тусалсан нь Хятад улсын түүх соёлын дурсгалт зүйлсийн салбарын гадаад тусламжийн олон улсын хамтын ажиллагааны хүнд хэцүү бөгөөд шийдвэрт эхлэл гэж хэлж болно. Хятад, Монголын харилцаа, цаашлан Хятад, гадаадын соёлын харилцаа, хамтын ажиллагааны түүхэнд чухал ач холбогдолтой, түүхэн байр суурьтай юм. Мөн Хятад, гадаадын соёлын өв уламжлалын солилцоонд түүхэн ач холбогдол, түүхэн бэлгэ тэмдгийг буй болгожээ. Энэхүү гадаадтай холбоотой түүх соёлын дурсгалт зүйлсийг хамгаалах ажлыг Хятадын түүх соёлын дурсгалт зүйлсийг хамгаалах түүхэнд нэр алдаршсан эртний нэр хүндтэй барилга засварын хүрээлэн /Хятадын соёлын өвийн судалгааны хүрээлэнгийн өмнөх нэр, цаашид Соёлын өвийн судалгааны хүрээлэн хэмээн товчилно/ хариуцаж, соёлын дурсгалт зүйлсийг хамгаалах ажлыг хариуцан хийжээ. Бодитой хайгуулын ажлын зураг төсөл болон төслийн хэрэгжилт зэрэг ажлуудыг инженер Юй Минчянь болон мэргэжилтэн Ли Зүжюньд даалган өгч, 1957-1961 оны хооронд амжилттай дуусгажээ. Тэр үед Монгол Улсад эртний барилгуудыг хамгаалах тал дээр хоосон шахам, ажиллах нөхцөл маш муу байсан. 1957 онд Юй Минчянь, Ли Зүжюнь нар Монгол Улсад анх удаа судалгаа хийхээр аялсны дараа төслийн урьдчилсан зураг төслийн төлөвлөгөөг боловсруулжээ. 1959 онд хоёр эрхэм Монголд дахин засварын ажилд оролцохоор явж, төслийн ихэнх хэсгийг хятад ажилчид гүйцэтгэсэн бөгөөд эцэст нь төлөвлөгөөний дагуу засварын ажлыг Монгол Улсын 40 жилийн ойн баяраас өмнө дуусгажээ. 1961 оны 7-р сарын 11-нд Юй Минчянь, Ли Зүжюнь нар Монгол Улсын Ерөнхий сайдын урилгаар Үндэсний их баяр наадмын зоогийн хүлээн авалтад оролцож, Монголын Засгийн газраас Юй Минчянь, Ли Зүжюнь нарт гэрчилгээ гардуулж, олон түмний хүндэтгэлийг хүлээсэн байна.

XXI зууны эхэнд Хятадын Засгийн газар Хятад, Монгол хоёр улсын соёлын харилцааг улам гүнзгийрүүлэн хөгжүүлэхийн төлөө тууштай ажиллаж байсан бөгөөд 2004 онд Хятадын Соёлын яамны сайд Сүнь Жяжэн, Үндэсний Түүх соёлын дурсгалт зүйлсийн хамгаалалтын газрын дарга Шань Жишян нар Монгол Улсад айлчилжээ. Айлчлалын үер Хятад, Монгол хоёр улс Богд хааны ордны музейн өмнөх талбайг хамгаалан сэргээн засварлах, археологийн хамтарсан судалгаа хийх, түүх соёлын дурсгалт зүйлсийн солилцооны үзэсгэлэн зохион байгуулах зэрэг гурван төслийн хүрээнд соёлын солилцооны гэрээ байгуулсан байна. Үүний тулд БНХАУ-ын Соёлын яам, Түүх соёлын дурсгалт зүйлсийг хамгаалах газар, Монгол Улсын Соёл, шинжлэх ухаан, технологи, боловсролын яам хамтран 2005 онд гэрээнд гарын үсэг зурж, Богд хааны ордон музейн засвар үйлчилгээний төслийг эхлүүлэхээр тохиролцож, Хятад улсын Засгийн газраас буцалтгүй тусламжаар Монголын түүх соёлын өвийг хамгаалах төслийг хэрэгжүүлжээ. Ши-Аний Түүх соёлын дурсгалт зүйлийг хамгаалах, сэргээн засварлах төвийг /Шаанси мужийн Түүх соёлын дурсгалт зүйлсийг хамгаалах судалгааны хүрээлэнгийн өмнөх нэр/ Төрийн Түүх соёлын дурсгалт зүйлсийг хамгаалах газраас сонгон шалгаруулж, 2005-2007 оны хооронд Богд хааны ордон музейн урд талбайн түүхэн барилгыг хамгаалах, сэргээн засварлах төслийн хөтөлбөрийн зураг төсөл, инженерийн хэрэгжилтийг гүйцэтгүүлэхээр томилжээ.

2013-2017 онд Хятадын Соёлын өвийн судалгааны хүрээлэн нь Монгол Улсын зүүн хязгаарт орших Хэрлэн барс эртний дуганыг авран хамгаалах, сэргээн засварлах ажлыг хариуцан ажиллажээ. Засварлагдах дуган нь цаг үеэр эртний бөгөөд газрын байршил хол, засварлах ажилд олон саад тулгамдсан ч Соёлын өвийн судалгааны хүрээлэн болон Монголын талын хамтын ажиллагааны хэсэг хамтран аливаа саад бэрхшээлийг даван туулж, төслийн ажлыг амжилттай гүйцэтгэсэн байна. Энэ нь Хятад, Монголын соёлын өвийг хамгаалах хамтын ажиллагааны үлгэр жишээ болсон юм. Энэхүү төслийг хамтран хэрэгжүүлснээр түүх соёлын дурсгалт зүйлсийг хамгаалах мэргэжил, техникийн болон удирдах ажилтны солилцооны сэдэв, агуулгыг баяжуулаад зогсохгүй олон улсын хамтын ажиллагааны цар хүрээ өргөжин тэлж, хоёр улсын ард түмний хоорондын харилцаа холбоо, сэтгэлийн ойлголцол, хүмүүнлэгийн солилцоонд тууштай дэмжлэг болсон юм.

Дээр дурдсан агуулгад үндэслэн судалгаа, зураг төсөл, хамгаалалт, сэргээн засварлах объектын үүднээс авч үзвэл, Эрдэнэ Зуу хийд, Чойжин ламын сүм, Гандантэгчинлин хийд, Амарбаясгалант хийд, Богд хааны ордон, Гэсэр сүм болон Хэрлэн барс эртний дуган зэрэг нь Монголын нутагт өнөөдрийг хүртэл үлдэгдэж буй эртний гайхамшигтай барилгууд юм. Мөн түүхэн барилга байгууламжийн цар хүрээ, цаг үеийн онцлогоос үл хамааран бүгдээрээ эртний барилгын өвийн өвөрмөц төлөөлөл болжээ. 2005-2007 онд хэрэгжүүлсэн Богд хааны ордон музейн урд талбайг сэргээн засварлах төсөл нь 1957 онд Чойжин ламын сүм, Богд хааны ордныг сэргээн засварласны дараа Монгол Улсад хэрэгжиж буй түүх соёлын дурсгалыг хамгаалах хоёр дахь төсөл гэж хэлж болно. 2013 оноос 2017 оны хооронд засварлан дуусгасан Хэрлэн барс эртний дуганыг хамгаалах, сэргээн засварлах ажил нь Богд хааны ордныг хамгаалах төслийн дараа Хятад, Монгол хоёр улсын соёлын өвийг хамгаалах салбарын бас нэгэн амжилттай хамтын ажиллагаа болсон бөгөөд хамтын ажиллагааг гүнзгийрүүлэхэд бат бөх суурийг тавьсан юм.

Өнгөрсөн 70 жилийн хугацаанд Хятадын түүх соёлын дурсгалт зүйлсийг хамгаалах ажилтнууд Монголын түүх соёлын долоон дурсгалт барилга, түүхийн дурсгалт газруудад судалгаа шинжилгээ, зураг төсөл, засвар үйлчилгээ, хамгаалалтын ажлыг дараалан хийж, түүх соёлын дурсгалт зүйлсийн талаар маш сайн мэдээллийн архив, түүхийн туршлага хуримтлуулсан юм. Энэхүү гадаадад тусалж түүх соёлын дурсгалт зүйлсийг хамгаалах төслийн архивыг иж бүрэн бүрдүүлэн эмхэтгэх үйл явц нь төслийн мэдээллийн архивын цуглуулгыг эмхэтгэн хадгалах, түүх соёлын дурсгалт зүйлсийг барилгуудыг хамгаалан засварлах, гадаадад туслах ажлын түүхийг баяжуулах, боловсронгуй болгох судалгаа юм. Мөн Монголын соёл иргэншлийн түүх болон түүх соёлын дурсгалт үлдэгдлээс суралцах зэрэг олон талын агуулгын хамруулсан системтэй судалгааны үйл явц юм. Энэхүү түүх соёлын үнэт дурсгалт зүйлсийг сэргээн засварлах төслийн архив бүрэлдээд 60 гаруй жил болж байна. Тэр жилүүдэд бид ийм үнэт баримт, архивыг цэгцлэх судалгаа, барилгын ажилд оролцох боломжгүй байсан, гэвч энэхүү мэдээлэл, жишээнүүдийг хараад сэтгэл маш их догдоллоо. Энэ нь түүхэн архивыг улам сайн хамгаалан уламжилж, сүүлийн 70 жилийн хугацаанд харь улстай холбоотой түүх соёлын дурсгалт зүйлсийг хамгаалах ололт амжилтыг түгээн дэлгэрүүлж, хүн төрөлхтний нийтлэг соёлын үнэт өвийг үргэлжлүүлэн хамгаалж, Хятад, Монгол хоёр улсын хүмүүнлэгийн солилцоо, иргэдийн харилцааг улам ахиулж, хүн төрөлхтний соёл иргэншлийн солилцоо, харилцан суралцахыг улам илүү ахиулахад илүү том үүрэг гүйцэтгэсэн. Мөн хүн төрөлхтний нийгмийн хөгжил дэвшлийн хөдөлгөгч хүч, дэлхийн энх тайвныг сахин хамгаалах хэлхээ холбоо болжээ.

Соёлын өвийн судалгааны хүрээлэнгийн эмхэтгэн хадгалсан үндсэн дээр, ялангуяа 2004 оноос хойш дижитал хамгаалалт хийсэн бат бэх суурин дээр тулгуурлан бид одоо байгаа архивыг бүрэн хүндэтгэх үндсэн зарчмыг зохих ёсоор баримтлж байна. Дотоод болон гадаадад нэмэлт судалгаа хийх, мэдээлэл цуглуулах, тухайн жилийн судалгаа, зураг төсөл, төслийн хэрэгжилтийн объектуудын түүхэн үндэслэл, хамгаалалтын удирдлагын мэдээллийг баяжуулж, цаашид энэхүү цогц судалгааг явуулна. Гэсэн хэдий ч үүнийг бодитоор хэрэгжүүлэхэд хэцүү хэвээр байна. Бичиг болон зураг төслийн файлуудын архив харьцангуй цөөхөн бөгөөд барилгын эвдэгдсэн байдлын тодорхойлолт, сэргээн засварлах арга хэмжээ, барилгын цар хүрээний тухай тэмдэглэлүүд товчхон бөгөөд бид тэдгээрийг зураг төслийн дагуу нарийн ангилж, салгах шаардлагатай байна. Эрдэнэ Зуу зэрэг гурван сүм дуганы судалгаа, судалгааны зураг, бичгийн бүртгэл үүнээс ч цөөхөн бөгөөд зөвхөн зарим гэрэл зураг, засвар үйлчилгээний төлөвлөгөө болон бусад баримт бичгүүдийг тухайн үед хадгалуулахаар Монголын талд хүргүүлсэн бөгөөд цаашид Монголын холбогдох байгууллагуудтай харилцаа байгуулан хамтран ажиллахад бэлэн болгожээ.

2020 онд судалгааны ажлыг эмхэтгэх эхэн үед бид Юй Минчянь болон Ли Зүжюний охин, хатагтай Ли Гэ нар дээр зочилж, Соёлын өвийн судалгааны хүрээлэнгийн судлаач Хөу Вэйдүн, инженер Лю Жян нараас санал, хүсэлтийг нь авсан. Тэд нар урьд хожид Богд хааны ордны музейн хаалганы гадна талбай, Хэрлэн барс эртний дуганыг сэргээн засварлах төслийг удирдан биелүүлсэн байна. Мөн барилгыг сэргээн засварлах төслийн тухай үнэт мэдээллүүд болон Монголын бусад түүх соёлын дурсгалт зүйлсийн барилга, түүхийн археологийн судалгааны материалын талаар үнэтэй материал хангаад зогсохгүй, Хятад, Монголын түүх соёлын дурсгалт зүйлсийг хамгаалах олон улсын хамтын ажиллагааны ирээдүйн хөгжлийн талаар маш оновчтой санаа, чухал ойлголтыг буй болгожээ. Ер нь түүх соёлын ховор нандин дурсгалыг хамгаалах энэхүү төслийн архив, түүхийн баримт бичгийг эмхлэн цэгцлэх, хадгалах, хэвлэн нийтлэх ажлыг хүн бүр идэвхтэй дэмжиж буйгаа илэрхийлж, бас сэтгэл ханалуун буйгаа илтгэжээ. Энэ нь шинжлэх ухааны судалгааны үндсэн ажлуудыг аль болох хурдан дуусгах бидний хүсэл эрмэлзэл, шийдэмгий байдлыг нэмэгдүүлж байгаа нь дамжиггүй.

Өнөөгийн соёлын өвийг хамгаалах олон улсын хамтын ажиллагаа, солилцоо нь түүхийн дурсгалт зүйлсийг хамгаалах, сэргээн засварлахаас гадна төрийн удирдлагын бодлого, тогтолцоо, дэлхийн соёлын өвийг хамгаалах менежмент, Хятад, гадаадын хамтарсан археологи, түүх соёлын дурсгалт зүйлсийг сэргээн засварлах технологи зэрэг олон улсын хамтын ажиллагаа, солилцоо болон эрдэм шинжилгээний судалгаа, чадвартны солилцоо, сургалт, олон улсын хууль сахиулах хамтын ажиллагаа болон бусад олон талт, бүх талын системийн хамтын ажиллагаа, солилцоо зэрэг үйл ажиллагануудыг харуулж байна. Тухайлбал, Хятадын их дээд сургууль, шинжлэх ухааны судалгааны хүрээлэнгүүдийн түүх соёл, археологийн судалгаа болон түүх соёлын дурсгалт зүйлсийг хамгаалах байгууллагууд Монгол Улсад хамтарсан судалгааны ажлыг олонтоо хийжээ. Сүүлийн арав гаруй жилийн хугацаанд, Хятадын археологийн байгууллагууд Монголын хэд хэдэн археологийн судалгааны ажилд хамтран ажиллаж, шинжлэх ухааны судалгааны үр өгөөжтэй амжилт нь Хятад, Монголын уламжлалт найрамдалт харилцааг ахиулсан юм. Гэвч бидний эмхлэн цэгцлэх багийн гишүүдийн ихэнх нь Монгол Улсад очиж байгаагүй тул Монголын түүх соёлын дурсгалт газрууд, тэдгээрийн хамгаалалт, менежмент, ашиглалтын талаар илүү ихийг ойлгохын тулд Хятадын Ардын Их Сургууль, Өвөр Монголын Өөртөө Засах Орны Музей, Өвөр Монголын Түүх соёлын дурсгал, археологийн судалгааны хүрээлэн, Хятадын Соёлын өвийн судалгааны хүрээлэн болон бусад олон байгууллага нэгж, хувь хүмүүстэй уулзаж ярилцсан байна. Тэд нар Хятад, Монголын түүх соёлын дурсгалт зүйлсийг хамгаалах, түүх археологийн судалгааны чиглэлээр хамтран ажиллах талаар олон ашигтай санал, сануулга дэвшүүлэн хамтран ажиллаж, маш баялаг материал, мэдээлэл хангаж өгсөн нь энэхүү тайланд өнгө нэмсэн байна.

Үүний зэрэгцээ Монголын эртний барилгуудыг сэргээн засварласан өнгөт гэрэл зураг цөөхөн бөгөөд хамгаалалт, менежментийн өнөөгийн ашиглаж болох нөхцөл байдал дутуугийн улмаас БНХАУ-аас Монгол Улсад суугаа Элчин сайдын яамтай холбогдох санаачилга гаргасан. ЭСЯ-наас Чойжин ламын сүм, Богд хааны ордон музей зэрэг түүх соёлын байгууллагуудтай холбогдох ажилд тусалж дэмжлэг үзүүлсэн. Харилцаа, ойлголцлын дунд Хятад, Монгол хоёр улсын хамтран засварласан түүхэн сайхан барилгуудын хамгаалалт, менежментийн байдал сайн байгаа бөгөөд сүүлийн жилүүдэд түүх соёлын дурсгалт зүйлсийг хамгаалах, сэргээн засварлах, археологийн олдворуудыг судлах чиглэлээр соёлын хамтын ажиллагаа, солилцооны үзэсгэлэн зохион байгуулж, маш сайн үр дүнд хүрсэн. Мөн нийгмийн суртchилгааны үр нөлөө нь Хятад, Монголын ард түмний уламжлалт найрамдлыг нэмэгдүүлжээ. Тухайлбал, 2019 оны дөрөвдүгээр сард "Далан жилийн найрамдал" уриан дор Хятад, Монголын дипломат харилцаа тогтоосны 70 жилийн ер бусын үйл явдлыг тоймлон, Улаанбаатар дахь Хятадын соёлын төв, Монголын Чойжин ламын сүм музей гэх мэт байгууллагууд хамтран Улаанбаатар хотод "Хятад, Монгол хоёр улсын хооронд дипломат харилцаа тогтоосны 70 жилийн ойг тохиолдуулан Монгол дахь Чойжин ламын сүмийн үнэт түүхийн материалын гэрэл зургийн үзэсгэлэн" зохион байгуулжээ. Үзэсгэлэнгээр XX зууны 20-иод оноос нааших Чойжин ламын сүмийн түүхийн үнэт материалуудын гэрэл зургуудыг голчлон дэлгэн үзүүлжээ. Үүнд 1957-1961 онд Монголд сүм хийдийн барилгыг сэргээн засварлахад тусалж байсан Хятадын эртний барилгын мэргэжилтнүүдийн үнэ цэнтэй зураг төсөл, баримт бичиг болон гэрэл зургуудыг анх удаа олон нийтэд нээлттэй дэлгэн үзүүлсэн байна. Хятад, Монголын сүм хийдийн барилгыг сэргээн засварлах чиглэлээр хамтран ажиллаж байх үеийн эдгээр нандин баримт бичиг, гэрэл зургууд нь Хятад, Монгол хоёр улсын найрамдлын гэрч болж, хоёр улсын соёлын салбарт олон жилийн найрсаг хамтын ажиллагааны түүхийг тэмдэглэн үлдээжээ. Түүхийн архивын ийм чухал үзэсгэлэнгээр Монгол Улсад туслан хэрэгжиж буй эдгээр түүх соёлын дурсгалт зүйлс, бүтээн байгуулалтын ажлууд, архивуудыг эмхлэн цэгцэлж, арчилж тордож байгаадаа бахархаж, хариуцлага хүлээх мэдрэмж төрж байна. Цаашид холбогдох байгууллагууд хэвлэл мэдээллийн сурталчилгаа болон гүүрний чадавхигаа бадруулж, энэ төрлийн үзэсгэлэнг олноор зохион байгуулахад хамтран ажиллаж, хоёр улсын хүмүүнлэгийн салбарын солилцоо, хамтын ажиллагааны түүхэн хэмжээсийг бат тогтоож, Хятад, Монголын хамтын ажиллагаа, соёлын солилцоог улам ахиулна гэдэгт итгэлтэй байна. Хятад, Монголын найрамдал мөнхрөх болтугай.

Энэхүү тайланд Соёлын өвийн судалгааны хүрээлэнгээс XX зууны 50-иад оноос энэ зууны эхэн үе хүртэл хоёр удаа хийсэн Монголын түүхэн барилгуудыг хамгаалах, сэргээн засварлах төслийн архивыг багтаасан бөгөөд долоон бүлэг, таван хавсралт бүхий зургаан хэсэгт хуваасан байна. Хэсэг бүрийн үндсэн агуулгыг доор товчлон танилцуулъя.

Нэгдүгээр хэсэг буюу оршил хэсэг, нэгдүгээр бүлэг. Үүнд Монгол Улсыг газарзүйн орчин, түүхэн хөгжил, түүх соёлын өвийн талаар товч өгүүлжээ. Монгол улс нь Азийн төв хэсгийн Монголын өндөрлөгт оршдог дэлхийн хуурай газрын хоёр дахь том улс болно. Европ-Азийн эх газрын элгэнд байрладаг бөгөөд Зүүн хойд Азийн бүс нутагт оршиж, газар зүйн чухал байрлалтай, нутаг уудам, байгалийн эх баялагаар элбэг байдаг. Монголын тал нутаг бол хүн төрөлхтний өлгий нутгийн нэг бөгөөд эртний биологийн дурсгалт газруудыг, чулуун зэвсгийн үеийн дурсгалт газруудыг, хадны сүг зураг, сийлбэр, баримал, эртний булш, тахилгын дурсгалт газрууд, эртний барилга байгууламж, үйлдвэрлэл, амьдрал ахуйн дурсгалт газар зэрэг түүх соёлын баялаг, нандин өвтэй юм. Монголын төр, ард түмэн түүх соёлын дурсгалт зүйлсийг хамгаалах талаар тодорхой хүчин чармайлт гаргаж, гайхалтай амжилтад хүрсэн ч нийт хамгаалалтын статусын үүднээс авч үзвэл эдийн засгийн хөгжлийн бэрхшээлээс үүдэн Монгол Улс түүх соёлын дурсгалт зүйлсийг хамгаалах, ашиглах тал дээр тийм ч сайн үр дүнд хүрч чадаагүй бөгөөд хөгжүүлэн сайжруулах орон зай их байна. Соёлын өвийн Олон улсын хамтын ажиллагааны хүрээнд Монголын уламжлалт соёлыг дэлхийд сурталчлан таниулах, түүх соёлын дурсгалт зүйлс, түүхийн дурсгалт газруудыг үр дүнтэй хамгаалах, соёлын салбарын хамтын ажиллагааг өргөжүүлэх зорилгоор Монгол Улсын Засгийн газар холбогдох байгууллагуудтай эрдэм шинжилгээний солилцоо, судалгаа шинжилгээ, хамтран хамгаалах үйл ажиллагааг зохион байгуулахын дагуу сонирхогч улс орон, олон улсын байгууллагууд болон бусад төрийн бус байгууллагуудыг соёлын үйлсийн менежменттэй холбоотой үйл ажиллагаанд идэвхтэй оролцуулж, үндэсний уламжлалт соёлын өвийг хамгаалах талаар хамтран ажиллаж байна.

Хоёрдугаар хэсэг буюу хоёрдугаар бүлэг. Тус бүлэгт Хятадын тусламжтай Монголын түүх соёлын дурсгалт барилга байгууламжийг засварлах төслийн ерөнхий нөхцөл байдлыг хураангуйлан тэмдэглэжээ. Үүн дунд БНХАУ-аас Монгол Улсад үзүүлж буй тусламжийн дагуу Монгол Улсын түүхэн нөхцөл байдал, түүх соёлын дурсгалт зүйлсийг хамгаалах төслийн үндэслэлийг багтааж, хайгуул судалгаа, зураг төсөл, барилгын төслийн засварын ажлын ерөнхий байдал болон түүхэн архивуудын хамгаалалтын байдлыг эмхэтгэн цэгцэлсэн үйл явцыг нарийвчлан ангилжээ. Бүгд

Найрамдах Хятад Ард Улс байгуулагдсаны дараахан гадаадын улс орнуудаас тусламж хүссэн захидал ирж, Монгол Улс хамгийн түрүүнд хөдөлмөр хүч, мэргэжил технологийн салбарт дэмжлэг хүссэн. БНХАУ байгуулагдаад удаагүй байгаа үеийн тусламж нь Монгол Улсын цаг үеийн нөхцөл байдал дор, Хятад, Монгол хоёр улсын соёлын солилцооны хөгжихийн дагуу, түүх соёлын дурсгалт зүйлсийн салбарын солилцоо, хамтын ажиллагаа ч маш сайн амжилтад хүрсэн байна. Хүмүүнлэгийн солилцоог эрчимжүүлэх нь Хятад, Монгол хоёр улсын Төрийн тэргүүнүүдийн нийтлэг зөвшилцөл байсаар ирсэн бөгөөд хоёр орон түүхэн гүн гүнзгий хэлхээ холбоотой. Түүх, соёлын өвийг хамгаалах салбарын солилцоо, хамтын ажиллагаа бол хоёр улсын харилцааны салшгүй хэсэг юм. XX зууны 50-иад оноос XXI зууны эхний 20 жил хүртлэх 70 гаруй жилийн турш, Хятадын Засгийн газрын тусламжаар Монгол Улсын түүхнээс үлдэгдэж ирсэн түүх соёлын долоон дурсгалт барилгын найман хэсгийг сэргээн засварлажээ. Үүнд Монгол Улсын нийслэл Улаанбаатар хотод байрлах Чойжин ламын сүм, Богд хааны ордон музей, Гандан хийд, Гэсэр сүм, Богд хааны ордон музейн хаалганы урд талбай, Өвөрхангай аймгийн Хархорин болон Эрдэнэ Зуу хийд, Сэлэнгэ аймгийн Бүрэн сумын Амарбаясгалант хийд, Дорнод аймгийн Чойбалсан хотын Хэрлэн барс эртний дуган зэргийг сэргээн засварлажээ. Эдгээр түүх соёлын дурсгалт зүйлсийг хамгаалах төслийн түүхийн архивыг Хятад, Монголын холбогдох байгууллагууд хадгалж байгаа бөгөөд БНХАУ-д ихэвчлэн Соёлын өвийн судалгааны хүрээлэнд хадгалж байна.

Гурав дахь хэсэг буюу гуравдугаар бүлэг. Тус хэсэгт XX зууны 50-60-аад онд Эрдэнэ Зуу хийд, Амарбаясгалант хийд, Гандан хийд, Гэсэр сүм зэрэг түүхэн барилгуудын хамгаалалтын тухай судалгаа, судалгааны зураг төсөл, засвар үйлчилгээний байдлыг тодорхой тайлбартайгаар гүйцэтгэсэн. Тэдгээрийн дотроос Эрдэнэ Зуу хийд бол Монгол дахь хамгийн эртний бөгөөд одоо байгаа Төвдөөс уламжлалтай бурхан шашны хийд болно. Амарбаясгалант хийд нь 300 гаруй жилийн түүхтэй Монголын хамгийн бүрэн гүйцэд үлдэгдсэн гайхамшигт хийд, Гандан хийд нь Улаанбаатар хотын ламын шашны хамгийн чухал, Монголын ламын шашны хамгийн том хийдүүдийн нэг юм. Гэсэр сүм нь Улаанбаатар хотын баруун хойд хэсэгт орших маш чухал түүхэн барилгын өв юм.

Дөрөвдүгээр хэсэг буюу дөрөв, тав, зургаадугаар бүлэг. Тус хэсэгт Чойжин ламын сүм, Богд хааны ордон, Хэрлэн барс эртний дуганыг хамгаалж, сэргээн засварлах ажлын бүхий л үйл явцыг нарийлаг эмхэтгэсэн бөгөөд энэ нь тус тайлангийн гол агуулга юм. Чойжин ламын сүм нь Монгол Улсын нийслэл Улаанбаатар хотын төв хэсэгт, Богд хааны ордон нь Улаанбаатар хотын өмнө хэсэгт байрладаг бөгөөд хоёулаа Монголын эртний барилгын хамгийн чухал өв болохоор сүм хийдийн барилга байгууламжийн музей болгосон. 1957-1961 онд Хятадын түүх соёлын дурсгалт зүйлсийг хамгаалах ажилтнууд Монголын талтай хамтран тус хоёр музейг хамгаалан сэргээн засварлаж, 2005-2007 онд Богд хааны ордны хаалганы өмнөх эртний барилгуудыг хамгаалан сэргээн засварласан байна. Хэрлэн барс эртний дуган бол X-XII зууны үед Монгол Улсад оршин тогтнож байсан чухал хөх тоосгон барилга бөгөөд 2013-2017 онд Соёлын өвийн судалгааны хүрээлэнгээс Монголын талтай хамтран сэргээн засварлах ажлыг яаралтай хийжээ. Монгол Улсын түүх соёлын дурсгалт зүйлсийг хамгаалахад чиглэсэн эдгээр гурван тусламжийн төсөл нь хамтын ажиллагааны маш сайн үр дүнд хүрч, хүн төрөлхтний нийтлэг соёлын өвийг хамтран хамгаалаад зогсохгүй, түүх соёлын дурсгалт зүйлсийг хамгаалах чиглэлээр мэргэшсэн мэргэжилтнүүдийн солилцоо, хамтын ажиллагааг ахиулсан байна. Мөн Хятад, Монгол хоёр улсын уламжлалт найрамдалт харилцааг гүнзгийрүүлж, хоёр улсын ард түмний ойлголцол, хүмүүнлэгийн солилцоог ахиулжээ.

Тавдугаар хэсэг буюу долоодугаар бүлэг. Тус хэсэгт Хятад, Монголын түүх соёлын дурсгалт зүйлсийг хамгаалах олон улсын хамтын ажиллагааны чухал ололт амжилт, түүхэн туршлагыг нэгтгэн дүгнэж, дүн шинжилгээ хийсэн байна. Өнгөрсөн 70 жилийн хугацаанд Хятад, Монголын түүх соёлын дурсгалт зүйлсийг хамгаалах хамтын ажиллагаа олон арвин түүхэн туршлага хуримтлуулсан практикийн чухал ач холбогдолтой. Ирээдүйн түүх соёлын дурсгалт зүйлсийг хамгаалах олон улсын хамтын ажиллагаанд урам зориг өгч соён гэгээрүүлсэн бөгөөд үүнээс ажил үйлсээ хөгжүүлэх туршлага хуримтлуулжээ. Шинэ эрин үед Азийн соёлын өвийг хамгаалах ажиллагааг идэвхтэй ахиулж, "Бүс ба зам"-ын өндөр чанартай бүтээн байгуулалт, хүн төрөлхтний хувь заяаны хамтын нэгдлийн бүтээн байгуулалтад соёлын солилцоо болон түүх соёлын дурсгалт зүйлсийг хамгаалах олон улсын хамтын ажиллагаанд илүү их үүрэг гүйцэтгэхэд хувь нэмэр оруулжээ. Гадаадын түүх соёлын дурсгалт зүйлсийг хамгаалж, сэргээн засварлах тусламжийн ажил, түүний чухал ололт амжилтыг Хятадын түүх соёлын дурсгалт зүйлсийг хамгаалах олон улсын хамтын ажиллагааны хөгжлийн түүхийн өнцөг харааснаас харах хэрэгтэй. Энэ нь Бидний юуны өмнө ахмад настны хөдөлмөрч, энгийн, хичээнгүй, тэсвэр тэвчээр, тууштай, ухамсартай, ажилдаа хариуцлагатай, нандин хэв маяг, зан чанарыг гүн гүнзгий мэдрүүлжээ. Түүх соёлын дурсгалт зүйлсийг хамгаалах ажилд өмнөх үеийнхнийхээ хөдөлмөрийг үргэлж хүндэтгэж, түүх соёлын дурсгалт зүйлсийг хамгаалах төслийн ажлын түүхийг нэгтгэн дүгнэхэд анхаарч байхын чухал үнэ цэнэ, практик ач холбогдол, түүхэн урам зориг, соён гэгээрүүлэлтийг гүн гүнзгий ухамсарлана. Түүх соёлын дурсгалт зүйлсийг хамгаалах төслийн мэдээллийн архивыг нандигнаж, арчлах нь туйлын чухал болохыг бид илүү гүн гүнзгий ойлгож, түүх соёлын дурсгалт зүйлсийг хамгаалах, ялангуяа олон улсын хамтын ажиллагаа, солилцооны төслүүдийг цогцоор нь төлөвлөх, системтэй удирдах нь чухал гэдгийг бид гүн гүнзгий ойлгож байна. Бид соёл иргэншлийн солилцоо, харилцан суралцах, хүмүүнлэгийн солилцоо, иргэдийн ойлголцол зэрэг нь хэчнээн үнэ цэнтэй болохыг илүү баттай ойлгож байна. Өөр өөр соёл иргэншлийн хооронд бие биеэ хүндэтгэх ёстой, үгүй бол уруудаж доройтох болно.

Зургаадугаар хэсэг буюу таван хавсралт хэсэг. Тус хэсэгт БНХАУ-аас Монгол Улсад түүх соёлын дурсгалт зүйлс, барилга байгууламжийг сэргээн засварлахад үзүүлсэн тусламжийн тэмдэглэл, Монгол Улсад үзүүлсэн тусламжийн ажлын тайлан, холбогдох баримт бичиг /гар бичмэл/, түүхэн гэрэл зургийн статистикийн жагсаалт, холбогдох байгууллага, хүмүүсийн танилцуулга, холбогдох лавлагааны сурвалж бичиг зэргийг эмхэтгэжээ. Мөн гадаадын тусламжаар түүх соёлын дурсгалт зүйлсийг хамгаалах төслийн түүхийн архивыг аль болох цогцоор нь танилцуулж, эрдэм шинжилгээний нийгэмлэг болон холбогдох хэрэглэгчдэд тав тухтай нөхцөлийг хангахыг зорьжээ. Эдгээрээс ХХ зууны 50-60-аад оны үед Монголын түүх соёлын дурсгалт зүйлийг хамгаалах, сэргээн засварлах төслийн хүрээнд бий болсон 800 гаруй түүхийн нандин гэрэл зураг, гар бичмэл, эх ноорог, зураг төсөл зэрэг нь түүх соёлын дурсгалт зүйлсийг хамгаалах инженер техникийн архив, судлан судлахуйц чухал ач холбогдолтой соёлын дурсгалт зүйл болох нь дамжиггүй.

Хураангуйлбал, энэхүү өгүүллийн гол агуулга нь түүх соёлын дурсгалт зүйлсийг хамгаалах, сэргээн засварлах төслийн архивын мэдээллийг эмхэтгэн цэгцлэх, бүртгэх явдал юм. 70 гаруй жилийн турш Хятад, Монголын түүх соёлын дурсгалт зүйлсийг хамгаалах хамтын ажиллагааны түүхэн үйл явдлаар гол сэдэв болгож, үүний дагуу Монгол Улсын газарзүйн орчин, түүхэн хөгжил, түүх соёлын дурсгалт зүйлсийн хамгаалалт, менежмент, өв залгамжлал, ашиглалтын үндсэн асуудлуудыг танин мэдэхийг эрмэлзжээ. Түүнчлэн холбогдох хүмүүс, байгууллагуудын товч тайлбартай хослуулан тухайн үеийн Монгол Улсын түүх соёлын дурсгалт зүйлсийг хамгаалахад үзүүлсэн тусламжийн цаг үе, соёлын нөхцөл байдлыг судлахыг хичээн, түүх соёлын дурсгалт зүйлсийг хамгаалах, сэргээн засварлах мэргэжлийн архивын бодит тэмдэглэлийг бүртгэх, редакторлахаас илүүтэй 70 гаруй жил Монголын түүх соёлын дурсгалт зүйлсийг хамгаалах ажилд тус дөхөм үзүүлж ирсэн түүхэн онцлогийг бүрэн харуулжээ. Үүний зэрэгцээ Хятадын уламжлалт гадаад тусламжийг үндэсний олон улсын хөгжлийн хамтын ажиллагааны загвар болгон хөгжүүлэн шинэчилэхэд идэвхтэй дасан зохицож, Азийн соёлын өвийг хамгаалах үйл ажиллагааг идэвхтэй дэмжинэ гэдэгт бид хүсэн найдаж байна. Монгол Улсын түүх соёлын дурсгалт зүйлсийг хамгаалах ажлын талаар олон улсын соёлын өвийн солилцоо, хамтын ажиллагааны чиглэлээр хамтран ажиллаж байгаа улс орны судалгааны үр бүтээлийг Хятадын түүх соёлын дурсгалт зүйлсийг хамгаалах ажилтны өнцөг харааснаас судлан бүтээхийг зорьж, түүх соёлын дурсгалт зүйлсийг хамгаалах олон улсын хамтын ажиллагаа, солилцоог нааштай ахиулах болно.

后　记

　　这次集中梳理20世纪50年代以来历次援助蒙古国文物保护工程修缮档案和重要资料，给我们最基本的认识和体会是，70余年来，中国援助蒙古国文物保护和文物领域国际合作交流业已形成了一定的专业技术发展的业务深度、保护修缮研究的对象广度和交流合作工作的历史长度，值得认真总结研究既有重要成就和历史经验，从而为当前和今后的国际合作文物保护提供重要启示。

　　从中国国际合作文物保护发展历史的广阔视野看待文物援外工作及其重要成果，使我们从中首先深刻感悟到的是老一辈援外文物保护工作者的艰苦朴素、勤劳勇毅、踏实肯干、兢兢业业等优秀的宝贵行业风范与品格，让我们也深刻认识到时刻尊重前人工作成果并注重总结文物保护工程工作历史的重要价值和现实意义及其历史启示。我们更加深刻意识到珍视珍藏和善待呵护文物保护工程信息档案的极端重要性，从而深刻明白了文物保护工作尤其是国际合作交流项目的统筹规划和系统管理的重要性，我们更加坚定的理解持续开展文明交流互鉴和人文交往及民心相通是何等的珍贵，不同文化之间要互相尊重，保守自负只会走下坡路。

　　作为一项国际合作文物保护修缮工程的实录性成果，项目文稿和照片等资料信息档案应当力求全面准确，这项时隔近70年的文物保护工程档案在中国和蒙古国的相关机构都有收藏和保管，但美中不足的是，我们主要以保存于中国文化遗产研究院的这批资料为核心开展了如实整理。将来，希望能够通过更多的合作交流，使这批历史档案信息很好的走向数字化合璧，完整地讲述好60多年前中蒙文物领域老一辈的友好合作故事，成为人们永久传唱的历史佳话和深化合作的不竭动力。

　　最后，我们想要真心表达的是，在这项非常具有历史感的综合性工作过程中，先后获得了来自国内外多方面的鼎力支持和真诚理解，我们编辑组深深表达万分感激和诚挚感谢！由衷感谢中华人民共和国驻蒙古国大使馆提供的国际合作帮助，感谢文研院领导对这项历史档案整理工作的大力支持和无限鼓励，感谢王小梅研究员、郑子良研究员等热情支持。尤其要感怀的是，从古代建筑修整所到如今的文研院文献研究室（图书馆）对珍贵资料保存的历届负责人和业务管理者的无私奉献与支持配合，他们在这批工程档案的照片、文稿归类保管和数字化建设保存等方面都做了最为基础和扎实的工作，对历史资料做了非常细致精心的珍惜保存，对珍贵历史档案的重视和敬畏，是值得大加赞赏的，令我们由衷钦佩。我们坚信，有这样的宝贵历史档案并得到几代人完美的接续呵护，未来的中蒙文化友好合作交流事业定会更加枝繁叶茂！我们也坚信，在中蒙友好交往持续发展深化的美好环境中，文物保护国际合作和文化交流一定会取得越来越丰硕的成果，也必将为积极推动中蒙人文交往和民心相通不断注入文明互鉴的源头活水。

本报告由王元林负责统稿，陈晖、刘江、刘志娟、李丹婷参加工程图纸、照片和文稿等核心档案整理及内容撰写，具体承担各章节整理编写及执笔者分别为：

前言、第一章、第三章、第七章、附录四、附录五、后记　王元林

第二章　陈晖　刘志娟

第四章、第五章　陈晖　王元林

第六章　刘江

附录一、附录三　刘志娟

附录二　陈晖

绘图　李丹婷

英文校对　于冰

传统蒙文校对　凯琳

新蒙文校对　黄莹

最后，我们诚挚向中国援外先烈致敬！向文物领域援外文物保护研究和国际合作交流践行者们致敬！学习他们铸就的国际主义精神！他们的人生追求、思想品行及人格魅力永远是我们的楷模，他们勇立潮头、艰难探索、砥砺笃行、不辱使命的精神财富必将得到永远铭记和传承！作为新时代国际合作文物保护接力棒的传承者，我们要谦卑地继承先辈们开拓的文物保护国际合作事业，为保护、传承、弘扬中华优秀传统文化，积极探索新时代中国特色文物保护利用之路而努力奋斗，为保护人类共同的文化遗产，支持人类进步事业而贡献力量。

编者

2022 年 5 月

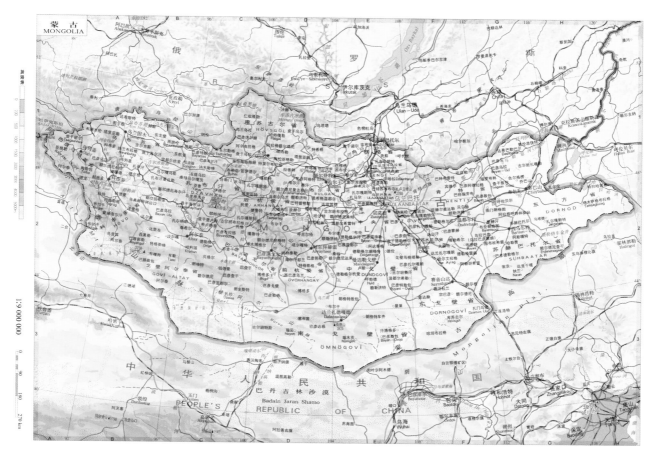

● 彩版一 蒙古国地图

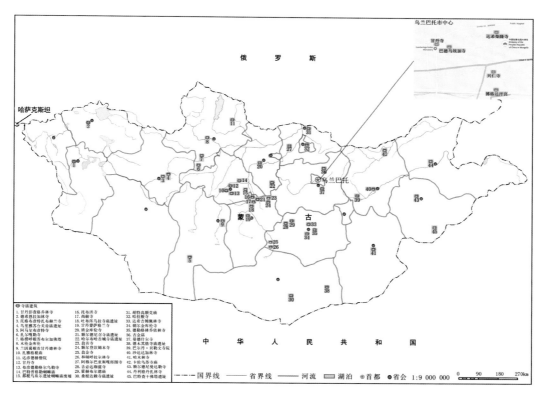

● 彩版二 蒙古国现存部分寺院庙宇类历史建筑分布示意图

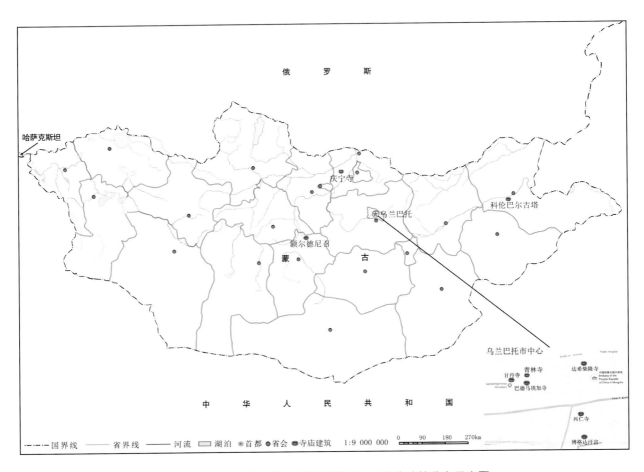

● 彩版三 中国队历年来勘察修缮蒙古国文物建筑分布示意图

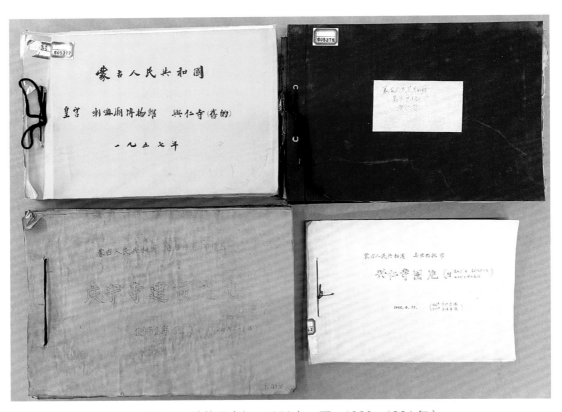

● 彩版四 照片整理（上：1959 年；下：1960、1961 年）

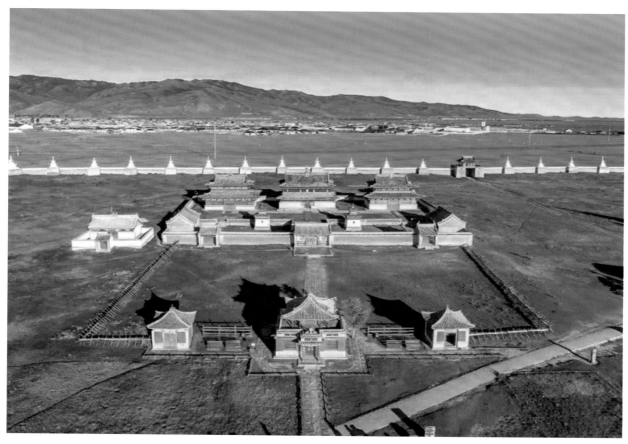

● 彩版五　额尔德尼召（光显寺）西南部鸟瞰（采自网络）

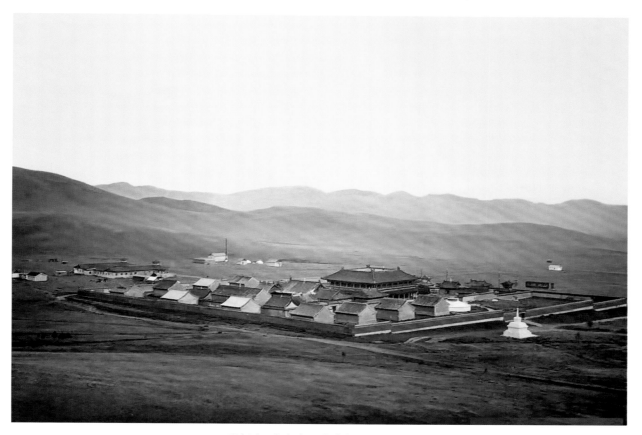

● 彩版六　庆宁寺远眺（自西北向东南）

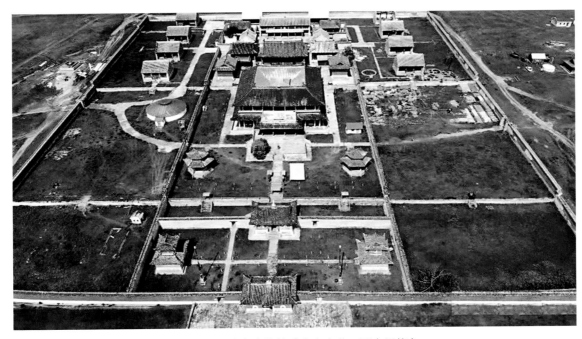

● 彩版七 庆宁寺航拍（自南向北，采自网络）

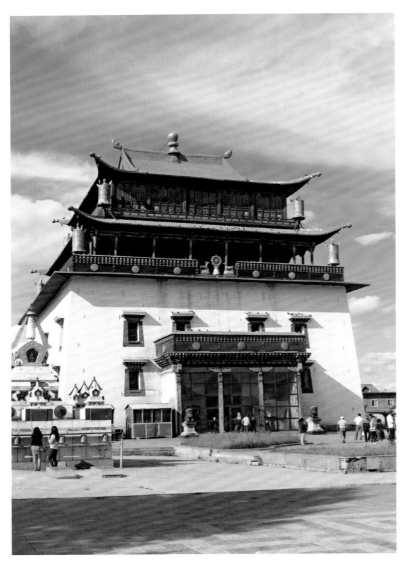

● 彩版八 甘丹寺观音阁
（2014年8月23日刘江拍摄）

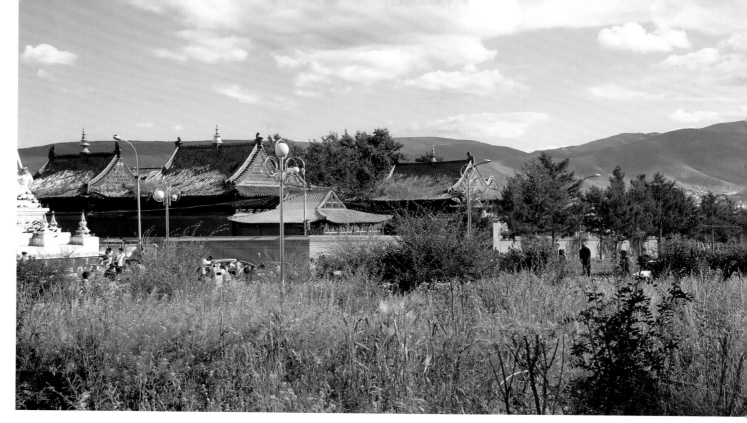

● 彩版九　青林寺（2014 年 8 月 23 日刘江拍摄）

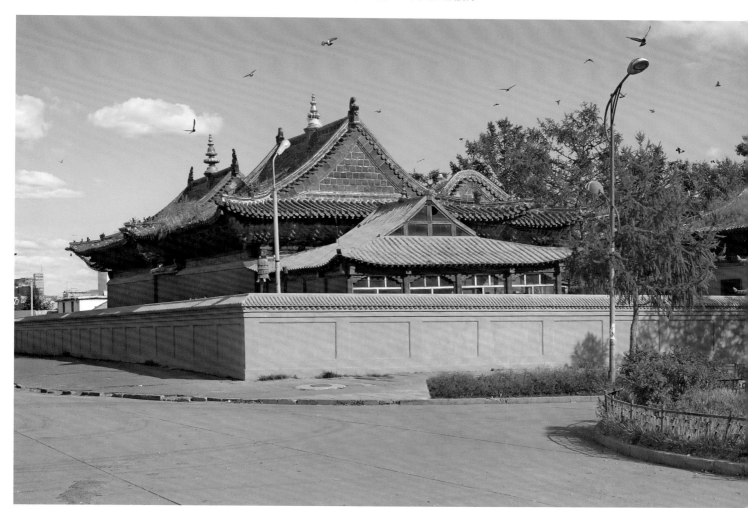

● 彩版一〇　青林寺局部（2014 年 8 月 23 日刘江拍摄）

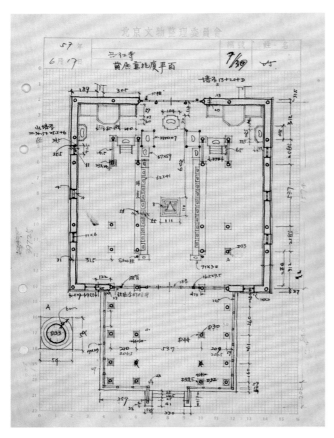

● 彩版一一 兴仁寺前殿和抱厦平面图测稿

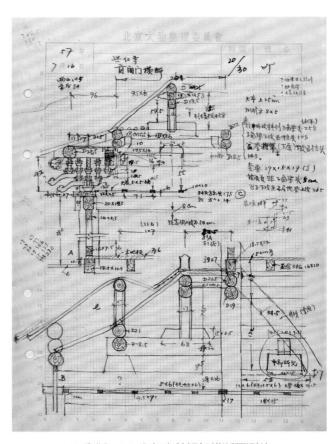

● 彩版一二 兴仁寺前阁门横断面测稿

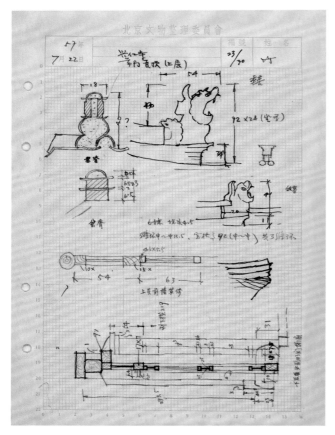

● 彩版一三 兴仁寺前门瓦顶（上层）

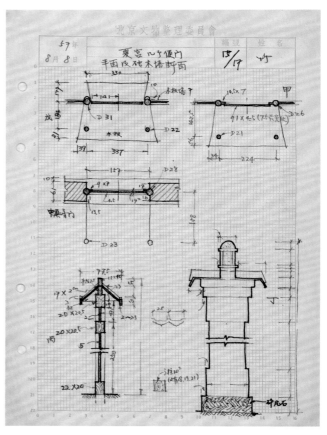

● 彩版一四 夏宫几个便门平面及砖木墙断面

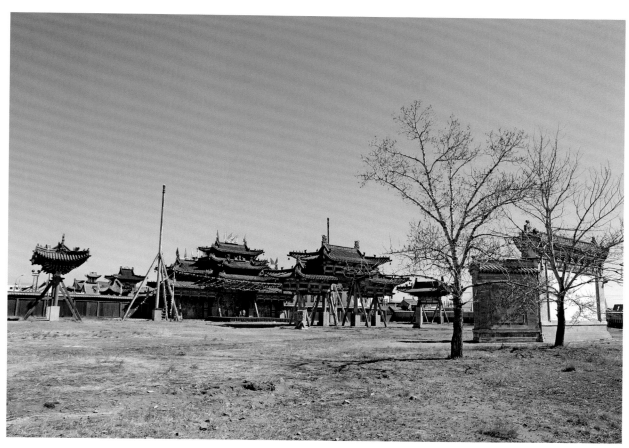

● 彩版一五 博格达汗宫门前区（西南方向，2006年5月26日许言拍摄）

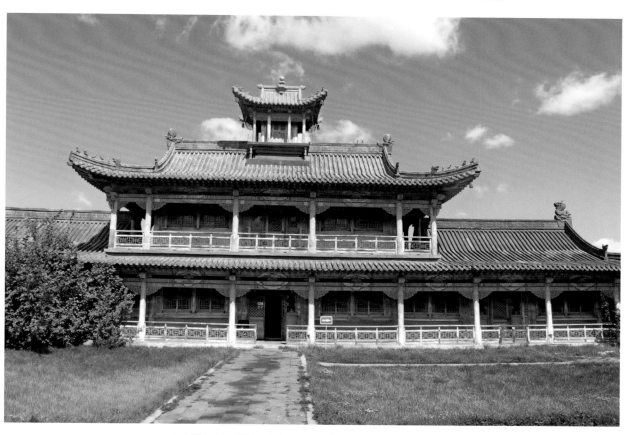

● 彩版一六 夏宫后殿（2014年8月23日刘江拍摄）

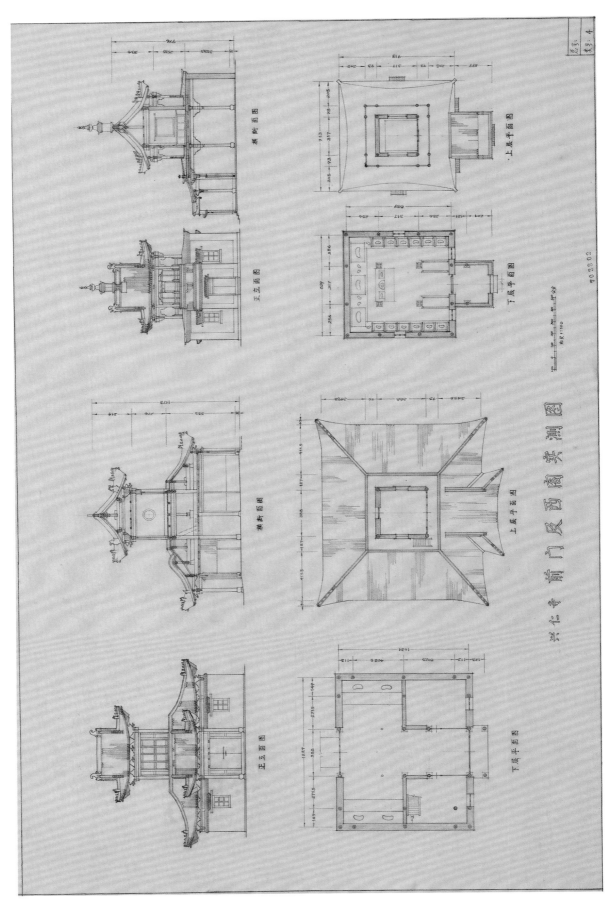

● 彩版一七　兴仁寺前门及西阁实测图

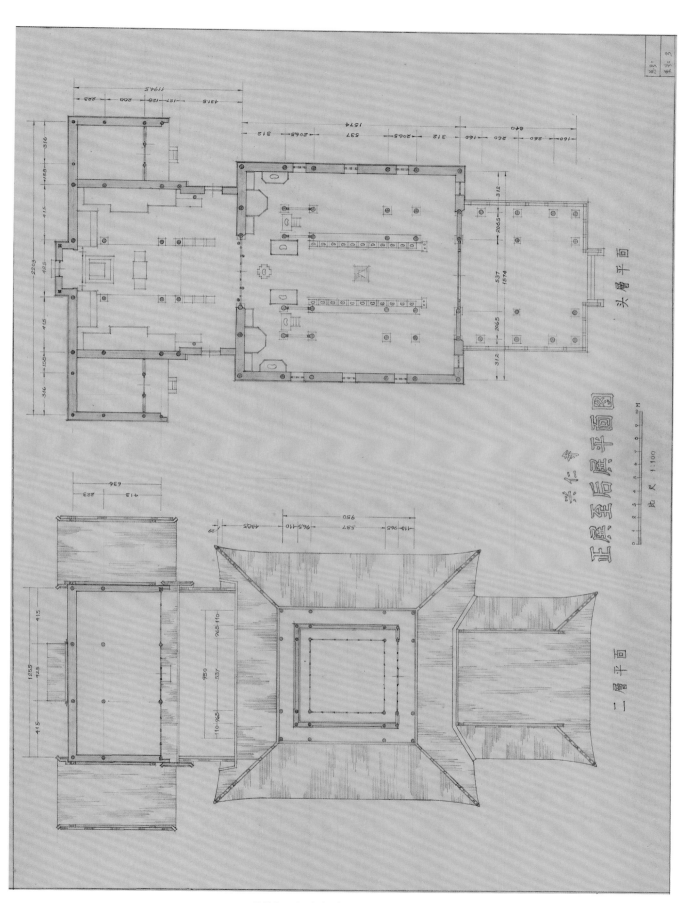

● 彩版一八 兴仁寺正殿至后殿平面图

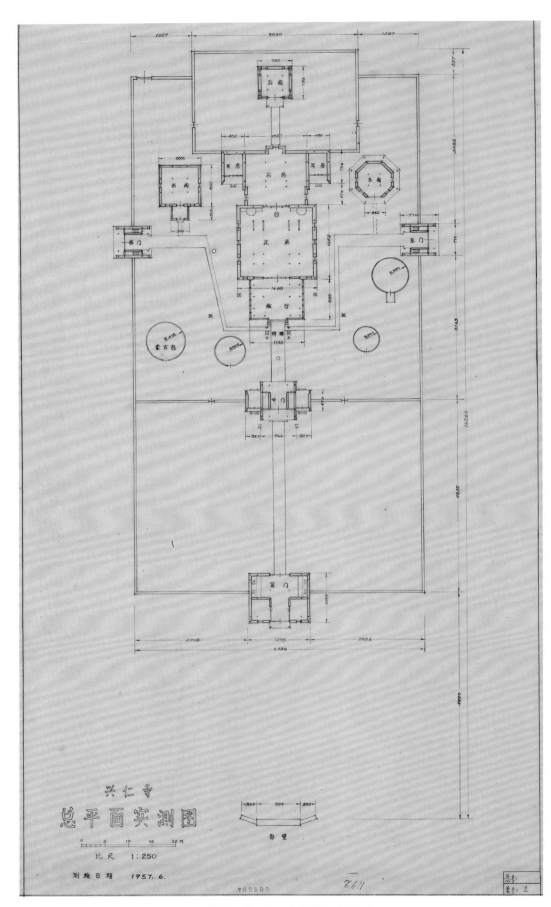

● 彩版一九 兴仁寺总平面实测图

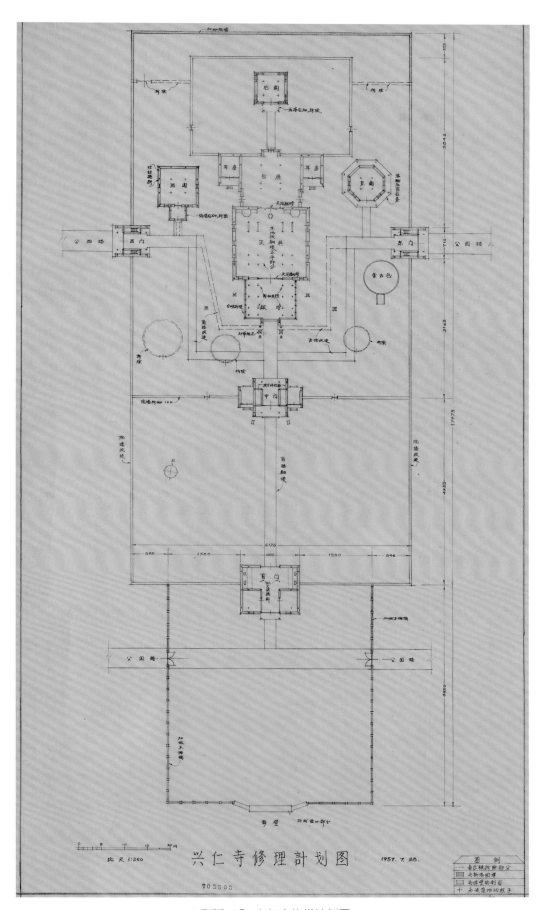

● 彩版二〇 兴仁寺修缮计划图

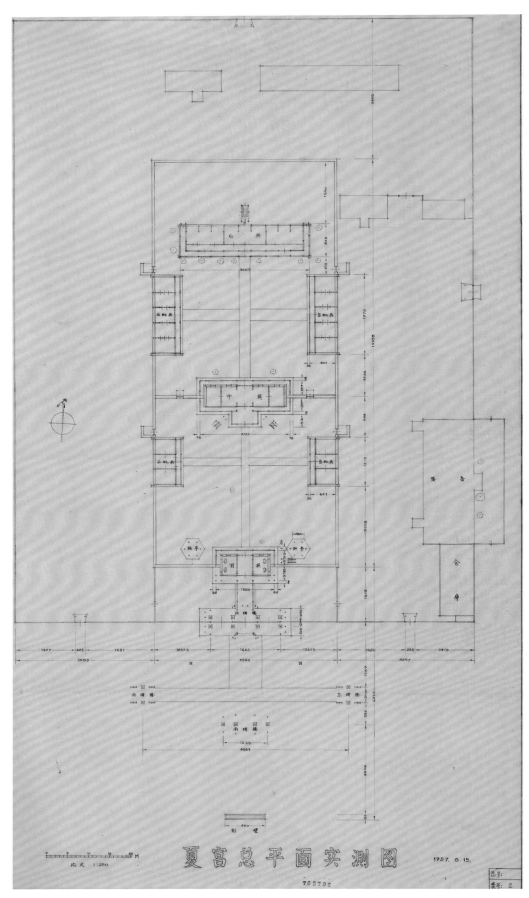

● 彩版二一　夏宫总平面实测图

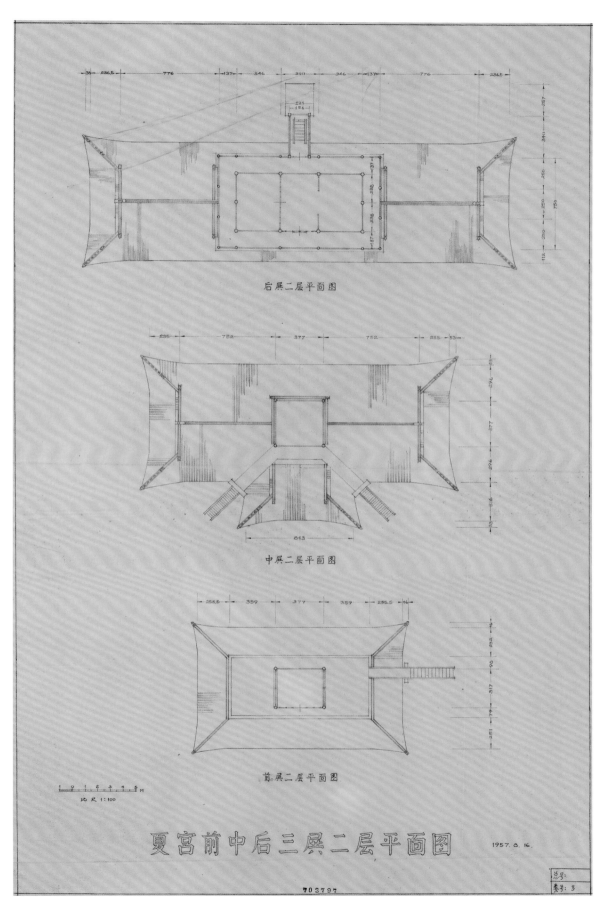

后展二层平面图

中展二层平面图

前展二层平面图

比尺 1:100

夏宫前中后三展二层平面图

1957. 8. 16.

总号：
类号：3

703797

● 彩版二二 夏宫前中后三殿二层平面图

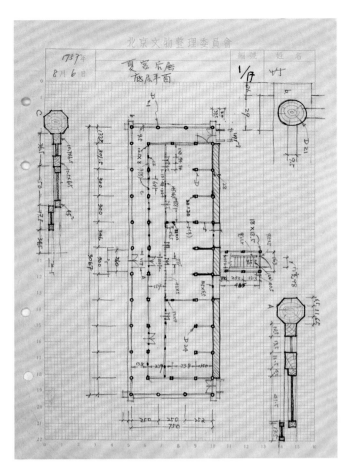

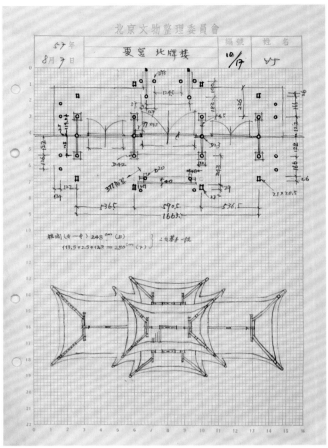

● 彩版二三
夏宫后殿地层平面测稿

● 彩版二四
夏宫北牌楼

● 彩版二五
夏宫东西牌楼横断面测稿

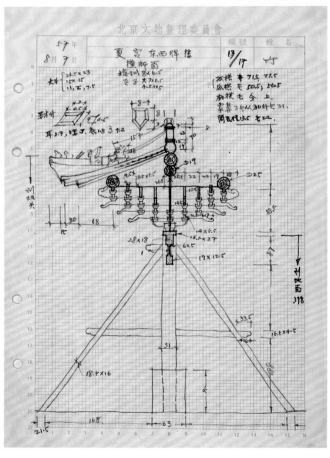

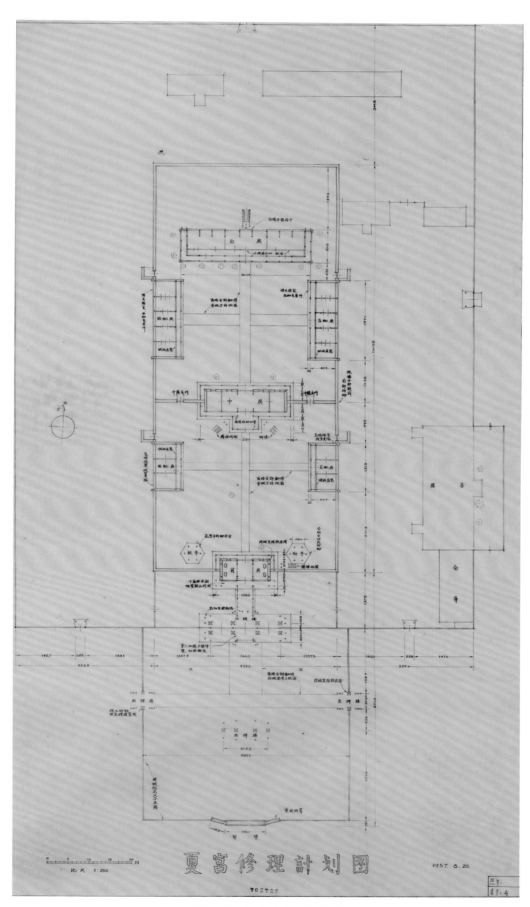

● 彩版二六　夏宫修理计划图

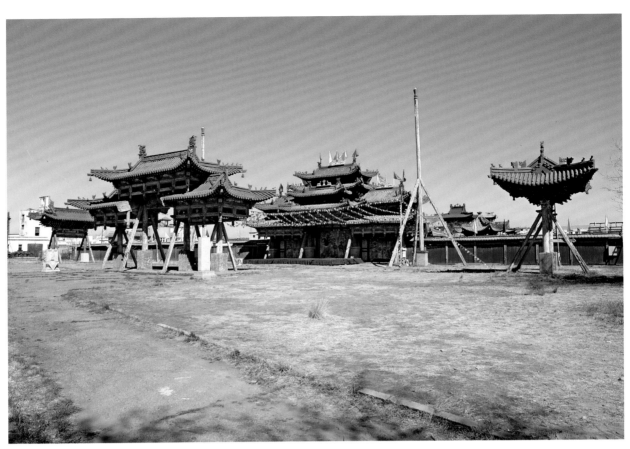

● 彩版二七　博格达汗宫门前区（东南方向，2006 年 5 月 26 日许言拍摄）

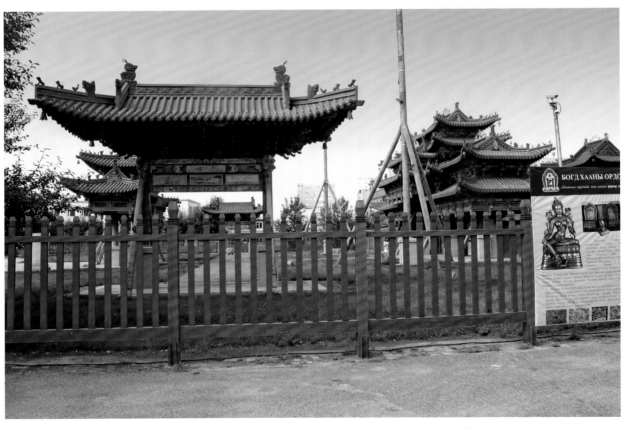

● 彩版二八　博格达汗宫牌楼（2014 年 8 月 23 日刘江拍摄）

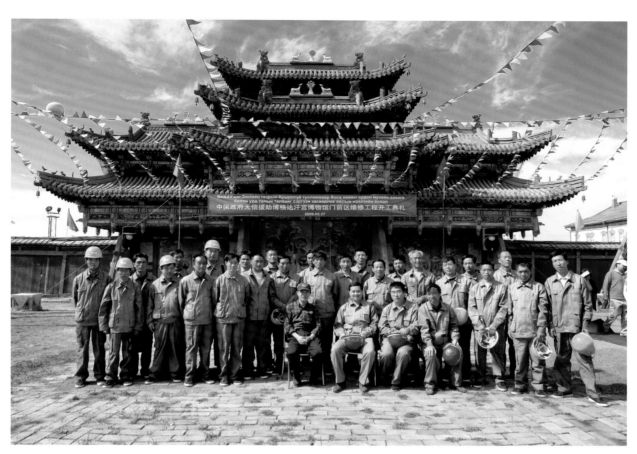

● 彩版二九 博格达汗宫门前区修复工程开工（2006 年 5 月 27 日拍摄，许言提供）

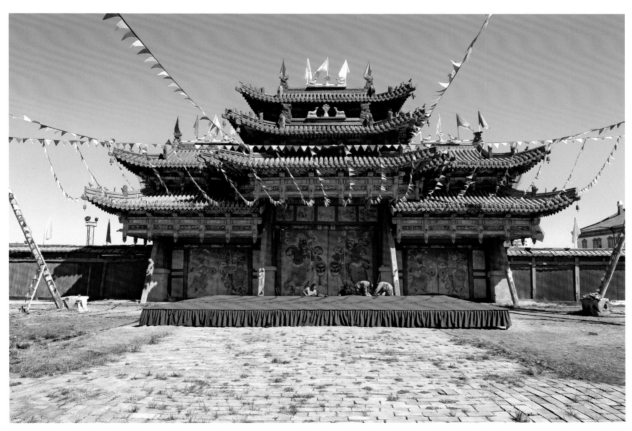

● 彩版三〇 博格达汗宫南门（2006 年 5 月 26 日许言拍摄）

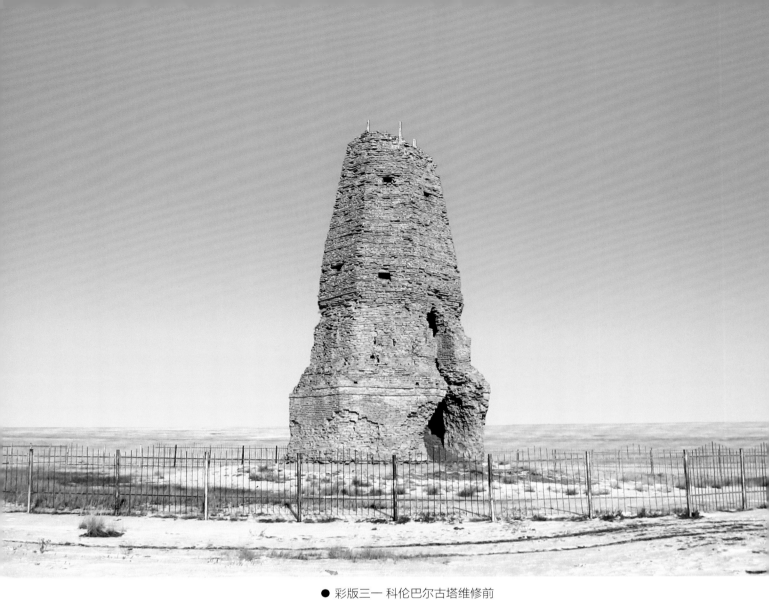

● 彩版三一 科伦巴尔古塔维修前

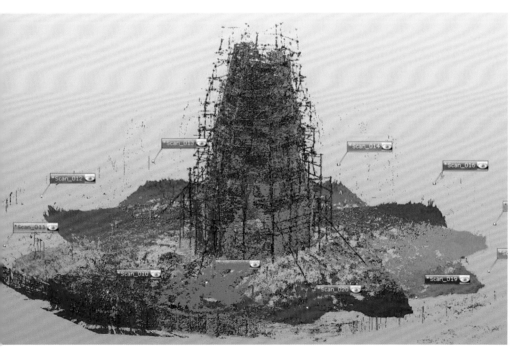

● 彩版三二 塔外部扫描拼站点云集

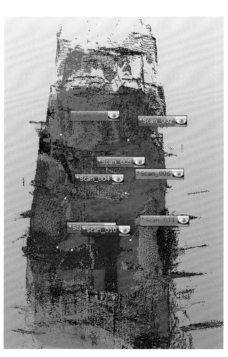

● 彩版三三 塔内部扫描拼站点云集

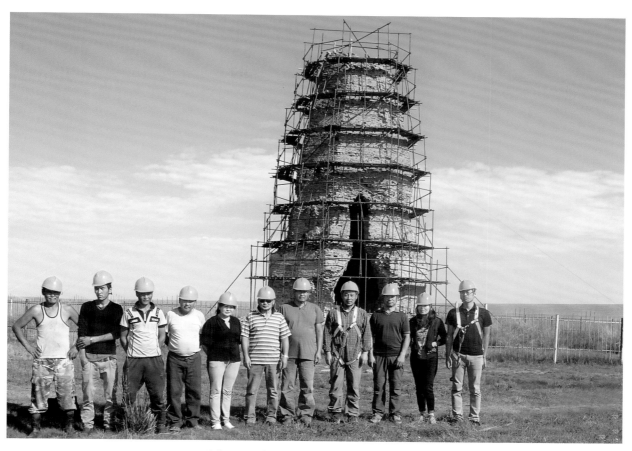

● 彩版三四　中蒙两国项目组现场勘察人员合影

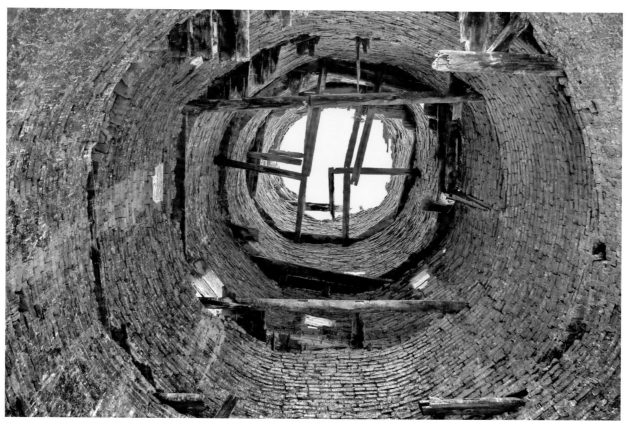

● 彩版三五　塔内残存的木架梁

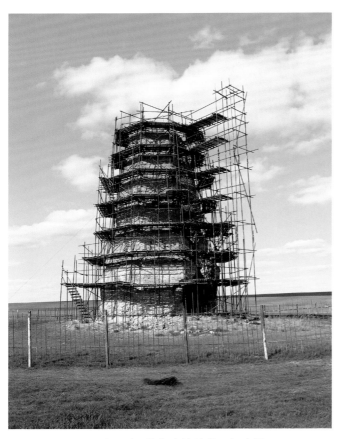

● 彩版三六 维修中的科伦巴尔古塔

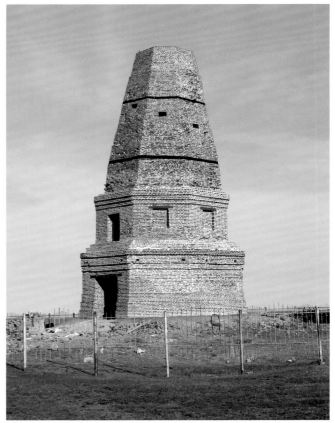

● 彩版三七 维修工程完成（侧面）

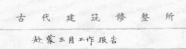

● 彩版三八 赴蒙古协助古建筑修理工作报告

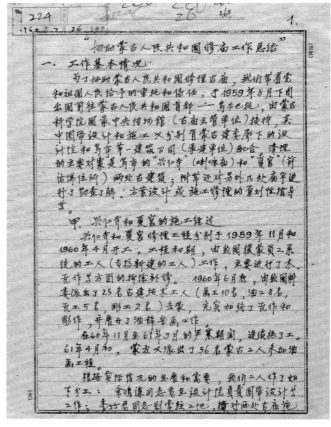

● 彩版三九 协助蒙古人民共和国修庙工作总结